石油类废物处理与污染控制

[伊朗]沙里亚尔·贾法里内贾德(Shahryar Jafarinejad) 主编

曲宏亮 赵 锐 译

中国石化出版社

著作权合同登记图字：01-2021-0153

This edition of Petroleum Waste Treatment and Pollution Control by Shahryar Jafarinejad is published by arrangement with Elsevier Inc. Suite 800, 230 Park Avenue, New York, NY 10169, USA.

The translation has been undertaken by China Petrochemical Press Co., Ltd. at its sole responsibility. Practitioners and researchers must always rely on their own experience and knowledge in evaluating and using any information, methods, compounds or experiments described herein. Because of rapid advances in the medical sciences, in particular, independent verification of diagnoses and drug dosages should be made. To the fullest extent of the law, no responsibility is assumed by Elsevier, authors, editors or contributors in relation to the translation or for any injury and/or damage to persons or property as a matter of products liability, negligence or otherwise, or from any use or operation of any methods, products, instructions, or ideas contained in the material herein.

中文版权为中国石化出版社所有。版权所有，不得翻印。

图书在版编目(CIP)数据

石油类废物处理与污染控制/(伊朗)沙里亚尔·贾法里内贾德(Shahryar Jafarinejad)主编；曲宏亮，赵锐译. —北京：中国石化出版社，2021.10
书名原文：Petroleum Waste Treatment and Pollution Control
ISBN 978-7-5114-6275-6

Ⅰ. ①石… Ⅱ. ①沙… ②曲… ③赵… Ⅲ. ①石油工业–废物处理②石油工业–环境污染–污染控制 Ⅳ. ①X74

中国版本图书馆 CIP 数据核字(2021)第 197417 号

未经本社书面授权,本书任何部分不得被复制、抄袭,或者以任何形式或任何方式传播。版权所有,侵权必究。

中国石化出版社出版发行
地址：北京市东城区安定门外大街 58 号
邮编：100011　电话：(010)57512500
发行部电话：(010)57512575
http://www.sinopec-press.com
E-mail:press@sinopec.com
北京柏力行彩印有限公司印刷
全国各地新华书店经销

＊

710×1000 毫米 16 开本 18.75 印张 340 千字
2021 年 11 月第 1 版　2021 年 11 月第 1 次印刷
定价:108.00 元

译者序

石油工业是国民经济重要的支柱产业之一，是提供能源和有机化工原料最重要的工业。但是，在炼化一体化企业环保管理工作中，我们深切体会到人民群众对石油工业环境污染问题的焦虑。不应回避，石油工业确实会在生产、储运等过程中产生污染物，但是行业多年的发展已经建立起较为完善的制度和技术体系，能够满足源头控制、应急处置和末端治理需求，最大程度降低污染物对生态环境和人体健康的影响，人们需要对石油工业有个客观的认识和判断。

关于石油工业污染防治方面的专著很多，多数专业性很强，往往要求读者对石油石化和环保两个方面均具有一定的专业基础，否则读起来则略显乏味。而 Shahryar Jafarinejad 教授的著作能够引导读者全面了解石油工业链条中各个环节的污染物性质、源头、危害、管理和处理技术，内容上层层深入：从术语和定义开始介绍石油、石油工业及其污染排放情况（第 1、2 章）；客观评价污染物对生态环境的影响和风险，以及国际上对石油工业废弃物的管理体系和法律要求（第 3 章）；最后对海洋溢油、废气、废水和固体废物的处理技术进行了专业性的综述，包括技术原理、优势与局限性分析和应用案例，既介绍了常规处理技术又有最新的科研进展（第 4、5、6、7 章）。深入浅出的写作思路和文笔体现了他丰富的教学经验，即使是未涉猎过石化环保领域的初学者读完此书后也能够对石油工业污染防控和治理体系建立认识，体会到石油工业环保工作者为控制和治理污染所做出的努力和成效，多给予信任、理解和支持。专业人员可以拓宽知识领域，丰富的案例和统计数据、简明易懂的技术原理和全面的参数计算方法也可以使本书作为工具书使用。

感谢中国石化出版社能够协助本书的出版，可以将书中内容分享给国内的读者，无论是作为科普读物，还是专业参考书均对石油工业环保工作的开展具有很强的指导和借鉴意义，也希望能够借此为我国环保产业进步和专业人员培养贡献一份力量。

本书专业领域跨度大，技术综述部分专业性强，感谢曹晓磊博士、秦岭博士和任黎明博士为翻译工作提供的指导和帮助。

因译者水平所限，错误和不当之处在所难免，欢迎广大读者和业内同仁批评指正。

序言

石油是多种工业和材料制造业的命脉，在世界能源消耗中占比很大，受到许多国家的重视。但是，世界的发展及其对石油的依赖增加了民众对许多工业环保问题的担忧。

石油工业可划分为四个板块：①勘探、开发和生产；②烃加工(炼油厂和石化厂)；③储存、运输和分配；④零售或销售。石油工业生产和经营会产生非常多的废气、废水和固废，这些废物的扩散会对环境和人类健康造成不利影响。此外，石油泄漏会对社会、经济和环境造成灾难性的后果。因此非常有必要考虑石油工业废物的管理。鉴于全球石油工业的扩张和这些废物的危害特性，如何对其进行有效处理已经成为世界性难题。

高等教育和企业员工培训对于石油工业领域成功实现环境保护至关重要。本书为行业从业人员以及化学工程、环境工程等专业的本科生与研究生提供了综合参考，同时涵盖了石油工业可能导致的环境问题及处理方案。

第1章为石油工业概述。第2章主要介绍了石油勘探、开发和生产过程中废气的排放与估算及废水、固废；烃加工(炼油厂和石化厂)产生的废气排放与估算，废水、固废和臭味排放；储存、运输、分配和销售过程中的废气排放与估算及废水、固废；石油泄漏事件，包含历史上主要的溢油事件，以及对水、雪、土壤中或土壤表层的溢油量估计。第3章着重于石油工业的环境影响、保护措施和法规。第4章讨论了石油泄漏应急处理技术。第5章介绍了石油工业废气排放的控制与处理。第6章讨论了石油工业的废水管理，废水特性，油水分离与处理技术的选择，废水处理(工艺废水预处理、一级处理、二级处理以及三级处理或精处理)，以及石油工业中的废水处理厂(WWTP)。最后，第7章介绍了石油工业中的固废管理。该章阐释了固体废物的管理措施，处理和处置方式的选择，石油回收和/或清理方法，除水或脱水方法，处置方式，对石油工业废催化剂及其管理的担忧，以及重金属的处理。

尽管本书在科学技术上是准确的，疏漏之处也在所难免，因此欢迎阅读本书的读者(教师、学生等)提出建设性的意见和建议。它们将被纳入这本书今后的重印或再版之中。

Shahryar Jafarinejad

目录

1 石油工业概述 ··· (1)
  1.1 石油 ··· (1)
    1.1.1 历史 ·· (1)
    1.1.2 原油 ·· (2)
    1.1.3 天然气 ··· (2)
    1.1.4 石油的生成 ··· (3)
    1.1.5 分类与特征 ··· (3)
  1.2 全球石油资源和储量的分布 ·· (6)
  1.3 石油的应用 ·· (8)
  1.4 石油工业 ··· (9)
    1.4.1 勘探、开发和生产 ··· (9)
    1.4.2 烃加工(炼油厂和石化厂) ···································· (9)
    1.4.3 储存、运输和分配 ··· (11)
    1.4.4 零售或销售 ··· (13)
  参考文献 ·· (13)

2 石油工业的污染和废物 ·· (16)
  2.1 术语和定义 ·· (16)
  2.2 勘探、开发和生产过程中产生的废物 ································ (17)
    2.2.1 废气排放与估算 ·· (17)
    2.2.2 废水 ·· (23)
    2.2.3 固废 ·· (25)
  2.3 烃加工过程产生的废物 ·· (27)

— I —

2.3.1　废气排放与估算 ………………………………………（28）
　　2.3.2　废水 …………………………………………………（36）
　　2.3.3　固废 …………………………………………………（38）
　　2.3.4　气味排放 ……………………………………………（42）
　2.4　储存、运输、分配和销售过程产生的废水 …………………（44）
　　2.4.1　废气排放和估计 ……………………………………（44）
　　2.4.2　废水 …………………………………………………（52）
　　2.4.3　固废 …………………………………………………（53）
　2.5　石油泄漏事件 ……………………………………………（53）
　　2.5.1　重大石油泄漏事件 …………………………………（53）
　　2.5.2　石油泄漏事件的来源和发生情况 …………………（56）
　　2.5.3　溢油量估计 …………………………………………（59）
　参考文献 …………………………………………………………（61）

3　石油行业对环境的影响、保护措施和法规 …………………（67）

　3.1　石油工业对环境的影响概述 ……………………………（67）
　　3.1.1　毒性 …………………………………………………（68）
　　3.1.2　温室效应 ……………………………………………（71）
　　3.1.3　酸雨 …………………………………………………（72）
　　3.1.4　溢油对环境的影响 …………………………………（74）
　3.2　环保选择 …………………………………………………（76）
　　3.2.1　环境审计 ……………………………………………（76）
　　3.2.2　废物管理计划 ………………………………………（78）
　　3.2.3　废物管理实践 ………………………………………（79）
　　3.2.4　处置认证 ……………………………………………（83）
　　3.2.5　临时计划 ……………………………………………（84）
　　3.2.6　员工培训 ……………………………………………（84）
　3.3　环境法规 …………………………………………………（85）
　　3.3.1　石油行业环境法规 …………………………………（85）
　　3.3.2　《资源保护与回收法》下的危险废物 ………………（87）

参考文献 ……………………………………………………………… （89）

4 溢油处理 ………………………………………………………… （93）
4.1 油在海洋环境中的存在形式 ……………………………… （93）
4.2 溢油处理概述 ………………………………………………… （94）
4.2.1 《资源保护与回收法》下的危险废物 …………………… （94）
4.2.2 溢油处理方法 ……………………………………………… （94）
4.2.3 岸上处置方法 ……………………………………………… （115）
参考文献 ……………………………………………………………… （115）

5 大气排放物的控制和处理 …………………………………… （119）
5.1 大气排放物的控制和处理概述 …………………………… （119）
5.1.1 低温 NO_x 氧化工艺（LTO） ……………………………… （121）
5.1.2 选择性非催化还原（SNCR） ……………………………… （122）
5.1.3 选择性催化还原（SCR） …………………………………… （123）
5.1.4 硫黄回收单元 ……………………………………………… （124）
5.1.5 烟气脱硫（FGD） …………………………………………… （130）
5.1.6 蒸气回收装置（VRU） ……………………………………… （133）
5.1.7 蒸气破坏装置 ……………………………………………… （134）
5.1.8 洗涤系统 …………………………………………………… （136）
5.1.9 静电除尘器 ………………………………………………… （138）
5.1.10 多级旋风分离器 …………………………………………… （141）
5.1.11 燃除气体排放的预防或减少 …………………………… （144）
5.2 恶臭控制 ……………………………………………………… （145）
参考文献 ……………………………………………………………… （145）

6 含油污水处理 …………………………………………………… （149）
6.1 石油工业污水及管理概述 ………………………………… （149）
6.2 污水特性 ……………………………………………………… （150）
6.3 油水分离和处理技术选择 ………………………………… （151）

6.4 污水处理 ···(152)
　　6.4.1 工艺废水预处理 ··(153)
　　6.4.2 一级处理 ··(155)
　　6.4.3 二级处理 ··(159)
　　6.4.4 三级处理或深度处理 ··(169)
6.5 含油污水处理厂 ··(202)
参考文献 ···(206)

7 石油污染固体废物管理 ···(220)

7.1 石油工业固体废物简介 ···(220)
　　7.1.1 固体废物的类型和来源 ··(220)
　　7.1.2 含油污泥特性 ···(222)
　　7.1.3 固体废物的毒性和影响 ··(224)
7.2 固体废物管理实践概述 ···(225)
　　7.2.1 处理和处置方法的选择 ··(226)
　　7.2.2 废油回收和/或去除措施 ··(226)
　　7.2.3 脱水方法 ··(246)
　　7.2.4 处置方法 ··(250)
　　7.2.5 石油工业中对废催化剂的关注 ··································(270)
7.3 重金属管理(处置) ··(273)
参考文献 ···(274)

1 石油工业概述

1.1 石油

"石油"一词的含义是"岩石中的油",它源于拉丁语单词 petra(岩石)和 oleum(石油),而这两个词又分别来自希腊语的 πέτρα 和 ελαιον[Hyne,2001;石油输出国组织(OPEC),2013;Jafarinejad,2016a],意思是石油即原油和天然气(Jafarinejad,2016a)。换句话说,石油是一种自然生成的烃类混合物,据所受压力和温度的不同,它可以以任何状态存在。根据烃类混合物的状态,石油以液态(原油)或气态(天然气)的形式从储层中产出。同时"石油"一词既可以涵盖自然生成的未经加工的烃类,也可以涵盖由精炼过的烃类构成的石油产品[Speight,1999;OPEC,2013;Versan Kök,2015;EIA Energy Kids-Oil(Petroleum),2011;Hyne,2001]。

1.1.1 历史

目前尚不清楚人类是何时第一次使用了石油。然而,根据法根(Fagan,1991)的说法,古代的人们崇拜圣火,而这些火的燃料是通过气孔和裂缝渗透到地表的天然气。众所周知,沥青是一种非常黏稠的石油,早在公元前 6000 年它就被用于船只防水和家庭取暖。同时,沥青也作为木乃伊的防腐剂,被用于约公元前 3000 年的埃及金字塔的建造中(Fagan,1991)。此外,据希罗多德(Herodotus)和狄奥多罗斯·西库路斯(Diodorus Siculus)所说,在 4000 多年前,沥青就被用于建造巴比伦的城墙和塔楼,在 Ardericca(巴比伦附近)附近有许多石油坑,在 Zacynthus(Chisholm,1911)处有一个沥青脉。在幼发拉底河的一条支流伊苏斯河河畔也发现了大量的沥青。古代波斯碑文指出了石油在当时的社会上层人士之中已作药用和照明(Totten,2006)。公元前 500 年就有书面记载中国人是如何利用天然气将水烧开的(Devold,2013)。公元 347 年,中国已用竹子钻井开采出了石油(Totten,2006)。早期到缅甸的英国探险者记录了仁安羌(Yenangyaung)石油开采业的繁荣景象,在 1795 年,该地区有数百个手挖井正在生产(Longmuir,2001)。

石油对于人类的重要性在 19 世纪末期发生了巨大的飞跃,当时的石油取代煤炭成为工业革命机器的主要燃料(Fagan,1991)。1847 年,詹姆斯·杨(James

Young)发明了从石油中提取煤油的方法。他注意到德比郡 Alfreton 的 Riddings 煤矿的天然石油渗漏,从中蒸馏出了适合用作灯油的轻油,同时获得了适合润滑机械的重油。1848 年,杨(Young)创办了一家小型的原油炼化企业(Russell,2003)。1859 年,埃德温·德雷克(Edwin Drake)上校成功地钻探了第一口油井,其唯一目的就是寻找石油。德雷克井位于宾夕法尼亚州西北一个安静的农场中部,它的出现引发了国际上对石油工业用途的探索(Devold,2013)。从那时起,许多研究人员、工程师、公司和国家开始帮助石油工业发展。在如今的工业化社会中,石油就意味着权力,包含经济、政治和科技在内,石油工业在整个社会中占据着重要地位。

1.1.2 原油

原油中的氢元素和碳元素含量分别为 10%~14%(质)和 83%~87%(质)。其中还存在少量如氧[0.05%~1.5%(质)]、硫[0.05%~6%(质)]、氮[0.1%~2%(质)]的杂质和一些诸如钒、镍、铁和铜(镍和钒<1000μg/g)等的金属。原油不是一种一成不变的物质,其确切的分子和馏分组成会随油的形成、位置、油田年龄以及单井深度的不同而有很大变化。从不同油藏中获得的原油具有截然不同的特征(Speight, 1999; Versan Kök, 2015; Jafarinejad, 2016a)。斯佩特(Speight, 1999)在报告中提到,原油中烃类物质的质量分数有可能低至 50%,如重质原油和沥青,也有可能高达 97%(质),如轻质石蜡基原油。许多油藏中都含有活菌(Ollivier and Magot, 2005; Speight, 1999)。有一些原油像焦油一样,呈黑色,重而厚,还有一些原油呈棕色或几乎透明状,黏度小,相对密度低(Versan Kök, 2015)。通常,原油中含有四种不同类型的烃分子:烷烃或石蜡烃(15%~60%)、环烷烃或环石蜡烃(30%~60%)、芳烃或苯(3%~30%)以及沥青(余下的占比数)。每一种物质的相对含量因石油种类的不同而异,同时也决定了每种石油的不同性质(Hyne, 2001)。

1.1.3 天然气

油井主要产出原油,其中也溶有一些天然气,而气井则主要产出天然气。天然气由约 65%~80% 的碳、1%~25% 的氢、0~0.2% 的硫和 1%~15% 的氮组成。其中的烃分子一般为石蜡基型,碳链长度从一个碳原子到四个碳原子不等,但也可能含有少量的六个碳的烃分子。典型的天然气烃组成为 70%~98% 甲烷、1%~10% 乙烷、5% 的微量丙烷、2% 的微量丁烷、5% 的微量戊烷和包括苯和甲苯在内的更高相对分子质量的烃(Hyne, 2001; Speight, 1999; Jafarinejad, 2016a)。此外,在未经加工的天然气中还可能会发现少量的水蒸气、硫化氢(H_2S)、二氧化碳、氦气、氮气等其他化合物(Devold, 2013; Jafarinejad, 2016a)。天然气中不可燃烧的气体杂质叫作惰性气体(不可燃气体)。二氧化碳、水蒸气、氦气和氮气是天然气中主要的惰性成分(Speight,1999；Hyne,2001；Jafarinejad,2016a)。

当一种气体中甲烷是主要成分时，我们称这种气体为贫气。液化石油气(LPG)是由丙烷气制成的。低硫天然气中不含可检测到的硫化氢，而高硫天然气中含有硫化氢。除去较大分子烃类的天然气称为干气，来自石油但在井口的分离设施中分离出的气体称为套管头气。湿天然气中大分子烃含量少于 $28.3m^3$ ($1000ft^3$)/0.455L(0.1gal)，而干天然气中此类烃的含量多于 $28.3m^3$/0.455L。溶解气是指在石油中以溶液形式出现的气体，而伴生气是与石油接触的气体(气顶)(Speight,1999；Hyne,2001)。从微量或无原油的凝析气井中提取出的天然气称为非伴生气。液态天然气(NGL)是天然气加工过程中非常有价值的副产品，包括乙烷、丙烷、丁烷、异丁烷和天然汽油(Devold,2013)。

1.1.4 石油的生成

石油是由烃类物质积累而成的。烃在地球表面数千尺以下的地方自然积累形成，由数百万年前死亡的植物和海洋动物等的有机物质分解产生。它是一种在岩层中自然形成的液体(OPEC,2013)。换言之，大量分解后的有机物质残骸沉降到海底或湖底，与埋藏在黏土层、裂缝和沙子中的沉积物混合。随着越来越多的这类物质沉积到河床上，在一些较低的区域，热量和压力开始上升。这一过程中有机物开始发生变化，首先变成蜡状物质，这种物质在世界各地的油页岩中都能找到，然后随着热量的增加逐步变为液态和气态烃。石油或天然气的形成与压力的大小、热量的多少以及生物质的类型有关。人们相信，热量越高产生的石油越轻，更高的热量或主要由植物材料生成的生物质能可以产生天然气(Petroleum.co.uk,2015；Adventures in Energy,2015；Braun and Burnham,1993；Kvenvolden,2006)。

1.1.5 分类与特征

在石油工业中，原油通常可以根据其生产的地理位置[如西德克萨斯中质油(West Texas Intermediate)、布伦特原油(Brent)或阿曼原油(Oman)]、相对密度和硫含量进行分类。石油的类型不同，其化学成分和性质也不同，如密度、黏度、颜色、沸点、倾点等，并且可能因石油类型的不同而有很大的差异(Speight,1998,1999)。前文中我们已经对原油和天然气的化学成分进行了讨论。如前所述，硫是原油和天然气中我们不想要的杂质，它的燃烧会形成二氧化硫，二氧化硫是一种污染空气并能形成酸雨的气体。根据硫含量的不同，石油被分为高硫石油和低硫石油。硫含量小于1%(质)的原油称为低硫原油，硫含量高于1%(质)的原油称为高硫原油(Hyne,2001)。

原油通常根据其相对密度和密度进行分类或描述。常用的油品标准密度为°API(美国石油学会(American Petroleum Institute))和Baume。°API和Baume的计算方法如下：

$$°API = \frac{141.5}{15.6℃时的相对密度} - 131.5 \quad (1.1)$$

$$°Baume = \frac{140}{15.6℃时的相对密度} - 130 \quad (1.2)$$

°API用于划分轻质油、中质油、重质油和超重质油。由于油品质量是决定其市场价值的最大因素，°API显得尤为重要。不同质量原油的°API范围如下：

1) 轻质原油：°API>31.1；
2) 中质原油：22.3≤°API≤31.1；
3) 重质原油：°API<22.3；
4) 超重质原油：°API<10(Petroleum.co.uk，2015)。

然而并非各方都使用一样的分级标准。例如，美国地质调查局[US Geological Survey(USGS)]的标准就略有不同。据USGS的标准，不含气体的原油黏度在100~10000cP($1cP = 10^{-3}Pa·s$)之间的通常称为重质原油。在没有黏度数据的情况下，°API小于10的原油通常被称为天然沥青，而°API在10~20之间的原油被称为重质原油。黏度小于10000cP但°API小于10的原油被称为超重质原油(USGS，2006)。换言之，°API小于10的原油被称为超重质油或者沥青。来自加拿大Alberta地区的油砂矿床的沥青°API约为8。可以用较轻的烃加以稀释来生产°API小于22.3的稀释沥青，或进一步"升级"为°API在31~33之间的合成原油(Canadian Centre for Energy Information，2012)。

原油的颜色可以从无色到黄绿色、浅红色、棕色甚至是黑色。轻质原油富含汽油，颜色透明，是最有价值的一种原油，而重质原油是深色的，胶质，价值较低(Hyne，2001)。

原油的英制单位和公制单位分别是桶(bbl)(42美制加仑或34.97英制加仑)和吨(Hyne，2001)。在石油工业中，原油的数量通常以吨计量。我们可以根据原油的°API计算出每吨原油的大致桶数：

$$每吨原油桶数 = \frac{1}{\frac{141.5}{°API+131.5} \times 0.159} \quad (1.3)$$

例如，每吨西德克萨斯中质油(39.6°API)大约为7.6桶(Petroleum.co.uk，2015)。

天然气体积的英制单位和公制单位分别 $60℉14.65lb/in^2$(psi)条件下的标准立方英尺(scf)和 15℃ 101.325kPa 下的立方米(m^3)。$1m^3$ 等于 $35.315ft^3$。凝析油含量计算单位是桶/百万立方英尺气体(BCPMM)。燃料热量的英制和公制单位分别是英国热单位(Btu)和千焦耳。1kJ 约等于 1Btu(Hyne,2001)。

所有的原油中均含有链烷烃分子。石蜡是一种有 18 及以上个碳原子的链烷烃。倾点是表征原油中蜡含量的指标,是指原油开始凝固时的最低温度。原油的倾点变化范围在 -60~52℃ 之间,倾点越高表明原油中蜡含量越高。液体石油产品在降温过程中,开始出现蜡结晶而呈雾状或浑浊时的温度称为浊点。浊点比倾点高 1~3℃。低蜡或无蜡的石油呈现黑色,而蜡含量极高的石油呈黄色(Hyne,2001)。

相关指数(CI)用于更直接的化学信息。它的获得基于相对密度与开尔文沸点倒数的关系图,由美国矿务局开发。CI 的计算方法如下:

$$CI = 473.7d - 456.8 + \frac{48640}{K} \tag{1.4}$$

其中,d 表示相对密度,K 是指按照美国矿务局标准蒸馏法测定的石油馏分平均沸点。CI 值区分标准为:

1)CI 在 0~15 之间:链烷烃为主;
2)CI 在 15~20 之间:环烷烃或链烷烃、环烷烃、芳烃的混合物为主;
3)CI 大于 50:芳烃为主。

通常采用黏度比重常数(VGC)和石油 UOP 特性因数来说明原油的石蜡含量。VGC 的计算方式如下:

$$VGC = 10d - \frac{1.0752\log(v-38)}{10-\log(v-38)} \tag{1.5}$$

其中,d 代表 60/60℉时的相对密度,v 代表 39℃(100℉)下的赛氏黏度。由于重油低温下黏度测量困难,进一步提出了一种新的计算公式,其中使用的是 99℃(210℉)下的赛氏黏度。公式如下:

$$VGC = d - 0.24 - \frac{0.022\log(v-35.5)}{0.755} \tag{1.6}$$

然而这些方程式均不适用于低黏度油。VGC 的值越低,说明石蜡含量越高。UOP 特征因子的计算公式:

$$K = \sqrt[3]{\frac{T_B}{d}} \tag{1.7}$$

其中,d 代表 60/60℉时的相对密度,T_B 表示以°R(℉+460)为单位的平均沸点。UOP 描述了重油的热裂解特性;环烷基原油的 UOP 约为 10.5~12.5,高石蜡油的 UOP 约为 12.5~13(Speight,2005)。

在体积一定的条件下，石油产品燃烧的总热量可以近似为：

$$Q_v = 12400 - 2100 d^2 \tag{1.8}$$

其中，Q_v 的单位是 cal/gram，d 为 60/60 ℉时的相对密度。如果以 cal/gram 为单位的数值乘以 1.8，则可以转换为 Btu/pound。

石油基液体的热导率可以计算为：

$$K = \frac{0.183}{d}[1 - 0.0003(T - 32)] \tag{1.9}$$

其中，K 为热导率，单位是 Btu/(h·ft²·℉)，d 是 60/60 ℉时的相对密度，T 是℉为单位的温度。

石油的比热容可由式(1.10)计算：

$$c = \frac{1}{\sqrt{d}}(0.388 + 0.00045T) \tag{1.10}$$

其中，c 为比热容，单位是 Btu/(lb·℉)，d 是 60/60 ℉时的相对密度，T 是以℉为单位表示的温度。石油的汽化潜热计算公式为：

$$L = \frac{1}{d}(110.9 + 0.09T) \tag{1.11}$$

其中，L 代表汽化潜热，单位为 Btu/(lb·℉)，d 是 60/60 ℉时的相对密度，T 是以℉为单位的温度。

液态石油和气态石油的热含量可以用以下公式计算：

$$H_l = \sqrt{d}(3.235T + 0.0001875 T^2 - 105.5) \tag{1.12}$$

$$H_v = \sqrt{d}(3.235T + 0.0001875 T^2 - 105.5) + 925 - 0.75T \tag{1.13}$$

其中，H_l 和 H_v 分别为液态石油和气态石油的热含量，d 是 60/60 ℉时的相对密度，T 是以℉为单位的温度(US Department of Commerce, Bureau of Standards, 1929)。

1.2 全球石油资源和储量的分布

石油是许多产业维持工业文明的命脉，因此也是许多国家最为关心的问题。石油在世界能源的消耗中占据了很大的比重(Jafarinejad, 2014, 2016a, 2015a, b)。图 1.1 和图 1.2 分别展示了世界上石油资源和储量的分布情况。1992~2013 年全球石油储量的区域分布情况见图 1.3。由这些图可以看出，全球大部分的石油都集中在中东，大概占了全球石油储量的 60%。此外，石油生产也主要集中于中东和俄罗斯。石油储量最大的国家依次是沙特阿拉伯、加拿大、伊朗、伊拉克、科威特、阿拉伯联合酋长国、委内瑞拉、俄罗斯、利比亚、尼日利亚、哈萨克斯坦、美国、中国、卡塔尔、阿尔及利亚、巴西和墨西哥等。

图 1.1　全球石油资源分布　　　　图 1.2　全球石油储量分布

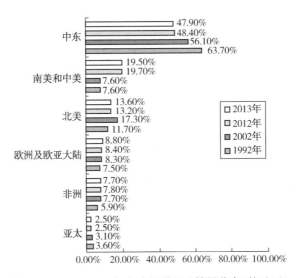

图 1.3　1992~2013 年全球探明石油储量分布(按地区)

世界石油总储量的类型见图 1.4。可以看出，世界上大部分的石油都是非常规油，重油、超重质油和沥青约占世界石油资源总量的 70%(约 9 万亿~13 万亿桶；Alboudwarej et al.，2006)。中东地区有着最大的常规原油储量，加拿大拥有世界上最大的重质原油和沥青储量(Elk Hills Petroleum，2010)。

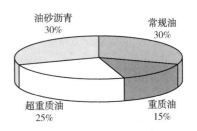

图 1.4　世界石油总储量的类型

石油通常由投资者所有公司(IOC)或国有石油公司(NOC)生产。世界上大部分的石油和天然气储量都由 NOC 控制。图 1.5 显示了按探明储量排序的全球最大的石油和天然气公司。石油输出国组织(OPEC)成员包括：伊朗国家石油公司(NIOC)，委内瑞拉石油公司，沙特阿拉伯石油公司，卡塔尔通用石油公司，伊拉克国家石油公司，阿布扎比国家石油公司，科威特石油公司，尼日利亚国家石油公司，国家石油公司（利比亚），阿尔及利亚国家石油公司，安哥拉国家石油公司和厄瓜多尔石油公司。

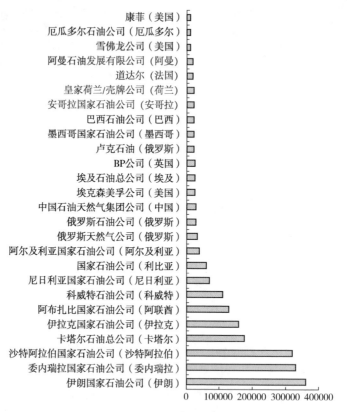

图 1.5　按探明储量排名的全球最大的石油天然气公司（以百万桶计）

1.3　石油的应用

石油主要是通过石油钻探（很少有天然石油泉）来获得的，在此之前已经完成了构造地质（油藏范围）研究，沉积盆地分析和油藏表征（主要是油藏地质构造的孔隙度和渗透率）的探索（Guerriero et al.，2011，2013）。大部分时候，石油通常可以通过简单蒸馏被提纯和分离成大量消费品，例如汽油、煤油、沥青以及用于制造塑料、药品、溶剂、化肥、农药、染料和纺织品的化学试剂。实际上，石油既可以被用作燃料（一次能源）也可以用于制造各种材料，据估计，直到科学家能够找到并开发替代材料和技术之前，全世界都将离不开石油。

1.4 石油工业

石油工业包括勘探、开采、炼化、运输(管线、油轮/驳船、卡车和铁路)和销售石油产品的整个流程。该行业通常分为三个主要部分:上游、中游和下游。上游通常包括原油和天然气的勘探、开发和生产。中游,顾名思义,包含上游和下游之间的设施和加工流程。中游活动包含原油和天然气的加工、储存和运输。运输是中游部分的主要环节,可以使用管线、卡车运输车队、油轮和铁路。下游活动通常包括炼化/烃加工、销售和分配。在另一种分类方式中,石油工业被分为五个部分:上游、下游、管线、海运,以及服务和供应。涉及上游和下游的公司称为综合石油公司。只有上游业务的公司被称为独立石油公司。石油巨头是几家最大的综合性石油公司[EPA office of Compliance Sector Notebook Project(2000);E. A. Technique(M)Berhad, 2014;EKT Interactive, 2015;Devold, 2013;Macini and Mesini, 2011;Jafarinejad, 2016a, b]。

石油工业每年处理约 $35×10^8$ t 原油和 $25×10^8$ m³ 天然气及其衍生品,包括其勘探、生产、全球运输、加工和销售等全部环节。图1.6描述了石油工业的常见流程。

根据先前的分类和讨论,石油工业可以被划分为四个板块:①勘探、开发和生产;②烃加工(炼油厂和石化厂);③储存、运输和分配;④零售或销售(Jafarinejad, 2016a, b)。

1.4.1 勘探、开发和生产

勘探和生产合称为E&P。勘探指的是寻找地下的油气储层(油气田),同时还包括构造地质研究,勘探,地震勘测,在确定油田开发之前进行的钻探活动,评估勘探井数据,分析确立孔隙度和渗透率,用生产测试数据确定产量和最大生产潜力、油藏数学模型等。开发阶段需要完成油藏数量和位置以及油井类型的确定,采油机理评估,设计满足生产要求的油井、工艺设施、基础设施、码头/出口设施以及运营和维护策略。生产是利用钻井产出已发现的石油的过程,通过钻井将储层的液体(油、气和水)带到地面并分离。事实上,生产指的是将地下的钻井液带到地表并准备供给炼油厂和加工厂使用的过程(Devold, 2013;Aliyeva, 2011)。

1.4.2 烃加工(炼油厂和石化厂)

在原油炼化厂和天然气加工厂中,液态烃和气态烃被处理和分离成可销售的产品和石化工业原料。炼油厂和石化厂销售的产品是喷气燃料、汽油、柴油、沥青、润滑油和塑料等[Devold, 2013;Aliyeva, 2011;United States Environmental Protection Agency(U.S. EPA), 2015;Jafarinejad, 2016b]。

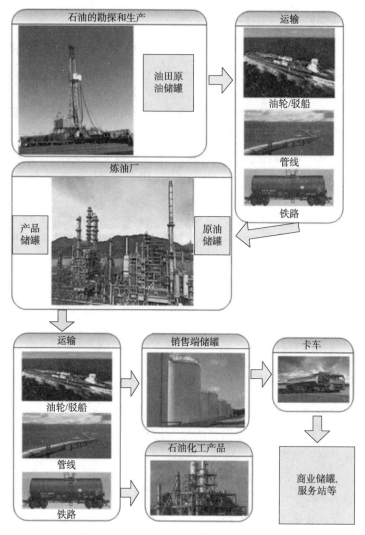

图 1.6 石油工业的常见流程

石油炼化行业可以从原油中生产出 2500 多种精制产品,包括液化石油气、汽油、煤油、喷气燃料、柴油、燃料油、润滑油和石化工业原料,等等。先进的大型炼油厂设有自己的化工厂可以生产其他合成衍生品,从纯产品到润滑油和燃料的添加剂、高分子材料,等等(Cholakov,2009;Jafarinejad,2016b)。换言之,罐装液化气、汽油、喷气燃料、燃料油(家用)、燃油(厂用)、柴油等是炼油厂的产品,而颜料、杀虫剂、药品、合成纤维、搪瓷、洗涤剂、除草剂、化肥、塑料、合成橡胶、照相胶片、蜡烛、蜡纸、上光剂、软膏、面霜、屋顶材料、防护涂料、沥青等是化工厂的产品(Fagan，1991；Jafarinejad，2016b)。炼油厂可采用不同的工艺。原油的组分和产品的选择决定了炼油厂的工艺流程。图 1.7 展示了一个炼油厂的一般流程。各个炼油厂的工艺流程会有很大的区别，极少(几乎没有)有炼油厂会使用全套加工流程。有些石油炼化过程含有直接排放源。炼油工艺包括分离过程(常压蒸馏、真空蒸馏、轻馏分回收或气体处理)；石油转化过程(催化和热裂解、重整、烷基化、聚合、异构化、焦化和减黏裂化)；石油处理工艺(加氢处理、加氢脱硫、化学脱硫、酸性气体去除和脱沥青)；原料和产品处理(混合、存储、装载和卸载)和辅助装置(压缩机发动机、排污系统、冷却塔、锅炉、制氢、硫回收和废水处理)(Speight，2005；Research Triangle Institute(RTI)International，2015；Jafarinejad，2016b)。

烯烃(如乙烯、丙烯、丁烯和丁二烯)和芳烃(如苯、甲苯和二甲苯)是通过裂解、重整和其他工艺生产的基本石化产品。石脑油裂解装置的生产能力一般为每年 250000~750000t 乙烯。一些石化厂也有酒精和羰基化合物的生产装置。基础石油化工产品或其衍生产品与其他原材料一起被转化成各种各样的产品，包括树脂和塑料，如低密度聚乙烯(LDPE)、高密度聚乙烯(HDPE)、线性低密度聚乙烯(LLDPE)、聚丙烯、聚苯乙烯和聚氯乙烯(PVC)；合成纤维，如聚酯和丙烯酸；工程聚合物，如丙烯腈－丁二烯－苯乙烯(ABS)；橡胶，包括丁苯橡胶(SBR)和聚丁二烯(PBR)；溶剂；以及工业化学品，包括用于制造洗涤剂的化学品，如直链烷基苯(LAB)、涂料、染料、农药、药品和炸药。此外，还有一些替代方法可用于制造所需的石化产品(Multilateral Investment Guarantee Agency(MIGA)，2004)。石化产品用途非常广泛(Fagan，1991；Jafarinejad e tal.，2007a，b；Mohaddespour et al.，2007，2008；Jafarinejad，2009，2012；Cholakov，2009，Devold，2013)。

1.4.3 储存、运输和分配

服务提供商在整个油气分配系统的终端提供储存设施。这些设施通常坐落在生产、炼化和加工设施附近，并与管道系统相连，以便在满足产品需求时方便装运。石油产品储存在储罐中，而天然气往往储存在地下设施中(Trench，2001)。换言之，石油工业的所有部门都需要存储。液态石油产品可以储存在地上或地下的钢或混凝土罐中，也可以储存在地下的盐穹、开采的洞穴或废弃的矿井中(Cholakov，2009)。有机储液容器可用的基本罐体设计包含固定顶(垂直和水平)、外浮顶、圆顶外浮顶、内浮顶、水平面(地上和地下)、可变蒸气空间和压力(高低)(Cholakov，2009；European Commission and Joint Research Center，2013；RTI International，2015)。地上或地下钢储罐是储存石油衍生品的最佳容器。桶可用于短期内储存少量石油产品。天然气的储存可以使用加压罐、含水层、枯竭的油井和气井、盐穹、空洞等。在国内我们可以使用更小的加压容器(Cholakov，2009)。

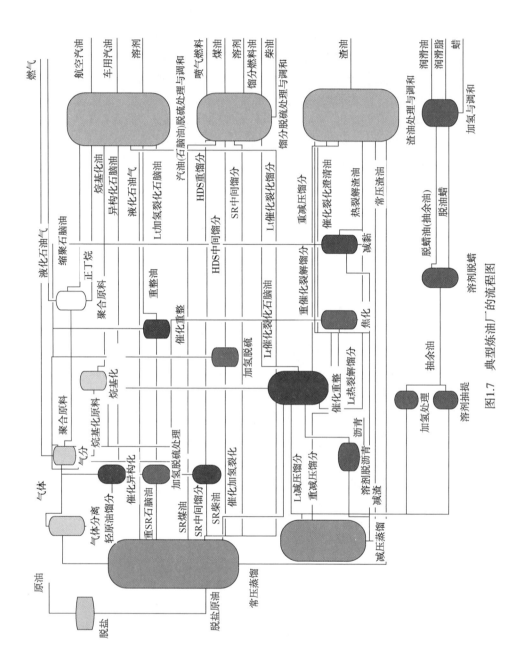

图1.7 典型炼油厂的流程图

原油和天然气通过管道、油轮/驳船、卡车和铁路输送到加工设施,再送至终端用户。管道是最经济的,也是最适于长程输送(例如跨洲际)的方法。油轮和驳船也用于长程输送,常见于国际运输。铁路和卡车也可用于长程输送,但是用于短程运输的性价比最高。天然气通常采用管径不大于 1.5m 的管道输送(Trench,2001)。要注意的是,尽管低压成品油输送管线在多数现代化工业国家很常见,但石油衍生物常用铁路和公路运输(Cholakov,2009)。

1.4.4 零售或销售

炼油厂和石化厂的产品,如汽油、柴油、沥青、润滑油、塑料等,液态天然气和天然气以不同的方式销售给各种各样的消费者(U.S. EPA,2015)。

参 考 文 献

Adventures in energy, 2015. How Are Oil/natural Gas Formed? [Online] Available from: http://www.adventuresinenergy.org. Copyright 2015 API.

Alboudwarej, H., Felix, J.J., Taylor, S., Badry, R., Bremner, C., Brough, B., Skeates, C., Baker, A., Palmer, D., Pattison, K., et al., Summer 2006. Highlighting Heavy Oil, Oilfield Review. [Online] Available from: https://www.slb.com/~/media/Files/resources/oilfield_review/ors06/sum06/heavy_oil.pdf.

Aliyeva, F., May 17, 2011. Introduction into Oil & Gas Industry, Presentation, Published in Business, Technology. [Online] Available from: http://www.slideshare.net/fidan/brief-introduction-into-oil-gas-industry-by-fidan-aliyeva.

Braun, R.L., Burnham, I.K., June 1993. Chemical Reaction Model for Oil and Gas Generation from Type I and Type II Kerogen. Lawrence Livermore National Laboratory.

Canadian Centre for Energy Information, 2012. What Is Crude Oil? [Online] Available from: http://www.centreforenergy.com/AboutEnergy/ONG/Oil/Overview.asp?page=1.

Chisholm, H., 1911. One or more of the preceding sentences incorporates text from a publication now in the public domain. In: Chisholm, H. (Ed.), Petroleum, Encyclopædia Britannica, eleventh ed. Cambridge University Press.

Cholakov, G.S., 2009. Control of pollution in the petroleum industry, Encyclopedia of Life Support Systems (EOLSS). Pollution Control Technologies III.

Devold, H., 2013. Oil and Gas Production Handbook, an Introduction to Oil and Gas Production, Transport, Refining and Petrochemical Industry, third ed. ABB Oil and Gas.

E.A. Technique (M) Berhad, November 24, 2014. The Marine (2014) Transportation and Support Services of the Oil and Gas Industry in Malaysia, Independent Market Research Report, pp. 98-149.

EIA Energy Kids-Oil (Petroleum), June 2011. U.S. Energy Information Administration. [Online] Available from: http://www.eia.gov/kids/energy.cfm?page=oil_home-basics.

EKT Interactive oil and gas training, 2015. Rainmaker Platform. [Online] Available from: http://www.ektinteractive.com.

Elk Hills Petroleum, 2010. [Online] Available from: http://elkhillspetroleum.com.

EPA office of Compliance Sector Notebook Project, October 2000. Profile of the Oil and Gas Extraction Industry, EPA/310-R-99-006, Office of Compliance, Office of Enforcement and Compliance Assurance. U.S. Environmental Protection Agency, Washington DC.

European Commission and Joint Research Center, 2013. Best Available Techniques (BAT) Reference Document for the Refining of Mineral Oil and Gas, Industrial Emissions Directive 2010/75/EU (Integrated Pollution Prevention and Control), Joint Research Center. Institute for Prospective Technological Studies Sustainable Production and Consumption Unit European IPPC Bureau.

Fagan, A., November 1991. An introduction to the petroleum industry, Government of Newfoundland and Labrador. Department of Mines and Energy.

Fulkerson, W., Judkins, R.R., Sanghvi, M.K., September 1990. Energy from Fossil Fuels. Scientific American, p. 129.

Guerriero, V., Vitale, S., Ciarcia, S., Mazzoli, S., 2011. Improved statistical multi-scale analysis of fractured reservoir analogues. Tectonophysics 504, 14–24.

Guerriero, V., Mazzoli, S., Iannace, A., Vitale, S., Carravetta, A., Strauss, C., 2013. A permeability model for naturally fractured carbonate reservoirs. Marine and Petroleum Geology 40, 115–134.

Hyne, N.J., 2001. Nontechnical Guide to Petroleum Geology, Exploration, Drilling, and Production, PennWell Nontechnical Series. PennWell Books.

Jafarinejad, S., Ahmadi, S.J., Abolghasemi, H., Mohaddespour, A., 2007a. Thermal stability, mechanical properties and solvent resistance of PP/Clay nanocomposites prepared by melt blending. Journal of Applied Sciences 7 (17), 2480–2484.

Jafarinejad, S., Ahmadi, S.J., Abolghasemi, H., Mohaddespour, A., 2007b. Influence of electron beam irradiation on PP/clay nanocomposites prepared by melt blending. e-Polymers Journal 126.

Jafarinejad, S., 2009. The Basic Elements in Nanotechnology and Polymeric Nanocomposites. Simaye Danesh Publications, Iran.

Jafarinejad, S., 2012. A review on modeling of the thermal conductivity of polymeric nanocomposites. e-Polymers Journal, No. 025.

Jafarinejad, S., 2014. Supercritical water oxidation (SCWO) in oily wastewater treatment. In: National e-Conference on Advances in Basic Sciences and Engineering (AEBSCONF), Iran.

Jafarinejad, S., 2015a. Ozonation advanced oxidation process and place of its use in oily sludge and wastewater treatment. In: 1st International Conference on Environmental Engineering (eiconf), Tehran, Iran.

Jafarinejad, S., Summer 2015b. Investigation of unpleasant odors, sources and treatment methods of solid waste materials from petroleum refinery processes. In: 2nd E-conference on Recent Research in Science and Technlogy, Kerman, Iran.

Jafarinejad, S., 2016a. Control and treatment of sulfur compounds specially sulfur oxides (SOx) emissions from the petroleum industry: a review. Chemistry International 2 (4), 242–253.

Jafarinejad, S., 2016b. Odours emission and control in the petroleum refinery: a review. Current Science Perspectives 2 (3), 78–82.

Kvenvolden, K.A., 2006. Organic geochemistry – a retrospective of its first 70 years. Organic Geochemistry 37, 1–11.

Longmuir, M.V., 2001. Oil in Burma: The Extraction of Earth Oil to 1914. White Lotus, Bangkok.

Mohaddespour, A., Ahmadi, S.J., Abolghasemi, H., Jafarinejad, S., 2007. The investigation of mechanical, thermal and chemical properties of HDPE/PEG/OMT nanocomposites. Journal of Applied Sciences 7 (18), 2591–2597.

Mohaddespour, A., Ahmadi, S.J., Abolghasemi, H., Jafarinejad, S., 2008. Thermal stability, mechanical and adsorption resistant properties of HDPE/PEG/Clay nanocomposites on exposure to electron beam. e-Polymers Journal, 084, 1.

Multilateral Investment Guarantee Agency (MIGA), 2004. Environmental Guidelines for Petrochemicals Manufacturing, pp. 461–467. [Online] Available from: https://www.miga.org/documents/Petrochemicals.pdf.

Macini, P., Mesini, E., 2011. The petroleum upstream industry: hydrocarbon exploration and production, in petroleum engineering-upstream. In: Encyclopedia of Life Suport Systems (EOLSS). EOLSS Publishers, Oxford, UK.

Organization of the Petroleum Exporting Countries (OPEC) Secretariat, Public Relations & Information Department, 2013. I Need to Know, an Introduction to the Oil Industry & OPEC, Ueberreuter Print GmbH, 2100 Korneuburg, Austria.

Ollivier, B., Magot, M., 2005. Petroleum Microbiology, American Society Microbiology Series. ASM Press, Washington DC.

Petroleum.co.uk. API gravity, 2015. [Online] Available from: http://www.petroleum.co.uk/api.

PetroStrategies, Inc., 2015. World's Largest Oil and Gas Companies. [Online] Available from: http://www.petrostrategies.org.

Research Triangle Institute (RTI) International, April 2015. Emissions Estimation Protocol for Petroleum Refineries, Version 3, Submitted to: Office of Air Quality Planning and Standards, U.S. Environmental Protection Agency, Research Triangle Park, NC 27711, Submitted by: RTI International, 3040 Cornwallis Road, Research Triangle Park, NC 27709–2194.

Russell, L.S., 2003. A Heritage of Light: Lamps and Lighting in the Early Canadian Home. University of Toronto Press.

Speight, J.G., 1998. Petroleum Chemistry and Refining. Taylor & Francis CRC Press, Washington DC.

Speight, J.G., 1999. The Chemistry and Technology of Petroleum. CRC Press.

Speight, J.G., 2005. Environmental Analysis and Technology for the Refining Industry. John Wiley & Sons, Inc., Hoboken, New Jersey.

Statista, 2015. Distribution of Global Proved Oil Reserves in 1992 to 2013, by Region. [Online] Available from: www.statista.com/statistics.

Trench, C.J., December 2001. How Pipelines Make the Oil Market Work – Their Networks, Operation and Regulation. Allegro Energy Group, Association of Oil Pipe Lines, New York.

Totten, G.E., 2006. Handbook of Lubrication and Tribology: Volume I Application and Maintenance, second ed. CRC Press, Taylor & Francis Group.

United States Geological Survey (USGS), 2006. National assessment of oil and gas fact sheet, Natural bitumen resources of the United States. Fact Sheet 2006–3133.

United States Environmental Protection Agency (U.S. EPA), 2015. Chapter 5: Petroleum Industry. AP 42, fifth ed, vol. I. [Online] Available from: http://www.epa.gov/ttnchie1/ap42/ch05/.

United States Department of Commerce, Bureau of Standards, November 9, 1929. Thermal Properties of Petroleum Products. Miscellaneous Publication No. 97, Washington.

Verşan Kök, M., 2015. Introduction to Petroleum Engineering, PETE110, Undergraduate Course Code 5660110. Middle East Technical University, Turkey. [Online] Available from: https://www.academia.edu/9454936/PETE110_CHAPTER1

2 石油工业的污染和废物

2.1 术语和定义

本节主要是对环境、环境技术、环境影响评估(EIA)、污染物、杂质、废物、排放系数等关键词给出定义。

环境:"环境"一词的意思是"环绕",来源于法语单词"environia"。它既包含生物(有生命的)也包含非生物(物质的或非生物的)。换言之,环境是作用于生物体、种群或生态群落并影响其生存和发展的所有生物和非生物因素。生物因素包括生物体本身、它们的食物以及其间的相互作用。非生物因素包括阳光、土壤、空气、水、气候和污染等(The American Heritage® Science Dictionary,2002)。

环境技术:环境技术是以改善环境为目标,通过对工程原理的科学研究或应用去理解和处理影响我们周围环境的问题(Speight,2005;Orszulik,2008)。

环境影响评估(EIA):环境影响评估是指对特定事件或活动对环境(大气、水、土地、植物和动物)潜在影响的正式书面技术评估(E&P Forum,1993)。

污染物:污染空气、水或土壤的物质或环境。污染物可以是人造物质,如杀虫剂,也可以是在特定环境中以有害浓度出现的天然物质,如石油或二氧化碳。来自发电厂的温水排放到自然水系中发生的热量转移、核废料中的非放射性物质和噪声等也可以被认为是污染物。污染物可分为两类:一次污染物和二次污染物。一次污染物是指直接从源头排放的污染物;二次污染物可能产生于一次污染物与其他化学物质相互作用,或是来源于一次污染物的离解,或是受特定生态系统的其他作用的影响而产生的(The American Heritage® Science Dictionary,2002;Speight,2005)。

致污物:致污物(contaminant)通常不被归类为污染物(pollutant),在某种意义上,该术语实际上等同于污染,它主要关注的是对环境的大规模危害(Speight,2005)。

废物:废物是指如果管理或处置不当可能对人类健康和环境造成重大危害的任何物质(固体、液体或气体)(Speight,2005)。换言之,废物是指由于在生产、转化或消费方面不再有需要,导致最初使用者希望处理掉的非主要产品。废物可能会在原材提取、原料转化为中间产品或最终产品,最终产品消耗,以及其他人类活动中产生。其中不包括在产生地回收或再利用的残留物[United Nations Statistics Divisions(UNSD), 1997]。

排放系数(*EF*):根据美国环保署(US EPA)的说法(1995a),排放系数是一个代表性指标,它可以将排放到大气中的污染物数量与排放该污染物的相关活动联系起来。其通常表示为该污染物的质量除以单位质量、体积、距离或污染物排放活动的持续时间(例如,每兆克燃煤排放的颗粒物千克数)。这些指标有助于估算各种空气污染源的排放量。在大多数情况下,这些指标只是所有可用数据的平均值,通常被视为代表所有排放源的长期平均数(即总体平均数)。

排放量估计的一般方程为:

$$E = A \times EF \times \left(1 - \frac{ER}{100}\right) \tag{2.1}$$

其中,E 代表排放量,A 代表活度,EF 为排放系数,ER 代表整体减排效率(%)。ER 计算方法为控制装置破坏或排除效率与控制系统捕集效率的乘积。在估计长时间内(如一年)的排放量时,需要同时考虑到异常期和常规期的装置和捕集效率。

AP-42(空气污染排放系数手册)中的排放系数评级,提供了一种可以通过 *EF* 值预测污染源平均排放量的合理方法。排放系数可能适用于多种情况,例如针对整个区域的污染列表进行特定污染源的排放估算。这些列表有许多用途,包括环境扩散建模和分析,控制策略开发以及筛选合规性调查的来源。同时排放系数也可以应用于某些许可的申请中,例如适用性测定和运营许可费用确定等。美国环保署不建议将 *EF* 用作基于特定污染源的许可限值。*EF* 本质上代表着一系列排放率的平均值,因此约一半的污染源排放率将大于 *EF*,而另一半的排放率将小于 *EF*。结果,使用 AP-42 *EF* 将导致一半的污染源不符合排放要求(US EPA, 1995a; Capelli et al., 2014)。

2.2 勘探、开发和生产过程中产生的废物

如第 1 章所述,原油和天然气的生产是石油工业的核心业务。这个过程的主要活动可能包括地震探测、勘探钻井、建设、开发、生产、维护、停运和回收(封堵弃井、拆除建筑物和设备等)(E&P Forum, 1993; Cholakov, 2009)。在这个过程中可能会产生废气、废水和固废。

2.2.1 废气排放与估算

在石油勘探、开发和生产过程中会生成并排放各种各样的空气污染物,如挥发性有机化合物(VOC)、氮氧化物(NO_x)、硫氧化物(SO_x)、硫化氢(H_2S)、烃类(如 CH_4)、二氧化碳(CO_2)、不完全燃烧的烃(如一氧化碳和颗粒物),多环芳

烃(PAH)等。在大多数钻井和生产现场,卤代烃气体[一种破坏臭氧层的氯氟烃(CFC)]也可以用于灭火,但是其使用过程会将卤代烃气体释放到大气中(Reis,1996;E&P Forum,1993)。

在石油勘探、开发和生产过程中,燃烧、作业、无组织排放和现场修复都可能产生空气污染物(Reis,1996)。表2.1列出了石油勘探与开发过程中产生的废气、重要环境因素、主要来源以及产生这些污染物的作业类型。

表2.1 石油勘探、开发和生产过程中的废气(E&P Forum,1993;Bashat,2003)

主要来源	重要环境因素	作业类型
排放气 火炬气 散装化学品排放	NO_x,SO_x,H_2S,CO_x,VOC,烃如CH_4,碳,微粒,多环芳烃,苯,甲苯,乙苯,邻二甲苯,间二甲苯和对二甲苯(BTEX)	钻井 生产
发动机尾气	NO_x,SO_x,CO_x,VOC,多环芳烃,甲醛,碳微粒	地震 建设和调试 钻井 生产 维护 废弃
易挥发气体	VOC,BTEX	建设和调试 钻井 生产 维护 废弃
消防设备/设施	卤代烃,氯氟烃,氢氯氟烃,灭火泡沫	建设和调试 钻井 生产 维护 废弃
空调/制冷剂系统	氯氟烃,氢氯氟烃	建设和调试 生产 维护 废弃

总的来说,石油工业和其他工业一样,废气的排放可以被分为点源和面源。点源排放指的是来自烟囱和火焰的排放,因此可以被监测和处理。面源排放指的是难以定位和捕获的不稳定排放(Speight,2005)。在整个生产系统中都可能出现无组织排放,例如,阀门、泵、罐、压缩机、连接器、配件、舱口、倾卸液位

臂、填料密封、法兰等元件的泄漏。尽管通常单个元件的泄漏很小，但生产系统中所有无组织排放的总和可能会构成最大的废气排放源之一（Reis，1996）。

平均 EF 法、范围筛选法、EPA 相关性法和特定单元相关性法是四种用来估算化学处理单元[如合成有机化学制造工业（SOCMI）、炼油厂、销售终端及油品和天然气生产厂]中设备泄漏排放量的方法。除平均 EF 方法外，所有的方法都需要筛选数据。筛选数据是通过使用便携式监测装置从单个设备的潜在泄漏点取样来获得的。筛选值测量了泄漏到大气中的化合物浓度，它代表了设备元件的泄漏率，测量单位为百万分之一（μL/L）（US EPA，1995b）。本节解释了用于估计设备泄漏排放量的方法，包含平均 EF、范围筛选法和 EFA 相关方法。关于具体单位相关方法的进一步信息，请参考美国 EPA（1995b）和国际三角研究所（RTI）（2015）。

平均排放系数法是指使用环境保护署制定的平均排放系数，并结合了相对容易获得的具体单位的数据。这些数据包括每种设备的数量（阀门、泵密封等），每台设备的使用寿命（气体、轻液或重液），流体中有机化合物总量（TOC）浓度，以及每台设备的使用时间。表 2.2 介绍了石油生产设备的平均 EF 值。该表中排放率指的是 TOC 的排放率，包括甲烷和乙烷等无挥发性有机物。

根据美国环境保护署的说法，虽然平均排放系数是以公斤每小时每个污染源为单位，但值得注意的是，他们在预测大量设备的排放时才是最为有效的。平均因子并不用于预测单个设备在短时间内（即 1h）的排放。在给定设备类型的物流中所有设备 TOC 排放估计可通过公式（2.2）计算：

$$E_{TOC} = F_A \times WF_{TOC} \times N \tag{2.2}$$

其中，E_{TOC} 是在给定设备类型物料流中所有设备的 TOC 排放速率（kg/h），F_A 表示该设备类型的适用平均排放系数（kg/h/排放源），WF_{TOC} 为 TOC 在水中的平均质量分数，N 为水流中适用设备类型的设备件数。

表 2.2 石油生产设备平均排放系数（TOC 排放率包含甲烷和乙烷等非挥发性有机化合物）（US EPA，1995b）

设备类型	供给	排放系数/(kg/h/排放源)	设备类型	供给	排放系数/(kg/h/排放源)
阀门	气 重油 轻油 水/油	4.5×10^{-3} 8.4×10^{-6} 2.5×10^{-3} 9.8×10^{-5}	泵密封	气 重油 轻油 水/油	2.4×10^{-3} 无可用数据 1.3×10^{-2} 2.4×10^{-5}

续表

设备类型	供给	排放系数/(kg/h/排放源)	设备类型	供给	排放系数/(kg/h/排放源)
连接器	气 重油 轻油 水/油	$2×10^{-4}$ $7.5×10^{-6}$ $2.1×10^{-4}$ $1.1×10^{-4}$	开口管线	气 重油 轻油 水/油	$2×10^{-3}$ $1.4×10^{-4}$ $1.4×10^{-3}$ $2.5×10^{-4}$
法兰	气 重油 轻油 水/油	$3.9×10^{-4}$ $3.9×10^{-7}$ $1.1×10^{-4}$ $2.9×10^{-6}$	其他(压缩机、泵膜片、排水管、倾卸臂、舱口、仪器、仪表、减压阀、抛光棒、减压阀和通风口)	气 重油 轻油 水/油	$8.8×10^{-3}$ $3.2×10^{-5}$ $7.5×10^{-3}$ $1.4×10^{-2}$

如需要估计物流中特定挥发性有机化合物的排放量，可使用下列公式：

$$E_X = E_{TOC} × (\frac{WF_X}{WF_{TOC}}) \quad (2.3)$$

其中，E_X 代表从设备排放的有机化合物"x"的量，单位是 kg/h，WF_X 代表设备中有机化学品"x"的浓度，单位是%(质)(US EPA，1995b；RTI International，2015)。

当使用范围筛选法(以前称为泄漏/无泄漏法)时，假设筛选值大于10000μL/L 与筛选值小于10000μL/L组分的平均排放速率不同。如果分析仪测定的浓度大于10000μL/L，则称之为泄漏元件(泄漏浓度定义为10000μL/L)。表2.3给出了石油生产作业的排放系数筛选范围。这些系数比平均排放系数更能反映个别设备的实际泄漏率。使用范围筛选法计算 TOC 排放量的公式如下：

$$E_{TOC} = (F_G × N_G) + (F_L × N_L) \quad (2.4)$$

其中，F_G 是筛选值大于等于10000μL/L(kg/h/排放源)的源的可用排放系数，N_G 表示筛选值大于等于10000μL/L(kg/h/排放源)的源的设备数量(特定设备类型)，F_L 是筛选值小于等于10000μL/L(kg/h/排放源)的源的可用排放系数，N_L 表示筛选值小于等于10000μL/L(kg/h/排放源)的源的设备数量(特定设备类型)(US EPA，1995b)。

EPA 相关法是另一种估算设备泄漏排放量的方法，通过提供一个方程来预测作为特定设备类型筛选值函数的质量排放率。当实际筛选值可用时我们更倾向于使用这种方法。相关性可用于估计整个非零筛选值范围内的排放量，该范围涵盖了从最高潜在筛选值到代表监测设备最小检测限值的筛选值。默认零排放率用于μL/L 为0的筛选值，而挂钩排放率用于"挂钩"筛选值(筛选值超出便携式筛选设备测量的上限)。

表 2.3 石油生产作业的排放系数筛选范围(TOC 排放率)(US EPA，1995b)

设备类型	供给	$\geqslant 10000\mu L/L$ 排放系数/ (kg/h/排放源)	$\geqslant 10000\mu L/L$ 排放系数/ (kg/h/排放源)
阀门	气	0.098	2.5×10^{-5}
	重油	无可用数据	8.4×10^{-6}
	轻油	0.087	1.9×10^{-5}
	水/油	0.064	9.7×10^{-6}
泵密封	气	0.074	3.5×10^{-4}
	重油	无可用数据	无可用数据
	轻油	0.100	5.1×10^{-4}
	水/油	无可用数据	2.4×10^{-5}
连接器	气	0.026	1×10^{-5}
	重油	无可用数据	7.5×10^{-6}
	轻油	0.026	9.7×10^{-6}
	水/油	0.028	1×10^{-5}
法兰	气	0.082	5.7×10^{-6}
	重油	无可用数据	3.9×10^{-7}
	轻油	0.073	2.4×10^{-6}
	水/油	无可用数据	2.9×10^{-6}
开口管线	气	0.055	1.5×10^{-5}
	重油	0.030	7.2×10^{-6}
	轻油	0.044	1.4×10^{-5}
	水/油	0.030	2.5×10^{-6}
其他(压缩机、泵膜片、排水管、倾卸臂、舱口、仪器、仪表、减压阀、抛光棒、减压阀和通风口)	气	0.089	1.2×10^{-4}
	重油	无可用数据	3.2×10^{-5}
	轻油	0.083	1.1×10^{-4}
	水/油	0.069	5.9×10^{-5}

换言之，根据美国环保局的规定，默认零泄漏率仅适用于便携式监测仪器的最低检测限值等于 $1\mu L/L$ 或更低的情况下，当仪器读数固定且不使用稀释探头时，将使用挂钩排放率来估算排放量。石油工业(炼油厂、销售终端和油气生产)设备元件的设备泄漏率见表 2.4。表 2.4 中，TOC 的排放率包括甲烷和乙烷等非挥发性有机化合物，C 是监测装置测量的筛选值($\mu L/L$)。$10000\mu L/L$ 挂钩排放率仅适用于稀释探针无法使用或先前收集的数据包含筛选值为 $10000\mu L/L$ 的情况。$10000\mu L/L$ 挂钩排放率是基于大于或等于 $10000\mu L/L$ 筛选的元件；然

而，在某些情况下，大多数数据可能来自筛选出的大于 $100000\mu L/L$ 的元件，从而导致 $10000\mu L/L$ 和 $100000\mu L/L$ 挂钩排放率的相似(例如连接器和法兰)。此外，其他设备类型大致包含仪器、装载臂、减压装置、填料函、通风孔、压缩机、倾卸杠杆臂、泵膜片、排水管、舱口、仪表和抛光棒。其他设备类型适用于连接器、法兰、开口管线、泵和阀门以外的任何设备(US EPA，1995b；RTI International，2015；American Petroleum Institute，1980；Schaich，1991)。

表 2.4　石油工业(炼油厂、销售终端、油气生产设备等)设备元件设备泄漏率
(US EPA，1995b；RTI International，2015)

设备类型/供给	默认零排放率/(kg/h/排放源)	挂钩排放系数/(kg/h/排放源)		相关方程/(kg/h/排放源)
		$10000\mu L/L$	$100000\mu L/L$	
阀门/全部	7.8×10^{-6}	0.064	0.140	$2.29\times 10^{-6} C^{0.746}$
泵密封/全部	2.4×10^{-5}	0.074	0.160	$5.03\times 10^{-5} C^{0.610}$
其他/全部	$4.0c\times 10^{-6}$	0.073	0.110	$1.36\times 10^{-5} C^{0.589}$
连接器/全部	7.5×10^{-6}	0.028	0.030	$1.53\times 10^{-6} C^{0.735}$
法兰/全部	3.1×10^{-7}	0085	0.084	$4.61\times 10^{-6} C^{0.703}$
开口管线/全部	2.0×10^{-6}	0.030	0.079	$2.20\times 10^{-6} C^{0.704}$

Sheehan(1991)和 Reis(1996)提出了另一种基于生产井数和油气比与排放率有关的近似方法。例如，井数<10 时油气比<500 和≥500 的排放率(Ibm/井/d)分别为 2.56 和 6.85。井数在 10~15 之间油气比<500 和≥500 的排放率(Ibm/井/d)分别为 1.44 和 2.89。此外，井数>50 时油气比<500 和≥500 的排放率(Ibm/井/d)分别为 0.09 和 4.34。

勘探与生产部门的废气排放量取决于石油总产量和/或该部门的活动水平。Ahnell 和 O'Leary(2008)提出，就单位产量的排放量而言，2004 年英国石油公司平均每百万桶石油当量(Mboe)排放 353t 废气(不包括二氧化碳)。2004 年，其勘探和生产环节的二氧化硫排放量也达到了 1×10^4 t。此外，在英国石油公司 2004 年的废气排放总量(不包括二氧化碳)中，56% 来自勘探与生产部门，20% 来自炼油和销售部门，24% 来自其余业务部门。

勘探与生产作业过程中的天然气燃烧是产生废气排放的最主要来源，尤其是在没有基础设施或天然气市场的情况下。石油工业的综合开发和天然气市场的产生可以减少天然气的燃烧。根据《世界资源研究报告》(1994~1995)，1991 年天然气燃烧总计产生了 2.56×10^8 t 二氧化碳排放量(占全球二氧化碳排放量的 1%)和 2.5×10^7 t 甲烷(占全球排放量的 10%)(E&P Forum/UNEP，1997；E&P Forum，

1994a)。根据 Ahnell 和 O'Leary 提供的数据(2008),英国石油公司在 2004 年的勘探和生产活动中燃烧了 1.342×10^6 t 烃类气体。在勘探与生产论坛(1994a)上披露了北海勘探与生产工业产生的甲烷总排放量为 1.36×10^5 t(占全球甲烷排放量的 0.05%)。北海生产活动产生的其他排放气体,如 NO_x、SO_2、CO 和 VOC,分别占欧盟(EU)总排放量的 <1%、<1%、<1% 和 <2%。有许多新兴技术和改进方法可能减少废气排放,并有助于进一步提高性能。提高性能方法的实例还涉及减少燃烧和排放、提高能源效率、开发低氮氧化物涡轮机、控制无组织排放以及测试消防系统的替代品(E&P Forum/UNEP, 1997; E&P Forum, 1994a)。

2.2.2 废水

勘探与生产活动产生的废水的主要来源是采出水、钻井液、岩屑、井处理化学品、冷却水、工艺、冲洗和排水、溢出和泄漏,以及污水、卫生和生活废水。产生的废水多少取决于勘探与生产过程的步骤。在地震作业期间,废水量最小,与营地或船只活动有关。勘探钻井产生的废水主要是钻井液和岩屑,而生产作业产生的废水主要是采出水(开发井完工后)(E&P Forum/UNEP, 1997)。表 2.5 提供了石油勘探和生产环节产生废水的重要环境因素,主要来源和产生这些污染物的操作类型。

表 2.5　石油勘探、开发和生产过程中产生的废水(E&P Forum, 1993; Bashat, 2003)

主要来源	重要环境因素	作业类型
采出水	烃类、无机盐、重金属、固体、有机物、硫化物、缓蚀剂、杀菌剂、苯酚、BOD、苯、有机卤素、多环芳烃、放射性物质	钻井 生产
工艺用水,如发动机冷却水、刹车冷却水、冲洗水	无机盐、重金属、固体、有机物、BOD、硫化物、缓蚀剂、杀菌剂、破乳剂、阻蜡剂、洗涤剂、烃类	地震 钻井 生产 维护 废弃
压载水	烃类、酚类、多环芳烃	生产
液压测试液	固体、缓蚀剂、杀菌剂、BOD、染料、除氧剂	建设和调试
被污染的雨水/排出水	无机盐、重金属固体、有机物、BOD、硫化物、缓蚀剂、杀菌剂、乳化剂、蜡抑制剂、阻垢剂、洗涤剂、烃类	建设和调试 钻井 生产 维护 废弃

续表

主要来源	重要环境因素	作业类型
钻井液化学品	金属,盐类,有机物,pH,表面活性剂,杀菌剂,乳化剂,增稠剂	钻井 生产
废增产或压裂液	无机酸(HCL,HF),烃类,甲醇,缓蚀剂,除氧剂,地层流体,自然产生的放射性物质(NORM),凝胶剂	钻井 生产
废钻完井液	烃类,缓蚀剂,无机盐	钻井 生产
废润滑油	有机物,重金属	地震 钻井 维护
水基(包括盐水)泥浆和岩屑	高pH值,无机盐,烃类,固体/岩屑,钻井液化学品,重金属	钻井
油基泥浆和岩屑	烃类,固体/岩屑,重金属,无机盐,钻井液化学品	钻井
汞	汞	钻井 生产 维护 废弃
脱水和脱硫废物	胺,乙二醇,过滤污泥,金属硫化物,硫化氢,金属,苯	生产
生活污水	BOD,固体,洗涤剂,大肠杆菌	地震 建设和调试 钻井 生产 维护 废弃

生产类型(石油和天然气)、活动水平、地理位置和油田的整个生命周期都可能影响采出水量(Congress of the United States, Office of Technology Assessment, 1992; E&P Forum/UNEP, 1997; E&P Forum, 1994b)。例如,对于北海油田来说,其典型值为石油装置 2400~40000 m^3/d,天然气装置 2~30 m^3/d(E&P Forum/UNEP, 1997; E&P Forum, 1994b)。采出水、钻井液和伴生废物的相对含量分别为 98.2%、1.7% 和 0.1%(53 Federal Register 25448, 1988; Congress of the United States, Office of Technology Assessment, 1992)。根据 Ahnell 和 O'Leary 提供的数据(2008),2004 年英国石油公司的勘探开发和炼油业务处理后的废水排放总量

接近 $260m^3/min$。

1995 年，美国陆上石油勘探与生产业约产生了 179 亿桶采出水、1.49 亿桶钻井废物和 2050 万桶相关废物。此外，天然气加工产生了 950 万桶采出水和 10 万桶脱水废物。十年前，即 1985 年，勘探与生产业产生的采出水、钻井废物和相关废物分别为 210 亿桶、3.61 亿桶和 1200 万桶。1995 年勘探与生产活动产生的废物量减少与 1985~1995 年勘探与生产行业活动的总体下降相一致（石油产量下降，生产井数量减少，新钻井数量减少），这影响了两大废水采出水和钻井废物的产生（American Petroleum Institute，2000）。

直到 20 世纪 90 年代中期，在一些油田，石油基泥浆和钻井岩屑的排放是海上石油工业石油烃类进入海洋环境的主要来源。例如，在 1981~1986 年，每年向挪威大陆架（NCS）排放的岩屑油量为 1940t（Reiersen et al.，1989；Bakke et al.，2013）。挪威和东北大西洋海洋环境保护公约成员区域分别于 1993 年和 1996 年与 2000 年通过法规逐步消除了这一来源（OSPAR Commission，2000；Bakke et al.，2013）。2012 年，约有 $1.3×10^8 m^3$ 的采出水排放到了 NCS。单田最高日平均排水量为 $76700m^3$。自 2007 年以来，OSPAR 法规要求了采出水中的分散油不得超过 30mg/L 的标准（OSPAR Commission，2001；Bakke et al.，2013）。2012 年，挪威的产出水平均油浓度为 11.7mg/L。目前使用的清洁设备似乎能够将其浓度降至 5mg/L 以下（Voldum et al.，2008；Bakke et al.，2013）。

2.2.3 固废

勘探与生产活动产生的固体废物的主要来源是储罐/管道污泥、生产化学品、被污染的土壤、焚烧炉灰、油基泥浆和岩屑、清管污泥、废催化剂、工业废物、医疗废物、生活垃圾等。表 2.6 给出了石油勘探与生产产生的固体废物、重要环境因素和产生这些污染物的主要来源和操作类型（E&P Forum，1993；Bashat，2003）。固体废物的控制可以通过源头控制、废物处理和废物处置来实现（Orszulik，2008）。

表 2.6 石油勘探、开发和生产过程中产生的固废（E&P Forum，1993；Bashat，2003）

主要来源	重要环境因素	作业类型
储罐/管道污泥，诱导气浮装置/溶解气体气浮装置（IGF/DGF）污泥，蜡	无机盐，重金属，固体，有机物，BOD，硫化物，缓蚀剂，杀菌剂，破乳剂，蜡抑制剂，阻垢剂，苯酚，多环芳烃，烃类	生产
生产化学品	破乳剂，缓蚀剂，蜡抑制剂，阻垢剂，消泡剂，杀菌剂，除氧剂，絮凝剂	生产

续表

主要来源	重要环境因素	作业类型
工业垃圾	重金属，金属，塑料，颜料	建设和调试 生产 废弃
例如废弃和建设导致的土壤移动	烃类，重金属，金属，塑料，颜料，玻璃	建设和调试 废弃
水泥浆，水泥水混合物，水泥返料	稀释剂，增黏剂，重金属，pH，盐	钻井 生产
被污染的土壤	烃类，重金属，盐，处理化学品	地震 建设和调试 钻井 生产 维护 废弃
吸收剂，如溢出物清理	烃类，溶剂，加工化学品	地震 建设和调试 钻井 生产 维护 废弃
焚化炉灰	炉灰，重金属，盐	钻井 生产 废弃
工业废料，如电池、变压器和电容器	酸，碱，重金属，多氯联苯（多氯联苯）	建设和调试 维护 废弃
维护废料，如喷砂（磨砂）、润滑脂和过滤器	烃类，溶剂，重金属，固体	维护
涂装材料	重金属，溶剂，烃类	建设和调试 维护
清管污泥	无机盐，烃类，重金属，固体，生产化学品，NORM，酚，芳烃	生产
采出砂，如钻井/生产作业产生的砂	烃类，重金属，NORM	钻井 生产

续表

主要来源	重要环境因素	作业类型
废料,如废弃的平台、用过的管道、用过的工艺设备、用过的罐、电缆、空桶、用过的管子、用过的套管	重金属,NORM	地震 建设和调试 维护 废弃
废催化剂,如催化剂床、分子筛	烃类,重金属,无机盐	生产 维护
整合材料,如环氧树脂	过量的化学物质	生产
医疗废物	病原体,塑料,玻璃,药物,针头	建设和调试 钻井 生产 维护 废弃
生活垃圾	塑料,玻璃,有机废物	地震 建设和调试 钻井 生产 维护 废弃

2.3 烃加工过程产生的废物

炼油厂和石化厂需对大量的原材料和产品进行管理,同时它们也密集地消耗着能源和水。在储存和烃加工的过程中,炼油厂和石化厂向水、空气、土壤中产生排放(Faustine, 2008; European Commission and Joint Research Center, 2013; Jafarinejad, 2014a, b, 2015a, b, c, d, e, f, 2016)。环境管理已成为炼油厂和石化厂面临的主要问题。石油工业是一个成熟的工业,长期以来大多数炼油厂都在不同程度上开展了污染治理工作。因此,炼油厂加工每吨原油产生的排放量已经有所下降,且在持续下降中(European Commission and Joint Research Center, 2013)。

有必要指出的是,就炼油厂产生排放的质与量而言,宏观上,原油的成分变化范围有限。此外,通常炼油厂加工的原油类型有限。一般来说,使用不同类型的原油时,炼油厂预计排放量不会有大的变化。因此,炼油厂在日常作业中对环境产生的排放类型与数量都是众所周知的。然而,炼油厂目前未知的原油加工过程有时会对炼油工艺的性能产生不可预见的影响,从而导致排放量的增加(特别是可能影响废水排放量,在较小程度上影响废气排放量)(European Commission and Joint Research Center,2013)。

2.3.1 废气排放与估算

炼油厂产生废气排放的主要来源有火炬,包括发电用燃料在内的燃料燃烧产生的废气,通过泄漏的阀门、泵或其他工艺装置释放的设备泄漏排放(无组织排放或面源排放),在生产过程(如排气、化学反应)中从工艺排气口释放的工艺排气排放(点源排放),产品进出储罐时产生的储罐排放,以及从储罐、水池和下水道系统产生的废水系统排放(Orszulik,2008,Draft Technology Roadmap for the US Petroleum Industry,2000)。表2.7和表2.8分别列出了炼油厂和石化厂的废气排放、重要环境因素以及产生这些污染物的过程。炼油过程需要大量的能量;欧盟委员会和联合研究中心(2013)指出,60%以上的炼油厂废气排放通常产生于生产各种炼油厂工艺所需能源的过程中。

表2.7 炼油厂产生的主要废气与其排放源(US EPA,1995c,2004;Speight,2005;European Commission and Joint Research Center,2013)

废气	排放源和/或过程
一氧化碳(CO)	工艺炉和锅炉、流化催化裂化再生器、CO锅炉、硫回收装置(SRU)、火炬系统、垃圾焚烧厂,或原油脱盐、常压蒸馏、减压蒸馏、热裂解/减黏裂化、焦化、催化裂化、催化加氢裂化、加氢处理、加氢处理、烷基化、异构化、催化重整、丙烷脱沥青等过程
二氧化碳(CO_2)	工艺炉、锅炉、燃气涡轮机、流化催化裂化再生器、CO锅炉、火炬系统、焚化炉、液化天然气工厂、二氧化碳分离
氮氧化物(NO,NO_2)	工艺炉、锅炉、燃气轮机、流化床催化裂化再生器、CO锅炉、焦炭煅烧炉、焚烧炉、火炬系统,或原油脱盐、常压蒸馏、真空蒸馏、热裂解/降黏、焦化、催化裂化、催化加氢裂化、加氢处理、烷基化、异构化、催化重整和丙烷脱沥青等过程
一氧化二氮(N_2O)	流化催化裂化再生器
颗粒物(包括金属)	工艺炉和锅炉,尤其是在使用液体燃料、流化催化裂化再生器、CO锅炉、焦化厂、焚化炉,或原油脱盐、常压蒸馏、减压蒸馏、热裂解/减黏裂化、焦化、催化裂化、催化加氢裂化等工艺时,加氢处理、烷基化、异构化、催化重整、丙烷脱沥青等过程
硫氧化物(SO_x)	工艺炉和锅炉、流化催化裂化再生器、CO锅炉、硫黄回收装置、火炬系统、焚烧炉,或原油脱盐、常压蒸馏、真空蒸馏、热裂解/降黏、焦化、催化裂化、催化加氢裂化、加氢处理、烷基化、异构化、催化重整和丙烷脱沥青等过程

续表

废气	排放源和/或过程
挥发性有机化合物（VOC）	储存和处理设施，如分离装置、油/水分离系统、无组织排放（阀门、法兰等）、通风口、火炬系统
烃类无组织排放	原油脱盐、常压蒸馏、真空蒸馏、热裂化/降黏、焦化、催化裂化、催化加氢裂化、加氢处理、烷基化、异构化、催化重整、丙烷脱沥青、废水处理
催化剂粉尘	催化加氢裂化
HCl（可能在轻端）	异构化
H$_2$S	聚合及废水处理中的碱洗
NH$_3$	废水处理
溶液无组织排放	溶剂萃取和脱蜡
丙烷无组织排放	丙烷脱沥青

表2.8 石化厂产生的主要废气与其排放源[Department of Environment(DOE) of Malaysia, 2014; Iranian Ministry of Petroleum, 2007; IL & FS Ecosmart Limited Hyderabad, 2010]

废气	排放源和/或过程
挥发性有机化合物（VOC）	裂解装置、无组织源和间歇通风孔、工艺通风孔、液体和气体的储存和输送、蒸馏装置、芳烃装置、工艺装置、容器检修孔的打开、废水处理设施
可吸入颗粒物（PM）	固体产品（如合成橡胶、塑料）的干燥、固体原料的调节、锅炉、催化剂再生、废物处理、粉末处理、裂解装置、芳烃装置、工艺加热器
燃烧气体：NO$_x$，CO$_x$，C$_x$H$_y$，金属，煤烟	锅炉、蒸汽锅炉、焚化炉和火焰、裂解装置、芳烃装置，工艺加热器
酸性气体（HCl，HF）	流化催化裂化再生器
颗粒物（包括金属）	工艺炉和锅炉，尤其是燃烧液体燃料、流化催化裂化再生器、CO锅炉、焦化厂，焚化炉，或原油脱盐、常压蒸馏、减压蒸馏、热裂解/减黏裂化、焦化、催化裂化、催化加氢裂化等工艺时，加氢处理、烷基化、异构化、催化重整、丙烷脱沥青等过程
硫氧化物（SO$_x$）	工艺炉和锅炉、流化催化裂化再生器、CO锅炉、硫黄回收装置、火炬系统、焚烧炉，或原油脱盐、常压蒸馏、真空蒸馏、热裂解/降黏、焦化、催化裂化、催化加氢裂化、加氢处理、烷基化、异构化、催化重整和丙烷脱沥青等过程
挥发性有机化合物（VOC）	储存和处理设施，如分离装置、油/水分离系统、无组织排放（阀门、法兰等）、通风口、火炬系统
烃类无组织排放	原油脱盐、常压蒸馏、真空蒸馏、热裂化/降黏、焦化、催化裂化、催化加氢裂化、加氢处理/加氢处理、烷基化、异构化、催化重整、丙烷脱沥青、废水处理

续表

废气	排放源和/或过程
催化剂粉尘	催化加氢裂化
HCl(可能在轻端)	卤化反应
二噁英	使用氯焚化炉的生产过程
溶剂	合成橡胶、塑料的干燥(含溶剂和物质的干燥空气排放)

如表 2.7 所示，一氧化碳(CO)、二氧化碳(CO_2)(温室气体)，氮氧化物(NO_x)，硫氧化物(SO_x)、可吸入颗粒物(PM)，挥发性有机化合物，如苯、甲苯、二甲苯(BTX)，烃类无组织排放，溶剂无组织排放、HCl、H_2S、NH_3、二硫化碳(CS_2)、羰基硫(COS)，氟化氢(HF)和金属颗粒的成分(钒、镍等)是一个典型炼油厂向大气中产生的污染物排放(Faustine，2008；European Commission and Joint Research Center，2013；Jafarinejad，2015d)。例如，每加工一吨原油，炼油厂产生的排放大致如下：

1) 颗粒物：0.8kg，浮动范围小于 0.1~3kg。
2) 氧化硫：1.3kg，浮动范围 0.2~0.6kg；0.1kg 采用克劳斯硫黄回收工艺。
3) 氮氧化物：0.3kg，浮动范围 0.06~0.5kg。
4) 苯、甲苯、二甲苯(BTX)：2.5g(g)，浮动范围 0.75~6g；1g 采用克劳斯硫黄回收工艺。其中，每吨原油加工可能释放 0.14g 苯、0.55g 甲苯和 1.8g 二甲苯。
5) VOC 的排放取决于生产技术、排放控制技术、设备维护和气候条件，可能为每加工 1t 原油产生 1kg(浮动范围 0.5~6kg/t 原油)(World Bank Group，1998)。

显然，炼油过程中的设备泄漏会产生大量的排放。根据美国环境保护署的说法，即使个别泄漏通常很少，但个别泄漏却是炼油厂和化学制造设施中挥发性有机化合物和挥发性有害空气污染物(HAPs)排放的最大来源(Faustine，2008；US EPA，1995b)。

硫氧化物(SO_2、SO_3)和其他硫化合物(H_2S、CS_2、COS)，氮氧化物(NO_x、N_2O)和其他氮化合物(NH_3、HCN)，卤素及其化合物(Cl_2、Br_2、HF、HCl、HBr)，不完全燃烧化合物，如 CO 和 C_xH_y，可能含有潜在致癌物的挥发性有机化合物、可能致癌的颗粒物(如灰尘、煤烟、碱、重金属)以及酸性气体都可能存在于石化过程和能源供应过程排放的废气中(IL & FS Ecosmart Limited Hyderabad，2010)。在石化厂中，来自泵、阀门、法兰、储罐、装卸作业和废水处理过程的废气是最受关注的。某些从石化厂排放到空气中的物质是致癌或有毒的。乙烯和丙烯的排放尤其值得关注，因为它们的形成过程会导致产生剧毒的氧化物。

废气中可能存在的致癌化合物包括苯、丁二烯、1，2-二氯乙烷和氯乙烯。石化厂的普通石脑油裂解炉每年可排放约 2500t 烯烃(如丙烯和乙烯)，并产出乙烯 500000t。按每年 500000t 乙烯产能计算，石化厂每年还可排放 200t 氮氧化物和 600t 硫氧化物。挥发性有机化合物的排放取决于工厂处理的产品，可能包括乙醛、丙酮、苯、甲苯、三氯乙烯、三氯甲苯和二甲苯。其排放大多是无组织的，取决于生产工艺、材料处理和废水处理程序、设备维护和气候条件。根据 MIGA (2004)，石脑油裂解炉的 VOC 排放量为每吨乙烯 0.6~10kg(75%是烷烃，20%是不饱和烃，其中一半是乙烯，剩下 5%是芳烃)；氯乙烯装置每吨产品产生 0.02~2.5kg(其中 45%是二氯化乙烯，20%是氯乙烯，15%是氯化有机物)；丁苯橡胶(SBR)装置每吨产品产生 3~10 kg；乙苯装置每吨产品产生 0.1~2 kg；丙烯腈-丁二烯-苯乙烯(ABS)装置每吨产品产生 1.4~27 kg；苯乙烯装置每吨产品产生 0.25~18 kg；聚苯乙烯装置每吨产品产生 0.2~5 kg(MIGA，2004)。

与勘探与生产环节设备泄漏产生的废气排放类似，SOCMI 工艺装置和炼油厂的设备泄漏产生的排放可以通过使用平均 EF 方法、范围筛选法、EPA 相关性方法和单元特定相关性方法来估计(US EPA，1995b；RTI International，2015)。表 2.9 列出了 SOCMI 工艺装置和炼油厂的平均排放系数。根据 SOCMI 平均排放系数估计 TOC 排放率，而炼油厂平均排放系数估计非甲烷有机化合物排放率。各设备 TOC 的排放速率可由式(2.2)计算。仅对炼油厂而言，必须调整排放系数 F_A，以考虑到物料流中的所有有机化合物，因为炼油厂平均排放系数仅对非甲烷有机化合物有效(甲烷按重量最多可达 10%)。公式如下：

$$F_A = F_A \times \left(\frac{WF_{TOC}}{WF_{TOC} - WF_{methane}} \right) \tag{2.5}$$

其中，$WF_{methane}$ 为该物料流中甲烷的平均质量分数。因此对于炼油厂，式 (2.2)可改写为(US EPA，1995b)：

$$E_{TOC} = F_A \times \left(\frac{WF_{TOC}}{WF_{TOC} - WF_{methane}} \right) \times WF_{TOC} \times N \tag{2.6}$$

表 2.9 SOCMI 工艺装置和炼油厂的平均排放系数(轻液泵密封系数可以用来预测搅拌器密封泄漏率)(US EPA，1995b)

设备类型	供给	SOCMI 排放系数/(kg/h/排放源)	炼油厂排放系数/(kg/h/排放源)
阀门	气	5.97×10^{-3}	2.68×10^{-3}
	重油	4.03×10^{-3}	1.09×10^{-2}
	轻油	2.3×10^{-4}	2.3×10^{-4}

续表

设备类型	供给	SOCMI 排放系数/ (kg/h/排放源)	炼油厂排放系数/ (kg/h/排放源)
泵密封	轻油	1.99×10^{-2}	1.14×10^{-1}
	重油	8.62×10^{-1}	2.1×10^{-2}
压缩机密封	气	2.28×10^{-1}	6.36×10^{-1}
压力释放阀	气	1.04×10^{-1}	1.6×10^{-1}
连接器	全部	1.83×10^{-3}	2.5×10^{-4}
开口管线	全部	1.7×10^{-3}	2.3×10^{-3}
取样连接	全部	1.5×10^{-2}	1.5×10^{-1}

表 2.10 和表 2.11 分别给出了炼油厂的范围筛选排放系数(非甲烷有机化合物排放速率)和 SOCMI 范围筛选排放系数(TOC 排放速率)。可以通过公式(2.4)使用范围筛选法计算 TOC 排放量。仅对炼油厂而言,排放系数 F_G 和 F_L 必须进行调整,以考虑到物料流中的所有有机化合物,因为炼油厂平均排放系数仅对非甲烷有机化合物有效。该式为:

$$F_G = F_G \times \left(\frac{WF_{TOC}}{WF_{TOC} - WF_{methane}} \right) \tag{2.7}$$

$$F_L = F_L \times \left(\frac{WF_{TOC}}{WF_{TOC} - WF_{methane}} \right) \tag{2.8}$$

因此对于炼油厂,式(2.4)可改写为(US EPA, 1995b):

$$E_{TOC} = \left[F_G \times \left(\frac{WF_{TOC}}{WF_{TOC} - WF_{methane}} \right) \times WF_{TOC} \times N_G + \left[F_L \times \left(\frac{WF_{TOC}}{WF_{TOC} - WF_{methane}} \right) \right] \right] \tag{2.9}$$

表 2.10 炼油厂的范围筛选排放系数(非甲烷有机化合物的排放速率)
(轻液泵密封系数可以用来预测搅拌器密封泄漏率)(US EPA, 1995b)

设备类型	供给	≥10000μL/L 排放系数/ (kg/h/排放源)	<10000μL/L 排放系数/ (kg/h/排放源)
阀门	气	0.2626	6×10^{-4}
	重油	0.0852	1.7×10^{-3}
	轻油	0.00023	2.3×10^{-4}

续表

设备类型	供给	≥10000μL/L 排放系数/(kg/h/排放源)	<10000μL/L 排放系数/(kg/h/排放源)
泵密封	轻油 重油	0.437 0.3885	1.2×10^{-2} 1.35×10^{-2}
压缩机密封	气	1.608	8.94×10^{-2}
压力释放阀	气	1.691	4.47×10^{-2}
连接器	全部	0.0375	6×10^{-5}
开口管线	全部	0.01195	1.5×10^{-3}

表 2.11 SOCMI 的范围筛选排放系数(TOC 排放速率)(轻液泵密封系数可以用来预测搅拌器密封泄漏率)(US EPA, 1995b)

设备类型	供给	≥10000μL/L 排放系数/(kg/h/排放源)	<10000μL/L 排放系数/(kg/h/排放源)
阀门	气 重油 轻油	0.0782 0.0892 0.00023	1.31×10^{-4} 1.65×10^{-4} 2.3×10^{-4}
泵密封	轻油 重油	0.243 0.216	1.87×10^{-3} 2.1×10^{-3}
压缩机密封	气	1.608	8.94×10^{-2}
压力释放阀	气	1.691	4.47×10^{-2}
连接器	全部	0.113	8.1×10^{-5}
开口管线	全部	0.01195	1.5×10^{-3}

表 2.12 SOCMI 设备元件的设备泄漏率(US EPA, 1995b; RTI International, 2015)

设备类型 (全部供给)	默认零排放率/ (kg/h/排放源)	挂钩排放系数/(kg/h/排放源)		相关方程/ (kg/h/排放源)
		10000μL/L	100000μL/L	
气阀	6.6×10^{-7}	0.024	0.11	$1.87 \times 10^{-6} C^{0.873}$
轻液阀	4.9×10^{-7}	0.036	0.15	$6.41 \times 10^{-6} C^{0.797}$
轻液泵	7.5×10^{-6}	0.140	0.62	$1.90 \times 10^{-5} C^{0.824}$
连接器	6.1×10^{-7}	0.044	0.22	$3.05 \times 10^{-6} C^{0.885}$

炼油厂设备元件的设备泄漏率见表2.4，SOCMI设备元件的设备泄漏率见表2.12。在此表中，TOC的排放率包括乙烷和乙烷等非VOC，C是监测装置测量的筛选值($\mu L/L$)。此外，轻液泵的关联式可应用于压缩机密封、减压阀、搅拌器密封和重液泵。轻液泵默认零值也可应用于压缩机、减压阀、搅拌器和重液泵。此外，轻液体泵密封挂钩排放率可应用于压缩机、减压阀和搅拌器(US EPA，1995b)。

例2.1

在炼油厂，假设有100个气阀，平均含有80%(质)的非甲烷有机化合物，10%的水蒸气，10%(质)的甲烷，没有乙烷(因此TOC质量分数为90%)。如果这个过程每年运行8000h(h/a)，100个气阀每小时和每年的TOC和VOC排放量是多少？

解

从表2.9中选用适用的排放系数，可计算气流中气体阀门每小时的平均TOC排放量，根据式(2.6)：

$$E_{TOC} = F_A \times \left(\frac{WF_{TOC}}{WF_{TOC} - WF_{methane}}\right) \times WF_{TOC} \times N$$

$$= 0.0268 \times \frac{0.90}{0.90 - 0.1} \times 0.9 \times 100 = 2.71(kgTOC/h)$$

气流中气阀的年平均TOC排放量计算如下：

$$E_{TOC, annual} = 2.71 kgTOC/h \times 8000 h/a = 21680 kgTOC/a$$

利用公式(2.3)计算气流中气阀每小时的平均挥发性有机化合物排放量：

$$E_{VOC} = E_{TOC} \times \left(\frac{WF_{VOC}}{WF_{TOC}}\right) = 2.71 \times \frac{0.8}{0.9} = 2.41(kgTOC/h)$$

气阀每年的平均挥发性有机化合物排放量计算如下：

$$E_{VOC, annual} = 2.41 kgTOC/h \times 8000 h/a = 19280 kgTOC/a$$

(US EPA，1995b；RTI International，2015)

例2.2

在一个SOCMI工艺单元中，假设有100个气阀，平均包含80%(质)的非甲烷有机化合物，10%(质)的水蒸气，10%(质)的甲烷，且没有乙烷(因此TOC质量分数为90%)。如果流程每年运行7900h，100个气阀每小时和每年的TOC排放量是多少？

解

从表2.9中选用适用的排放系数，可计算气流中气体阀门每小时的平均TOC

排放量，根据式(2.2)：

$$E_{\text{TOC}} = F_A \times WF_{\text{TOC}} \times N = 0.00597 \times 0.9 \times 100 = 0.5373(\text{kgTOC/h})$$

气流中气阀的年平均 TOC 排放量计算如下：

$$E_{\text{TOC, annual}} = 0.5373\text{kgTOC/h} \times 7900\text{h/a} = 4244.67\text{kgTOC/a}$$

(US EPA, 1995b; RTI International, 2015)

例 2.3

炼油厂催化重整装置（CRU）每年运行 8000h，有 600 个阀门。假设筛选值<10000μL/L 的气体、轻液体和重液体服务中的阀门数量分别为 236、293 和 65，筛选值≥10000μL/L 的这些数据分别为 3、3 和 0。此外，假设已知或估计所有排放中甲烷和乙烷的平均质量分数分别等于 TOC 的 3% 和 1%。还假设每个排放流的 TOC 含量为 100%。该工艺装置中阀门的每小时累计 TOC 和 VOC 排放率是多少？年 TOC 和 VOC 的排放量是多少？

解

从表 2.10 中选用适用的排放系数，计算气体、轻液体和重液体阀门的每小时 TOC 排放量，根据式(2.9)：

气体系统阀门每小时的 TOC 排放量：

$$E_{\text{TOC}} = \left\{\left[0.2626 \times \left(\frac{100}{100-3}\right) \times 3\right] + \left[0.0006 \times \left(\frac{100}{100-3}\right) \times 236\right]\right\}$$
$$= 0.9581(\text{kgTOC/h})$$

轻液系统阀门每小时 TOC 排放：

$$E_{\text{TOC}} = \left\{\left[0.0852 \times \left(\frac{100}{100-3}\right) \times 3\right] + \left[0.0017 \times \left(\frac{100}{100-3}\right) \times 293\right]\right\}$$
$$= 0.7770(\text{kgTOC/h})$$

重液系统阀门每小时 TOC 排放：

$$E_{\text{TOC}} = \left\{\left[0.00023 \times \left(\frac{100}{100-3}\right) \times 0\right] + \left[0.00023 \times \left(\frac{100}{100-3}\right) \times 65\right]\right\}$$
$$= 0.0154(\text{kgTOC/h})$$

因此所有阀门的每小时 TOC 排放总量为 0.9581+0.7770+0.0154=1.7505 kgTOC/h。所有阀门每小时的挥发性有机化合物排放量可根据公式(2.3)计算：

$$E_{\text{VOC}} = E_{\text{TOC}} \times \left(\frac{WF_{\text{VOC}}}{WF_{\text{TOC}}}\right) = 1.7505 \times \left(\frac{96}{100}\right) = 1.6804(\text{kgVOC/h})$$

所有阀门年 TOC 和 VOC 排放量可计算如下：

$$E_{\text{TOC, annual}} = 1.7505\text{kg TOC/h} \times 8000\text{h/a} = 14004\text{kg TOC/a}$$
$$E_{\text{VOC, annual}} = 1.6804\text{kg TOC/h} \times 8000\text{h/a} = 13443.93\text{kg VOC/a}$$

(US EPA, 1995b; RTI International, 2015)

例 2.4

对于例 2.3 所述的同一改造装置中的阀门,假设监测记录了表 2.13 中的筛选值读数。进行监测时,该工艺装置阀门的每小时累计 TOC 和 VOC 排放率是多少?

解

为了计算排放量,表 2.4 中给出了阀门的默认零值(7.8×10^{-6})。用于估算筛选值为 0μL/L 的 580 个阀门的 TOC 排放量。表 2.4 中阀门的挂钩排放率(0.140)用于估算两个带有挂钩读数阀门 TOC 排放率。使用表 2.4 中阀门的相关方程($2.29 \times 10^{-6} C^{0.746}$)来测量的筛选值估算每个阀门的排放量。在每种情况下,计算的 TOC 排放量乘以(100-4)/100,以计算 VOC 排放量(US EPA, 1995b; RTI International, 2015)。

表 2.13 例 2.4 中阀门数量,筛选值和阀门的每小时 TOC 和 VOC 排放率
(US EPA, 1995b; RTI International, 2015)

阀门数量	筛选值/(μL/L)	排放/(kg/h)	
		10000μL/L	100000μL/L
580	0	0.00452	0.00434
5	200	0.00012	0.00011
5	400	0.00020	0.00019
2	1,500	0.00054	0.00051
2	7,000	0.00169	0.00162
2	20,000	0.00370	0.00355
2	50,000	0.00733	0.00704
2	钉住 100,000	0.28000	0.26880
	总计	0.30	0.29

2.3.2 废水

在炼油厂中,水是不间断使用的,以维持蒸汽、冷却水、公用工程用水和应急消防水供应回路中的水平衡。它也用于工艺和维护用途(European Commission and Joint Research Center, 2013)。由于水不会进入最终产品,预计供应给炼油厂的 80.9%的水会以废水的形式流出(Siddiqui, 2015)。

炼油厂的废水来源包括但不限于工艺用水或与原油或其他各种烃类和物质直接接触的冲洗水;用于清洁和清洗与这些物质直接接触的维护系统的冲洗水和/或蒸汽;从原油、中间产品和产品储罐中分离和排出的水;与排水区域内的原

油、中间产品、产品、添加剂、化学品和/或润滑油接触的雨水、公用工程用水、蒸汽冷凝水和/或应急消防水；常规和/或特殊废物固液分离活动；来自卸载或装载石油基材料的船舶压载水，常规和/或特殊地下水提取；定期储罐和管道系统水压试验和金属钝化活动产生的水；卫生用水；与原油和其他各种烃类和物质接触的雨水(European Commission and Joint Research Center, 2013)。

炼油厂可产生含有可溶性和不溶性污染物的废水。炼油厂的水污染物参数包括总烃含量(THC)、石油总烃指数(TPH 指数)、生化需氧量(BOD)、化学需氧量(COD)、总有机碳(TOC)、氨氮、总氮、总悬浮物(TSS)、总金属、氰化物、氟化物、酚类、磷酸盐、特殊金属，如镉、镍、汞、铅、钒、苯、甲苯、乙苯和二甲苯(BTEX)、pH(酸、碱)、味道和臭气产生、热量、硫化物和其他微污染物(Orszulik, 2008; European Commission and Joint Research Center, 2013; Jafarinejad, 2015e)。表 2.14 列出了炼油厂的主要水污染物及其来源。

表 2.14 炼油厂的主要水污染物及其来源(CONCAWE, 1999; European Commission and Joint Research Center, 2013)

水污染物	来源
油	蒸馏装置，加氢处理，减黏，催化裂化，加氢裂化，润滑油，废碱，压载水，自然(雨)
硫化氢(RSH)	蒸馏装置，加氢处理，降黏，催化裂化，加氢裂化，润滑油，废碱液
$NH_3(NH_4^+)$	蒸馏装置，加氢处理，减黏，催化裂化，加氢裂化，润滑油，净化单元
酚类	蒸馏装置，减黏，催化裂化，废碱液，压载水
有机化学物质(BOD、COD、TOC)	蒸馏装置，加氢处理，减黏，催化裂化，加氢裂化，润滑油，废碱，压载水，自然(雨)，清洁单元
$CN^-(CNS^-)$	减黏、催化裂化、废碱、压载水
TSS	蒸馏装置，加氢处理，减黏，催化裂化，废碱液，压载水，清洁单元
胺类化合物	液化天然气工厂的二氧化碳去除过程

废水产生量及其特性取决于工艺配置。一般来说，当循环使用冷却水时，每吨原油产生约 $3.5 \sim 5 m^3$ 的废水。据世界银行集团(1998)报告，炼油厂产生的受污染废水中 BOD 和 COD 含量分别约为 150~250mg/L 和 300~600mg/L；苯酚含量为 20~200mg/L；除盐水中的含油量为 100~300mg/L，罐底最高为 5000mg/L；苯含量为 1~100mg/L；苯并芘含量低于 1~100mg/L；重金属含量铬含量为 0.1~100mg/L，铅含量为 0.2~10mg/L；以及其他污染物(World Bank Group, 1998)。

石化厂的废水产生来自工艺操作(例如,蒸汽冷凝、工艺水、裂解炉和芳烃装置中的废碱液)、冷却塔排污、泵和压缩机冷却、铺设公用事业区排水管、冷却水和雨水径流(IL & FS Ecosmart Limited Hyderabad,2010;MIGA,2004)。根据多边投资担保机构数据(2004),以 50×10^4t/a 乙烯生产为基础,生产废水的速度约为每小时 15m³/h,其 BOD_5 含量可能为 100mg/L;COD 含量为 1500~6000mg/L;悬浮固体含量为 100~400mg/L;油及油脂含量为 30~600mg/L;苯酚含量高达 200mg/L,苯含量高达 100mg/L(MIGA,2004)。

表 2.15 列出了从一些参考文献中收集的炼油厂和石化厂废水特性的详细信息。如表所示,炼油厂和石化厂产生的污水中 BOD 和 COD 含量分别约为 90~685mg/L 和 300~600mg/L;苯酚含量为 0.2~200mg/L;油脂含量为 12.5~20223mg/L;浊度为 10.5~159.4 浊度单位(NTU);TSS 水平为 28.9~950mg/L;BT-X 水平为 1~100mg/L;重金属含量为 0.01~100mg/L;pH 值为 6.7~10.8 等。

根据欧盟委员会和联合研究中心(2013)和欧盟委员会(2010)数据,2004 年、2007 年和 2009 年,炼油厂 TOC 排放量分别为 6475t/a(来自 42 个地点)、7951t/a(来自 42 个地点)和 6074t/a(来自 41 个地点)。同时 2004 年、2007 年和 2009 年,炼油厂酚类排放量分别为 45t/a(来自 56 个地点)、59t/a(来自 59 个地点)和 42t/a(来自 59 个地点)。此外,2004 年、2007 年和 2009 年,炼油厂的总氮排放量分别为 2769t/a(来自 25 个地点)、2245t/a(来自 20 个地点)和 2103t/a(来自 21 个地点),炼油厂的总磷排放量分别为 133t/a(来自 10 个地点)、201t/a(来自 12 个地点)和 99t/a(来自 11 个地点)。所有国家都已针对控制炼油厂和石化厂废水中污染物水平立法。先进的废水处理技术和设备的应用,使污染物水平持续下降。据 Orszulik(2008),这一成果反映在 2000 年欧洲 84 家炼油厂 747t 油与废水一起排出,而 1990 年有 95 家炼油厂排放了 3340t 油这一数据上(Orszulik,2008)。

2.3.3 固废

一般来说,炼油厂固体废物包括三类物质:①污泥,包括含油(如脱盐污泥)和不含油(如锅炉给水污泥)污油;②其他炼油厂废物,包括各种流体、半流体或固体废物(如被污染的土壤、转化过程废催化剂、含油废物、焚烧炉灰、废苛性碱、废黏土、废化学品、酸焦油);③非炼化废物(如生活垃圾、拆除废物和建筑废物)(European Commission and Joint Research Center,2013)。典型炼油厂产生的主要固体废物及其来源见表 2.16。

表 2.15 不同参考文献中炼油厂和石化厂废水特性的详细信息

项目	Almasi 等 (2014)	Gasim 等 (2012)	Zhidong 等 (2009)	Xianling 等 (2005)	Nkwocha 等 (2013)	Coelho 等 (2006)	Dold (1989)	Ma and Guo (2009)	Khaing 等 (2010)	Amin 等 (2012)	Mohr 等 (1998)	Benyabia 等 (2006)	Shabir 等 (2013)
BOD/(mg/L)	204	3378	90~188		138	570	150~350	150~350					685
SBOD/(mg/L)	126												
COD/(mg/L)	622	7896	72.1~296.1	250~613	350	850~1020	300~800	300~600	330~556	1200			1965
SCOD/(mg/L)	495												
pH值	7.9	8.48		7.80~8.79	8	8~8.2		7~9	7.5~10.3	6.7		9.25~10.8	8.31
T/℃					39.7								
油含量/(mg/L)	13.1	13.5	20.87	35~55	14.75	12.7	3000	50	40~91		20.223	466~3428	1057
氨氮/(mg/L)		2.23	12.05~19.79	56~125		2.1~5.1		10~30	4.1~33.4	9.3		0.76~4.96	
硝态氮/(mg/L)										9.3			
总凯氏氮(TKN)		40.6											
总磷/(mg/L)		10.2	0.82~2.96	<0.5	16.25		20~200			3.7			0.67
总碱度/(mg/L)		990					1~100						
浊度/(NTU)									10.5~159.4				
TSS/(mg/L)	56		245~950	108~159	60	22~52	100	150	130~250		28.9~372		315
挥发性悬浮物(VSS)/(mg/L)	44												
总溶解性固体(TDS)/(mg/L)					2100							3272	6267
酚/(mg/L)	69.6				7.35	98~128						0.2	
BTEX/(mg/L)		198				23.9							18.32
挥发性脂肪酸(VFA)/(mg/L)													
重金属/(mg/L)							0.1~100					0.01~11.7	4.3~6.48

表 2.16 典型炼油厂产生的主要固体废物及其来源(European Commission and Joint Research Center, 2013; US EPA, 1995c, 2004; Speight, 2005; Hu et al., 2013)

废物类型	分类	来源
含油材料	含油污泥	储罐底部、生物处理污泥、油水分离器[如美国石油学会(API)分离器、平行板拦截器和波纹板拦截器(CPI)]的残余物，絮凝浮选装置(FFU)、溶解气浮选(DAF)或诱导气浮(IAF)装置产生的污泥，受污染的油料土壤、脱盐污泥
	固体材料	污染土壤，溢油残渣，滤土酸，焦油碎布，滤料，填料，滞后物，活性炭，异构化过程中和的 HCl 气体产生的氯化钙污泥，焦炭粉尘(碳颗粒和烃)
非石油类材料	用过的催化剂(不含贵金属)	催化裂化，催化加氢裂化，加氢处理，聚合，残渣转化，催化重整
	其他材料	锅炉给水污泥，树脂，干燥剂和吸附剂，烷基化装置的中性污泥，烟气脱硫(FGD)废物
滚筒和容器		玻璃，金属，塑料，颜料
放射性废物(如果使用)		催化剂，实验室废弃物
鳞屑		含铅/无铅鳞屑，锈蚀(如原油脱盐)
搭建/拆除碎片		废金属，混凝土，沥青，土壤，石棉，矿物纤维，塑料/木材
废化学物质		实验室废化学物质，腐蚀剂，酸，添加剂，碳酸钠，溶剂，MEA/DEA(单/二乙醇胺)，TML/TEL(四甲基/乙基铅)
自燃废物		来自罐体/工艺单元的鳞屑
混合废物		国内垃圾，植被
废油		采购产品润滑油，削减油，变压器油，回收油，发动机油
金属		原油/脱浆污泥，催化加氢裂化，加氢处理，催化重整，API分离器污泥，废水处理中的生物污泥

根据世界银行集团数据(1998)，炼油厂产生的固体废物和污泥(每加工一吨原油产生 3~5kg 不等)，其中 80%可能被认为是有害的，因为其含有毒的有机物和重金属。原油性质(如密度和黏度)、炼油厂加工方案、储油方式，以及最重要的炼油能力，都会影响炼油过程产生的污泥量。根据美国环保署(1991)的数据，美国每个炼油厂平均每年产生 3×10^4 t 含油污泥。此外，根据欧盟委员会和联合研究中心(2013)进行的调查，2007 年和 2009 年，全球炼油厂的废物产生量分别为 154.7×10^4 t/a(357 个地点) 和 156.2×10^4 t/a(357 个地点)。根据胡等(2013)的发现，每加工 500t 原油约产生 1t 含油污泥废物。通常，越高的炼油能力产生越大量的油泥。图 2.1 显示了近年来全球的炼油能力，预计每年产生超过

6000×10^4 t 含油污泥,全球累计含油污泥超过 10×10^8 t。由于世界范围内对精炼石油产品的需求不断增加,含油污泥的总产量仍在增加(Hu et al.,2013)。

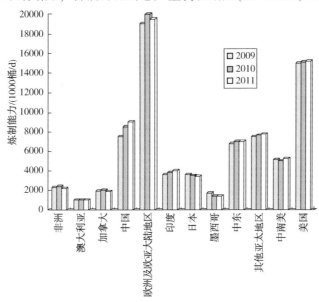

图 2.1 近年来全球炼油日生产量

(Hu, G., Li, J., Zeng, G., 2013. Recent development in the treatment of oily sludge from petroleumindustry: a review. Journal of Hazardous Materials 261, 470e490.)

石化厂也会产生各种各样的固体废物和污泥,其中一些因其含有毒的有机物和重金属可能被认为是有害的。蒸馏残渣中和处理乙醛、乙腈、氯化苄、四氯化碳、异丙苯、邻苯二甲酸酐、硝基苯、甲基乙基吡啶、甲苯二异氰酸酯、三氯乙烯、三氯乙烯、全氯乙烯、苯胺、氯苯、二甲基肼、二溴乙烯、甲苯二胺、环氧氯丙烷、氯乙烷、二氯乙烷和氯乙烯等物质的单元中,可生成大量腐蚀性废物和其他危险废物(MIGA,2004)。间歇性产生的废物和连续产生的废物是石化固废的两大类。间歇废物通常是指在工艺区和场外设施(如某些处理装置的废催化剂)内清洁产生的废物,以及产品处理废物(如废滤土、工艺容器污泥、储罐沉积物、容器氧化皮和其他在检修期间通常清除的沉积物)。间歇废物的年产生量与各个工厂的废物管理和内务管理实践有关。连续废物是指需要在两周内处理的废物,如工艺装置废弃物和废水处理废弃物。使用天然气或石脑油时的蒸汽裂解过程会产生少量固体废物,如有机污泥、焦炭、废催化剂、废吸附剂、滤油器/滤芯和风干吸附剂。催化剂、黏土、吸附剂、污泥/固体聚合材料、油污染材料和含油污泥是芳烃厂产生固体废物的主要类别(IL & FS Ecosmart Limited Hyderabad,2010)。根据胡等(2013)的数据,中国石化行业每年产生的含油污泥量预计为 300×10^4 t。

2.3.4 气味排放

气味是由一种或多种挥发性化学物质产生的，通常浓度很低，人类或其他动物可以通过嗅觉感知到。炼油厂的臭味主要是由硫化物(如硫化氢、硫醇、硫化物、二硫化物)、氮化合物(如氨、胺)和烃类(如芳烃)产生的。炼油厂臭味的主要来源是储存(如含硫原油)、沥青生产、除盐水、下水道、未覆盖的 DAF、油/水/固体分离、生物处理装置和火炬。表 2.17 列出了一些典型的炼油厂臭味、其可能的来源以及最有可能产生臭味的化合物。

表 2.17 典型的炼油厂臭味、其可能的来源(CONCAWE, 1975;
Iranian Ministry of Petroleum, 2007; Jafarinejad, 2016)

气味类型	臭味成分	来源
臭鸡蛋味	硫化氢+少量二硫化物	原油储存，气体蒸馏，除硫，火炬烟囱(冷火炬)
下水道味	二甲基硫化物，乙基和甲基硫醇	污水，生物处理厂，液化石油气加臭废碱液的装载和转移
燃油味	不饱和烃	催化裂化装置，焦化沥青吹制，沥青储存
汽油味	烃	产品存储，API 和 CPI 分离器
芳烃(苯)味	苯，甲苯	芳香厂，石脑油裂化
热焦油味	硫化氢，硫醇，烃	沥青储仓

有很多种不同的方法可以用于检测炼油厂的臭味问题，如仪器测量[例如，气相色谱(GC)和气相色谱质谱(GC-MS)]、感官方法(例如稀释嗅觉测定技术)、臭味嗅辨员和混合仪器(CONCAWE, 1975; Brattoli et al., 2011; Jafarinejad, 2016)。通常来说，臭味测定是臭味管理和控制中不可或缺的环节。与臭味测量相关的术语有臭味可检测性、阈值或浓度、臭味强度、臭味持久性、愉悦度、臭味特征或质量以及厌烦等。臭味可检测性/阈值/浓度是一种感官特性，指的是产生嗅觉反应或感觉的最低浓度。臭味浓度以稀释比来衡量，用稀释阈值(D/T)表示(使臭味空气稀释到不可检测所需的稀释次数)，且有时分配每立方米(m^3)臭味单位的拟合数。臭味单位(OU)等于浓度除以阈值。臭味强度是感觉到的臭味的强度。强度与浓度的关系可以用斯蒂文思幂定律来解释：

$$I = kC^n \tag{2.10}$$

其中，I、k、C 和 n 是强度(丁醇的百万分之几)、浓度、常数和指数变化范围，分别在 0.2~0.8 之间，具体取决于着嗅剂。臭味强度等级 1、2、3、4、5 分别代表几乎无法察觉的、轻微的、中等的、强烈的、非常强烈的臭味程度。臭味持久性是指臭味被稀释后，其感知强度降低的速率。愉悦度是一种衡量臭味给人带来的愉悦或不愉快的程度的指标。臭味特征或质量是用来区分两种同等强度臭味的性质。烦恼被定义为对舒适享受生活和财富的干扰。臭味检测可通过几种方法进行，如仪器法/化学分析法、电子法和感官测试法/嗅觉测定法。通常使用臭味感知法。臭味感知法可同时用于监测源排放物和环境空气中的臭味（Ministry of Environment & Forests，Government of India，2008；Jafarinejad，2016）。表 2.18 给出了炼油厂排放中可能发现的一些化合物的臭味阈值。

表 2.18 炼油厂排放的一些化合物的臭味阈值（Iranian Ministry of Petroleum, 2007; European Commission and Joint Research Center, 2013; Jafarinejad, 2016）

化合物	臭味阈值	臭味描述
醋酸	1000ppb 按体积计	酸味
丙酮	100000ppb 按体积计	化学味，甜味
一甲胺	21ppb 按体积计	鱼腥味，辛辣味
二甲胺	47ppb 按体积计	鱼腥味
三甲胺	0.2ppb 按体积计	鱼腥味，辛辣味
氨	46800ppb 按体积计	辛辣味
苯	4700ppb 按体积计	溶剂味
苄基硫醚	2ppb 按体积计	硫化物味
二硫化碳	210ppb 按体积计	类似蔬菜味，硫化味
氯	314ppb 按体积计	漂白剂味，辛辣味
氯酚	0.03ppb 按体积计	药味
二甲基硫醚	1~2ppb 按体积计	类似蔬菜，硫化味
二苯基硫醚	5ppb 按体积计	烧焦味，胶状味
二乙基硫醚	6ppb 按体积计	蒜味，臭味
硫化氢	5ppb 按体积计	臭鸡蛋味
甲乙酮	10000ppb 按体积计	甜味
甲硫醇	1~2ppb 按体积计	硫化味，腐烂卷心菜味
乙硫醇	0.4~1ppb 按体积计	硫化味，腐烂卷心菜味
正丙基硫醇	0.7ppb 按体积计	硫化味
正丁醇	0.7ppb 按体积计	强烈，硫化味
对甲酚	1ppb 按体积计	油腻味，辛辣
对二甲苯	470ppb 按体积计	甜味
苯酚	47ppb 按体积计	药味
磷化氢	21ppb 按体积计	洋葱味，芥末味
二氧化硫	470ppb 按体积计	尖锐，辛辣味
甲苯	2000~4700ppb 按体积计	溶剂味，樟脑球味
丁烷	6000ppb 按体积计	
庚烷	18000ppb 按体积计	
戊烯和戊烯	170~2100ppb 按体积计	
乙苯	0.17~2.3μg/g	
邻二间苯、间二甲苯、对二甲苯	0.08~3.7μg/g	甜味
轻链烷烃（从 C_2H_6 到 C_4H_{10}）	>50μg/g	
中段烷烃（从 C_5H_{12} 到 C_8H_{18}）	>2μg/g	
重烷烃（来自 C_9H_{20}）	<2μg/g	

臭味排放因子(OEF)的出现与美国环保署(1995a)所定义的排放系数相似，可用于估计与工业工厂、臭味影响评估等相关的臭味排放率(OER)(Sironi et al., 2005; Capelli et al., 2014)。臭味排放量可以被估计如下：

$$OER = A \times OEF \times \left(1 - \frac{ORE}{100}\right) \quad (2.11)$$

其中，OER 代表臭味排放率(单位为 ou_E)，A 代表活度指数，ORE 代表总臭味减少效率(%)，计算公式如下：

$$ORE = 100 \times \left(\frac{C_{od,IN} - C_{od,OUT}}{C_{od,IN}}\right) \quad (2.12)$$

其中，$C_{od,IN}$ 和 $C_{od,OUT}$ 分别为排放系统入口和出口处的臭味浓度(Sironi et al., 2007; Capelli et al., 2014; Jafarinejad, 2016)。

2.4 储存、运输、分配和销售过程产生的废水

储存、操作、分配和运输是涉及石油工业所有部门的业务。生产基地和运输枢纽储存着大量的原油和/或天然气。相当数量的原油和/或天然气以及它们的最终产品也分别储存在加工设施和销售终端中(Cholakov, 2009)。储存、运输、分配和销售终端都可能产生废气、废水和固废。

2.4.1 废气排放和估计

储罐(如第1章所述的大型储罐和加油站的储罐)和运输车辆储罐(如铁路油罐车、油罐车、船舶和机动车辆的油罐)装卸和运输(呼吸)损耗产生的汽化烃排放包括来自储存、运输、分配和销售终端的废气(Cholakov, 2009)。将原油从生产作业区运输至炼油厂，炼油厂的成品油运输至燃料销售终端和石化厂，以及燃料从燃料销售终端运输至加油站和当地散装储存厂，这些过程都是蒸发损失的潜在来源(US EPA, 2008)。随着储罐中液相体积的增加或减少，气相的体积也会发生变化。这种现象会导致大气中的蒸汽排放或在装卸过程中吸入空气。罐外温度和压力的变化，例如运输过程，会导致呼吸损耗(Cholakov, 2009)。此外，无组织排放主要来自储存系统密封或罐配件的不完善，相关设备的不同泄漏包括来自增压管道的泄漏(Cholakov, 2009; European Commission and Joint Research Center, 2013)。特定储罐的排放量直接取决于储存产品的蒸汽压力(European Commission and Joint Research Center, 2013)。事实上，储罐在典型作业、排气、储罐填充或分配过程中可能会排放大量 VOC 和 HAP，取决于储罐的具体设计和结构以及石油液体的特性(RTI International, 2015)。

储罐排放有三种主要的估算方法。按照预期精度计算的方法如下：

1）直接测量法；
2）储罐特定建模法；
3）默认油罐排放系数法。

直接测量法只能用于废气全部排放到控制装置的储罐。例如，固定顶储罐的排放物可能会被耗尽并排放到控制装置中；这些排放物可以在控制装置的出口处直接测量，如成分浓度和流量的连续排放监测系统（CEMS）。控制装置可以为一组罐服务。如果在除气、清洁或排放的怠速期间油箱的排放物与正常操作期间使用的控制装置相同，则测量的排放量也可以覆盖这段时间。差分吸收激光雷达（光探测和评级）（DIAL）技术是直接测量技术，即使储罐的排放物没有逸散也是如此；但这些技术不建议作为年度排放量估算的主要方法，因为它们不提供连续监测且有额外的限制（要求风向一致等）（RTI International，2015）。

储罐特定建模法适用于所有石油液体储罐，除了有限的在储罐外部收集和控制排放物的储罐。该方法使用 AP-42（US EPA，2006）第 1 章第 7.1 节中详述的排放估算规程和方程，或设计用于实现这些方程式的计算机模型，例如 TANKS v4.09D 排放估算软件（US EPA，2006）。例如，固定顶罐的总损失可计算如下：

$$L_T = L_S + L_W \tag{2.13}$$

其中，L_T 代表总损失（lb/a），L_S 代表长期储存损失（lb/a），L_W 代表工作损失（lb/h）。长期储存损失是指由于储罐蒸汽空间呼吸导致的储罐蒸汽损失。这些储罐的长期储存损失可通过以下方程式进行预测：

$$L_S = 365 \, V_V \, W_V \, K_E \, K_S \tag{2.14}$$

其中，365 是一年中的每日事件数，V_V 表示蒸汽空间体积（ft^3），W_V 表示蒸汽密度（lb/ft^3），K_E 是蒸汽空间膨胀系数（无量纲），K_S 表示通风蒸汽饱和系数（无量纲）（有关这些参数的更多信息，请参阅美国环保局，2006）。

工作损失是指储罐填充或排空操作导致的储罐内蒸汽的损失。这些储罐的工作损失可通过以下方程式进行预测：

$$L_S = 0.0010 \, M_V \, P_{VA} Q \, K_N \, K_P \tag{2.15}$$

其中，M_V 为蒸汽相对分子质量（lb/lb-mole），P_{VA} 为日平均液体表面温度下的蒸汽压（psia），Q 表示年净吞吐量[储罐容量（bbl）乘以年周转率]（bbl/a），K_N 为工作损失周转（饱和）系数（无量纲），K_P 表示工作损失积系数（无量纲）。对于原油和所有其他有机液体，K_P 分别为 0.75 和 1（有关这些参数的更多信息以及其他类型储罐的总损失，请参阅美国环保署，2006）。

对于排放至控制装置的固定顶罐，可使用 AP-42 方程（式 2.11~式 2.13）预测这些储罐的预控排放量。后控制装置的排放量可根据预控制排放量估计值和控制装置效率用以下公式计算：

$$E_i = E_{\text{unc},i} \times \left(1 - \frac{CD_{\text{eff}}}{100\%}\right) \qquad (2.16)$$

其中，E_i 为污染物 i 的排放率(t/a)，$E_{\text{unc},i}$ 为假定储罐或装置无附加控制装置时污染物 i 的预计排放量(t/a)，$CD_{\text{eff},i}$ 为污染物 i 的控制装置效率(质量分数)。控制装置的默认控制效率，例如所有 VOC 成分的热氧化剂，所有 VOC 成分的催化氧化剂，除乙醛、乙腈、乙炔、溴甲烷、氯乙烷、氯甲烷、乙烯、甲醛、甲醇和氯乙烯以外的 VOC 组分的碳吸附，化学成分的碳吸附分别为98%、98%、95%和0，其中冷凝器对所有 VOC 的默认控制效率根据成分和工作温度的不同而变化(RTI International，2015)。

在使用 AP-42 方程和软件包进行储罐排放估算时，应结合使用现场特定条件、蒸汽压力和储罐中储存材料的成分针对每个储罐分别进行建模，并应给出单个污染物的排放估算。当月度参数如每月平均测量的储罐液体温度等可用时，还应使用月度参数对这些储罐进行建模。此外，每个储罐每小时的最大平均排放率应该根据一个特定的油箱的合理最坏情况(高排放率)来估计，该情况通常对应于储罐积极填充时的排放量。对于内浮顶罐、外浮顶罐和拱形外浮顶罐，罐配件的选择应能代表各单罐的具体特点。应对罐顶卸气、罐脱气和罐清洗情况进行特殊计算，并应将这些预测包括在每个罐的最终年度排放报告中(RTI International，2015)。

如果储罐特定信息不可用，可使用默认排放系数估算储罐排放量。炼油厂储罐的默认排放系数见表 2.19。在 RTI(2002，2015)和 Lucas(2007)中可以找到有关用于确定这些排放系数的假设条件的详细信息。值得注意的是，如果大多数储罐为内部浮顶储罐和/或带穹顶盖的外部浮顶储罐，则使用这些排放系数进行的排放估算结果将会不太准确。设施特定生产数据与默认排放系数一起使用可以用于预测排放量。当这些数据不可用时，可利用原油蒸馏能力和生产能力进行估算。原油蒸馏能力可以假定为常压原油蒸馏能力。如果炼油厂没有常减压蒸馏塔，原油蒸馏能力可用减压蒸馏和焦化能力之和来估算。润滑油产量、沥青产量、焦炭产量之和也可作为重馏分油产量。此外，轻馏分油产量可预测为原油加工率减去芳烃和重质馏分产量之差的60%。而剩余的原油加工率减去芳烃和重质馏分油产量之差的40%可假定为中间馏分油产量(RTI International，2015)。

表 2.20 列出了基于储罐类型的储罐中石油液体的排放系数。根据 Brooke 和 Crookes(2007)的说法，呼吸损失(如前所述，环境温度和大气压力的变化会导致上覆蒸汽从液体的膨胀和收缩中溢出)是废气排放的主要源头。此外，用于填充

油箱的方法(如飞溅填充、浸没填充或蒸汽平衡填充)也会对排放产生影响。

根据美国环保署(1995c)的说法,在炼油厂的汽油储罐上,大部分的储罐损耗都是通过罐密封造成的。根据欧盟委员会和联合研究中心(2013)的数据,储存产生的VOC排放量占炼油厂VOC总排放量的40%以上。

表2.19 炼油厂储罐的默认排放系数(RTI International,2015)

化学品名称	液态石油储罐的排放系数(每百万桶磅数)				
	原油	汽油和其他轻馏分油	柴油和其他中间馏分油	沥青润滑油和重馏分油	芳烃
苯	10	70	54	40	将VOC排放系数总和应用于生产的每种芳烃
甲苯	7.5	180	100	29	将VOC排放系数总和应用于生产的每种芳烃
二甲苯	6.2	140	70	26	将VOC排放系数总和应用于生产的每种芳烃
乙苯	1.6	31	18	5.3	
苯乙烯	0	66	0		
异丙苯	0.5	15	10	0.4	
1,2,4-三甲基苯	0.7	0	0	5.9	
甲基叔丁基醚	0	310	0	0	
1,3-丁二烯	0	1.8	0	0	
己烷	84	420	480	13	
2,2,4-三甲基戊烷	3.4	140	22	0	
甲乙酮		0.3	33	0	
甲基异丁基酮		320	320	0	
甲醇		3.8	3.8	0	
苯酚	0.9	0.9	0.67	0	
甲酚	0.6	13	0.19	0	
萘	0.6	7.6	4	5.77	
2-甲基萘		3.5	3.5	0	
联苯	0.2	0.17	0	0.7	

续表

化学品名称	液态石油储罐的排放系数(每百万桶磅数)				
	原油	汽油和其他轻馏分油	柴油和其他中间馏分油	沥青润滑油和重馏分油	芳烃
多环有机物		0	0	17	
多环芳烃/PAH					
蒽		0.24	0.24	0	
䓛		0.21	0.21	0	
芴		0.36	0.36	0	
菲		1.5	1.5	0	
芘		0.39	0.39	0	
总挥发性有机化合物	1350	8800	5300	120	15000

表 2.20 基于储罐类型的储罐中液态石油的排放系数 [Brooke and Crookes, 2007; World Health Organization (WHO), 1993; National Atmospheric Emission Inventory (NAEI), 2000]

储罐类型	化学品名称	排放系数	备注
地下储罐	汽油	1.5kg VOC/m³	飞溅填充
		2.03kg VOC/t	
	汽油	1.0kg VOC/m³	水下充填
		1.353kg VOC/t	
	汽油	0.16kg VOC/m³	平衡蒸汽填充
		0.217kg VOC/t	
	无铅汽油	0.34kg 非甲烷 VOC/t	加油站送货
	含铅汽油	0.34kg 非甲烷 VOC/t	加油站送货
浮顶罐	汽油	1.14kg VOC/m³ 年储存能力	系数表示年排放量。不清楚这是否也包括填充损失
		0.435kg VOC/m³ 年储存能力	系数表示年排放量。不清楚这是否也包括填充损失
	原油	0.415kg VOC/m³ 年储存能力	系数表示年排放量。不清楚这是否也包括填充损失
		0.019kg VOC/m³ 年储存能力	系数表示年排放量。不清楚这是否也包括填充损失

续表

储罐类型	化学品名称	排放系数	备注
浮顶罐	喷射石脑油	0.015kg VOC/m³ 年储存能力	系数表示年排放量。不清楚这是否也包括填充损失
		13.1kg VOC/m³ 年储存能力	系数表示年排放量。不清楚这是否也包括填充损失
	喷气煤油	2.8kg VOC/m³ 年储存能力	系数表示年排放量。不清楚这是否也包括填充损失
		3.8kg VOC/m³ 年储存能力	系数表示年排放量。不清楚这是否也包括填充损失
固定顶罐	馏分油	0.19kg VOC/m³ 年储存能力	系数表示年排放量。不清楚这是否也包括填充损失
		0.17kg VOC/m³ 年储存能力	系数表示年排放量。不清楚这是否也包括填充损失
	汽油	2.61kg 非甲烷 VOC/t	系数表示年排放量。不清楚这是否也包括填充损失
	原油	2.62kg 非甲烷 VOC/t	系数表示年排放量。不清楚这是否也包括填充损失
	喷射石脑油		
	喷气煤油		
汽车油箱	馏分油		
	无铅汽油		
	含铅汽油		

表 2.21 液态石油饱和系数(US EPA, 2008)

运货工具	操作方式	饱和系数
油罐车和铁路罐车	清洁液货舱的水下装载	0.50
	水下装载：专用正常服务	0.60
	水下装载：专用蒸汽平衡服务	1.00
	清洁液货舱的飞溅装载	1.45
	飞溅加载：专用正常服务	1.45
	飞溅装载：专用蒸汽平衡服务	1.00
海船(除汽油和原油外的产品)	水下装载：船舶	0.20
	水下装载：驳船	0.50

如前所述，使用铁路罐车、油罐车、海船、加油站和机动车辆油箱运输和销售石油产品会产生蒸发排放。铁路罐车、油罐车和海运船舶的排放来自装载损失、压载损失和运输损失。当石油液体被装载到储罐中时，空罐中的有机蒸汽被转移到大气中，这称为装载损失。飞溅装载和水下装载(水下填充管和底部装载)是货船装载的主要方法。无控制装载石油液体的排放量估算可使用以下公式：

$$L_L = 12.46 \frac{SPM}{T} \quad (2.17)$$

其中，L_L 表示装载损失[液体装载时单位为磅每1000加仑($lb/10^3 gal$)]，P 表示液体装载的真实蒸气压力[psi(绝)]，M 是蒸汽的相对分子质量(lb/lb-mole)，T 表示散装液体装载的温度[°R(°F+460)]，S 是饱和系数(见表2.21)。对于海运码头的汽油装载作业，应使用表2.22中给出的系数。可使用以下公式估算受控装载作业的排放量：

$$L_L = 12.46 \frac{SPM}{T}\left(1 - \frac{eff}{100}\right) \quad (2.18)$$

其中，$\left(1 - \frac{eff}{100}\right)$ 代表总降低作用效率。选择替代装载技术和使用蒸汽回收设备可以减少装载排放。蒸汽(排放)可通过制冷、吸收、吸附和/或压缩、产品回收和/或在热氧化装置中燃烧进行控制，无需产品回收。回收装置的控制效率变化范围从90%到99%以上，取决于蒸汽的性质和所用控制设备的类型。

表2.22 海运码头汽油装载作业的排放系数(US EPA，2008)

船舶舱条件	以前的货物	船舶/远洋驳船		驳船	
		mg/L 运输量	$lb/10^3$ gal 运输量	mg/L 运输量	$lb/10^3$ gal 运输量
不干净	挥发性[真实蒸气压>1.5psi(绝)]	315	2.6	465	
压载	挥发性[真实蒸气压>1.5psi(绝)]	205	1.7	无压载	无压载
干净	挥发性[真实蒸气压>1.5psi(绝)]	180	1.5	无数据	无数据
无气	挥发性[真实蒸气压>1.5psi(绝)]	85	0.7	无数据	无数据
任何情况	非挥发性	85	0.7	无数据	无数据
无气	任何货物	无数据	无数据	245	2.0
典型总体情况	任何货物	215	1.8	410	3.4

将原油装载到船舶和远洋驳船上所产生的排放可以用以下公式计算：

$$C_L = C_A + C_G \quad (2.19)$$

其中，C_L 代表总装载损失($lb/10^3$ gal 装载的原油)，C_A 表示到达排放系数，由装载前空罐室中的蒸气贡献($lb/10^3gal$ 装载)[未清洁(先前挥发性货物)、压载(先前挥发性货物)、清洁或无气体(先前易挥发性货物),任何条件下(以前的非挥发性货物)的船舶和远洋驳船的储罐平均到达 TOC 排放系数分别为 0.86、0.46、0.33 和 0.33],C_G 是在装载过程中蒸发产生的排放系数($lb/10^3gal$ 装载)。计算 C_G 时提出了以下公式:

$$C_G = 1.84(0.44P - 0.42)\frac{MG}{T} \qquad (2.20)$$

式中,P 为装载原油的真实蒸汽压(psia),M 为蒸汽相对分子质量(lb/lb-mole),G 等于 1.02 表示蒸气增长系数(无量纲),T 表示蒸汽温度[°R(°F+460)]。式(2.20)给出了原油蒸气的 TOC 排放系数和 VOC 排放系数,变化范围约为这些 TOC 系数的 55%~100%(质)(通常为 85%)。

原油船和远洋驳船的压载排放(当压载水装入舱时,空舱中的蒸气被排入大气)可以用以下公式计算:

$$L_B = 0.31 + 0.20P + 0.01PU_A \qquad (2.21)$$

其中,L_B 为压载排放系数($lb/10^3gal$ 压载水)(例如,在卸货之前,满载和空载或之前短载舱室的原油压载 TOC 排放系数分别为 $0.9lb/10^3gal$ 和 $1.4lb/10^3gal$ 压载水),P 表示排放原油的真实蒸汽压[psi(绝)],以及 U_A 表示码头卸货前从甲板测量的到达货物的实际空舱(货物表面水平与甲板水平之间的距离),单位为 ft。

船舶和驳船的运输损耗(类似呼吸损耗)可以用以下公式估算:

$$L_T = 0.1PW \qquad (2.22)$$

其中,L_T 为船舶和驳船运输损耗(lb/周-10^3gal 运输物),P 为被运输液体的真实蒸汽压[psi(绝)],W 为冷凝蒸汽密度(lb/gal)。有轨汽油罐车和油罐车在运输过程中的典型(和极端)不受控制的有机排放系数分别为 0~0.01(和 0~0.08)$lb/10^3gal$ 和 0~0.11(和 0~0.37)$lb/10^3gal$。

加油站地下汽油储罐的加注是蒸气排放的另一个主要来源。加注方法和速率、油箱结构、汽油温度、蒸汽压力和成分都会影响此操作的排放。使用蒸汽平衡系统(控制效率为 93%~100%)可减少来自这些储罐的排放。在加油站使用浸没式加油、飞溅式加油和平衡式浸没式加油的加油站,其加油量分别为 $7.3lb/10^3gal$、$11.5lb/10^3gal$ 和 $0.3lb/10^3gal$。此外,地下储罐的呼吸和排空也会产生蒸气排放。加油站地下储罐呼吸和排空的排放率为 $1lb/10^3gal$。

在特定条件下,车辆加油引起的非受控位移损失可使用以下方程式计算:

$$E_R = 264.2[(-5.909) - 0.0949(\Delta T) + 0.0884T_D + 0.485(RVP)] \qquad (2.23)$$

其中,E_R 为加油排放量(mg/L),ΔT 为车油箱内燃油温度与配油温度之差

(℉)，T_D 为配油温度(℉)，RVP 为里德蒸气压力(psia)。车辆加油期间排出蒸汽的平均不受控排放量和平均溢出损失量分别为 $11lb/10^3gal$ 和 $0.7lb/10^3gal$ 配油。加油站的业务特点、油罐配置和操作员技术都会影响溢油损失量。通过使用特殊软管和喷嘴，将从车辆燃油箱排出的蒸气输送到地下储罐蒸汽空间，可控制车辆加油排放(控制效率在88%~92%范围内)。自然压差和真空泵分别用于平衡蒸气控制系统和真空辅助输送系统。车辆加油期间排出的蒸气的平均控制排放量为 $1.1lb/10^3gal$ 配油(US EPA，2008)。

例 2.5

假设一艘原油货船的船舶、货物描述和舱室条件如下：80000 吨载重油轮，原油容量 500000 桶(bbl)；卸货后20%的货物容量装满压载水；原油的 RVP 为 6psi(绝)，在75℉下排放；70%的压载水装载至距满载剩余2ft 空距的舱室，抵达码头前，已减少至15ft 空距30%装载的舱室；原油的真实蒸气压为 4.6psi(绝)。总压载物排放量和 VOC 排放量是多少？

解

全舱的 U_A 或真实货物空距为2ft，而对于轻型舱为15ft。因此，压载排放可以使用公式(2.21)估计：

$$L_B = 0.31 + 0.20P + 0.01PU_A$$
$$= 0.7(0.31 + 0.20 \times 4.6 + 0.01 \times 4.6 \times 2) +$$
$$0.3(0.31 + 0.20 \times 4.6 + 0.01 \times 4.6 \times 15)$$
$$= 1.5(lb/10^3gal)$$

总压舱排放量 = $(1.5lb/10^3gal) \times 0.20 \times 500000bbl \times 42gal/bbl = 6300lb$

VOC 排放 = $0.85 \times 6300 = 5360(lb)$

(US EPA，2008)

2.4.2 废水

根据维护服务的不同，储罐中法兰和阀门的泄漏可能会污染雨水(European Commission and Joint Research Center，2013)。从储罐和管道中泄漏的液体也可能是污染地下水的源头(Cholakov，2009)。液体罐底(油位高达 5g/L 的水油乳剂)是炼油厂储罐产生废水的源头。根据岩石的坚固性以及通过在地下储存系统(洞穴)中注入混凝土密封岩石裂缝的仔细程度，渗漏到其中的地下水应该被抽走，从而产生废水。废水的性质取决于这些系统中储存的产品或原油，且作为乳状液和储存液体的水溶性成分的烃类通常可以在其中找到。例如，$40000m^3$ 岩洞储存的轻质燃料油经隔油处理后的渗水量和排烃量分别为 $22300m^3/a$ 和 $49kg/a$(European Commission and Joint Research Center，2013)。来自运输船舶和特殊油轮的压载水是另一种可能成为海洋水污染的主要来源的废水(Cholakov,2009)。

2.4.3 固废

在储存、运输和分配过程中产生的固体废物主要是来自储运罐的污泥(Cholakov,2009)。储罐底泥可能含有铁锈、黏土、沙子、水、乳化油和蜡、苯酚、苯、甲苯、二甲苯、硫化物、硫酸盐、硝酸盐、碳酸盐、乙苯、萘、芘、氟、氰化物、金属(铁、镍、铬、钒、锑、汞、砷、硒、含铅汽油储罐用的铅等)等。污泥的质量和数量会因场地的不同而有所不同。例如,汽油罐区污水管和馏分罐区污水管的油组成分别为 19% 和 3%(European Commission and Joint Research Center,2013)。

2.5 石油泄漏事件

根据《环境统计词汇表》(1997),石油泄漏是指意外或故意排放的石油,由风、洋流和潮汐携带以离散的物质形式漂浮在水体表面。石油泄漏事件可以部分地通过化学分散、燃烧、机械回收和吸附来控制。它们对沿海生态系统有破坏性的影响。换言之,由于人类活动释放到环境中特别是海洋区域中的液态石油烃,被称为石油泄漏。这是一种污染。这一术语通常被用于海洋石油泄漏事件(石油泄漏到海洋和沿海水域),但石油泄漏也有发生在陆地上的可能(Fingas,2011)。

2.5.1 重大石油泄漏事件

表 2.23 列出了自 1967 年以来的重大石油泄漏事件。显而易见的是,发生在墨西哥湾(1979,2010)、科威特南部(1991)、多巴哥(1979)、乌兹别克斯坦(1992)、波斯湾(1983)、安哥拉(1991)、南非(1983)、波斯托尔(Porstall)(1978)和俄罗斯(1994)的溢油事件是世界上最大的石油泄漏事件。图 2.2 和图 2.3 分别展示了波斯湾(伊朗)的诺鲁孜油田溢油事件和法国波斯托尔附近的阿莫科·加的斯溢油事件。

表 2.23 自 1967 年以来的重大石油泄漏[Infoplease,2015;International Tanker Owners Pollution Federation(ITOPF),2015]

地点	日期	石油泄漏量	漏油的情况和来源
康沃尔,英国	1967 年 3 月 18 日	3800×10^4 gal	托里峡谷(Torrey Canyon)搁浅,原油从锡利群岛(Scilly Islands)溢出
秃鹰湾,马萨诸塞州,美国	1976 年 12 月 15 日	770×10^4 gal	一艘名为 Argo 的商船在南塔开特东南部触礁崩裂,泄漏了燃料油
北海	1977 年 4 月	8100×10^4 gal	Ekofisk 油田的井喷
法国波尔斯多尔	1978 年 3 月 16 日	6800×10^4 gal	失事的超级油轮 Amoco Cadiz 泄漏了 6800×10^4 gal 原油,对 100mile 布列塔尼海岸造成了广泛的环境破坏

续表

地点	日期	石油泄漏量	漏油的情况和来源
墨西哥湾,美国	1979年6月3日	1.4×10^8 gal	探索性油井 Ixtoc 1 炸毁,原油泄漏到公海中
多巴哥	1979年7月19日	$(4600+4100) \times 10^4$ gal	大西洋皇后号和爱琴海船长号相撞,泄漏了 4600×10^4 gal 原油。在被拖曳的同时,大西洋皇后号于8月2日在巴巴多斯另外泄漏了 4100×10^4 gal 原油
斯塔万格,挪威	1980年3月30日	没有数据	北海的一家漂浮旅馆倒塌,造成123名石油工人死亡
波斯湾,伊朗	1983年2月4日	8000×10^4 gal	诺鲁孜油田平台溢油
开普敦,南非	1983年8月6日	7800×10^4 gal	西班牙油轮 Castillo de Bellver 着火,机油溢出到沿海地区
苏格兰附近的北海	1988年7月6日	没有数据	166名工人在北海西方石油公司 Piper Alpha 钻井平台的爆炸和火灾中丧生;仅有64名幸存者。这是世界上最严重的海上石油灾难
圣约翰,纽芬兰	1988年11月10日	4300×10^4 gal	奥德赛溢油
威廉王子海峡,美国	1989年3月24日	1000×10^4 gal	油轮埃克森·瓦尔迪兹(Exxon Valdez)撞了一个海底礁石,并向水中泄漏了 1000×10^{12} gal 以上的石油
拉斯帕尔马斯附近,加那利群岛	1989年12月19日	1900×10^4 gal	伊朗超级油轮 Kharg-5 爆炸,导致原油泄漏到拉斯帕尔马斯以北约 400mile 的大西洋,形成了 100mile^2 的浮油
得克萨斯州加尔维斯顿附近,美国	1990年6月8日	510×10^4 gal	由于爆炸和随后的泵房起火,Mega Borg 在加尔维斯顿东南偏南 60n mile 处泄漏了石油
科威特南部	1991年1月23~27日	$(2.4 \sim 4.6) \times 10^8$ gal	在波斯湾战争期间,伊拉克有意从科威特附近 10mile 的油轮中向波斯湾排放原油
热那亚,意大利	1991年4月11日	4200×10^8 gal	热那亚港口溢油
安哥拉	1991年5月28日	$(1500 \sim 7800) \times 10^4$ gal	ABT Summer 爆炸并在安哥拉沿海泄漏了 1.578×10^8 gal 的石油。目前尚不清楚有多少石油沉没或烧毁

续表

地点	日期	石油泄漏量	漏油的情况和来源
费尔干纳山谷，乌兹别克斯坦	1992年3月2日	8000×10^4 gal	石油从油井溢出
佛罗里达州坦帕湾，美国	1993年8月10日	336000gal	三艘船相撞，分别是Bouchard B155驳船，Balsa 37货轮和255驳船。Bouchard泄漏了336000gal的6号燃料油进入坦帕湾
俄罗斯	1994年9月8日	200×10^4 bbl 或 10.2×10^4 bbl	大坝的建设是为了防止石油爆炸和溢油进入科尔瓦河支流。美国能源部估计泄漏量为200×10^4 bbl。俄罗斯国有石油公司声称泄漏量仅为10.2×10^4 bbl
威尔士海岸	1996年2月15日	7×10^4 t	超级油轮海上皇后号在威尔士的米尔福德黑文港搁浅，喷出70000t原油，形成了25mile的浮油
法国大西洋海岸	1999年12月12日	300×10^4 gal	马耳他注册的油轮埃里卡（Erika）瓦解后沉没在不列颠（Britanny）上，重油泄漏入海
里约热内卢附近	2000年1月18日	343200gal	国有石油公司Petrobras的管道破裂，将重油喷入瓜纳巴拉湾
新奥尔良以南的密西西比河	2000年11月28日	567000gal	油轮威彻斯特（Westchester）失去动力，在路易斯安那州硫黄港附近搁浅，将原油倾泻至密西西比州下游
西班牙	2002年11月13日	2000×10^4 gal	威望号船体受损，被拖到海里沉没。2000×10^4 gal的石油中有很大一部分仍在水下
巴基斯坦	2003年7月28日	28000t	塔斯曼精神号（Tasman Spirit）是一艘油轮，在卡拉奇港附近搁浅，最终裂成两半。它的四个油箱之一突然爆裂，将原油泄漏到大海中
阿留申乌纳拉斯卡岛屿，阿拉斯加，美国	2004年12月7日	33.7×10^4 gal	一场大风暴将M/V Selendang Ayu推上了多岩石的海岸，将其一分为二。石油被释放，其中大部分被驱至马库申湾和斯坎湾的海岸线
新奥尔良，美国路易斯安那州	2005年8~9月	700×10^4 gal	卡特里娜飓风期间，石油从各种渠道（包括管道，储罐和工厂）泄漏

续表

地点	日期	石油泄漏量	漏油的情况和来源
Calcasieu 河，美国路易斯安那州	2006年6月19日	71000bbl	在暴雨期间，废油是从 Calcasieu 河上 CITGO 炼油厂的一个储罐中释放的
黎巴嫩贝鲁特	2006年7月15日	$(300\sim1000)\times10^4$ gal	以色列海军炸毁了杰海海岸电站，石油泄漏入海，影响了近 100mile 的海岸线

图 2.2 伊朗波斯湾诺鲁兹油田泄漏事件

图 2.3 法国波斯托尔的阿莫科·加的斯石油泄漏事件

2.5.2 石油泄漏事件的来源和发生情况

油轮、海上平台、钻井平台和油井中的原油排放，以及精炼石油产品(例如汽油、柴油)及其副产品，大型船舶使用的较重燃料(例如船用燃料)的泄漏，或任何含油垃圾或废油的泄漏都可能是石油泄漏事件的来源。

图 2.4 显示了 1990 年和 1998 年美国水源不同来源的溢油量。油轮只是一种溢油的来源。根据美国人口普查局(2000)的数据，一方面 1990 年美国的溢油量中有 75.4% 来自油罐船(船舶/驳船)，5.3% 来自所有其他船舶，来自设施的有 13.4%，来自管道的有 4.0%，其他非船舶 0.4%，未知 1.5%。另一方面，1998 年该国泄漏的石油量中有 34.4% 来自储罐船(船舶/驳船)，35.7% 来自所有其他船，18.8% 来自设施，5.4% 来自管道，其他非船舶 3.7%，未知 2%。此外，石油泄漏总量在 1990 年到 1994 年之间下降了 68.5%，从 1990 年到 1998 年下降了 88.8%。

国际油轮船东防污联盟(ITOPF)(2015)跟踪记录了自 1970 年以来发生的意

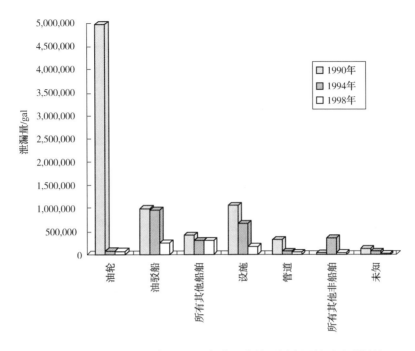

图2.4 1990年、1994年及1998年美国水域不同来源的石油泄漏量

外溢油事件。从1970~2014年,每十年的中型(7~700t)和大型(>700t)溢油事件数量(2010~2014年仅5年的数据)如图2.5所示。从图2.5可以明显看出,在过去45年中,中型和大型溢油事件的数量已大大减少。此外,有记录的大规模溢油事件中有54%发生在20世纪70年代,这个百分比每十年下降一次,到21世纪已下降到8%。从1970~2014年,由于油轮事故,损失了约$574×10^4$t的石油。随着油轮溢油事件发生数量的减少,泄漏的石油量也明显减少。例如,1970~2009年间,20世纪70年代~90年代以及21世纪每十年的溢油比例分别为56%、20.6%、19.8%和3.6%。表2.24列出了1970~2014年期间事故发生时作业[抛锚地(内陆/受限)、抛锚地(开阔水域)、航行中(内陆/受限)、装卸、燃料装载、其他作业(如压载、卸压载、储罐清洁等活动)和未知]造成的<7t,7~700t的泄漏量和700t以上的泄漏量发生率以及主要的泄漏原因[(撞击/碰撞、搁浅、船体损坏、设备故障、火灾/爆炸等),其他(如恶劣天气损坏和人为失误等事件)和未知原因]。该表显示,由于撞击/碰撞、搁浅、船体损坏,以及火灾/爆炸等事故而造成的泄漏要严重很多,其中87%的泄漏事件造成损失超过700t。

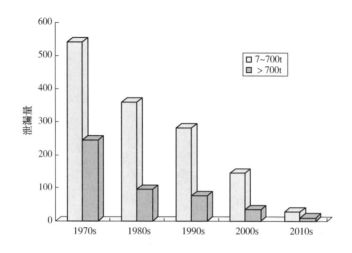

图 2.5 1970~2014 年，每十年发生中型(7~700t)和大型(>700t)漏油事故

表 2.24 1970~2014 年期间事故发生时作业造成的<7t，7~700t 的泄漏量和 700t 以上的泄漏量发生率以及主要的泄漏原因(ITOPF，2015)

组	项目	泄漏量 <7t 的概率	泄漏量 7~700t 的概率	泄漏量 >700t 的概率
作业	抛锚地(内陆/受限)			4%
	抛锚地(开阔水域)			2%
	航行中(内陆/受限)			17%
	航行中(开阔水域)			50%
	装卸	40%	29%	9%
	燃料装载	7%	2%	<1%
	其他作业/未知	53%	69%	>17%
原因	撞击/碰撞	2%	26%	30%
	搁浅	3%	20%	33%
	船体损坏	7%	7%	13%
	设备故障	21%	15%	4%
	火灾/爆炸接地	2%	4%	11%
	其他	23%	13%	6%
	未知	41%	15%	3%

2.5.3 溢油量估计

2.5.3.1 海上溢油量估计

海上溢油量(体积)可以通过溢油表面积和油膜厚度来估算。利用空中监视和/或卫星图像可以相当简单和准确地测量溢油区域(图 2.6)。在可见的油膜边缘(覆盖大面积的非常薄的一层油)周围画一条线,然后计算出边界内的面积。油膜厚度的估计可以通过观察其颜色或外观,并根据已建立的厚度范围指导原则确定。表 2.25 给出了基于颜色观察得出的近似油膜厚度和油膜含油量。

图 2.6 疑似墨西哥湾 23051 站浮油现场,长 18mile,面积 53.7mile^2

表 2.25 基于颜色的近似膜厚和油膜中的油量(US Coastal Guard,1995;US EPA,1971;Washington State Department of Ecology,1996)

颜色/外观	油膜厚度/in	油膜厚度/mm	膜厚度/μm	近似油膜含油量/(gal/mile^2)
几乎看不见	1.5×10^{-6}	4.0×10^{-5}	0.04	25
银色的	3.0×10^{-6}	8.0×10^{-5}	0.08	50
略带颜色	6.0×10^{-6}	1.5×10^{-4}	0.15	100
色彩鲜艳	1.2×10^{-5}	3.0×10^{-4}	0.30	200
暗色	4.0×10^{-5}	1.0×10^{-3}	1.00	666
黑色	8.0×10^{-5}	2.0×10^{-3}	2.00	1332

油膜体积估计方程,如下(National Oceanic and Atmospheric Administration (NOAA),1992;Washington State Department of Ecology,1996;Alaska Clean Seas (ACS),1999):

$$体积(美制桶) = 4.14\times10^5 \times 面积(mile^2) \times 平均厚度(in) \quad (2.24)$$

$$体积(美制加仑) = 1.74\times10^7 \times 面积(mile^2) \times 平均厚度(in) \quad (2.25)$$

$$\text{体积(美制桶)} = 647 \times \text{面积(acre)} \times \text{平均厚度(in)} \tag{2.26}$$

$$\text{体积(美制加仑)} = 2.717 \times 10^4 \times \text{面积(acre)} \times \text{平均厚度(in)} \tag{2.27}$$

$$\text{体积(美制加仑)} = 6.85 \times 10^2 \times \text{面积(mile}^2\text{)} \times \text{平均厚度}(\mu m) \tag{2.28}$$

$$\text{体积(美制加仑)} = 1.774 \times 10^3 \times \text{面积(km}^2\text{)} \times \text{平均厚度}(\mu m) \tag{2.29}$$

$$\text{体积(美制桶)} = 1.48 \times 10^{-2} \times \text{面积(ft}^2\text{)} \times \text{平均厚度(in)} \tag{2.30}$$

$$\text{体积(美制加仑)} = 0.624 \times \text{面积(ft}^2\text{)} \times \text{平均厚度(in)} \tag{2.31}$$

不幸的是,当使用卫星图像,特别是合成孔径雷达(SAR)图像时,我们无法观察到造成典型油膜表面颜色的光谱特征,这导致了该方法的无法使用。替代方案是据 SkyTruth(2015b)提出的使用经验法则测量 SAR 图像中可见油膜的面积,假设该区域的平均油膜厚度至少为 1mm,就可以计算出油膜的最小油量。

例 2.6

油膜的平均厚度和表面积分别为 1mm 和 7km²。油膜的体积是多少 gal?

解

使用式(2.29)进行估计:

$$\text{体积(美制加仑)} = 1.774 \times 10^3 \times \text{面积(km}^2\text{)} \times \text{平均厚度}(\mu m)$$
$$= 1.774 \times 10^3 \times 7 \times 1 = 12418 \text{(美制加仑)}$$

对于许多溢油事件,基于目视观察或测量技术确定水面浮油的厚度并通过溢油的航拍照片确定扩散面积的估算方法是不够成功的,或结果并不在可接受的误差范围内(Cekirge,2013)。

政府机构和公司使用溢油模型系统来协助进行溢油事件响应决策支持、规划、研究、培训和应急规划。全球原油泄漏模型(WOSM)是一个独立的基于微型计算机的溢油模型系统。WOSM 是在一个壳架构中设计的,其唯一可改变的参数是描述应用溢油模型区域的参数。该溢油模型系统集成了有限功能的地理信息系统(GIS),其壳架构还包括与其他 GIS 系统和数字数据的接口。WOSM 包含对任何类型溢油事件建模所需的所有的数据库、数据操作和图形显示工具。用户可以控制对哪些风化过程进行建模,WOSM 数据输入工具可以随着更精细的数据导入而不断优化模型预测(Anderson et al.,1993)。Cekirge(2013)还开发了可以估计溢油量的软件。软件的输入参数是水面浮油的扩散面积和形状以及该溢油事件的各种气象和海洋条件。该方法适用于确定在水面上可观察到的孤立溢油事件的初始泄漏体积,并不适用于连续泄漏事件。

在解决环境影响和法律责任问题时,需明确查明溢出的油类和石油产品,并将其与已知来源联系起来。溢油识别研究应用了化学指纹技术和数据解释技术,包括识别石油烃的相对分布模式、"源特异性标记"化合物分析、确定特定石油成分的诊断比率、同位素分析以及其他一些新兴技术技术。一些化合物，如多环芳烃、氧杂环烃和氮杂环烃，通常有很大的潜力来补充现有的一套烃类目标范围，从而微调对石油泄漏的来源追踪。该分析也可用于跟踪原油泄漏的风化和降解过程(Wang et al., 1999)。

2.5.3.2 冰与雪上溢油量估计

现场经验和实际泄漏的数据表明，冰雪的储油能力高达1600bbl/acre。出于规划目的可使用下列方程式(ACS, 1999)：

$$体积(美制桶) = 4.14 \times 10^5 \times 面积(mile^2) \times 平均厚度(in) \quad (2.32)$$

$$体积(美制桶) = 647 \times 面积(acre) \times 平均厚度(in) \quad (2.33)$$

$$体积(美制桶) = 1.48 \times 10^{-2} \times 面积(ft^2) \times 平均厚度(in) \quad (2.34)$$

$$体积(美制加仑) = 42 \times 体积(美制桶) \quad (2.35)$$

2.5.3.3 土壤中或土壤表层溢油量估计

对溢出和滞留在土壤中的烃类造成的地下污染数量和程度进行估计是复杂的。土壤中的烃类可分为三个阶段存在：①作为孔隙空间内的蒸气；②附着在土壤颗粒上或夹在土壤颗粒之间的残余液体；③作为土壤周围水分中溶解的油成分。减小颗粒尺寸，减少土壤分选，增加油的黏度可以增加油的保持性。初始干燥土壤的保油能力通常大于初始水饱和土壤的保油能力。表2.26列出了根据经验法则得到的不同土壤类型的持水度(每单位孔隙体积所保留的液体体积的估计)。

表2.26 根据经验法则得到的不同土壤类型的持水度(ACS, 1999)

化学物质	裂缝持水度	沙土持水度	砂石持水度
原油	12%~20%	4%~13%	0~5%
柴油	7%~12%	2%~8%	0~2%
汽油	3%~7%	1%~5%	0~1%

参 考 文 献

Ahnell, A., O'Leary, H., 2008. General Introduction. In: Orszulik, S.T. (Ed.), Environmental Technology in the Oil Industry, second ed. Springer (Chapter 1).

Alaska Clean Seas (ACS), January 3, 1999. Spill Volume Estimation, TACTIC T-7, ACS Tech. Manual, vol. 1. [Online] Available from: http://www.asgdc.state.ak.us/maps/cplans/ns/cleanseas/vol1_tactics/g_tracking/T7.pdf.

Almasi, A., Dargahi, A., Amrane, A., Fazlzadeh, M., Mahmoudi, M., Hashemian, A., 2014. Effect of the retention time and the phenol concentration on the stabilization pond efficiency in the treatment of oil refinery wastewater. Fresenius Environmental Bulletin 23 (10a), 2541-2549.

Amin, M.A.R.M.M., Kutty, S.R.M., Gasim, H.A., Isa, M.H., 2012. Impact of petroleum refinery wastewater on activated sludge. Latest Trends in Environmental and Manufacturing Engineering 110-115.

American Petroleum Institute (API), March 1980. Fugitive Hydrocarbon Emission from Petroleum Production Operations, vols. I and II. API Publication 4311, Washington, DC.

American Petroleum Institute (API), ICF Consulting, 2000. Overview of Exploration and Production Waste Volumes and Waste Management Practices in the United States. Based on API survey of onshore and coastal exploration and production operations for 1995 and API survey of natural gas processing plants for 1995.

Anderson, E.L., Howlett, E., Jayko, K., Kolluru, V., Reed, M., Spaulding, M., 1993. The worldwide oil spill model (WOSM): an overview. In: Proceedings of the 16th Arctic and Marine Oil Spill Program, Technical Seminar. Environment Canada, Ottawa, Ontario, pp. 627–646.

Bashat, H., 2003. Managing waste in exploration and production activities of the petroleum industry. Environmental Advisor, SENV, 1–16.

Bakke, T., Klungsøyr, J., Sanni, S., 2013. Environmental impacts of produced water and drilling waste discharges from the Norwegian offshore petroleum industry. Marine Environmental Research 92, 154–169.

Brattoli, M., de Gennaro, G., de Pinto, V., Demarinis Loiotile, A., Lovascio, S., Penza, M., 2011. Review: odour detection methods: olfactometry and chemical sensors. Sensors 11, 5290–5322.

Benyahia, F., Abdulkarim, M., Embaby, A., 2006. Refinery Wastewater Treatment: A True Technological Challenge, ENG- 186 The Seventh Annual U.A.E. University Research Conference.

Brooke, D.N., Crookes, M.J., 2007. Emission Scenario Document on Transport and Storage of Chemicals, Environment Agency, Rio House, Waterside Drive, Aztec West. Almondsbury, Bristol, BS32 4UD, Product code:SCHO0407BMLK-E-P.

Cekirge, H.M., 2013. Oil spills: determination of oil spill volumes observed on water surfaces. International Journal of Technology, Knowledge and Society 8 (6), 17–30.

Cholakov, G.S., 2009. Control of pollution in the petroleum industry. In: Pollution Control Technologies, vol. III. Encyclopedia of Life Support Systems (EOLSS).

CONCAWE, December 1975. The Identification and Measurement of Refinery Odours. Report No. 8/75.

CONCAWE, 1999. Best Available Techniques to Reduce Emissions from Refineries.

Congress of the United States, Office of Technology Assessment, 1992. Managing Industrial Solid Wastes from Manufacturing, Mining, Oil and Gas Production, and Utility Coal Combustion. DIANE Publishing Company.

Capelli, L., Sironi, S., Del Rosso, R., 2014. Odour emission factors: fundamental tools for air quality management. Chemical Engineering Transactions 40, 193–198.

Coelho, A., Castro, V.A., Dezotti, M., Sant Anna Jr., G.L., 2006. Treatment of petroleum refinery wastewater by advanced oxidation process. Journal of Hazardous Matter, B 137, 178–184.

Department of Environment (DOE) of Malaysia, 2014. Best Available Techniques Guidance Document on Production of Petrochemicals. Department of Environment (DOE), Malaysia.

Draft Technology Roadmap for the US Petroleum Industry, 2000. Technology Roadmap for the Petroleum Industry, USA.

Dold, P.L., 1989. Current practice for treatment of petroleum refinery wastewater and toxics removal. Water Quality Research Journal of Canada 24, 363–390.

EC, 2010. Communication from EC on Energy Infrastructure Priorities for 2020 and Beyond – A Blueprint for an Integrated European Energy Network COM, vol. 2010, p. 677. Final 2010.

E&P Forum/UNEP, 1997. Environmental Management in Oil and Gas Exploration and Production, An Overview of Issues and Management Approaches. Joint E&P Forum/UNEP Technical Publications.

E&P Forum, 1993. Exploration and Production (E&P) Waste Management Guidelines, September 1993. Report No. 2.58/196.

E&P Forum, December 1994a. Atmospheric Emissions from the Offshore Oil and Gas Industry in Western Europe. Report No. 2.66/216.

E&P Forum, May 1994b. North Sea Produced Water: Fate and Effects in the Marine Environment. Report No. 2.62/204.

European Commission, Joint Research Center, 2013. Best Available Techniques (BAT) Reference Document for the Refining of Mineral Oil and Gas. Industrial Emissions Directive 2010/75/EU (Integrated Pollution Prevention and Control), Joint Research Center, Institute for Prospective Technological Studies Sustainable Production and Consumption Unit European IPPC Bureau.

Faustine, C., 2008. Environmental Review of Petroleum Industry Effluents Analysis (Master of Science Thesis). Royal Institute of Technology, Stockholm, Sweden.

53 Federal Register 25448, 1988. Reinfection of Produced Waters into the Formation Helps to Maintain Fluid Pressure and to Enhance Oil and Gas Recovery.

Fingas, M., 2011. Oil Spill Science and Technology, Prevention, Response, and Cleanup. Elsevier Inc.

Gasim, H.A., Kutty, S.R.M., Isa, M.H., 2012. Anaerobic treatment of petroleum refinery wastewater. World Academy of Science, Engineering and Technology, International Journal of Environmental, Chemical, Ecological, Geological and Geophysical Engineering 6 (8), 512−515.

Glossary of Environment Statistics, 1997. Studies in Methods. Series F, No. 67, United Nations, New York. [Online] Available from: https://stats.oecd.org/glossary/detail.asp?ID=1902.

Hu, G., Li, J., Zeng, G., 2013. Recent development in the treatment of oily sludge from petroleumindustry: a review. Journal of Hazardous Materials 261, 470−490.

IL & FS Ecosmart Limited Hyderabad, September 2010. Technical EIA Guidance Manual for Petrochemical Complexes, Prepared for the Ministry of Environment and Forests. Government of India.

Infoplease, 2015. Oil Spills and Disasters, 2000−2015. Sandbox Networks, Inc. [Online] Available from: http://www.infoplease.com/ipa/A0001451.html.

Iranian Ministry of Petroleum, October 2007. Engineering Standard for Air Pollution Control, first ed. IPS-E-SF-860(1).

Jafarinejad, Sh., 2014a. Supercritical water oxidation (SCWO) in oily wastewater treatment. In: National e-Conference on Advances in Basic Sciences and Engineering (AEBSCONF), Iran.

Jafarinejad, Sh., 2014b. Electrochemical oxidation process in oily wastewater treatment. In: National e-Conference on Advances in Basic Sciences and Engineering (AEBSCONF), Iran.

Jafarinejad, Sh., 2015a. Ozonation advanced oxidation process and place of its use in oily sludge and wastewater treatment. In: 1st International Conference on Environmental Engineering (Eiconf), Tehran, Iran.

Jafarinejad, Sh., 2015b. Heterogeneous photocatalysis oxidation process and use of it for oily wastewater treatment. In: 1st International Conference on Environmental Engineering (Eiconf), Tehran, Iran.

Jafarinejad, Sh., 2015c. Recent advances in nanofiltration process and use of it for oily wastewater treatment. In: 1st International Conference on Environmental Engineering (Eiconf), Tehran, Iran.

Jafarinejad, Sh., 2015d. Methods of control of air emissions from petroleum refinery processes. In: 2nd e-Conference on Recent Research in Science and Technology, Kerman, Iran, Summer 2015.

Jafarinejad, Sh., 2015e. Investigation of advanced technologies for wastewater treatment from petroleum refinery processes. In: 2nd e-Conference on Recent Research in Science and Technology, Kerman, Iran, Summer 2015.

Jafarinejad, Sh., 2015f. Investigation of unpleasant odors, sources and treatment methods of solid waste materials from petroleum refinery processes. In: 2nd e-Conference on Recent Research in Science and Technology, Kerman, Iran, Summer 2015.

Jafarinejad, Sh., 2016. Odours emission and control in the petroleum refinery: a review. Current Science Perspectives 2 (3), 78–82.

Khaing, T.H., Li, J., Li, Y., Wai, N., Wong, F., 2010. Feasibility study on petrochemical wastewater treatment and reuse using a novel submerged membrane distillation bioreactor. Separation and Purification Technology 74, 138–143.

Lucas, B., 2007. Memorandum from B. Lucas, EPA/SPPD, to Project Docket File (EPA Docket No. EPA-HQ-OAR-2003-0146). Storage Vessels: Control options and impact estimates. August 3, 2007. Docket Item No. EPA-HQ-OAR-2003-0146-0014.

Ma, F., Guo, J.B., 2009. Application of bioaugmentation to improve the activated sludge system into the contact oxidation system treating petrochemical wastewater. Bioresource Technology 100, 597–602.

Mohr, K.S., Veenstra, J.N., Sanders, D.A., 1998. Refinery Wastewater Management Using Multiple Angle Oil-Water Separators. The International Petroleum Environment Conference in Albuquerque, New Mexico, 1998.

Multilateral Investment Guarantee Agency (MIGA), 2004. Environmental Guidelines for Petrochemicals Manufacturing, pp. 461–467. [Online] Available from: https://www.miga.org/documents/Petrochemicals.pdf.

Ministry of Environment & Forests, Govt of India, 2008. Guidelines on Odour Pollution & Its Control. Central Pollution Control Board, Ministry of Environment & Forests, Govt. of India Parivesh Bhawan, East Arjun Nagar, Delhi – 1100 32, May 2008.

National Atmospheric Emission Inventory (NAEI), 2000. The UK Emission Factor Database, UK National Atmospheric Emission Inventory. [Online] Available from: http://www.naei.org.uk/emissions.

National Oceanic and Atmospheric Administration (NOAA), 1992. An Introduction to Oil Spill Physical and Chemical Processes and Information Management. Hazmat Response Division, Seattle, Washington, USA.

Nkwocha, A.C., Ekeke, I.C., Kamen, F.L., Oghome, P.I., 2013. Performance evaluation of petroleum refinery wastewater treatment plant. International Journal of Science and Engineering Investigations 2 (16), 32–38.

Orszulik, S.T., 2008. Environmental Technology in the Oil Industry, second ed. Springer.

OSPAR Commission, 2000. OSPAR Decision 2000/3 on the Use of Organic-Phase Drilling Fluids (OPF) and the Discharge of OPF-Contaminated Cuttings. OSPAR 00/20/1-E, Annex 18.

OSPAR Commission, 2001. OSPAR Recommendation 2001/1 for the Management of Produced Water from Offshore Installations (Consolidated Text). OSPAR Recommendation 2001/1 adopted by OSPAR2001 (OSPAR01/18/1, Annex 5). Amended by OSPAR Recommendation 2006/4 (OSPAR 06/23/1, Annex 15) and OSPAR Recommendation 2011/8 (OSPAR 11/20/1, Annex 19). [Online] Available from: http://www.ospar.org/documents/dbase/decrecs/recommendations/01−01e_consol%20produced%20water.doc.

Reis, J.C., 1996. Environmental Control in Petroleum Engineering. Gulf Publishing Company, Houston, Texas, USA.

Research Triangle Institute (RTI), July 2002. Petroleum Refinery Source Characterization and Emission Model for Residual Risk Assessment. Prepared for U.S. Environmental

Protection Agency, Office of Air Quality Planning and Standards, Research Triangle Park, NC. EPA Contract No. 68-D6-0014.

Research Triangle Institute (RTI) International, April 2015. Emissions Estimation Protocol for Petroleum Refineries, Version 3, Submitted to: Office of Air Quality Planning and Standards. U.S. Environmental Protection Agency, Research Triangle Park, NC 27711, Submitted by: RTI International, 3040 Cornwallis Road, Research Triangle Park, NC 27709−2194.

Reiersen, L.O., Gray, J.S., Palmork, K.H., 1989. Monitoring in the vicinity of oil and gas platforms: results from the Norwegian sector of the North Sea and recommended methods for forthcoming surveillance. In: Engelhardt, F.R., Ray, J.P., Gillam, A.H. (Eds.), Drilling Wastes. Elsevier, London, pp. 91−117.

Speight, J.G., 2005. Environmental Analysis and Technology for the Refining Industry. John Wiley & Sons, Inc., Hoboken, New Jersey.

Siddiqui, T.F., 2015. Environmental Pollution in Petroleum Refineries. Bahria University Karachi.

Sheehan, P.E., March 1991. Air Quality Permitting of Onshore Oil and Gas Production Facilities in Santa Barbara County, California, pp. 20−22. Paper SPE 21767 presented at the Society of Petroleum Engineers Western Regional Meeting, Long Beach, CA.

Shabir, G., Afzal, M., Tahseen, R., Iqbal, S., Khan, Q.M., Khalid, Z.M., 2013. Treatment of oil refinery wastewater using pilot scale fed batch reactor followed by coagulation and sand filtration. American Journal of Environmental Protection 1 (1), 10−13.

Schaich, J.R., 1991. Estimate fugitive emissions from process equipment. Chemical Engineering Progress 87 (8), 31−35.

Sironi, S., Capelli, L., Céntola, P., Del Rosso, R., Il Grande, M., 2005. Odour emission factors for the assessment and prediction of Italian MSW landfills odour impact. Atmospheric Environment 39, 5387−5394.

Sironi, S., Capelli, L., Céntola, P., Del Rosso, R., Il Grande, M., 2007. Odour emission factors for assessment and prediction of Italian rendering plants odour impact. Chemical Engineering Journal 131, 225−231.

SkyTruth, 2015a. SkyTruth oil spill reports. Oil Slick Site 23051 2007, 08−11. [Online] Available from: http://oil.skytruth.org/site-23051/site-23051-oil-slick-observations/oil-slick-site-23051-2007-08-11.

SkyTruth, 2015b. SkyTruth Oil Spill Reports, How We Determine Oil Spill Volume. [Online] Available from: http://oil.skytruth.org/oil-spill-reporting-resources/how-we-determine-oil-spill-volume.

The American Heritage® Science Dictionary, 2002. Environment. [Online] Available from: http://dictionary.reference.com/browse/environment.

The International Tanker Owners Pollution Federation (ITOPF) Limited, January 2015. Oil Tanker Spill Statistics 2014. [Online] Available from: http://www.itopf.com/fileadmin/data/Documents/Company_Lit/Oil_Spill_Stats_2014FINALlowres.pdf.

United Nations Statistics Divisions (UNSD), 1997. Glossary of Environment Statistics. [Online] Available from: http://unstats.un.org/unsd/environmentgl/.

United States Coastal Guard, 1995. Field Operations Guide. ICS, pp. 420−421 (Oil).

United States Environmental Protection Agency (U.S. EPA), 1971. Oil Pollution Control Technology Training Manual. Edison Water Quality Laboratory.

United States Environmental Protection Agency (U.S. EPA), 1991. Safe, Environmentally Acceptable Resources Recovery from Oil Refinery Sludge. U.S. Environmental Protection Agency (EPA), Washington DC.

United States Environmental Protection Agency (U.S. EPA), 1995a. AP 42 Compilation of Air Pollutant Emission Factors (United States).

United States Environmental Protection Agency (U.S. EPA), 1995b. Protocol for Equipment Leak Emission Estimates (EPA-453/R-95−017, United States).

United States Environmental Protection Agency (U.S. EPA), 1995c. Profile of the Petroleum Refining Industry. Environmental Protection Agency, Washington, DC (EPA Office of Compliance Sector Notebook Project).

United States Environmental Protection Agency (U.S. EPA), 2004. Environmental Protection Agency. Washington, DC. [Online] Available from: http://www.epa.gov.

United States Environmental Protection Agency (U.S. EPA), September 2006. Emission Factor Documentation for AP-42, Section 7.1, Organic Liquid Storage Tanks. Final Report, For U.S. Environmental Protection Agency, Office of Air Quality Planning and Standards, Emission Factor and Inventory Group.

United States Environmental Protection Agency (U.S. EPA), July 2008. AP 42 In: Petroleum Industry, 5.2 Transportation and Marketing of Petroleum Liquids, fifth ed., vol. I. [Online] Available from: http://www.epa.gov/ttn/chief/ap42/ch05/final/c05s02.pdf (Chapter 5).

United States Census Bureau, 2000. 390. Oil Spills in U.S. Water-Number and Volume, U.S. Department of Commerce and Are Subject to Revision by the Census Bureau. [Online] Available from: http://www.allcountries.org/uscensus/390_oil_spills_in_u_s_water.html.

Voldum, K., Garpestad, E., Andersen, N.O., Henriksen, I.B., November 2008. The CTour process, an option to comply with the "zero discharge-legislation" in Norwegian waters. In: Abu Dhabi International Petroleum Exhibition and Conference. UAE Society of Petroleum Engineers, Abu Dhabi, pp. 3−6. [Online] Available from: http://dx.doi.org/10.2118/118012-MS.

Wang, Z., Fingas, M., Page, D.S., 1999. Oil spill identification. Journal of Chromatography A 843 (1−2), 369−411.

Washington State Department of Ecology, February 1996. Guidelines for Determining Oil Spill Volume in the Field, Terminology, Ranges, Estimates and Experts. Publication No. 96−250.

World Health Organization (WHO), 1993. Assessment of Sources of Air, Water, and Land Pollution, a Guide to Rapid Source Inventory Techniques and Their Use in Formulating Environmental Control Strategies. Part One: Rapid inventory techniques in environmental pollution, Part Two: Approaches for consideration in formulating environmental control strategies, Document WHO/PEP/GETNET/93.1A-B. World Health Organization, Geneva.

World Bank Group, 1998. Petroleum Refining, Project Guidelines: Industry Sector Guidelines, Pollution Prevention and Abatement Handbook, pp. 377−381. [Online] Available from: http://www.ifc.org/wps/wcm/connect/b99a2e804886589db69ef66a6515bb18/petroref_PPAH.pdf?MOD=AJPERES.

Xianling, L., Jianping, X., Qing, Y., Xueming, Z., 2005. The pilot study for oil refinery wastewater treatment using gas-liquid-solid three-phase flow airlift loop bioreactor. Biochemical Engineering Journal 27, 40−44.

Zhidong, L., Na, L., Honglin, Z., Dan, L., 2009. Study of an A/O submerged membrane bioreactor for oil refinery wastewater treatment. Petroleum Science and Technology 27, 1274−1285.

3 石油行业对环境的影响、保护措施和法规

3.1 石油工业对环境的影响概述

环境影响通常是指人员、行业、企业、项目、计划等活动对受体环境的影响。影响范围小到导致空气和水化学成分的微小改变，大到导致空气、水、沉积物、植物群和动物群的化学、物理和生物学性质的复杂变化。影响程度可以根据强度或大小(低、中、高)，持续时间(短期、中期、长期)，范围(地方、区域、州)和背景值(一般、重要、独特)确定。简而言之，影响程度可以是忽略不计的，轻微的，中度的和重大的。影响强度极低、暂时的、地方的，且不影响独特资源的称为可忽略的影响。轻微影响的强度往往较低、持续时间较短且程度有限，尽管公共资源可能会受到更强烈的长期影响。中度影响可以是任何强度或任何持续时间，公共资源可能会受到较高强度、长期或更广泛程度的影响，但重要和/或独特资源只可能会受到中或低强度、短期、地方或区域性的影响。影响响度为中等强度或高强度、持续时间为长期或永久、影响范围为区域或州，并且影响重要或独特资源的影响称为重大影响。

正如第二章所讨论的那样，石油工业各个环节的活动和经营均与污染和废物的产生有关，例如勘探、开发、生产、碳氢化合物加工(炼油厂和石化厂)、储存、运输、配送、销售。在这些环节中会产生废气、废水和固体废物，可能对空气、水、土壤以及地球上的所有生物产生各种各样的影响。在一些地点和地区，自然发生的放射性物料也可能累积到一定水平，以至于可能会显著超过背景值，这可能会对暴露其中的员工构成危害。此外，漏油(意外或有意排放的油)也是一种形式的污染，可能对海洋和沿海生态系统造成破坏性影响。此外，石油工业中的某些作业过程可能会产生高噪声，尽管这类噪声的影响通常较小。

石油工业对环境的影响通常取决于炼油厂中炼化过程所处的阶段、规模和项目的复杂性，材料的性质和毒性及其释放后的浓度，周围环境的性质和敏感性，以及规划、污染防控、缓解和控制技术的有效性。

石油行业的一些环境影响包括：与全球变暖和气候变化相关的温室效应的加剧、酸雨、光化学烟雾、大气能见度降低、森林死亡、臭氧消耗(来自灭火剂)、

烟灰/重金属沉积、水质差、地表水/地下水污染、土壤污染、生物群落/植物/动物的干扰以及对生态系统的破坏。

3.1.1 毒性

石油对环境的影响通常是负面的，因为它对几乎所有形式的生命都有毒性。原油是多种有机化合物的混合物，其中许多是剧毒的和致癌的。评估石油烃混合物的潜在健康影响有一定的挑战性，这种影响通过受影响的介质产生，且与环境暴露相关。毒性和环境归趋是做这些混合物的风险评估（确定与危害有关的风险的定量或定性估计）时必须考虑的两个组成部分。换句话说，风险是暴露和危害的函数，必须将这两个方面纳入合理的风险评估中。在石油产品污染场地的风险评估中，需要与石油混合物[特别是总石油烃（TPHs）]相关的暴露和毒性信息。

如上所述，毒性是对物质（如石油）的潜在环境影响的量度。它是物质可以破坏生物体的程度。毒性可以通过其对靶标（生物、器官、组织或细胞）的影响来确定。也可以使用生物测定法，通过将目标动物暴露于不同量的所述物质中来进行测量。剂量和浓度是两种常用的毒性测量指标。半数致死量（LD50）（是指引起50%受试动物死亡所需的剂量，单位为 mg/g 组织）是毒性测量的一个剂量指标；而半数致死浓度（LC50）（是指能在给定时间内引起50%动物死亡所需的浓度，单位为 ppm 或 mg/L）是毒性测量的一个浓度指标。能引起人和动物死亡的物质最小剂量称为最小致死量（LDLO），类似的，最小致死浓度（LCLO）是指在一定时间内引起人和动物死亡的物质最小浓度。急性毒性也指引起即时影响的暴露，而反复、长期暴露被称为慢性毒性。此外，参考剂量（RfD）是指人群在终生接触该剂量水平化合物的条件下，预期一生中发生有害效应的危险度可降低至不能检出的程度[不确定性可能跨越一个数量级，单位为 mg/(kg·d)]。RfD 是人类健康与安全的一个参考，它是由未观察到损害作用的剂量（NOAEL；来自动物和人群研究），应用不确定性因子得出的。这些不确定性因子反映了用于估算 RfD 的各种类型的数据，并基于对整个化学数据库的专业判断进行了修正。请注意，RfD 不适用于非阈值效应，例如癌症。表 3.1 给出了部分石油烃的 RfD 和毒性影响。

众所周知，可能或大概的人类致癌物的成分鉴定是基于 EPA 证据的权重分类方案，在该方案中，系统地评估了化学物质在哺乳动物中的致癌能力，由此得出对人类的潜在致癌性。EPA 分类方案根据可用证据的权重分为六类，如下：

A：已知的人类致癌物；

B1：可能的人类致癌物，人类证据有限；

B2：可能的人类致癌物，足够的动物证据，但人类数据不足；

C：可能的人类致癌物，动物证据有限；

D：分类证据不足；

E：非致癌性证据。

D 类中的某些成分具有潜在致癌症，但尚无足够的数据来改变其分类。用于描述 A、B1、B2 或 C 类致癌物效力的毒性值称为致癌斜率因子(CSF)。

表 3.1　石油烃参考剂量

碳原子数	参考化合物	毒性影响	RfD/[mg/(kg·d)]
C_5	正戊烷	麻醉，刺激	1.2
$C_5 \sim C_8$	正己烷	神经毒性	0.06
$C_6 \sim C_{11}$	矿物油	人体肝酶增加	0.015
$C_9 \sim C_{18}$(脂肪族)	正壬烷	神经毒性	0.38
$C_9 \sim C_{22}$(芳香族)	芘	神经毒性	0.03
$C_9 \sim C_{20}$	$2^{\#}$柴油	轻度肝脏组织学改变	0.04
$C_{19} \sim C_{50}$	石蜡油	腹泻	4.35

CSF 是由 EPA 使用数学模型生成的，该数学模型通过高剂量下的动物试验结果推断到低剂量下对人类的致癌风险。CSF 代表由模型产生的剂量-反应曲线斜率的 95% 置信上限。表 3.2 中列出了参考剂量、美国 EPA 癌症分类、TPH 组分的 CSF。

表 3.2　参考剂量、美国 EPA 癌症分类以及总石油烃组分的致癌斜率因子

组分	鼻吸入/[mg/(kg·d)] 亚慢性	RfD 慢性	口吸入/[mg/(kg·d)] 亚慢性	RfD 慢性	致癌类别	口吸入 CSF/[mg/(kg·d)]$^{A-1}$	鼻吸入 CSF/[mg/(kg·d)]$^{A-1}$
叔丁醇	NA	NA	1.000	0.100	D		
甲醇	NA	NA	5.000	0.500	D		
二溴乙烷	NA	NA	NA	NA	B2	85.00	0.770
1,1-二氯乙烷	5.000	0.500	1.000	0.100	B2	0.140	NA
溴化乙烯	NA	NA	0.200	0.020	C	0.084	NA
甲基叔丁基醚	1.400	0.140	NA	NA	D		
苯	NA	NA	NA	NA	A	0.029	0.029
乙苯	0.290	0.290	1.000	0.100	D		

续表

组分	鼻吸入/[mg/(kg·d)]	RfD	口吸入/[mg/(kg·d)]	RfD	致癌类别	口吸入CSF/[mg/(kg·d)]^(-1)	鼻吸入CSF/[mg/(kg·d)]^(-1)
	亚慢性	慢性	亚慢性	慢性			
异丙基苯	0.026	0.0026	0.030	0.040	D		
甲苯	0.570	0.110	2.000	0.200	D		
二甲苯	NA	NA	4.000	2.000	D		
蒽	NA	NA	3.000	0.300	D		
苯并[a]芘	NA	NA	NA	NA	B2	7.300	6.100
荧蒽	NA	NA	0.400	0.040	D		
芴	NA	NA	0.040	0.040	D		
萘	NA	NA	0.040	0.040	D		
芘	NA	NA	0.300	0.030	D		
正己烷	0.057	0.057	0.600	0.060	D		

注：NA 表示不适用。

如第2章所述，在石油工业中，重金属可源自勘探、开发、生产、精炼等活动。重金属是具有高原子量的金属元素，例如汞(Hg)、铬(Cr)、镉(Cd)、砷(As)、铅(Pb)等。这些金属即使含量低也有毒，会破坏生物。它们不会分解或降解，且容易在植物、动物和人体内累积从而引起健康问题。换句话说，少量金属就有相对高的密度和毒性是指的重金属，例如砷、铅、汞、镉、铬、铊(Ti)等。一些痕量元素也称为重金属，例如铜(Cu)、硒(Se)和锌(Zn)。它们是维持人体新陈代谢所必需的，但是它们在较高浓度下会产生毒性。重金属可在一定程度上通过食物、饮用水和空气进入人体。与环境科学有关的重金属主要包括Pb、Hg、Cd、Cr、Cu、Zn、锰(Mn)、镍(Ni)、银(Ag)、钒(V)等。过量的重金属是有害的，且它们会破坏生态系统。因为它们会在生物体内蓄积，引起对生物群的毒性作用，甚至导致大多数生物死亡。

根据类型、浓度、接触途径以及暴露目标的年龄、遗传和营养状况，重金属可能引起各种环境和健康问题。重金属诱导的毒性和致癌性有很多种机制，其中一些机制很复杂。这些金属可以通过两种途径破坏代谢功能：它们可以积累，从而破坏心脏、大脑、肾脏、骨骼、肝脏等重要器官和腺体的功能；它们还可以取代重要营养矿物质的位置，从而阻碍营养物质的生物学功能。表3.3列出了美国EPA规定的空气、土壤和水中某些重金属的最大污染水平(MCL)。

表 3.3　美国 EPA 规定的空气、土壤和水中某些重金属的最大污染水平

重金属	空气中的 MCL/ (mg/m^3)	污泥(土壤)的 MCL/ (mg/kg)	饮用水的 MCL/ (mg/L)	水生生物用水的 MCL/ (mg/L)
镉	0.1~0.2	85	0.005	0.008
铅	不可检出	420	0.01	0.0058
锌	1(氯烟雾) 2(氧化烟雾)	7500	5	0.0766
汞	不可检出	<1	0.002	0.05
银	0.01	不可检出	0	0.1
砷	不可检出	不可检出	0.01	不可检出

3.1.2　温室效应

术语"温室气体(GHG)"通常是指可吸收大气中红外辐射的任何气体。温室气体包括水蒸气、二氧化碳(CO_2)、甲烷(CH_4)、一氧化二氮(N_2O)、氢氯氟烃(HCFCs)、臭氧(O_3)、氢氟烃(HFC)、全氟化碳(PFC)和六氟化硫(SF_6)。与石油工业相关的三种主要温室气体是甲烷(CH_4)、二氧化碳(CO_2)和一氧化二氮(N_2O)。石油工业通过三种方式增加温室气体排放：

1) 与燃烧有关的排放；
2) 设备泄漏和排放；
3) 通过多种途径产生的非排放用途的排放(沥青和道路用油、馏分燃料油、润滑剂、石油焦、特殊石脑油、蜡等)。例如，从石油原料生产塑料或橡胶时可能会产生排放。

根据 Bluestein 和 Rackley(2010)的研究，大多数温室气体排放来自石油产品的燃烧。例如，2007 年，24.8×10^{8}t 二氧化碳当量(MMTCO$_2$e)，相当于美国温室气体总排放量的 36%，来自用作能源(用作运输燃料或用作窑炉/锅炉燃料)的石油产品的燃烧。2007 年，石油系统的总逸散 CO_2 和 CH_4 排放量为 28.8 MMTCO$_2$e，相当于美国温室气体总排放量的 0.4% 和美国甲烷总排放量的 5.2%。一些石油产品用于非排放用途的消费。由于在这种情况下，石油在使用时不会燃烧，因此在此过程产生的二氧化碳未计入总量。但是，燃烧可能会在产品寿命的后期发生，这时应该加以考虑。总体而言，在所有非排放用途的石油中，约有 62% 的碳存储在产品中，其余 38% 的碳则在各个阶段排放。图 3.1 比较了美国温室气体清单中可列的石油行业各个阶段的排放量，这些排放量是根据四个被低估的排放源的修正估算的。2006 年，石油行业设备总泄漏以及排放的 CH_4 和 CO_2 量为 317

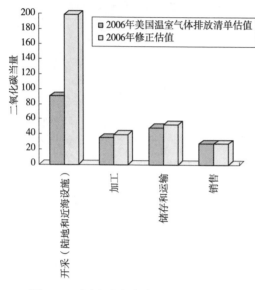

图 3.1 石油行业各个阶段的排放量对比

MMTCO$_2$e；其中，天然气的使用排放了 261 MMTCO$_2$e 的 CH$_4$ 和 28.50 MMTCO$_2$e 的 CO$_2$。2006 年，石油行业的 CH$_4$ 和 CO$_2$ 排放总量分别为 27.74 MMTCO$_2$e 和 0.29 MMTCO$_2$e。根据 Evans 和 Bryant (2013) 的研究，2006 年加拿大的石油和天然气生产(包括开采，采矿，管道和炼油)排放量为 1.63×10^8 t，占温室气体排放量的 28%。

温室效应是一种现象(图 3.2)，其中行星的大气层捕获了由太阳发出的辐射，该辐射是由二氧化碳、水蒸气和甲烷等气体引起的，这些气体允许入射的阳光通过但将余热从星球表面反射回去。换句话说，温室效应是由于温室气体的存在而将部分太阳能以热的形式保留在地球大气层中的。太阳能，主要是短波长可见光辐射，能够渗透到大气中并被地球表面吸收。然后，受热表面以长波长的红外线辐射的形式将一些能量辐射到大气中。尽管这些辐射中有一部分逃逸到太空中，但大部分被低层大气中的温室气体吸收，进而将一部分辐射反射回地球表面。因此，大气的角色大致类似于温室中的玻璃，其使阳光能够穿透并温暖植物和土壤，但会将大部分由此产生的热能捕集到内部。温室效应对于地球上的生命至关重要。但是，由于大气中温室气体含量增加而导致的影响加剧被认为是造成全球变暖和气候变化的主要因素。温室气体浓度的增加会增加地表的温度，并减少能量向太空损失。

3.1.3 酸雨

酸沉降，通常称为酸雨，发生在化石燃料燃烧和其他工业过程排放物在大气中经历复杂的化学反应并以湿沉降(雨、雪、云、雾)或干沉降(干燥颗粒、气体)到地球时。雨和雪已经是天然酸性，但只有在 pH 值小于 5.0 时才被认为是有害的。Robert Angus Smith 于 1872 年在一篇标题为《化学气候学开始时的空气和雨水》的文章中首次使用"酸雨"一词来描述英国曼彻斯特工业小镇周围雨水的酸性性质。

由于二氧化碳溶解在雨水中并产生碳酸(H_2CO_3)，因此天然雨水可能会呈弱

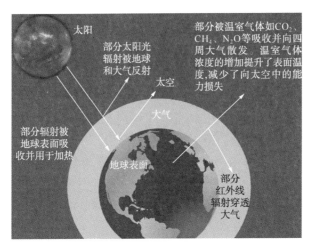

图3.2 温室效应

酸性。酸雨中的两种主要酸是硫酸(H_2SO_4)和硝酸(HNO_3),它们的来源是二氧化硫(SO_2)和氮氧化物(NO_x)。影响酸度的其他排放物包括游离氯、氨、挥发性有机物(VOCs)和碱性粉尘。如第2章所述,这些排放是在石油工业中产生的。

酸沉积剂量的酸度受排放水平以及二氧化硫和氮氧化物化学反应的影响。实际上,二氧化硫和氮氧化物被释放并上升到高层大气中,在阳光的存在下与氧气和水反应,通过许多步骤形成酸,这些步骤可分成两相(气相和液相)。导致酸雨形成的化学反应涉及 SO_2、NO_x 和 O_3 的相互作用。导致大气中酸性沉积现象的化学反应概述如下:

$$O_3 \longrightarrow O_2 + O \cdot \tag{3.1}$$

$$O \cdot + H_2O \longrightarrow 2OH \cdot (羟基自由基) \tag{3.2}$$

硫与氧反应生成二氧化硫:

$$S + O_2 \longrightarrow SO_2 \tag{3.3}$$

阳光和羟基自由基在气相中结合形成硫酸:

$$SO_2 + 2OH \cdot \longrightarrow 2H_2SO_4 \tag{3.4}$$

二氧化硫在大气中与氧气反应生成三氧化硫:

$$2SO_2 + O_2 \longrightarrow 2SO_3 \tag{3.5}$$

三氧化硫与大气中的水分在液相中反应形成硫酸:

$$SO_3 + H_2O \longrightarrow H_2SO_4 \tag{3.6}$$

氧气和氮气混合在一起:

$$N_2 + O_2 + 能量 \longrightarrow 2NO \tag{3.7}$$

一氧化二氮与双原子氧分子反应生成二氧化氮:

$$2NO+O_2 \longrightarrow 2NO_2 \tag{3.8}$$

阳光和羟基自由基在气相中结合形成硝酸：

$$NO_2+OH^· \longrightarrow HNO_3 \tag{3.9}$$

二氧化氮与大气中的水分在液相中反应形成硝酸：

$$NO_2+H_2O \longrightarrow HNO_3 \tag{3.10}$$

还有其他形成酸的气体，例如碳酸：

$$CO_2+H_2O \longrightarrow H_2CO_3 \tag{3.11}$$

$$H_2CO_3 \longrightarrow H^+ + HCO_3^- \tag{3.12}$$

酸雨会对地表水(湖泊和溪流)、水生动物和生态系统、动物、土壤、森林(树木)和植物、人造材料(例如，建筑材料、金属、油漆、纺织品、陶瓷、皮革、橡胶等)、可见度和人类健康产生影响。

通常可以通过控制排放和政策干预来控制酸性沉积。添加石灰可以消除或恢复对湖泊和其他水域的破坏。控制石油工业中酸性沉积物的方法包括：国家降低当前 SO_2 和 NO_x 产生水平的目标[通过实施严格的法规以限制高架烟囱的高度、对违反排放标准的主要污染者采取和实施处罚、为硫酸盐和硝酸盐等细颗粒物制定国家空气质量标准；通过在烟囱中安装洗涤器来清理烟囱和排气管路(用于控制 SO_x 排放的管道喷射)、湿式洗涤器或烟道气脱硫(FGD)以及干式洗涤器或喷雾干燥器，用于控制 NO_x 排放的选择性非催化还原(SNCR)和选择性催化还原(SCR)]；使用替代能源发电，例如水力发电、核能、太阳能和风能；节约资源和能源。

3.1.4 溢油对环境的影响

漏油会对社会、经济和环境造成灾难性的后果。可以从以下几个关键因素或变量确定溢油的影响：溢油本身、灾难管理、海洋自然环境、海洋生物学、人类健康与社会、经济和政策。溢油变量包括船舶安全特征、溢油位置、溢油量和溢油率以及油的类型。灾难管理因素包括响应时间、治理、响应技术、人力资本、自然过程以及当地文化和环境。海洋自然环境可能取决于连接的水路、潮汐和水流、波浪暴露、温度和盐度、暴露于土壤的基质以及天气状况。海洋生物学的变量包括：接触毒素、接触量、物种的栖息地/深度、迁移率、进食方式、物种特性、其他胁迫因素、发育阶段和繁殖时间。影响人类健康和社会的因素包括：皮肤直接接触致癌化合物、石油泄漏导致的空气污染物、摄入被污染的食物和水、心理和社会成本以及用途。经济上应该考虑：商业渔业和水产养殖业、商业渔业和水产养殖业价值链、旅游业、水路利用、其他海洋产业、石油业、农业、纯经济损失、被动利用和再创造、房地产、金融、法律和研究费用、市政/区域经济中政府的影响、经济规模、复苏繁荣、费用节省、税收和利益保护。溢油事故中的政策和决策变量包括港口关闭、政策宣传、补偿金和暂停捕鱼。

在诸如海水之类的水环境下，溢油会分解为许多不同的化学和物理成分，这些成分会扩散到整个系统中，漂浮/悬浮在水中、沉入海底、埋在沉积物中覆盖生物以及沿海栖息地（例如多岩石的海岸地区、软质沉积物海岸、鹅卵石和沙滩、滩涂、盐沼等）。海洋生物、植物和动物，从最小的浮游生物到最大的鲸鱼[例如，鸟类（图 3.3）、哺乳动物、鱼类、贝类、无脊椎动物、海龟等]都可能同时受到油、焦油和有毒油化合物的物理和化学影响。漏油会影响人体健康，沿海生态系统的健康、活力和多样性，商业渔业，旅游，等等。

图 3.3　一只沾满了泄漏油污的鸟

漏油可通过摄入、吸收和吸入直接影响野生动植物，也可以通过在动物寻找新的食物来源时改变其行为或改变其家庭范围而间接影响野生动物，增加动物觅食的时间，破坏自然生命周期。石油可能通过以下一种或多种机制影响环境：

1）通过影响生理功能压抑身体发育；

2）化学毒性提高致命或半致命因子或引起细胞功能损害；

3）生态变化，主要是群落中关键生物的消失和栖息地被机会性物种占领；

4）间接影响，例如栖息地的丧失以及随之而来的对生态重要物种的消除以及对自然生命周期的破坏。

如前所述，溢油的影响取决于溢油的规模、溢油的速度、溢油的类型、运输（例如船舶）的安全特性以及溢油的位置。漏油量的增加可以增加总损失。连续几个月漏油则需要多次努力应对。油的化学成分会影响分散特性（距离、深度和降解速率）和毒性。双体船比单体船更不易发生事故，因此双体船的溢漏成本可能更低。离岸泄漏比近海泄漏对人类的直接经济影响小。根据时间和地点的不同，即使是相对较小的泄漏也会对单个生物体和整个种群造成重大伤害。漏油的影响可能会持续数天至数年甚至数十年。影响通常分为急性（短期）和慢性（长期）影响。

漏油对野生生物造成的危害程度取决于许多因素：

1）每只动物对油的接触量；

2）每只动物接触油的途径；

3）每只动物的年龄、生殖状况和健康状况；

4）应急小组用来清理泄漏物的合成化学物质的类型。

3.2 环保选择

术语"环境保护"通常是指保护自然环境不受破坏或污染的制度和政策。可以在个人、组织或政府级别上进行此操作。石油行业的环保选择包括：环境审计（EA）、废物管理计划、废物管理实践、处置过程的认证、应急计划和员工培训。可以通过预防(改善操作或操作程序)、源头减量或废物最少化(消除物料、控制和管理库存、替代物料、修改工艺和设备并改善内部管理)、再利用、再循环/回收、处理和处置来进行废物管理。

3.2.1 环境审计

环境审计已被纳入各种环境保护和环境管理活动中。国际商会（ICC）（1989）将环境审计定义为："环境审计"是一种管理工具，它对于环境组织、环境管理和仪器设备是否发挥作用进行系统的、有记录的、定期的和客观的评价，其目的在于通过以下两个方面来帮助保护环境：一是简化环境活动的管理；二是评定公司政策与环境要求的一致性，公司政策要满足环境管理的要求。

审计通常分为：

1）内部审计：使用来自被审计部门、单位或机构内部的审计员。
2）交叉审核：使用公司内部但来自不同工厂、设施或区域的审计员。
3）外部审核：使用完全独立于被审计设施的审计员。他们可能是承包商或顾问，即不属于被审计公司的一部分。

表3.4列出了不同类型的环境审计的优缺点。

表3.4 不同类型的环境审计的优缺点

审计类型	优点	缺点
内部审计	成本低 组织结构破坏性低 操作熟练 良好的信息交叉交流机会	独立性差 权威性差
交叉审计	独立性较好 良好的信息交叉交流机会 权威性较好	成本较高 破坏组织结构 操作不熟练
外部审计	独立性最好 权威性最好	成本最高 对组织结构破坏性最大 信息交叉交流机会少 操作熟练性最差

环境审计可以分为三个部分：
1) A：审计前的活动；
2) B：现场审计；
3) C：审计后的活动。

图 3.4 显示了环境审计的基本步骤。根据 Ingole(2012)的说法，环境审计可以带来很多好处，例如：

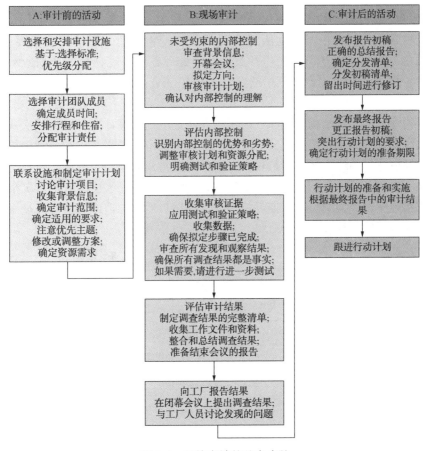

图 3.4　环境审计的基本步骤

1) 编制环境管理计划；
2) 评估环境投入和风险；
3) 确定优势及需要改进的地方；
4) 污染控制评价；

5) 确认是否遵守法律;

6) 确保植物、环境和人类的安全;

7) 加强损失预防、人力开发和市场营销;

8) 制定控制污染、预防废物、减少废物、回收利用和再利用的预算;

9) 为管理层提供机会，表扬良好的环境表现;

10) 总体而言，环境审核在最大程度地减少本地、区域、国家和国际环境问题方面发挥着重要作用。

3.2.2 废物管理计划

废物管理计划在根据废物法规实现可持续废物管理方面发挥着重要作用。它们的主要目的是概述所有产生的废物及其处理方法。废物管理计划通常是一个文件，概述了从废物产生到最终释放到受体环境或处置的废物的管理活动和方法。

废物管理的层次结构如图3.5所示。在制定废物管理计划时纳入层次式废物管理是废物管理的重要组成部分。废物层级通常确定了废物立法和政策中构成最佳整体环境意见的优先顺序。最优先考虑的是废物预防和源头减量，然后是准备再利用、再循环或其他回收(例如能源回收)和处理。最终处置是此层次结构最底部。实施废物分类的目标是使经济增长与使用自然资源造成的负面环境影响脱钩，并成为回收型社会。

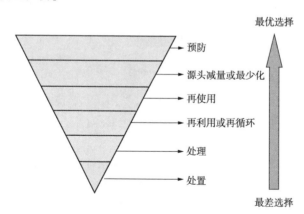

图 3.5 废物管理层级结构

废物管理计划可以采用多种方式来组织，但根据欧盟委员会总环境署(2012)的规定，废物管理计划的可能内容如下:

(1) 背景

1) 一个地区的整体废物问题;

2）国际和国内的法律；

3）根据废物等级[预防、源头减少或最少化、再利用、再循环/回收(例如，能源回收)、处理和处置]描述国家废物政策和解决某个地区整体废物问题的现行原则；

4）描述特定领域设定的目标；

5）咨询过程的投入。

(2）状态部分

1）废物量(例如废物流、废物源和废物管理方案)；

2）上述废物的收集和处理；

3）废物运输；

4）组织和资金；

5）对先前目标的评估。

(3）计划部分

1）规划假设；

2）根据废物的产生、总量和每种废物来源进行预测；

3）确定预测废物流、废物源和废物管理方案的目标；

4）行动计划，包括实现目标的措施(收集系统、废物管理设施、责任以及经济和资金)。

规划过程可以分为六个阶段：总体考虑和背景、状态部分、规划部分、咨询过程、实施和计划修订。规划过程如图3.6所示。需要注意，一方面，如果计划已经存在，则可能必须对其进行审查和修订。另一方面，如果尚未制定第一个废物管理计划，那么确定政治层面已经接受了一项计划的必要性并为其执行分配了足够的资源非常重要。

3.2.3 废物管理实践

如前所述，可以通过预防、源头减量或尽量减少废物、再利用、再循环/回收、处理和处置来进行废物管理。

3.2.3.1 预防

正确管理石油废物始于废物预防或污染预防。可以通过消除、改变或减少石油工业各个环节中产生的向环境(土地、空气或水)排放污

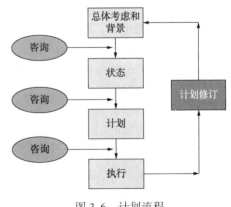

图3.6 计划流程

染的操作方式来实现污染预防。该原则应纳入石油工业设施的设计和管理以及相关活动的规划中。大多数操作改进应提前计划。

例如，勘探与生产部门在实践中可选择：优化钻井作业、将危险废物和非危险废物分开、将市政废物或商业废物与其他现场废物分开、避免钻井过程中不必要的物质（例如钻机冲洗、雨水径流等）进入流体系统（Reis，1996年）、支持研究工作并设计新的或修改后的运营和操作、制定并实施一项计划以改善漏油的早期探测能力，并减少漏油和运营中其他意外排放的影响，支持包括行业经验和成就共享在内的交流计划。炼油厂在实践中可选择：脱盐设备使用循环水、回收焦炭粉末、在运输过程中收集催化剂粉末、确定原料的污泥和水含量、用化学处理系统代替脱盐、将较干净的雨水径流从工艺废水中分开等。

3.2.3.2 减少资源或尽量减少浪费

如果无法消除石油废物，则应研究源头减量或减少石油废物的产生。可以通过更有效的做法来源头减量，例如：

1）库存控制与管理；
2）材料消除；
3）材料替代；
4）完善工艺和设备；
5）改善管理和维修。

库存控制和管理可能是减少废物的一种选择。它可用于减少废物的产生，更好地利用资源，从而节省成本。库存管理包括监控和记录排放物和废物的数量和质量。还应包含正在排放的数量以及排放的位置。如第2章中所述，可以通过以下方式计算石油行业的排放数据：污染物质量流量的直接测量，以及每种污染物和来源的通用因子的应用，例如从石油行业标准得出的逃逸排放因子。请注意，只要排放物的类型、组成或位置发生变化，就应更新清单。例如，当生产过程中使用的化学品发生变化时，应更改生产废水的清单。

材料的削减和替代也是减少废物的一种选择。在石油工业中，应考虑选择产生毒性较小的废物的材料或使用产生废物毒性较小的替代材料。选择材料（例如缓蚀剂、杀菌剂、凝结剂、清洁剂、溶剂、分散剂、破乳剂、阻垢剂、增黏剂、增重剂等）时应考虑到其环境影响和处置需求。例如，选择不含大量可生物利用的重金属或有毒化合物的泥浆和添加剂，并使用矿物油代替柴油来固定钻探泵或用矿物油基泥浆（MOBM）代替柴油基泥浆（DOBM）。

在勘探与生产领域，人们对油基钻井液潜在毒性的担忧导致了合成基钻井液（SBM）的开发。合成基钻井泥浆比油基泥浆昂贵，具有与油基泥浆相同的性能，但由于消除了多环芳烃（PNAH），因此毒性较低，且具有更好的生物降解性，较低的生物蓄积性，在某些情况下可减少钻井废料量。勘探和生产部门通过使用替代材料以减少废物的一些例子如下：使用含有多种低毒聚合物和乙二醇的水基泥浆代替油基泥浆；使用乙酸钾或碳酸钾代替氯化钾解决页岩稳定性问题，以最大程度地减少钻井泥浆中的氯含量；用聚乙二醇代替石油和酒精基消泡剂；使用聚丙烯酸酯和/或聚丙烯酰胺聚合物代替木质素磺酸铬/褐煤铬作为絮凝剂；用铬酸钠代替亚硫酸盐、磷酸盐和胺类以控制腐蚀；使用非铬 H_2S 清除剂代替铬酸锌进行 H_2S 控制；用五氯苯酚、多聚甲醛和砷代替异噻唑啉酮、氨基甲酸酯和戊二醛作为杀菌剂；使用选自镉、汞和铅含量低的原料的重晶石代替重晶石作为泥浆增稠剂；将锂基润滑脂与微球陶瓷球一起使用，代替铅、锌、铜、镉等管道涂料；等等。

炼油厂通过使用替代材料以减少废物的一些例子如下：通过用低毒的磷酸盐（例如磷酸盐）替代铬酸盐，减少或消除冷却塔和热交换器中含铬酸盐的废物；使用活化的氧化铝载体代替陶瓷催化剂载体，并尽可能回收废氧化铝催化剂上的活化氧化铝载体；等等。

通过对设备适当操作和对工艺进行修改，可以最大限度地减少废物。为了减少废物的产生，使用更新的和/或高效的设备是必要的。可以通过更有效地使用机械组件而不是化学添加剂进行工艺修改。

应检测、维修和控制设备的所有泄漏和溢出。通过检测及维修或更换泄漏的组件，可以将逸散性排放物降至最低。这是通过采用结构化方法［通常称为泄漏检测和修复（LDAR）程序］来实现的。泄漏成分的识别可以通过嗅探（EN 15446）和光学气体成像（OGI）方法完成。可以通过拧紧螺栓以消除阀杆或法兰的泄漏，在开口端安装紧密的盖，更换垫片或填料以及更换设备来修复这些泄漏，以最大程度地减少损失。通过安装含蒸气回收的蒸气损失控制系统或在火炬中销毁排放的 VOC，可以减少 90% 以上油轮驳船装载所产生的逸出废气。通过控制燃料/空气比和使用低硫燃料（例如天然气），可以分别减少部分燃烧的碳氢化合物的排放和燃烧过程中 SO_x 的形成。用一个具有排放控制功能的新热电联产厂代替炼油厂中的大量旧锅炉可以减少 SO_x，NO_x 和 PM 的排放。

勘探与生产阶段为减少废物而对工艺和设备进行改造的一些措施如下：安装蒸气回收系统以减少 VOC 的排放；在钻台和清洗架上的所有软管上安装小容量、高压喷嘴和自动关闭喷嘴以减少废水排放；使用砾石过滤和筛分来减少固体/污泥的体积；通过改进控制系统，尽量减少泥浆、机油的更换和溶剂的使用量；开发低氮氧化物排放涡轮机，测试其代替消防系统的可行性。

使用加氢处理而不是黏土过滤；增加焦化装置以将某些危险废物用作焦化原料；使用电加热器或空冷器代替水热交换器；使用最佳压力、温度和混合比；使用油性废物分离等措施有助于减少炼油厂的废物产生。

在浮顶储罐上安装二级密封；在某些情况下用固定顶盖代替，以消除雨水的收集、原油或成品的污染以及原油的氧化；尽量减少储罐数量从而减少可能导致的罐底固体和倾析废水；在油轮驳船操作中安装蒸气损失控制系统，包含蒸气回收或火炬中排放 VOC 的破坏等措施可以将储存和运输阶段的废物量最小化。

改善内部管理和维护对于减少废物至关重要。好的内部管理技术是指对石油行业中日常工作的恰当处理。在石油工业各个领域开展的许多日常活动，例如维护、清洁、新过程和过程的完善开发，生产计划(包括开车，停车)，信息系统过程监督/控制以及培训和安全，都可能会对环境产生影响，应在这方面进行适当管理。

3.2.3.3 再利用

在考虑所有减少废物的方案之后，有必要评估废物的再利用。再利用是指以材料的原始形式再利用材料。重复使用可能是同样、替代或降级的利用，或者是将未使用的材料退回以在其他行业重新补发或重复使用。石油行业的再利用实例有：用尾气作燃料；用于钻屑制造砖和路基材料；使用采出水或加工水作为冲洗水；将油基钻井泥浆返给供应商进行重新处理和重新销售；使用罐底物、表面活性剂、重质碳氢化合物和含碳氢化合物的土壤作道路用油、道路混合料或沥青(通过分析确认密度和金属含量应与道路用油或混合料一致)；燃烧废油获取能源；再利用冲洗水；使用废酸中和碱性废物；再利用废润滑油；将塔顶回流废水作为脱盐水回用；在炼油厂内再利用废碱；根据含油量，将某些类型的污泥(例如油性污泥)作为部分原料在工艺单元(例如焦化)中的再利用；等等。

3.2.3.4 再循环/回收

再循环是指将废物转化回可用的材料，而回收是指从废物中提取材料或能量以用于其他用途。这些可以在现场生产设施或非现场商业设施中完成。

在勘探与生产阶段的再循环/回收实例有：钻探泥浆再循环；回收废金属；使用清洁的钻屑作为筑路材料；从采出水和钻探泥浆中回收油；燃烧废润滑油以回收能源；回收纸和塑料；回收电池；回收泵使用的润滑油和冷却水；等等。

此外，通过离心和过滤从储罐底部回收油以及进行蒸气回收是储运阶段再循环/回收的实例。蒸气回收单元(VRU)可包括冷凝、吸收、吸附、膜分离和混合(可用 VRU 技术的组合)系统。如果由于返回蒸气的量而导致蒸气回收不安全或在技术上不可行，则可以使用蒸气焚烧装置代替蒸气回收装置。

在炼油厂再循环/回收的例子有：催化剂再生和从废催化剂中回收有价金属；

循环使用催化剂和焦粉；回收剩余油；通过溶剂萃取从含油污泥中回收有价值的产品；循环使用冷却水；循环使用沥青级废橡胶；在多级脱盐器中，将第二级脱盐器的部分含盐废水回收到第一级；最少化洗涤水用量；通过用石脑油洗涤并将石脑油/烟灰混合物再循环到气化段和/或通过过滤来回收烟灰；通过降低苛性碱的 pH 值直到酚变得不溶从而在现场分离回收含有酚的苛性碱；回收单乙醇胺溶液；回收溶剂；回收气体（包括最终排气）作为炼油厂燃料气（RFG）的一部分；硫黄回收；等等。

对于硫的回收，将 H_2S 气流在硫回收单元中进行处理，该单元通常由克劳斯工艺去除大量的硫，随后由尾气处理单元（TGTU）去除其余的 H_2S。通常，克劳斯工艺只能除去气流中约 94%～96%（两个阶段）或 96%～98%（三个阶段）的硫化氢，必须使用 TGTU 工艺来回收更多的硫。根据所应用的原理，最常用的 TGTU 工艺可以大致分为以下四类：

1）直接氧化成硫［PRO-Claus（Parson RedOx Claus）工艺和 SUPERCLAUS 工艺］；

2）延续克劳斯反应［冷床吸收（CBA）工艺，CLAUSPOL 工艺和 SULFREEN 工艺（HYDROSULFREEN，DOXOSULFREEN 和 MAXISULF）］；

3）还原为 H_2S 并从 H_2S 中回收硫［FLEXSORB 工艺，HCR 工艺，还原，吸收，再循环（RAR）工艺，SCOT 工艺（H_2S 洗涤）和 Beavon 除硫（BSR）工艺］。

4）氧化成 SO_2 并从 SO_2 中回收硫（Wellman-Lord 工艺，CLINTOX 工艺和 LABSORB 工艺）。

3.2.3.5 处理

处理是指通过各种工艺对废物进行破坏、解毒和/或中和。常见的处理方法有热处理（例如焚化和热解吸），物理处理（例如过滤和离心），化学处理（中和和稳定化）以及生物处理（还田和堆肥）。石油行业中废气、废水和固体废物的处理分别在第 5 章、第 6 章和第 7 章讨论。

3.2.3.6 处置

在检查了所有预防措施：减少源头、再利用、再循环/回收以及将废物量和毒性降至最低的处理方案之后，应确定负责任的残留物处置方案。处置是指使用适合给定情况的方法将残留物沉积到接收环境（陆地或水）中。处置方法包括地面排放、焚化、生物降解、堆肥、还田或耕地、填埋等。这些方法将在第 7 章讨论。

3.2.4 处置认证

必须考虑处置过程的认证。需要考虑该地区的相关法律法规、可用的场外处置设施、废物向该设施如何运输、区域范围内的地形和地理特征、处置场所周围当前和未来可能发生的活动、水文数据、区域降雨或净降水条件、土壤条件以及负荷、排水面积。此外，应确定对环境敏感的特征，例如湿地、市区、历史或考古遗址、受保护的栖息地或濒危物种的存在。此外，必须考虑废物管理设施对空气质量的潜在影响。

3.2.5 临时计划

应急计划是指旨在组织准备好应对可能发生或可能不会发生的重大即将来临的事件或情况的行动方案。应急计划在石油行业中很重要。应急计划的目标是确定风险、规划和实施管理风险的措施，审查和测试准备情况的程序以及人员培训。应急计划应促进快速动员和有效使用开展和支持应急行动所需的人力和设备。

制定石油行业应急计划需要事先了解风险、资源、环境条件和敏感环境区域，沟通程序和响应程序。应急计划的制定步骤如下：

1）识别风险和预期后果（风险评估）；
2）建立应对策略；
3）建立沟通和报告程序；
4）确定资源需求（人员、设备、供应和资金）；
5）确定角色和责任；
6）确定行动计划或响应行动；
7）确定培训和演练要求；
8）准备数据目录和支持信息。

请注意，如果需要，应急计划应允许进行修订。参考文献中提供了溢油应急计划的示例。

3.2.6 员工培训

员工培训对于石油行业环境保护的成功至关重要。石油行业的环境培训应在每个人中进行，确保他们能够满足其角色和工作要求，并能正确应用环境运行程序。石油行业的环境培训应集中在以下方面：

1）政策、计划和管理；
2）目标、指标和业绩；
3）全球、国家和地方问题；
4）法律、批文和合规性；
5）运行程序；
6）污染预防；

7）废物控制；
8）紧急情况和应急反应；
9）报告。

3.3 环境法规

3.3.1 石油行业环境法规

法规是强制性要求，适用于个人、企业、州或地方政府、非营利机构或其他机构。制定和执行石油行业的环境法规对于最大程度地减少潜在的环境影响并保护人类健康和环境至关重要。应该考虑基于绩效的法规，而不是传统的命令和控制方法，因为它们有可能在世界所有地区刺激更创新和有效的环境管理。世界各地许多疾病甚至人类和野生动植物的死亡可以追溯到缺乏监管。

法规制定的步骤包括识别废物，确定废物的数量、性质、潜在影响，评估接收环境的敏感性，确定控制策略以及实施监测和控制系统。地区、地方和中央政府部门负责准备此类信息。行业团体，技术协会，各种行业组织、机构和环境团体可帮助您确定关注的问题并补充可用数据。换句话说，在制定有意义的法规时，行业、监管者和监管机构应进行沟通。

监管和执法是国家主管部门的责任，国际要求由国家主管部门通过主要立法实施。许多环境法规可能会判处民事罚款（对违规的公司和个人）和刑事处罚（对人的故意违规），并处以罚款和监禁。根据 E&P 论坛/ UNEP（1997）的研究，有效实施环境法规需要以下因素：

1）适当的国家和国际法律、法规和准则；
2）有关项目和活动一致的决策方法；
3）具有明确责任和适当责任的立法；
4）活动和操作的强制标准；
5）适当的监控方法和协议；
6）绩效报告；
7）有足够的资金和积极性的执法机构；
8）有适当的咨询和上诉程序；
9）对其实施有适当的处罚和政治意愿。

《维也纳公约》的蒙特利尔议定书旨在逐步淘汰消除消耗臭氧层的物质，关于危险废物越境转移的《巴塞尔公约》《移栖物种公约》《气候变化框架公约》《生物多样性公约》《联合国海洋法》，海洋污染（MARPOL）或防止船舶污染的国际公约以及区域海洋公约[巴塞罗那、奥斯陆巴黎委员会（OSPAR）、科威特等]是石油工业中一些重要的国际环境公约。另外,有关石油行业环境行业准则的一些例子:有关环境原则、管理体系、废物管理、钻探泥浆、报废、大气排放、采出水、北极圈、红树林和热带雨林的勘探与开发论坛(E&P 论坛);欧洲石油工业协会(EUROPIA)的环境原则,有关环境原则的英国离岸运营商协会(UKOOA),有关管理系统和化学品使用的 API,关于管理系统、溢油、钻探泥浆、审计和清洁生产的联合国环境规划署(UNEP),关于漏油的国际石油工业环境保护协会(IPIECA),关于地震的国际地球物理承包商协会(IAGC),关于漏油的国际海事组织(IMO)/IPIECA,ITOPF 关于漏油的,在漏油事件中保护欧洲的清洁空气和水(CONCAWE),关于热带雨林的国际自然保护联盟(IUCN),关于北极圈和红树林 IUCN/E&P 论坛的,与审计有关的国际商会(ICC),等等。

环境法规可能因地区不同,州与州之间以及国家与国家之间的不同而不同。美国法规、欧洲法规以及俄罗斯(和苏联)法规是三大主要法规体系。还有其他环境领域的和国家法规体系。其中大多数是根据美国和欧洲的系统进行建模和开发的,并进行了局部修改。在这些系统中可能会发现石油法律,规划法律,环境评估,污染,水和空气质量,水路保护,健康、安全与环境(HSE),保护区,扰民和噪声等。

表 3.5 简要概述了与石油行业相关的主要美国联邦环境法规。除了联邦法规之外,美国还有州和地方法规。需要大量的知识和精力来确保人民遵守这些法规。在美国,EPA 与州政府、部落政府和其他联邦机构合作,以确保人民遵守美国的环境法,从而保护公众健康和环境。

表 3.5 与石油行业有关的主要美国联邦环境法规

法规	简述
清洁空气法(CAA)	CAA 为排放空气污染物的活动制定空气质量标准,并为其实施和执行作出规定
清洁水法(CWA)	CWA 建立了控制污染物排放到地表水中的基本法规
安全饮用水法(SDWA)	SDWA 或地下注入控制法规设定了饮用水(USDW)或淡水含水层等地下水中污染物的限量
资源保护和恢复法案(RCRA)	RCRA 规范危险废物的管理、处理和处置
综合环境反应、赔偿和责任法(CERCLA)或超级基金	CERCLA 设立了化学和石油工业税,并提供广泛的联邦权力,以直接响应可能危害公共健康或环境的有害物质的释放或潜在释放,并监管对现有危险废物场地的治理
超级基金修正与再授权法(SARA)	SARA 规范了危险化学品的存储和使用报告,并处理了封闭的危险废物处置场所,这些场所可能会将有害物质释放到任何环境介质中

续表

法规	简述
紧急计划和社区知情权法（EPCRA）	紧急计划和社区 EPCRA 由 SARA Ⅲ 部授权，旨在帮助当地社区保护公众健康、安全和环境免受化学危害。知情权法案（EPCRA）
油污染法（OPA）	OPA 提供用于排油或管线泄漏的应急计划，并增强预防和应对灾难性漏油的能力
有毒物质控制法（TSCA）	TSCA 规范了对新化学品的测试，并在必要时为可能威胁人类健康或环境的那些化学品提供了控制措施
濒危物种法（ESA）	ESA 规定了危害濒临灭绝或受威胁物种的行为
危害通报标准（HCS）	HCS 旨在通知员工工作场所中潜在的危险物质，并培训他们如何保护自己免受潜在危险
国家环境政策法（NEPA）	NEPA 规定了可能会对环境造成影响的联邦政府行为
有害物质运输法（HMTA）	HMTA 管制通过该国的高速公路、铁路和水路的化学药品和有害物质的运输。该法案包括对法规、信息系统、集装箱安全以及对应急响应和执行的培训的全面评估
海洋哺乳动物保护法（MMPA）	MMPA 规定使用炸药清除海上平台，并禁止携带和骚扰海洋哺乳动物
综合湿地保护和管理法（CWCMA）	CWCMA 规定了影响湿地的活动

3.3.2 《资源保护与回收法》下的危险废物

根据 EPA 的规定，根据 RCRA，有两种方法可以将固体废物识别为危险废物：

1）该废物包含在 EPA 所确定的特定废物清单中，清单中的废物已由 EPA 确定对人体健康或环境构成实质性或潜在的危害而具有危害性。美国 EPA（2008b）已针对所列危险废物制定了文件。

2）如果该废物表现出某些危险性质（特性）。具有 RCRA 特征的危险废物是具有至少四个特征之一的固体废物：可燃性、腐蚀性、反应性和毒性。

可燃废物在某些条件下会引起燃烧，自燃或闪点低于 60℃（140°F），例如废油和废溶剂。可使用 Penskye-Martens 闭口杯法确定可燃性，Setaflash 闭口杯法确定可燃性，用氧化固体的固体可燃性测试方法以及确定物质易自燃的测试方法来确定可燃性。

腐蚀性废物是酸或碱（pH 值≤2，或 pH 值≥12.5）和/或能够腐蚀金属容器（例如储罐、桶）的废物，例如蓄电池电解液。对钢的腐蚀性是可以用来确定废物腐蚀钢的能力的测试方法。

反应性废物在正常情况下是不稳定的。加热、压缩或与水混合，会引起爆炸，发生剧烈反应，产生有毒烟雾、气体、蒸气或爆炸性混合物，例如锂硫电池和炸药等。根据美国环境保护署（EPA，2009），目前没有可用的测试方法。

有毒废物是摄入或吸收时有害的或致命的废物（例如含有汞、铅的废物等）。当在土地上处置有毒废物时，受污染的液体可能会从废物中浸出并污染地下水。毒性特征浸出程序（TCLP）可用于通过实验室程序确定毒性。TCLP 有助于识别可能会渗出对人体健康或环境有害浓度污染物的废物。表 3.6 中列出了 RCRA 规定的毒性特征的最大污染物浓度。

表 3.6 RCRA 规定的毒性特征的最大污染物浓度

污染物	监管水平/（mg/L）	污染物	监管水平/（mg/L）
砷	0.5	六氯苯	0.13
钡	100.0	六氯丁二烯	0.5
苯	0.5	六氯乙烷	3.0
镉	1.0	铅	5.0
四氯化碳	0.5	林丹	0.4
氯丹	0.03	汞	0.2
氯苯	100.0	甲氧氯	10.0
氯仿	6.0	甲基乙基酮	200.0
铬	5.0	硝基苯	2.0
邻甲酚	200.0	五氯苯酚	100.0
间甲酚	200.0	吡啶	5.0
对甲酚	200.0	硒	1.0
甲酚	200.0	银	5.0
2,4-二氯苯氧乙酸	10.0	四氯乙烯	0.7
1,4-二氯苯	7.5	毒杀芬	0.5
1,2-二氯乙烷	0.5	三氯乙烯	0.5
1,1-二氯乙烯	0.7	2,4,5-三氯苯酚	400.0
2,4-二硝基甲苯	0.13	2,4,6-三氯苯酚	2.0
异狄氏剂	0.02	2,4,5-TP（三氯苯氧丙酸）	1.0
七氯（及其环氧化物）	0.008	氯乙烯	0.2

参 考 文 献

American Heritage® Dictionary of the English Language, fifth ed., 2011. Houghton Mifflin Harcourt Publishing Company. [Online] Available from: http://www.thefreedictionary.com/Environmental+protection.

Bashat, H., 2003. Managing Waste in Exploration and Production Activities of the Petroleum Industry. Environmental Advisor, SENV.

Bird Education Network (BEN), 2010. Bird Conservation through Education™, Flying WILD Activity Teaches How Oil in Water Effects Birds, June 17, 2010. [Online] Available from: http://www.birdeducation.org/BENBulletin32.htm.

Bluestein, J., Rackley, J., April 2010. Coverage of Petroleum Sector Greenhouse Gas Emissions under Climate Policy. ICF International, Pew Center on Global Climate Change. [Online] Available from: http://www.c2es.org/docUploads/coverage-petroleum-sector-emissions.pdf.

Chang, S.E., Stone, J., Demes, K., Piscitelli, M., 2014. Consequences of oil spills: a review and framework for informing planning. Ecology and Society 19 (2), 26.

Duruibe, J.O., Ogwuegbu, M.O.C., Egwurugwu, J.N., 2007. Heavy metal pollution and human biotoxic effects. International Journal of Physical Sciences 2 (5), 112−118.

E&P Forum, September 1993. Exploration and Production (E&P) Waste Management Guidelines. Report No. 2.58/196.

E&P Forum/UNEP, 1997. Environmental Management in Oil and Gas Exploration and Production, an Overview of Issues and Management Approaches. Joint E&P Forum/UNEP Technical Publications.

European Commission Directorate-General Environment, 2012. Preparing a Waste Management Plan, a Methodological Guidance Note, Drafted by Members of ETAGIW Consortium (Expert Team for Assessment and Guidance for the Implementation of Waste Legislation) on the Basis of 'Preparing a Waste Management Plan − a Methodological Guidance Note' of May 2003 by the European Topic Centre on Waste and Material Flows, Organisations Involved: European Commission, DG Environment, Umweltbundesamt GmbH, Vienna (AEE), BiPRO GmbH, Munich, Ekotoxikologické Centrum, Bratislava (ETC).

European Commission, Joint Research center, 2013. Best Available Techniques (BAT) Reference Document for the Refining of Mineral Oil and Gas, Industrial Emissions Directive 2010/75/EU (Integrated Pollution Prevention and Control). Joint Research Center, Institute for Prospective Technological Studies Sustainable Production and Consumption Unit European IPPC Bureau.

Evans, R.L., Bryant, T., 2013. Trottier Energy Futures Project: Greenhouse Gas Emissions from the Canadian Oil and Gas Sector. Trottier Family Foundation. [Online] Available from: http://www.trottierenergyfutures.ca/wp-content/uploads/2014/01/Greenhouse-Gas-Emissions-from-the-Canadian-Oil-and-Gas-Sector.pdf.

Fingas, M., 2011. Oil Spill Science and Technology, Prevention, Response, and Cleanup. Elsevier Inc.

Govind, P., Madhuri, S., 2014. Review paper heavy metals causing toxicity in animals and fishes. Research Journal of Animal, Veterinary and Fishery Sciences 2 (2), 17−23.

Heath, J.S., Koblis, K., Sager, S.L., 1993. Review of chemical, physical, and toxicologic properties of components of total petroleum hydrocarbons. Journal of Soil Contamination 2 (1), 1−25.

International Petroleum Industry Environmental Conservation Association (IPIECA) and American Petroleum Institute (API), March 2007. Oil and Natural Gas Industry Guidelines for Greenhouse Gas Reduction Projects. URS Corporation.

International Petroleum Industry Environmental Conservation Association (IPIECA), 1991. A Guide to Contingency Planning for Oil Spills on Water.

International Tanker Owners Pollution Federation (ITOPF) Limited, 2014a. Effects of Oil Spill Pollution on the Marine Environment, Technical Information Paper, 16 April 2014. [Online] Available from: http://www.itopf.com/fileadmin/data/Documents/TIPS%20TAPS/TIP13EffectsofOilPollutionontheMarineEnvironment.pdf.

International Tanker Owners Pollution Federation (ITOPF) Limited, 2014b. Contingency Planning for Marine Oil Spills, Technical Information Paper, 19 May 2014. [Online] Available from. http://www.itopf.com/fileadmin/data/Documents/TIPS%20TAPS/TIP16ContingencyPlanningforMarineOilSpills.pdf.

Ingole, S.P., 2012. Review article environmental auditing: its benefits and counterance. International Journal of Science Innovations and Discoveries (IJSID) 2 (5), 152–156.

International Chamber of Commerce (ICC), 1989. Environmental Auditing.

Isah, M.N., September 2012. The Role of Environmental Impact Assessment in Nigeria's Oil and Gas Industry (Ph.D. thesis). Cardiff University, United Kingdom.

Jafarinejad, S., 2015. Methods of Control of Air Emissions from Petroleum Refinery Processes, 2nd E-conference on Recent Research in Science and Technology, Kerman, Iran, Summer 2015.

Jafarinejad, S., 2016. Control and treatment of sulfur compounds specially sulfur oxides (SO_x) emissions from the petroleum industry: a review. Chemistry International 2 (4), 242–253.

Kosnik, R.L., 2007. The Oil and Gas Industry's Exclusions and Exemptions to Major Environmental Statutes, Oil & Gas Accountability Project, a Project of Earthworks, October 2007 Oil & Gas Accountability Project.

Mackenzie Valley Land and Water Board (MVLWB), March 31, 2011. Guidelines for Developing a Waste Management Plan.

Mariano, J.B., La Rovere, E.L., 2007. Environmental Impacts of the Oil Industry, Petroleum Engineering-Downstream, Encyclopedia of Life Support Systems (EOLSS). [Online] Available from: http://www.eolss.net/Sample-Chapters/C08/E6-185-18.pdf.

Mosbech, A., 2002. Potential Environmental Impacts of Oil Spills in Greenland, an Assessment of Information Status and Research Needs, NERI Technical Report, No. 415. National Environmental Research Institute, Ministry of the Environment, Denmark.

Ober, H.K., 2010. Effects of Oil Spills on Marine and Coastal Wildlife. WEC285, a Series of the Wildlife Ecology and Conservation Department, Florida Cooperative Extension Service, Institute of Food and Agricultural Sciences, University of Florida. Original Publication Date May 2010. Revised March 2013. [Online] Available from: http://edis.ifas.ufl.edu/pdffiles/UW/UW33000.pdf.

Orszulik, S.T., 2008. Environmental Technology in the Oil Industry, second ed. Springer.

Prasad, M.S., Kumari, K., 1987. Toxicity of crude oil to the survival of the fresh water fish *Puntius sophore* (HAM.). Acta Hydrochimica et Hydrobiologica 15, 29–36.

Private Wells Glossary, August 8, 2010. Terms Used on the Private Drinking Water Wells Web Site, Heavy Metals. Office of Water/Office of Ground Water and Drinking Water. [Online] Available from: http://iaspub.epa.gov/sor_internet/registry/termreg/searchandretrieve/glossariesandkeywordlists/search.do?details=&vocabName=Private%20Wells%20Glossary&uid=1792119.

Ramadan, A.E.K., 2004. Acid deposition phenomena. TESCE 30 (2), 1369–1389. [Online] Available from: http://www.iaea.org/inis/collection/NCLCollectionStore/_Public/40/079/40079323.pdf.

Ramseur, J.L., 2012. Oil Spills in U.S. Coastal Waters: Background and Governance. Congressional Research Service, pp. 7–5700. [Online] Available from: www.crs.gov. RL33705, CRS Report for Congress, January 11, 2012.

Reis, J.C., 1996. Environmental Control in Petroleum Engineering. Gulf Publishing Company, Houston, Texas, USA.

Ross, J.P., 2010. An Introduction to Marine Oil Spills. Dept. Wildlife Ecology and Conservation, IFAS, University of Florida. Updated 15 May 2010.

Ryer-Powder, J.E., LaPirre, A., Scofield, R., 1996. Derivation of Reference Dose for a Complex Petroleum Hydrocarbon Mixture, SRA Annual Meeting. [Online] Available from: http://info.ngwa.org/GWOL/pdf/972963323.PDF.

Singh, A., Agrawal, M., 2008. Acid rain and its ecological consequences. Journal of Environmental Biology 29 (1), 15–24.

Singh, R., Gautam, N., Mishra, A., Gupta, R., 2011. Heavy metals and living systems: an overview. Indian Journal of Pharmacology 43 (3), 246–253.

Smith, M.K. with assistance from other expert colleagues from the Institution of Chemical Engineers, 1994 Environmental Auditing, Approved for Issue by the Council of Science and Technology Institutes (CSTI), CSTI Environmental Information Paper 2. [Online] Available from: https://www.dlsweb.rmit.edu.au/conenv/envi1128/Reading-CSTI.pdf.

Speight, J.G., 2005. Environmental Analysis and Technology for the Refining Industry. John Wiley & Sons, Inc., Hoboken, New Jersey.

The American Heritage® Dictionary of the English Language, fifth ed., 2013. Copyright © 2013 by Houghton Mifflin Harcourt Publishing Company. [Online] Available from: http://www.yourdictionary.com/greenhouse-effect.

The American Heritage® Science Dictionary, 2002. Houghton Mifflin. [Online] Available from: http://dictionary.reference.com/browse/greenhouse+effect.

United States Environmental Protection Agency (U.S. EPA), 1989. Risk Assessment Guidance for Superfund, Volume I: Human Health Evaluation Manual. Interim Final, EPA 540/1-89-002. Office of Emergency and Remedial Response, Washington, DC.

United States Environmental Protection Agency (U.S. EPA), 2008a. Learning About Acid Rain. United States Environmental Protection Agency, Office of Air and Radiation, Office of Atmospheric Programs, Clean Air Markets Division (6204J), Washington, DC, 20460, EPA 430-F-08–002, April 2008.

United States Environmental Protection Agency (U.S. EPA), 2008b. Hazardous Waste Listings: A User-friendly Reference Document, Draft, March 2008. [Online] Available from: http://www3.epa.gov/epawaste/hazard/wastetypes/pdfs/listing-ref.pdf.

United States Environmental Protection Agency (U.S. EPA), 2009. Hazardous Waste Characteristics: A User-friendly Reference Document, October 2009. [Online] Available from: http://www3.epa.gov/epawaste/hazard/wastetypes/wasteid/char/hw-char.pdf.

United States Environmental Protection Agency (U.S. EPA), 2010. Greenhouse Gas Emissions Reporting from the Petroleum and Natural Gas Industry, Background Technical Support Document. U.S. Environmental Protection Agency Climate Change Division, Washington, DC. [Online] Available from: http://www.epa.gov/ghgreporting/documents/pdf/2010/Subpart-W_TSD.pdf.

United States Environmental Protection Agency (U.S. EPA), 2015a. Laws & Regulations: The Basics of the Regulatory Process. [Online] Available from: http://www2.epa.gov/laws-regulations/basics-regulatory-process.

United States Environmental Protection Agency (U.S. EPA), 2015b. Compliance. [Online] Available from: http://www2.epa.gov/compliance.

United States Environmental Protection Agency (U.S. EPA), 2015c. Laws & Regulations: Laws and Executive Orders. [Online] Available from: http://www2.epa.gov/laws-regulations/laws-and-executive-orders.

United Nations Environment Programme/Industry and Environment Office (UNEP/IEO), 1990. Environmental Auditing, Paris.

United States Department of Commerce, National Oceanic and Atmospheric Administration, National Marine Fisheries Service, Office of Protected Resources, March 2013. Effects of Oil and Gas Activities in the Arctic Ocean, Supplemental Draft Environmental Impact Statement.

United States Department of Health and Human Services, September 1999. Toxicological Profile for Total Petroleum Hydrocarbons (TPH). U.S. Department of Health and Human Services, Public Health Service, Agency for Toxic Substances and Disease Registry.

4 溢油处理

4.1 油在海洋环境中的存在形式

在介绍影响溢油处理的情况之前,人们有必要了解油在海洋环境中的存在形式。排放到海洋环境的原油和石油馏分一般会经历如下变化:

1) 非生物(即物理和化学)转化过程,如蒸发、溶解、分散、光氧化、油-水乳化、在悬浮颗粒物上吸附、沉降和沉积等;

2) 生物转化过程,如有机体摄入和自然生物降解。

这些变化的存在会不可避免地改变原污染物的化学组成和物理性质,因此可能会影响到一些溢油处理方法,如生物降解、分散剂的使用等的有效性。

蒸发通常是溢油事故发生的前48h内最重要的过程。原油中沸点较低的轻组分挥发到大气中。尽管蒸发速率随时间而迅速减小,但在溢油事故发生的前48h,蒸发过程往往会导致1/3~2/3溢油量的流失。油的组成、溢油面积和物理性质、风速、气温、海洋温度、海面状况和日照强度都会对蒸发流失速率造成影响。相较于原来的溢油,蒸发后剩余的油含有更多的金属(主要是镍和钒)、蜡和沥青。溢油的密度和黏度也会随蒸发的进行而增加。

其他非生物变化过程对溢油质量流失的影响要远小于蒸发。比如相对于蒸发,油在水体中的溶解要次要得多。然而,考虑到原油中一些水溶性组分,如轻芳烃对多种海洋生物的剧毒性,以及它们对海洋环境更大的破坏,溶解过程是重要的影响因素。将油块分散、破碎成无数微小油滴,并从表面转移到水体,是消除表面油块的重要步骤。海绵湍流会影响这个过程,而使用化学分散剂可以加速这个过程。当海水因强浪作用或在湍流条件下而夹带不溶的油组分时就会形成含水量在30%~80%的油-水乳液[通常称作"慕斯"(mousse)]。高黏度的重油或蒸发残余油可形成高稳定性的油-水乳液。油-水乳液不仅会最易于沉降,或在海滩上搁浅,而且也会最终分散在水体中和/或发生生物降解。相较于原油本身,微生物更难降解油-水乳液。这可能是因为油-水乳液的低表面积上缺少足够的氧气和矿物质供微生物完成降解过程。油-水乳液是石油生物降解过程的主要限制因素。

自然生物降解是指微生物,主要是细菌,还包括酵母菌、真菌及其他微生物,将有机分子分解并转化成其他物质,如脂肪酸和CO_2的过程。尽管实际的产品非常复杂,但是通常来讲烃分子被转化成 CO_2、无毒的水溶性物质和新的细菌生物质。自然生物降解过程是清除溢油,特别是清除海洋环境中原油或成品油中不挥发组分的最重要的方法之一。本章也会介绍在溢油处理中用于提高自然生物降解效果的人工生物除污方法。

4.2 溢油处理概述

溢油处理包括保护、回收和清理三个重要阶段。保护是指控制溢油远离栖息地或降低溢油进入栖息地的数量;回收是指清除水面上的浮油;清理的目标是清除在海岸陆地上的搁浅油污。通常在多数溢油处理中,保护和溢油回收是首要目标,三种方法综合使用。

为降低溢油事故对环境的影响和损失,人们往往在事故发生之前就考虑溢油应对预案和措施。这些方法必须能降低溢油事故的影响,并能将溢油事故对原有生态的影响降至最低。因此,环境敏感指标(environmental sensitivity index,ESI)地图的使用,可帮助决策者降低溢油事故的环境影响,减少清理工作量;也能帮助政策制定者在溢油事故发生前就识别出脆弱地带,确定保护优先级,制定回收和清理策略。

4.2.1 《资源保护与回收法》下的危险废物

环境敏感指标地图简要介绍溢油事故发生地点附近存在风险的海洋和沿海资源,主要包含以下三类信息:

1)海岸栖息地(如浪蚀岩石平台、沼泽和滩涂等);
2)敏感生物资源(如鸟类、爬行动物、两栖动物、鱼类、无脊椎动物、植物、湿地以及海洋和陆生哺乳动物等);
3)人类活动资源(如饮用水水源地、船台滑道、码头、历史遗迹、考古遗址、公共海滩和公园等)。

环境敏感指标地图示例见图 4.1。如上所述,环境敏感指标地图可用于识别脆弱地带,确定保护优先级,制定回收和清理策略。

4.2.2 溢油处理方法

根据美国石油学会(American Petroleum Institute,API)和美国国家海洋和大气管理局(National Oceanic and Atmospheric Administration,NOAA)发布的规定,溢油处理方法主要分三类:

1)物理处理方法,包括围栏、撇油、吸油材料、现场燃烧、人工除油/清油、机械除油、物理集中、自然回收、隔离/围堰、真空除油、残骸去除、沉积物回收、植被清除、驱水、低压冷水冲洗、高压冷水冲洗、低压热水冲洗、蒸汽

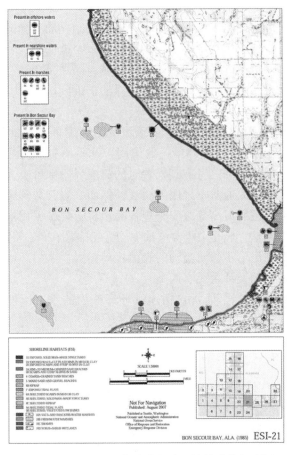

图4.1 亚拉巴马州邦塞库尔湾环境敏感指标地图

清洁和喷沙等方法；

2）化学处理方法，包括分散剂、乳化处理剂、黏弹剂、集油剂、凝油剂、化学海岸预处理剂和海岸清洁剂的使用；

3）生物处理方法，亦称生物除污，包括营养物富集（生物强化）、天然微生物降解（生物添加）和转基因微生物降解（转基因生物添加）等方法。

受栖息地形态、使用条件、敏感自然资源保护的生物限制、环境影响和政府批准等因素的影响，上述溢油处理方法的使用和效果各异。

选择合适的溢油处理方法非常困难，并且受多方面因素的影响，如溢油的类型、水温（影响蒸发和生物降解速率）、受影响海岸和海滩的类型等。针对某些特殊的溢油或栖息地，上述部分处理方法可能会失效，或者不适宜使用。本节将重点讨论一些最为常用和重要的溢油处理方法。

4.2.2.1 围栏法

围栏是通过包围、驱赶、隔断、排除等方法控制浮油移动的大型漂浮障碍物(图 4.2)。包围是指使用围栏限制浮油的扩散,直至被清除;驱赶是指将浮油移动到流动缓和、方便进入的易于回收溢油的区域;隔断是指控制溢油远离敏感地区;排除是指在敏感区域放置围栏,以阻止浮油扩散到该区域,其最终目的是回收溢油。

围栏可用于所有水域环境。当垂直于除围裙高度外围栏的流速或拖速超过 0.7 节时,水体对溢油的夹带破坏围栏的作用。几乎所有的溢油处理方案都会采用围栏,用于辅助回收浮油。考虑到处置时的起火风险和可吸入有害物对处置人员的危害,汽油溢油事故通常不采用围栏法。然而,当公共健康受到汽油溢油事故威胁时,仍然可以遵照最高等级安全规程的步骤,尝试采用泡沫作为围栏。针对敏感区域使用围栏法,将溢油(含汽油)隔断或排除在外,仍然是一项重要的保护方法。如果控制清洁步骤对溢油的表面扰动,围栏法的环境影响是很小的。

广义地讲,围栏的设计主要有两类:

1) 帘式围栏(图 4.3),通常包括连续环形截面的水下围挡,或者充气弹性屏障,或泡沫填充浮舱;

图 4.2 墨西哥湾溢油事故中使用的围栏

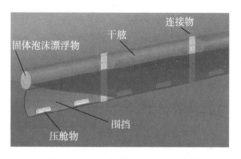

图 4.3 包含外附压舱物和固体泡沫漂浮物的帘式围栏

2) 篱式围栏(图 4.4),通常靠内置或外附的浮块、压舱物和支撑物而垂直浮于水中的平面围栏。

还有一种隔岸围栏,它用充水隔舱代替围挡,以便将围栏在低潮时安装在无遮挡的海岸(图 4.5)。

围栏效果最重要的作用是其包围或隔断油污的能力。为了提高这种能力,围栏的各个组件都发挥了重要的作用:水上浮板用来防止或削弱油污溅散;水下围挡则用来防止或降低污油绕过围栏底部扩散;填充空气、泡沫或其他轻质材料的漂浮物和纵向受拉杆件(链型或线型)用来抵抗风、浪和水流的冲击;压舱物用于维持围挡的垂直立于水体。表 4.1 列出了常用围挡的特点。

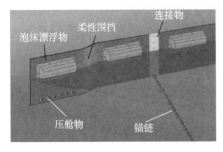

图 4.4 包含外附压舱物和泡沫漂浮物的篱式围栏

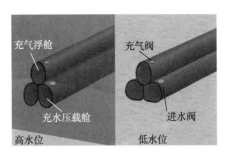

图 4.5 隔岸围栏

速度为 $V(\text{m/s})$ 的水流施加在水下面积为 $A_1(\text{m}^2)$ 的围挡的力可用如下公式计算:

$$F_1 = 100 \times A_1 \times V_{水流}^2 \tag{4.1}$$

风对围挡施加的力也不容忽视。当近似认为水流与其速度 40 倍以上的风产生的压力相同时,式(4.1)也可用于计算风施加在水上浮板面积为 $A_2(\text{m}^2)$ 的围挡的力 F_2,即:

$$F_2 = 100 \times A_2 \times \left(\frac{V_{风}}{40}\right)^2 \tag{4.2}$$

表 4.1 常用围挡的特点

围栏类型	漂浮形式	存储方法	抵浪性能	系缆停泊或拖船固定	清洗难易程度	相对造价	适用范围
帘式围栏	充气	抽气后压缩	强	均可	直接清洗	高	近岸/近海
	固体泡沫	堆放	中	系缆停泊	简单/直接清洗	低到中等	近岸掩护水域(如港口)
篱式围栏	外部泡沫漂浮物	堆放	弱	系缆停泊	中等/难,溢油会淤积在外部漂浮物或舱的连接处	低	掩护水域(如码头或军港)
隔岸围栏	上部舱:充气 下部舱:充水	抽气后压缩	强	系缆停泊	中,溢油会淤积在舱的连接处	高	围绕潮间的掩护海岸(无碎浪)

这些力的矢量和即为施加在围栏上的合力。估算水流和风对围栏的力有助于确定围栏固定的方式(系缆停泊或拖船固定)。实践中，为了便于控制这些力的大小和方向，通常将围栏以对流向成一定角度放置，以形成一个围栏曲线。比如，在流速为 0.35m/s、0.5m/s、0.75m/s、1m/s 和 1.5m/s 时，围栏对流向的最大安装角度分别为 90°、45°、28°、20°和 13°。

例 4.1

问：已知某围栏，围挡高度为 0.8m，水上浮板高度为 0.5m，围栏长度为 100m。水流速度和风速分别为 0.35m/s 和 7m/s，并且二者作用在围挡上的力方向相同。求水流和风施加在围挡上的力(近似)。

解

水流施加在围挡上的力近似为：

$$F_1 = 100 \times A_1 \times V_{水流}^2 = 100 \times 100 \times 0.8 \times 0.35^2 = 980(\text{kg})$$

风施加在围挡上的力近似为：

$$F_2 = 100 \times A_2 \times \left(\frac{V_{风}}{40}\right)^2 = 100 \times 100 \times 0.5 \times \left(\frac{7}{40}\right)^2 = 153.12(\text{kg})$$

所有施加在围挡上的合力为 980+153.12=1133.12(kg)。

4.2.2.2 撇油

撇油是一种在水面上回收浮油的方法，其工作原理利用了浮油和油-水混合物的流动性，浮油、油-水混合物和水体的密度差以及它们对撇油器材料的亲和力差异。撇油器通常与围栏同时使用：围栏用于将浮油收集并集中到撇油器；而置于油-水界面的撇油器则用于回收浮油。在这过程中，大量的水往往也会被收集上来。因此，需要准备适当的油-水混合物储存装置来处理这些水。撇油器一般由耐候耐水材料，如不锈钢、橡胶、铝和聚丙烯等制成，包括刷头(分离油和水)、输送系统(内置的泵或真空单元、盘、刷子、皮带或绳索、输送软管及其连接件)和集中单元(盛放回收油的储罐或容器)等部件。

按照 API 和 NOAA 的分类方法，撇油器可分为堰型、吸入型、离心型、浸没型和亲油型等五类。撇油器既可以独立在岸上使用，也可以安装在救援船上，或者完全靠自力推动。根据工作原理和结构的不同，撇油器的形式众多。回收油的方法决定了它们的用途。按照深水地平线(Deepwater Horizon)和国际油轮船东防污染联合会(the International Tanker Owners Pollution Federation，ITOPF)的分类方法，撇油器主要包括如下类型：

1) 亲油型撇油器(盘式、绳索式、滚筒式、带式和刷式)；
2) 真空/吸入型撇油器；
3) 堰型撇油器；

4）其他撇油器。

油回收率、回收选择性（回收浮油和回收液体，即油-水混合物的比值）和产率（回收浮油和总溢油量的比值）通常是评价撇油器性能的三个主要指标。

撇油器的选型受多种因素的制约，如溢油的黏度和亲和能力及其随气候条件和时间的变化、海水状态和固体杂物的含量等。

4.2.2.2.1 亲油型撇油器

亲油性材料对油污有更强的亲和力，常用于生产亲油型撇油器（耙式、绳索式、滚筒式、带式、刷式和盘式）。尽管金属表面也具有亲油性，但亲油性材料通常是指某种形式的聚合物。具有亲油表面的撇油器机动部件（绳索、皮带、滚筒和盘）在浮油层中旋转、拖动。夹带上来的浮油被刮下或榨出，引至集油槽中，再送出或吸走。这种撇油器还可再细分成盘式、绳索-耙式、鼓式、带式和刷式等子类型。

盘式撇油器（图4.6）夹带水量少，特别适合在公开海域，或海浪小和水流缓和的水域使用，在中、大浪水域使用则效果不佳。盘式撇油器易被固体杂物堵塞。它最适合回收中等黏度的溢油，不适合回收乳化油。转盘尺寸和数量决定了盘式撇油器的溢油回收率，也导致它的体积和质量都较大。实验表明，沟槽盘的效果最好。盘式撇油器的处理量在 $40\sim100\text{m}^3/\text{h}$ 之间。

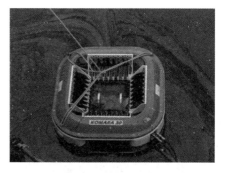

图4.6 亲油型盘式撇油器

绳索-耙式撇油器（图4.7）不夹带或只夹带少量水，适合在中、大浪水域使用，允许一定量固体杂物、浮冰和其他障碍物通过，对中等黏度溢油和重油，特别是回收中等黏度溢油效果良好。其回收率取决于绳索的数量和速度，但产率普遍较低。绳索-耙式撇油器又可分为水平式和直立式两类。例如，安装在救援船或海岸上的大型直立式绳索-耙式撇油器，设备运行全过程都需要使用起重机，并且只能用在单一清扫操作中。

图4.7 直立式亲油型绳索-耙式撇油器的近辑应用

滚筒式撇油器（图4.8）夹带水量少，特别适合在海浪小和水流缓和的水域使用,在中、大浪水域使用则效果不佳。滚筒式撇油器易被固体杂物堵塞。滚筒式撇油器最适宜回收中等黏度溢油,其回收率取决于滚筒的数量和尺寸。实验表明,沟槽转鼓的回收效果最好。

图 4.8　亲油型滚筒式撇油器

带式(图 4.9)和刷式撇油器(图 4.10)是安装在自浮式驳船上的大型设备。二者运行时均只夹带少量水。除部分刷式撇油器的效果会受到波浪的影响外,这两种撇油器均可在中、大浪水域中使用。它们可以有效回收溢油中的小固体杂物,但仍会被大的杂物堵塞。带式撇油器对于回收中、高黏度的溢油效果最佳,而刷式撇油器通过搭配不同类型的油刷,可用于回收低、中和高黏度的溢油。带式撇油器的回收率处于中低水平,而刷式撇油器的产率受油刷数量和速度的影响较大,一般处于中等水平。

图 4.9　带式撇油器　　　　　　图 4.10　刷式撇油器

4.2.2.2.2　真空/吸入型撇油器

真空/吸入型撇油器在漂浮撇油头(图 4.11)上不设置抽油泵。而是将真空抽油泵置于撇油头后,抽出待回收的油-水混合物。最简单的真空撇油器就是一根油管连接停靠在港口或河边的真空油槽车。在使用过程中,回收液体中水的比例较高。特别是在水流缓和小浪水域使用真空/吸入型撇油器时,回收上来的大部分都是水。辅以围堰可以提高溢油回收的选择性。这种撇油器容易被固体杂物堵塞，对轻、中黏度溢油的回收效果最好，其回收率取决于真空泵刷头的效率，通常处于中低水平。

4.2.2.2.3 堰型撇油器

堰型撇油器(图4.12)是指利用重力将溢油从水面抽出的各种设备。用起重机和绳索牵引将救援船上的浮动围堰放置在溢油区域。围堰的边缘刚好处于油层的上表面以下，以便溢油经围堰边缘流入集油槽中，泵送至储罐。由于结构简单，堰型撇油器的使用最为普遍。围堰系统即可以通过气动远程控制，也可以自行调整。某些围堰撇油器会在撇油头端增设输送泵，以克服输送管路的压降。因此，在这种情况下，待回收油不是被真空泵吸出的，而是被输送泵经管路推至储罐的。堰型撇油器在有少量夹带油的静水区域使用选择性较高，但随着夹带水量的增加，溢油回收效果明显下降。堰型撇油器对轻、中和重度黏度的溢油回收效果均较好，但是特别重的油因流动性较差，不易流至围堰中。堰型撇油器的回收率受泵功率和油的类型影响，总体而言回收率较高。

图4.11 真空/吸入型撇油器的撇油头

图4.12 堰型撇油器

4.2.2.2.4 其他撇油器

为了满足恶劣水域的特殊要求，还有一些特别设计的撇油器。比如，直立滚动的皮带可以部分置于油-水界面以下，以降低表面波浪的影响。皮带上也可增设铲斗或桨叶以提高溢油从水面分离的速度。此外，如图4.13所示，某些堰型撇油器也会增设可更换的部件来保证其随溢油变化和黏度增加的适用性。

4.2.2.2.5 用于海岸操作的撇油器

处理土壤溢油最好的方法是在收集点挖坑，然后将溢油引入坑中。真空型撇油器可用于回收坑中的溢油。还可能使用挖掘机或铲车将顶层土壤移走，以进行进一步处理。

图 4.13 增设皮带的堰型撇油器，用于提高高度乳化燃料油的回收能力

对于在混凝土、沥青和其他硬质表面的溢油，可使用吸附围栏控制溢油范围。对于新鲜溢油和固化溢油的回收，可分别使用真空型撇油器和配合化学处理的高压清洗机。

对于浅水域（沼泽、湿地、潟湖等）的溢油回收，可使用吸附围栏将溢油引到绳索-耙式或盘式撇油器附近。当水中有大量固体杂物时，应该使用这两类撇油器。当无法集中水面溢油时，绳索-耙式撇油器能比盘式撇油器覆盖更大的水域面积。考虑到重型设备对环境的负面影响，都应尽量避免在敏感地带使用各种形式的机械处理方法。

4.2.2.3 吸油材料

吸油材料是通过吸收（溢油被提取出来后驻留在多孔材料的内部），或吸附（溢油黏附在吸附材料的表面），或二者兼有的方法回收溢油的不溶性材料或材料的混合物。为了更好地移除浮油，吸油材料应同时具有亲油性（对油相有亲和力）和疏水性（对水相有排斥力）的性质。吸油材料既可以通过人工泼洒，也可以通过鼓风机或风扇等机械泼洒在溢油上。

影响吸油效果的因素包括吸附剂的容量、溢油脱离底物的能垒，以及溢油层的厚度等。吸油材料适用于各种类型栖息地和自然环境。对于少量的溢油事故，吸油材料可能是唯一采用的清洁方法。但更多情况下，吸油材料通常用于清除末期残余的溢油（次级处理），或者在其他方法受到限制的敏感区域（如撇油器无法布置的区域）。由于采用吸油材料清除溢油会产生大量的固体废物，所以应尽量避免大规模使用吸油材料。法律规定所有使用过的吸油材料必须要经过回收处理，吸油材料和从其中回收出来的溢油必须要按照当地、州和联邦颁布的规定进行处置。

吸油材料主要分以下三类：

1) 天然有机吸附剂，如泥炭苔、稻草、干草、木屑、碎玉米穗、羽毛或其他性质稳定的碳基物质。这些吸附剂可以吸附 3~15 倍自身重量的溢油。但是天然有机吸附剂的使用有明显的缺点：首先，它们对水和溢油的吸附没有选择性，因此就会导致部分吸附剂随过程的进行而下沉；其次，这些吸附剂在水中扩散后收集存在困难。辅助使用一些漂浮设施可避免此类问题。比如，将成捆的干草固定在空筒上可避免下沉问题；使用筛子可控制松散吸附剂颗粒的扩散，便于回收。

2）天然无机吸附剂，如黏土、珍珠岩、蛭石、玻璃丝、沙子或火山灰。这些吸附剂可以吸附4~20倍自身重量的溢油。与有机吸附剂类似，这些廉价的无机吸附剂来源广泛，便于大规模使用，但是这类吸附剂一般不用于水面环境的溢油事故。

3）合成吸附剂既包括人造塑料，如用于吸附溢油的聚氨酯、聚乙烯、聚丙烯，也包括对溢油有吸收作用的交联高分子和橡胶材料。大多数合成吸附剂可以吸附至多70倍自身重量的溢油。

使用吸油材料清理溢油的关键是考察吸附剂的特点和溢油的类型。在选择吸附剂时，需要考虑的因素包括吸收率（轻油品的吸收率更快）、吸附率（重油在吸附剂表面的吸附能力更强）、持油能力（吸油材料回收时，材料孔道中轻、黏度小的溢油比重、黏度大的溢油更容易流失，造成二次污染），及应用的便利性（许多天然有机吸附剂，如黏土，是散装的粉状材料。这种材料在大风条件下无法使用，还可能造成吸入伤害）。

吸油材料的性能可用下式进行评价：

$$V = V_{\max}(1 - e^{-pt})$$

其中，V是已吸附溢油的吸附剂体积；$V_{\max}$是吸油过程达到平衡时吸附剂的体积估值；t是吸附时间；p是表示吸附剂吸附活性的参数。如，Konczewicz 等报道矿物吸附剂 Densorb 和有机吸附剂泥炭苔的吸附参数分别是 $0.025s^{-1}$ 和 $0.017s^{-1}$。

4.2.2.4 现场燃烧法

现场燃烧法是燃烧水面和陆地表面溢油的过程。当溢油回收至浮油层到2~3mm时，可以采用现场燃烧法。在使用现场燃烧法时，需要用防火围栏或天然屏障如冰和海岸控制溢油的扩散范围。现场燃烧法广泛应用于处理冰面的溢油事故。不过此方法仍可应用于陆地表面上，特别是现场有不易进行物理清除的重油的陆地，或者需要快速锁定搁浅溢油的场所。在陆地表面使用现场燃烧法时，溢油通常是在可燃的底物上，如植被、木头和其他有机物残渣上燃烧。溢油在不可燃底物上燃烧就需使用助燃剂。当在沉积底物上用现场燃烧法清理溢油时，需要挖坑将溢油聚集起来，以提高燃烧效率。溢油的可燃性也是重要的考察因素。溢油的自然蒸发会使其轻组分含量降低，或发生乳化。尽管重油和乳化油也能燃烧，但是它们难以点燃，燃烧效率也较低。

有很多工具可用于点火，最简单的如蘸油的布，复杂的如直升机喷火器（Helitorch）。直升机喷火器是将火焰喷射器悬挂在直升机底部的装置，被广泛认为是最安全的专业点火器之一。然而，世界上大部分地区缺少这样的设备和有经验的专业操作人员。

平均来说，溢油的燃烧产物约 80%~95% 是气体，1%~10% 是烟灰，1%~10% 是固体残渣。水面上的固体残渣可以回收。燃烧产生的大量有毒烟气会对人类健康、居民区和鸟类产生影响。因此，现场燃烧法更适合在近海和远离居民区的区域使用。现场燃烧法每小时可清除 1000 桶溢油。人们曾担心燃烧产生的烟灰沉积物会影响北极区域的融冰速度，但几十年的长期监测表明现场燃烧法在北极地区使用的效果良好。

4.2.2.5 人工除油/清油

使用耙、锹、桶、抹布和吸油垫等方法人工清理油污和固体残渣并将其集中至容器中统一处理的方法叫人工除油法。这种方法适用于处理轻、中黏度的搁浅溢油，以及在水面上形成半固态或固态物质，可人工清除的重油。人工除油法是清理沿岸溢油最普遍的方法，适用于所有类型的栖息地，但在如湿地等敏感区域使用此方法时，需要控制人工的使用。

4.2.2.6 机械除油法

机械除油法是使用挖沟机、平路机、疏浚机、推土机、挖掘机等重型设备清理水面、水底和沿岸溢油的过程。这种方法可将地面上被溢油污染的部分集中，运输到专门场所去处理、安置。也可将机械设备放置在岸边或驳船上，回收水面的重油和固化油。在某些敏感区域，如湿地、松软地面和存在濒危植物和动物的区域，应避免或禁止使用重型设备。

4.2.2.7 分散剂

分散剂是指专用于海洋环境的含有表面活性剂的化学品。它们可以将溢油层分解成大量分散在水体中的小油滴，稀释水体中的溢油浓度，进而可以更容易被海洋天然微生物降解。使用方法通常是用固定翼飞机、直升机、船只等将分散剂喷洒在溢油层上。

在确定使用分散剂之前，需要特别考虑被分散溢油对水体的潜在影响，即水体对被分散溢油的承载能力。当浮油对水体的影响大于被分散油时，可以考虑使用分散剂。其他需要考虑的因素还包括溢油的特点、海洋和天气条件、环境敏感度以及政府对分散剂使用的规定等。通常认为，分散剂是降低近海大面积溢油对海洋生物和海水环境污染的有效方法。特别是因受天气条件和资源可利用性限制使得其他海洋溢油处理方法不宜采用的时候，分散剂的效果尤为明显。

4.2.2.7.1 分散剂的分类

分散剂以表面活性剂混合物的溶液形式存在。每个表面活性剂分子都包含亲水基和亲油基。溶剂能稀释表面活性剂，降低其黏度，有利于表面活性剂进入溢油层。分散剂通过降低油-水界面的表面张力改善溢油在水中的自然扩散，因此在波浪运动的作用下形成许多细小的油滴。

基于出现时间和产品类型，ITOPF将分散剂分成了如下几类：

1）第一代分散剂。最早出现于20世纪60年代，其结构与工业清洁剂和脱脂剂类似。受其毒性的影响，这类分散剂已经不再溢油事故处理中使用。

2）第二代分散剂，或Ⅰ型分散剂。这类分散剂的特点是将15%~25%的表面活性剂溶解在低芳烃或无芳烃的有机烃溶剂中，而且使用时无需稀释。海水的稀释会使分散剂的作用下降。分散剂对溢油的剂量比在(1∶1)~(1∶3)之间。相较于第一代分散剂，这类分散剂的毒性较低，但高于第三代分散剂。现在很多国家已经对该类分散剂的使用加以限制。

3）第三代，或Ⅱ型和Ⅲ型分散剂。这类分散剂的特点是使用两种或三种含有聚氧乙烯嵌段的表面活性剂，溶剂为轻石油馏分，表面活性剂浓度较高，在25%~65%之间。常用的表面活性剂包括非离子型(如脂肪酸酯和乙氧基脂肪酸酯)和阴离子型(烷基磺基琥珀酸钠)。Ⅱ型分散剂的使用剂量在(2∶1)~(1∶5)(分散剂/水混合物∶溢油)。使用前需要用海水将分散剂的浓度稀释到10%左右，预稀释过程也限制了该类分散剂只能通过船只喷洒在溢油区域。Ⅲ型分散剂的剂量可以在(1∶5)~(1∶50)(纯分散剂∶溢油)，而且无需预稀释即可使用，因此可使用飞机和船只进行喷洒。

4.2.2.7.2 分散剂使用的有效性

如前文所述，使用分散剂处理溢油事故时需要考虑溢油性质、海洋和天气条件、分散剂用量、环境敏感度和政府法规等因素。换句话讲，使用分散剂处理海洋溢油事故的有效性是主要的，甚至是唯一的考量指标。溢油性质、海洋能、溢油风化状态、分散剂的类型和用量、温度和海水的盐度都会影响分散剂的处理效果。这其中，溢油性质和海洋能是最重要的影响因素。

溢油的黏度和倾点是判断溢油易分散性的两个指标。分散剂的有效性随黏度的增加而降低。大多数分散剂难以在有效时间内分散黏度大于5000~10000cSt的溢油。需要注意的是，溢油的黏度会随着风化、蒸发、乳化等作用的进行而增加。分散剂无法处理倾点接近或高于海水温度的溢油，也不适合处理原油或燃料油产生的轻油和油膜。

在海洋环境中，使用分散剂的最佳风速在4~12m/s之间(8~25节)。此外，通常有目的地使用剂量为1∶20(分散剂∶溢油)Ⅲ型浓缩分散剂处理溢油。

Fingas和Ka'aihue回顾了水的盐度对化学分散，特别是分散有效性的影响。通过测量不同盐度下的分散有效性，作者认为盐度过低或最大盐度在20~40 psu(‰)都会使分散的有效性降低。作者还考察了盐度对表面活性剂和界面现象的影响，发现使用表面活性剂进行二次溢油回收时，盐度过高或过低都会导致回收效率的下降。回收效率最高时的盐度与表面活性剂的结构高度相关。溢油中烃类物质的溶解度与盐度正相关。油-水界面张力会随着表面活性剂的使用和盐度而变化：盐度越低，界面张力越大。当盐度在25‰~35‰之间时可达到最佳界面张力。报道还指出，在该盐度范围内，微乳液的稳定性更好，而微乳液在淡水或盐度小于10‰的水体中不稳定。这一发现与其他溢油事故文献的结论一致。Fingas指出盐度和温度可能共同对溢油处理分散剂的效果产生影响，当温度约为15℃，盐度约为25‰时，分散剂的效果最佳。

在浅水区域使用分散剂可能会对海底资源造成影响。由于担心污染水产养殖物，不应在鱼类、贝类养殖区或其他浅水渔场附近使用分散剂。类似地，考虑到溢油流入取水口的风险，在工业取水口附近也不应使用分散剂。

例 4.2

问：已知在 $2hm^2$ 的范围内，溢油层的体积是 2000L。回收溢油的分散剂为第三代，Ⅲ型。使用飞机喷洒，飞行速度是 40m/s，覆盖宽度为 15 m。求飞机喷洒分散剂的速度。

解

对于剂油比为 1∶20 的Ⅲ型浓缩溢油处理分散剂，分散剂用量、单位面积分散剂用量和喷洒速度分别为：

$$分散剂用量 = \frac{2000L}{20} = 100L$$

$$单位面积分散剂用量 = \frac{100L}{20000 \text{ m}^2} = 0.005 L/m^2$$

$$喷洒速度 = 0.005 L/m^2 \times 15m \times 40m/s = 3 L/s$$

4.2.2.8 凝油剂

大多数凝油剂是由无水大相对分子质量高分子多孔载体和大面积亲油表面构成的，有多种形式，如干粉、颗粒、半固体材料(如硬橡胶、糕状、球状、海绵状)，也可包裹在围栏、枕、垫和套筒中。根据美国国家应急小组科学技术委员会[the National Response Team(NRT) Science and Technology Committee]的定义，凝油剂须满足如下要求：

1) 不溶于水；
2) 密度小于 1；
3) 主要成分为聚合物(及少量添加剂)；
4) 重金属和氯代烃的含量分别小于 5μg/g；
5) 可以与溢油以特定的效率发生物理作用；溢油一旦与凝油剂作用后不易

析出;

6) 随压力升高不会析出凝油液体;

7) 对野生动物和其他物种没有毒性。

表 4.2 列出了过去 20 多年来对凝油剂的测试结果。结果表明尽管凝油剂的处理效果差别很大,但是所有凝油剂的水生毒性(96h 内对虹鳟鱼的半致死量 LC50)低于检测限,即表中所列所有凝油剂都对水生物种基本没有毒性。

表 4.2 凝油剂测试结果(数据来自加拿大环境署)

凝油剂	凝油处理量/%	水生毒性
A610 Petrobond	13	>5600
Rawflex	16	>5600
Envirobond 403	18	>5600
Norsorex	19	>5600
Jet Gell	19	>5600
Grabber A	21	>5600
Rubberizer	24	>5600
SmartBond HS	25	>5600
Elastol	26	>5600
CI agent	26	>5600
Gelco 200	29	>5600
Oil bond 100	33	>5600
Oil sponge	36	>5600
Petro Lock	44	>5600
SmartBond HO	45	>5600
Molten wax	109	>5600
Powdered wax	278	>5600

使用凝油剂的目的是为了将液体溢油转变成固体,以降低溢油对沿岸的影响。凝油剂对溢油有物理作用,可增加分子之间的范德华力。这是因为非极性的烃类高分子更容易与非极性的石油烃分子产生吸引力,从而使得这些高分子更易被油相润湿。凝油剂-溢油产物的颗粒大小(即表面积)会影响反应时间。相较于高黏度的重油,凝油剂更容易与低黏度的轻油作用。建议凝油剂的用量为 10%~50%(相较于被回收溢油),反应时间较短,一般在分钟级到小时级。借助各种扩散设备,如吹风机、高压水枪和灭火设备或手动操作可在大面积溢油区域施用凝

油剂。

凝油剂既可处理浮油,也可以处理搁浅溢油,并且适用于各种水域环境、基岩、沉积物和人造建筑物。凝油剂适用于处理需要固定溢油的情况,以阻止溢油漂散到沿岸、渗透到底层及进一步扩散。然而,如果凝油剂无法与溢油充分混合,溢油不会充分固化,导致最终的凝油剂-溢油产物实际上是固体和未处理溢油的混合物。凝油剂最适用于处理中、轻黏度溢油。由于凝油剂一般不会与重质溢油充分混合,所以通常不用凝油剂处理高黏溢油。当发生溢油事故时,首先需要确定溢油的性质包括总的凝油剂用量、效果、处理后溢油固体的性质(如稠度、黏结性、黏性等)。

凝油剂-溢油产物(即处理后溢油固体)在形成初期不会下沉,并且可以在水面漂浮 24h 以上。但是随着时间推移,这些固体可能下沉。使用凝油剂还需要考虑未反应溢油的踪迹和生物利用度,及已处理但未回收的溢油固体的踪迹和性质。选用的凝油剂应不溶于水,并且水生毒性尽可能低。可在施用凝油剂和回收凝油固体时采用物理搅动的办法提高处理效果。

4.2.2.9 生物除污(生物处理方法)

按照美国国会技术评估局[Congress of the United States, Office of Technology Assessment(OTA)]的定义,生物除污是指在受污染环境,如溢油事故现场使用可提高天然生物降解过程的物质的行为。这是一种在特定地质条件和气候条件下有效的方法。针对溢油处置的生物除污方法,包括添加养分以增加原生微生物的活性和/或添加天然非原生微生物。生物除污逐渐成为在避免破坏当地环境的基础上将溢油中的有毒物质转化为无毒产物的最有前景的方法之一。生物除污作为一种次级处理方法,通常用于清除溢油的末期,即常规除油方法之后。该过程一般较慢,需要耗时数周到数月才能实现有效清理。尽管目前尚缺少深入的经济性分析,但如果使用得当,生物除污的成本很低。

长期以来,生物降解都是用于处理在海洋环境中无法收集或燃烧的溢油。溢油生物除污的关键是在受污染区域创造并保持有利于提高生物降解效率的条件,即有利于生物除污的物理和化学条件。物理条件包括温度、压力、溢油的表面积和水体的能量,化学条件包括含氧和养分的量、pH 值、盐度和溢油的组成。

溢油生物除污的两个主要方法是生物强化和生物添加。而对于海洋溢油处置,生物除污技术又可分为三个独立的类别:

1) 养分富集(生物强化);
2) 天然微生物降解(生物添加);
3) 转基因微生物降解(转基因生物添加)。

4.2.2.9.1 生物降解除油概述

大约一个世纪前，人们首次分离出能分解石油烃类的细菌。截至目前，已有超过200种细菌、酵母菌和真菌表现出具有分解从甲烷到碳数超过40的复杂烃分子的能力。这些微生物普遍存在于海水、淡水和土壤栖息地环境中。最新研究表明，79种细菌、9种蓝藻，103种真菌和14种藻类仅通过分解和转化烃分子来获得碳和能量。表4.3列出了主要的除油微生物。

生物降解除油通常是分步反应/顺序反应：某种微生物会首先与石油组分发生作用，生成中间产物。中间产物又与其他微生物作用，发生进一步的分解。不分解烃分子的微生物也可能在最终除油的过程中发挥作用。

表4.3 主要的除油微生物

细菌	真菌	酵母菌
无色杆菌	波氏阿利什菌	假丝酵母
不动杆菌	黄曲霉	隐球菌
放线菌	出芽短梗霉	德巴利酵母
气单胞菌	贵腐霉菌	汉逊酵母
红灯食烷菌	假丝酵母菌属	毕赤酵母
产碱杆菌	头孢菌属	红酵母
节杆菌属	枝孢菌	酿酒酵母菌
芽孢杆菌	球褶孢黑粉菌	掷孢酵母
贝内克氏菌属	小克银汉霉菌	球拟酵母
短杆菌属	德巴酵母菌	毛孢子菌属
伯克氏菌	海洋真菌	亚罗酵母属
棒状杆菌	镰刀菌	
棒状杆菌属	粘帚霉属	
欧文式菌属	巨枝膝梗孢	
黄杆菌属	汉逊酵母属	
克雷伯氏菌属	蠕形菌	
纤毛菌属	毛霉菌	
卡他莫拉菌	树粉孢属	
分枝杆菌	拟青霉菌	
诺卡氏菌	瓶霉属	

续表

细菌	真菌	酵母菌
消化球菌属	青霉菌	
绿脓杆菌	红冬孢酵母	
红球菌	红酵母属	
八叠球菌	酿酒酵母菌	
球衣细菌	酵母样菌	
鞘氨醇单胞菌	帚霉属	
螺旋菌	掷孢酵母属	
链霉菌	球拟酵母菌	
弧菌属	木霉菌属	
黄单胞菌	毛孢子菌属	
	菌生轮枝霉	

微生物分解石油烃分子的过程，第一步通常是在烷基链的末端或者多环芳烃（polycyclic aromatic hydrocarbon，PAH）的不饱和环上添加一个羟基，生成醇类；醇类再进一步氧化成醛类和羧酸类；最终缩短碳链，生成 CO_2、水和生物质。对于 PAH，首先发生的是开环反应，然后再发生与链烷烃类似的矿化作用。当向烷烃链上加入氧原子时，分子的极性增加，水溶性提高，更容易进行生物降解，且毒性更低。尽管随着生物降解的进行，极性分子有可能进入水体中，但这些分子一般不会造成环境污染，也不会使周围生物中毒。此外，潮汐带来的稀释作用使得食物链中无害极性组分的含量可以忽略不计。溢油经简单生化代谢得到的最终产物对环境的影响很小。

根据结构不同，石油烃的生物降解反应活性依次为：直链烷烃>支链烷烃>低相对分子质量芳烃>环烷烃。饱和烃的生物降解速率最高，其次是轻芳烃，而高相对分子质量芳烃、沥青质和树脂的生物降解速率极低。风化作用可以改变溢油的组成：轻芳烃和烷烃迅速溶解、蒸发，或被微生物代谢掉。因此，剩余的往往是更难降解的组分。原油无法通过生物降解完全除净。那种全部轻油组分和50%以上重油组分可在几天到几周的时间通过生物降解除掉的说法是不准确的。

4.2.2.9.2 生物除污的有效性

如前文所述，生物除污的效果受物理和化学条件的影响。物理条件包括温度、压力、溢油的表面积和水体的能量，化学条件包括含氧和养分的量、pH 值、盐度和溢油的组成。往往可以通过调节溢油现场的含氧量和养分量促进天然生物降解速率(即生物除污的运用),而像盐度这样的条件通常是无法调控的。

溢油性质和微生物的活性和种群受环境温度影响较大。低温时溢油的黏度增加。取决于溢油的组成,黏度增加进而影响到其毒性(溢油中有毒的低相对分子质量烃的挥发性降低)和溶解性(比如,短链烷烃低温时溶解性更高,一些低相对分子质量芳烃在高温时溶解性更高)。大部分海水的温度是$-2 \sim 35℃$。研究发现,生物降解在这一温度范围内均可发生,但是其速度通常随温度降低而下降。生物降解速率最高的温度范围通常为:土壤环境$30 \sim 40℃$,部分淡水环境$20 \sim 30℃$和海水环境$15 \sim 20℃$。温度和其他条件(如微生物群的组成)之间的相互作用比较复杂。在富含嗜冷菌群较多的环境下,即使是在寒冷条件下也能保持较高的生物降解速率。研究发现,烃类分子生物降解的最低温度可达$0 \sim 2℃$(海水)或$-1.1℃$(土壤)。

生物降解的速率通常随压力升高而降低,这一影响在深海环境中尤为重要。深海中的溢油生物降解很慢,并且尽管鲜受关注,但是这些溢油可以存在相当长的时间。前文已经讨论过溢油表面积、水体能量和溢油组成对生物降解速率的影响。因为微生物是在油-水界面上繁殖的,所以溢油表面积对生物降解速率的影响很大:速率随面积的增加而增加。海面扰动或水体能量能影响分散速率。扰动的海水会分散并稀释微生物的必要营养物质,并促进了溢油的传播。这增大了微生物分解重油的难度。

氧对烃分子的生物降解至关重要。生物降解的需氧量很大,如果将1份烃分子完全氧化成CO_2和水,需要$3 \sim 4$份的溶解氧。海水和淡水环境的上层水体和大多数沿岸环境的表层并不会出现缺氧的情况,但是在地下沉积物、水体的缺氧区和大多数细密的海岸、淡水湿地、泥滩和盐碱滩,就会出现缺氧的情况。海浪和水流、溢油的物理状态和可用底物的数量都会对氧的可用率产生影响。尽管某些烃分子(如一些芳烃,如BTEX,即苯、甲苯、乙苯和二甲苯)可以发生厌氧降解,但是其降解速率极低。

将1g烃分子转化成生物细胞物质大约需要150 mg氮和30 mg磷。也就是说,像氮、磷和铁这样的营养物质对海水生物降解速率的影响要比氧还要大。非溢油降解微生物(包括浮游植物)、溢油降解微生物和在海水pH下含磷物质的沉淀生成磷酸钙都会消耗这些元素,因此海洋和其他生态系统中通常缺少这些元素。夏季时海水的氮和磷的含量下降(可能是因为藻类繁殖),溢油的生物降解速率也随之下降。通常来说,近海水域中的铁元素含量要低于富含矿物质的沿岸水域。

烃分子的生物降解速率随pH值增加而增加,在弱碱性条件下可达到最高的降解速度。大多数海洋环境的pH呈弱碱性,并且比较稳定。然而盐碱滩的pH

值可低达5.0，这就可能降低该区域的生物降解除油速率。淡水和土壤环境的pH范围较大。湿地的有机土壤呈酸性，而矿质土壤一般呈中性或碱性。

微生物一般可以耐受世界上大部分海洋区域的盐度。河流入海口附近区域是一个例外，因为其盐度、含氧量和养分含量都与沿岸和海洋区域有很大不同。盐度会改变不同微生物群的种群数量，因此会影响到烃分子的生物降解速率。Ward和Brock(1978)考察了超盐环境下烃分子的生物降解情况，发现当盐度在3.3%~28.4%之间时，烃分子的代谢速率随盐度的增加而降低。

4.2.2.9.3 养分富集(生物强化)

生物强化是指为了促进现有溢油分解微生物的繁殖，提高生物降解速度，向受污染环境人工添加生物降解所需元素(如氮、磷)或助剂，和/或调节环境条件(如表面冲洗，种植植被以提高氧含量等)的方法，亦称作增肥或养分富集。

确定在某一区域达到最佳强化效果所需调节剂的类型、用量和添加周期需要大量的小试处理性研究。比如，研究表明，在弱调节能力的海水区域，硝酸盐比氨更适宜用于轻质原油生物降解的氮源；而氨比硝酸盐更能促进盐碱滩土壤中溢油的生物降解。此外，微观研究表明，当使用硝酸盐作生物强化剂时，大约1.5~2.0mg N/L的用量可以使附着在沙砾上的十七烷达到最大生物降解速率。微观研究还表明，在连续添加5g溢油/kg沙砾的条件下，当硝酸盐浓度低于约10mg N/L时，阿拉斯加北坡原油(Alaska North Slope crude oil)的生物降解速率就会因为缺少氮元素而受到抑制。

养分富集的目的是突破溢油的自然生物降解速率。没有证据表明，增肥会导致藻华或带来其他负面影响。在阿拉斯加测试中，使用肥料可以使生物降解速率至少提高2倍。这种方法可用于处理其他处置方法已经充分清除油污的中重度溢油污染区域，或者是用于对其他方法敏感或失效的轻度溢油污染海岸，以及因养分不足而天然降解不充分的情况。养分富集对清除柴油组分，或者大分子、降解速率低的组分含量不大的中等黏度油品的处理效果最好，而对渣油的处理效果较差。另外，此处讨论并未考虑汽油组分溢油，因为蒸发能比微生物降解更快速地将这部分溢油完全清除。特别需要指出的是，养分富集不适用于浅滩或某些特定水域，在这些区域过度施加营养物可能导致富营养化。也不适用于对营养物质，特别是氨的毒性较为敏感的区域。

4.2.2.9.4 天然微生物降解(生物添加)

生物添加是指向受污染环境加入除油微生物，以补充已有微生物的种类和数量，提高生物降解速率的方法。常用的除油微生物培养液包括采集自多种受污染环境，针对生物降解除油特性而精选或培育的非原生微生物的混合物，或是采集自受污染区域当地，经实验室或现场微生物反应器培育的具有降解除油功能的微生物混合物。这些种菌培养液通常都包含营养液。

因为本地微生物的种类和数量往往不能降解如溢油这样含有多种组分的复杂混合物，所以需要向溢油现场添加降解微生物。当本地溢油降解微生物含量低或无法降解某种特殊烃类分子(特别是难以降解的石油组分，如多环芳烃)，或者需要提高清污速度，或者减少开始生物除污的迟滞期时，特别适合采用添加种菌培养液的方法。使用含有本地有机体的菌种培养液可以避免可能出现的外来微生物对环境的适应性问题。大多数情况下，都需要在培养液中添加养料。然而，由于只有少数地区缺少溢油降解微生物，所以在多数场合下生物添加都不是必须采用的方法。满足有效生物添加的条件要比生物强化更加困难。

那些宣传微生物种菌添加的公司认为市售的微生物混合物可以针对不同类型的溢油进行定制化的设计，并且在溢油事故发生之前就可以着手准备。但是这一说法成立的前提需要满足：①人们已对所需的养分和菌种培养液的适用性有充分的了解；②溢油微生物可以针对紧急条件做大量的储备；③种菌培养液方便适用，并且易于储存达3年。实验室研究已经实现了许多成功的生物添加方案。但这些实验室研究如此成功的原因很大部分是因为环境条件可以充分控制。而实际溢油现场的条件是难以保证这种方法的有效性的。

4.2.2.9.5 转基因微生物降解(转基因生物添加)

研究转基因微生物的原因是转基因微生物会比自然界中存在的微生物具有更高的清除溢油的能力，或者是可以降解天然微生物无法处理的石油组分。例如，Thibault和Elliot(1980)开发了一种可以同时降解轻烃和芳烃的多质粒恋臭假单胞菌种。然而，尚不确定这种菌种能否在自然界中存活。与此同时，向自然界中投放外来微生物或转基因微生物仍会面临公众认知的问题。由于基因工程的研发和应用仍会受限于技术、经济、法规和公众认知上的障碍，短期内将生物工程合成的微生物用于环境治理仍不太现实。包括美国环境保护署(U.S. Environmental Protection Agency，U.S. EPA)官员在内的许多人都认为，人类还远没有充分开发出天然微生物降解海洋溢油的能力，现阶段没有必要再去处理基因工程带来的一系列问题。

4.2.2.9.6 生物除污的优缺点

根据美国国会技术评估办公室(Congress of the United States，Office of Technology Assessment，OTA)的总结，生物除污的潜在优点和缺点包括：

优点：

1) 对污染现场的物理破坏往往较小；

2) 如正确使用，往往不会造成严重的负面影响；
3) 可能有助于清除溢油中的一些有毒组分；
4) 相较于机械除污技术，生物除污技术更简单，处理方案也更为全面；
5) 生物除污的花费或许比其他方法更少。

缺点：
1) 对部分类型溢油的处理效果尚未确定；
2) 可能不适用于海洋环境；
3) 起作用时间长；
4) 必须根据溢油事故现场制定针对性的实施方案；
5) 需要采集大量的溢油事故现场和溢油特性的数据才能优化实施方案。

4.2.2.9.7 监控生物除污的方法

生物降解除油在溢油事故现场的运行情况，可通过多个指标进行监控，如化学组成和微生物含量、环境条件，以及养分浓度的变化等。具体方法如下：

1) 分析方法：

a. 微生物分析法，如降解溢油微生物技术；基于培养液的技术（如平板菌落计数法和最可能数（most-probable-number，MPN）法，不基于培养液的菌群/族群技术[如磷脂脂肪酸（phospholipid fatty acid，PLFA）分析和核酸分子技术]。

b. 对营养物质的化学分析法，如氨：自动比色法；硝酸根：紫外分光光度法，自动镉还原法和电极分析法；磷：溶解正磷酸盐的磷价态转化检测法和比色检测法。

c. 对溢油和溢油组分的化学分析法，如总石油烃（Total Petroleum Hydrocarbon，TPH）测定方法（如热重分析和红外光谱分析）；特定油分分析[如气相色谱/离子焰检测器（GC/FID）、色质联用（GC-MS）和薄层色谱-离子焰检测联用（TLC-FID）]。

2) 使用生物标记物，如姥鲛烷和植烷、藿烷类、烷基取代多环芳烃：（Polycyclic Aromatic Hydrocarbons，PAH）异构体、菲类、蒽类和䓛类。

3) 现场采样。

4) 监测常规本底条件，如溶解氧（如碘滴定法和膜电极法）、pH 值、温度和盐度（如电导率法和密度法）。

5) 监测生物影响：

a. 生物学评价；

b. 生物鉴定（海底无脊椎动物、发光细菌测试和鱼类）及其在海洋环境下生物除污的应用。

4.2.3 岸上处置方法

岸上清除油污的方法相对直接，也不需要特殊的设备。选用最适宜的处置方法需要考虑的因素包括污染程度和类型的评估，受污染沿岸的长度、性质和可及性，沿岸环境敏感度的评估、沿岸类型、废物的最小生成量等。考虑到油污的风化过程、油污在岩石和海堤上的黏附，及其随时间流逝逐渐与沉积物混合并被埋覆，如果条件允许，受污染沿岸的油污清除工作应及早、尽快启动。使用岸上清洗剂可以提高清除受污染基质油污的效率。也可对一些基质采取特殊的手段，如采用预浸和/或冲洗的方法将风化或重油组分软化并移除，以提高冲洗的效率。

岸上清除油污的操作通常分为三步：

第一步：使用真空油槽车或泵清除大块油污，或用围堰控制具有流动性的液体油污，防止其扩散；采用机械方法，利用通用的工程或农机设备收集并移除搁浅油污和受污染物质；针对敏感海岸和交通设备无法到达的区域，使用人工收集油污和受污染沿岸物质。

第二步：移除搁浅油污和溢油污染的沿岸物质。这往往是岸上清理工作最耗时的步骤。通常采用冲洗的方法，使用大量的低压水将搁浅油污和埋覆油污从沿岸冲走。与表面冲洗类似，海浪对海岸的自然冲刷也可将岸上沉积物上附着的油污冲洗出来。

第三步：如有必要，对微小污染进行最终清洗，移除油渍。这一阶段可使用的方法包括用热水或冷水对硬质表面进行高压冲洗，生物除污等。

需要说明的是，要特别考虑到海岸对环境的敏感度，要确保相较于将油污遗留在现场，预期清理的程度不会对环境造成更大的破坏。在对特定海岸类型制定清洁方案时，需要考虑到清洁的程度、对环境的敏感度及海岸的自清洁过程等因素。比如对于码头、海港、海堤或类似的人造工程，以及天然硬质表面如基岩或卵石，可使用高压冲洗，最大限度移除油污。对于卵石沿岸的油污清除，最有效的方法就是冲洗，含表面冲洗和机械冲洗。

设计完备的应急处理方案以及对当地环境的充分理解有助于成功实现沿岸油污清理的管理和组织。这需要机构、组织和各方力量共同参与到岸上应急处置的工作中。

参 考 文 献

American Petroleum Institute (API) and the National Oceanic and Atmospheric Administration (NOAA), 1994. Inland Oil Spills, Options for Minimizing Environmental Impacts of Freshwater Spill Response, National Oceanic & Atmospheric Administration. Hazardous Materials Response & Assessment Division, American Petroleum Institute, June 1994.

Congress of the United States, Office of Technology Assessment (OTA), 1991. Bioremediation for Marine Oil Spills-Background Paper. OTA-BP-O-70, NTIS order # PB91−186197. U.S. Government Printing Office, Washington, DC. May 1991. [Online] Available from: http://www.fas.org/ota/reports/9109.pdf.

Deepwater Horizon, 2010. Fact Sheet: Skimmers, Joint Information Center. Deepwater Horizon Response, Incident Command Post, Mobile, Alabama, Ver. 1, (06/23/2010). [Online] Available from: http://www.noaa.gov/deepwaterhorizon/publications_factsheets/documents/Skimmers_Fact_Sheets.716959.pdf.

Dibble, J.T., Bartha, R., 1979. Effect of environmental parameters on biodegradation of oil sludge. Applied and Environmental Microbiology 37, 729−739.

Direct Industry, 2016. Products, Oil Skimmer for Offshore Applications, DESMI Pumping Technology A/S. [Online] Available from: http://www.directindustry.com/prod/desmi-pumping-technology-s/product-21088-478363.html.

Du, X., Reeser, P., Suidan, M.T., Huang, T.L., Moteleb, M., Boufadel, M.C., Venosa, A.D., 1999. Optimal nitrate concentration supporting maximum crude oil biodegradation in microcosms. In: Proceedings of 1999 International Oil Spill Conference. American Petroleum Institute, Washington, DC.

Elastec, 2015. TDS136 Floating Drum Oil Skimmer. Elastec 1309 West Main, Carmi, IL 62821 USA. [Online] Available from: http://elastec.com/oilspill/oildrumskimmers/tds136/.

Emergency Response Division, Office of Response and Restoration, NOAA, 2007. Environmental Sensitivity Index (ESI) Map: Alabama, Emergency Response Division, Office of Response and Restoration, National Ocean Service, National Oceanic and Atmospheric Administration (NOAA). Published at Seattle, Washington, August 2007. [Online] Available from: http://response.restoration.noaa.gov/sites/default/files/SampleESI_AL2007.pdf.

Fingas, M., 2008a. A Review of Literature Related to Oil Spill Dispersants 1997−2008 for Prince William Sound Regional Citizens' Advisory Council (PWSRCAC), Anchorage, Alaska, by Merv Fingas, Spill Science, Edmonton, Alberta, PWSRCAC Contract Number − 955.08.03, September, 2008.

Fingas, M., 2008b. A Review of Literature Related to Oil Spill Solidifiers 1990−2008 for Prince William Sound Regional Citizens' Advisory Council (PWSRCAC) Anchorage, Alaska, by Merv Fingas, Spill Science, Edmonton, Alberta, PWSRCAC Contract Number − 955.08.03, September, 2008.

Fingas, M., Ka'aihue, L., 2005. A literature review of the variation of dispersant effectiveness with salinity. In: Proceedings of the Twenty-Eighth Arctic Marine Oilspill Program Technical Seminar. Environment Canada, Ottawa, pp. 657−678.

Forsyth, J.V., Tsao, Y.M., Blem, R.D., 1995. Bioremediation: when is augmentation needed? In: Hinchee, R.E., et al. (Eds.), Bioaugmentation for Site Remediation. Battelle Press, Columbus, OH, pp. 1−14.

Hassanshahian, M., Cappello, S., 2013. Chapter 5: Crude Oil Biodegradation in the Marine Environments. Biodegradation − Engineering and Technology, InTech. [Online] Available from: http://dx.doi.org/10.5772/55554.

International Tanker Owners Pollution Federation (ITOPF) Limited, 2011a. Use of Booms in Oil Pollution Response. Technical information paper 3. [Online] Available from: http://www.itopf.com/fileadmin/data/Documents/TIPS%20TAPS/TIP3UseofBoomsinOilPollutionResponse.pdf.

International Tanker Owners Pollution Federation (ITOPF) Limited, 2011b. Use of Dispersants to Treat Oil Spills. Technical information paper 4. [Online] Available from: http://www.itopf.com/fileadmin/data/Documents/TIPS%20TAPS/TIP4UseofDispersantstoTreatOilSpills.pdf.

International Tanker Owners Pollution Federation (ITOPF) Limited, 2012. Use of Skimmers in Oil Pollution Response. Technical information paper. [Online] Available from: http://www.itopf.com/fileadmin/data/Documents/TIPS%20TAPS/TIP5UseofSkimmersin OilPollutionResponse.pdf.

International Tanker Owners Pollution Federation (ITOPF) Limited. Belt Skimmer in Operation. [online] Available from: http://www.itopf.com/fileadmin/data/Documents/Image_Library/ Belt_skimmer.jpg.

International Tanker Owners Pollution Federation (ITOPF) Limited, 2015a. Response Techniques, In-Situ Burning. [Online] Available from: http://www.itopf.com/knowledge-resources/documents-guides/response-techniques/in-situ-burning/.

International Tanker Owners Pollution Federation (ITOPF) Limited, 2015b. Response Techniques, Shoreline Clean-Up and Response. [Online] Available from: http://www.itopf.com/knowledge-resources/documents-guides/response-techniques/shoreline-clean-up-and-response/.

Jackson, W.A., Pardue, J.H., 1999. Potential for enhancement of biodegradation of crude oil in Louisiana salt marshes using nutrient amendments. Water, Air, and Soil Pollution 109, 343–355.

Karrick, N.L., 1977. Alteration in petroleum resulting from physical-chemical and microbiological factors. In: Malins, D.C. (Ed.), Effects of Petroleum on Arctic and Subarctic Environments and Organisms, Nature and Fate of Petroleum, vol. 1. Academic Press, Inc., New York, pp. 225–299.

Konczewicz, W., Grabowska, O., Lachowicz, D., Otremba, Z., 2013. Study on oil sorbents effectiveness. Journal of KONES Powertrain and Transport 20 (1), 135–138.

Leahy, J.G., Colwell, R.R., 1990. Microbial degradation of hydrocarbons in the environment. Microbial Reviews 53 (3), 305–315.

National Response Team (NRT) Science and Technology Committee, 2000. Fact Sheet: Bioremediation in Oil Spill Response. An information update on the use of bioremediation, May, 2000, Contact: Albert D. Venosa U.S. EPA. [Online] Available from: http://osei.us/tech-library-pdfs/2011/31-OSEI%20Manual_EPA-OnlyproducttoUse.pdf.

National Response Team (NRT) Science and Technology Committee, 2007. NRT – RRT Factsheet, Application of Sorbents and Solidifiers for Oil Spills, pp. 1–6. [Online] Available from: http://www2.epa.gov/sites/production/files/2013-09/documents/nrt_rrt_sorbsolidifierfactsheet2007finalv6.pdf.

National Response Team (NRT) Science and Technology Committee, 2013. NRT Fact Sheet: Bioremediation in Oil Spill Response. Contact: Albert D. Venosa U.S. EPA, Cincinnati, OH 45268. [Online] Available from: http://www2.epa.gov/sites/production/files/2013-07/documents/nrt_fact_sheet_bioremediation_in_oil_spill_response.pdf.

Office of Response and Restoration, NOAA, 2015. Environmental Sensitivity Index (ESI) Maps. Office of Response and Restoration, NOAA's Ocean Service, National Oceanic and Atmospheric Administration, U.S. Department of Commerce, Revised: September 11, 2015. [Online] Available from: http://response.restoration.noaa.gov/maps-and-spatial-data/environmental-sensitivity-index-esi-maps.html.

Prince, R.C., Lessard, R.R., Clark, J.R., 2003. Bioremediation of marine oil spills. Oil & Gas Science and Technology – Revue IFP 58 (4), 463–468.

Rosenberg, E., Ron, E.Z., 1996. Bioremediation of petroleum contamination. In: Crawford, R.L., Crawford, D.L. (Eds.), Bioremediation: Principles and Applications. Cambridge University Press, UK, pp. 100–124.

Royal Dutch Shell plc, 2011. Preventing and Responding to Oil Spills, Briefing Notes on Challenges Related to Oil and Gas Development in the Arctic. Royal Dutch Shell plc, for Shell Exploration and Production International B.V., The Netherlands. [Online] Available from: http://s05.static-shell.com/content/dam/shell/static/future-energy/downloads/arctic/preventing-respondingoilspills.pdf.

Thibault, G.T., Elliot, N.W., 1980. Biological detoxification of hazardous organic chemical spills. In: Proceedings of 1980 Conference on Hazardous Material Spills. U.S. EPA, pp. 398—402.

United States Environmental Protection Agency (U.S. EPA), 2015. Emergency Response, Sorbents. [Online] Available from: http://www2.epa.gov/emergency-response/sorbents.

Venosa, A.D., Suidan, M.T., Wrenn, B.A., Haines, J.R., Strohmeier, K.L., Holder, E., Eberhart, L., 1994. Nutrient application strategies for oil spill bioremediation in the field. In: Twentieth Annual RREL Research Symposium. U.S. EPA, Cincinnati, OH, pp. 139—143. EPA/600/R-94/011.

Venosa, A.D., 1998. Oil spill bioremediation on coastal shorelines: a critique. In: Sikdar, S.K., Irvine, R.I. (Eds.), Bioremediation: Principles and Practice, Bioremediation Technologies, vol. III. Technomic, Lancaster, PA, pp. 259—301.

Vikoma International Ltd, 2015. Komara 30 Skimmer System. Technical specification No 3/129 Issue 6 PL040613, Vikoma International Ltd., Kingston Works, Kingston Road, East Cowes, UK. Part of the Energy Group. [Online] Available from: http://www.opecsystems.com/persistent/catalogue_files/products/komara30skimmersystem3.129.pdf.

Ward, D.M., Brock, T.D., 1978. Hydrocarbon biodegradation in hypersaline environments. Applied and Environmental Microbiology 35, 353—359.

Wrenn, B.A., Haines, J.R., Venosa, A.D., Kadkhodayan, M., Suidan, M.T., 1994. Effects of nitrogen source on crude oil biodegradation. Journal of Industrial Microbiology 13, 279—286.

Zhu, X., Venosa, A.D., Suidan, M.T., Lee, K., 2001. Guidelines for the Bioremediation of Marine Shorelines and Freshwater Wetlands. U.S. Environmental Protection Agency Office of Research and Development National Risk Management Research Laboratory Land Remediation and Pollution Control Division 26 W. Martin Luther King Drive Cincinnati, OH 45268, September, 2001.

Zobell, C.E., 1973. Microbial degradation of oil: present statue, problems, and perspectives. In: Ahearn, D.G., Meyers, S.P. (Eds.), The Microbial Degradation of Oil Pollutants. Louisiana State University, Baton Rouge, LA, pp. 3—16. Publication No. LSU-SG-73-01.

5 大气排放物的控制和处理

5.1 大气排放物的控制和处理概述

如第2章所述,石油工业中会产生各种各样的大气污染物,如氮氧化物(NO_x)、硫氧化物(SO_x)、一氧化碳(CO)、挥发性有机化合物(VOC)、粉尘或颗粒物等(E&P Forum, 1993; U.S. EPA, 1995; European Commission and Joint Research Center, 2013; Jafarinejad, 2015a, 2016a)。已有多种减少、控制、预防和处理大气排放物的技术,包括:

1) 氮氧化物(NO_x):减少停留时间(设计特点)(Orszulik, 2008);降低空燃比(仔细控制燃烧用空气);分级燃烧(空气分级和燃料分级);烟气再循环(炉膛废气回注降低火焰中的氧含量,从而降低火焰的温度);低氮氧化物燃烧器(LNB)[基于降低火焰峰值温度,延迟完成燃烧,同时增加传热;设计超低NO_x燃烧器(ULNB),包括燃烧分级(空气/燃料)和烟气再循环];燃烧优化[监测并控制燃烧参数,如O_2、CO含量、燃料/空气或(氧)比值、未燃烧的成分];加注稀释剂(向燃烧设备中添加惰性物质稀释剂如烟气、蒸汽、水、氮气等可以降低火焰温度的物质,进而降低烟气中NO_x浓度;低温NO_x氧化;选择性非催化还原(SNCR);选择性催化还原(SCR)(European Commission and Joint Research Center, 2013)。

2) 硫氧化物(SO_x):使用低硫原油;液体燃料脱硫(通过加氢处理等加氢反应使硫含量降低);处理炼油厂燃料气(RFG),例如,通过酸气脱除去除H_2S;使用低硫、其他非理想组分含量也较低的气体代替液体燃料,如现场液化石油气(LPG)、RFG或外部供应的气体燃料(如天然气);使用SO_x还原催化助剂(注意,SO_x还原催化助剂发生磨损将增加催化剂损失,不利于粉尘排放控制,还可能会参与CO反应促进NO_x生成,以及将SO_2氧化为SO_3;使用加氢处理工艺,减少原料硫、氮和金属含量;从燃料气中去除酸性气体(主要是H_2S),例如通过胺处理(吸收);使用硫黄回收装置(SRU);使用尾气处理装置(TGTU);使用烟气脱硫(FGD)(European Commission and Joint Research Center, 2013);使用洗涤系统(湿式洗涤和干式或半干洗涤结合过滤系统)(Joseph and Beachler, 1998; Boamah et al., 2012; European Commission and Joint Research Center, 2013; Jafarinejad, 2016a)。

3) 一氧化碳(CO)：通过仔细控制操作参数来控制燃烧操作；使用有选择性地促进 CO 氧化为 CO_2(即燃烧)的物质(催化剂)；使用 CO 锅炉，将下游催化剂再生器消耗烟气中存在的 CO 进行能量回收。注意，CO 锅炉通常只用于不完全燃烧的流化床催化裂化(FCC)装置(European Commission and Joint Research Center, 2013)。

4) VOC(挥发性有机物)：使用泄漏检测和维修(LDAR)程序检测并及时修理或更换泄漏部件，尽量减少挥发性有机化合物排放；通过太阳掩星仪(SOF)或差分吸收激光雷达(DIAL)监测 VOCs 扩散排放；使用蒸汽平衡防止装卸过程中 VOCs 向大气中排放(蒸汽可在蒸汽回收或降解前储存)(European Commission and Joint Research Center, 2013)；蒸汽回收使用(U.S. EPA, 2006a, 2008; European Commission and Joint Research Center, 2013)；使用蒸汽降解技术；以及使用高度整合的设备，包括带双填料密封的阀门、磁力驱动泵/压缩机/搅拌器、配有机械密封代替填料的泵/压缩机/搅拌器以及用于关键部位的高度完整垫圈(如螺旋缠绕式、环形接头)(European Commission and Joint Research Center, 2013)。

5) 灰尘或颗粒物：使用静电除尘器(ESP)(Turner et al., 1999; Mizuno, 2000; Boamah et al., 2012)；使用适用于废气特性和最高工作温度的多孔编织物或毡织物制成的袋式过滤器；使用多级旋风分离器；使用基于旋风原理、与水强烈接触的离心式洗涤器，如文丘里洗涤器；以及使用第三级反吹(逆流)陶瓷或烧结金属过滤器(European Commission and Joint Research Center, 2013)。

6) 混合空气污染物：使用湿法洗涤和 SNO_x 相结合的方法去除 SO_x、NO_x 和灰尘。在第一个除尘阶段(ESP)后引入特定催化过程。将硫化合物回收生产商业级浓硫酸，同时将 NO_x 还原为 N_2。总体而言，SO_x 和 NO_x 去除率分别在 94%~96.6%和87%~90%之间(European Commission and Joint Research Center, 2013)。

7) 其他空气污染物：采取措施防止或减少燃烧排放(Indriani, 2005)；选择使用催化剂助剂，如含氯化合物，在保证重整催化剂高性能的基础上避免二噁英的形成、削减二噁英和呋喃的排放；在基础油生产工艺中进行溶剂回收，如在分馏塔中的蒸馏步骤和汽提步骤回收 1,2-二氯乙烷(DCE)和二氯甲烷(DCM)，或回收蜡加工装置中的 DCE(European Commission and Joint Research Center, 2013)。

表 5.1 列出了一些大气排放标准。对烟囱的空气排放如果不能实现连续监测，则应每班监测一次不透明度(最大限值 10%)。SRU 的 H_2S 气体排放应连续监测。应每年对燃烧源进行排放监测，以监测 SO_x(基于供应罐中燃料硫含量)和 NO_x(World Bank Group, 1998)。

表 5.1　石化工业排放限值（World Bank Group, 1998）　　mg/m³

参数指标	限值
氮氧化物（催化单元排放的 NO_x 除外）	460
硫氧化物	SRU 装置 150，其他装置 500
PM	50
镍和钒	2
硫化氢	152

5.1.1　低温 NO_x 氧化工艺（LTO）

低温氧化（LTO）工艺可用于去除废气中的 NO_x 和其他污染物，从而控制 NO_x 向大气中的排放（The Linde Group，2015）。在 LTO 工艺（图 5.1）中，臭氧在低于 150℃的最佳温度下被注入烟道气流中，将不溶性 NO 和 NO_2 氧化为高溶解性 N_2O_5（European Commission and Joint Research Center，2013），进而可通过各种空气污染控制（APC）设备有效地将其去除，例如湿式或半干式洗涤器或湿式静电除尘器（WESP）（The Linde Group，2015）。在湿式洗涤器中，N_2O_5 形成稀硝酸废水，可用于工厂工艺中或经中和后被排放，可能需要额外的脱氮处理（European Commission and Joint Research Center，2013）。硝酸钙是有商业价值的肥料，可作为一种可销售的产品，在使用石灰洗涤器的系统中生产出来。采用干燥或半干燥洗涤器捕集 NO_x 会产生硝酸盐与其他固体（如 PM、硫化物、氯化物等）混合的废物流（The Linde Group，2015）。

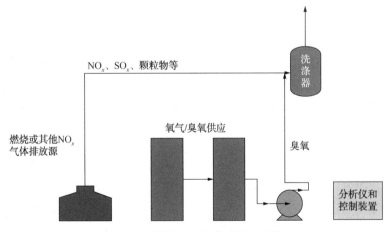

图 5.1　低温 NO_x 氧化过程示意图

5.1.2 选择性非催化还原(SNCR)

选择性非催化还原(SNCR)是将氮基还原剂(试剂)如氨(NH_3)或尿素(CH_2CONH_2)注入燃烧后的烟气中,将其中的 NO_x 通过化学反应还原为氮气(N_2)和水蒸气(H_2O)(U.S. EPA,2003a;Ramadan,2004;European Commission and Joint Research Center,2013)。图 5.2 是 SNCR 过程的示意图。虽然尿素价格高于氨,但基于尿素的反应体系相较于氨基体系具有无毒、挥发性小、操作安全性高,以及尿素溶液液滴可渗入烟气、加强与烟气的混合(这一点在大型锅炉中很难实现)等优点。NO_x 还原反应发生在 870~1150℃ 之间(U.S. EPA,2003a),操作温度范围必须保持在 900~1050℃ 之间,以达到最佳反应效果(European Commission and Joint Research Center,2013)。

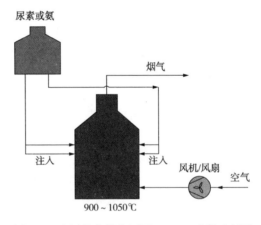

图 5.2 选择性非催化还原(SNCR)过程示意图

选择性非催化还原可将 NO_x 排放量减少 30%~50%(U.S. EPA,2003a)或 35%~60%(Ramadan,2004),可用于新建和改造装置。SNCR 与燃烧控制装置(如低 NO_x 燃烧器)联合使用可使 NO_x 排放量减少 65%~75%(U.S. EPA,2003a)。SNCR 技术的优点包括:在所有氮氧化物减排方法中投资成本和运营成本最低、改造相对简单、对季节性和可变负载应用具有成本效益、可用于处理高浓度 PM 的废气流,并适用于燃烧控制以进一步提升 NO_x 减排量。SNCR 技术的缺点包括:废气流的处理需要在一定的温度范围进行、不适用处理低 NO_x 浓度的污染源,如燃气轮机、NO_x 还原率低于 SCR 技术、需要配置下游清洁设备、飞灰可能受到氨气污染(氨气可能导致臭气问题)、未反应的氨气会随处理烟气释放至大气中、烟气中 NO_x 与试剂反应期会产生强温室气体(N_2O)(Ramadan,2004)。

5.1.3 选择性催化还原(SCR)

选择性催化还原(SCR)是在催化床中利用氨(通常是氨水溶液)或尿素试剂将 NO_x 还原为氮气和水蒸气的过程(U.S. EPA, 2003b; Ramadan, 2004; European Commission and Joint Research Center, 2013)。在燃烧装置的下游注入试剂并与废气混合,混合物然后进入含有催化剂的反应器中。在催化剂和氧气存在下,试剂与 NO_x 选择性反应。SCR 过程的示意图如图 5.3 所示。温度、还原剂用量、注入格栅设计和催化剂活性都会影响实际去除效率。最佳操作温度范围为 250~427℃(U.S. EPA, 2003b)或 300~450℃,具体取决于催化剂(European Commission and Joint Research Center, 2013)。

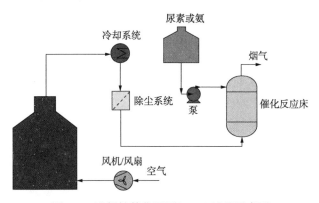

图 5.3 选择性催化还原(SCR)过程示意图

SCR 工艺使用的催化剂是金属氧化物,通常是钒和钛(Ramadan, 2004)。催化剂通常由活性金属和具有多孔结构的陶瓷组成。常见的催化剂(载体)结构是蜂窝陶瓷和(整体式)褶皱金属板(U.S. EPA, 2003b)。可以引入一层或两层催化剂,当催化剂量较高(即两层)时,可达到的 NO_x 还原率更高(European Commission and Joint Research Center, 2013)。催化剂活性对 NO_x 还原反应速率起主要作用。烟气成分对活性中心的毒害、反应器内高温导致活性中心的热烧结、氨硫盐和粉末颗粒对活性中心的堵塞/堵塞/污染,以及由于高气流速度造成的腐蚀,都会使催化剂失活。催化剂活性的降低会降低 NO_x 的去除率,同时加剧氨泄漏(U.S. EPA, 2003b)。

燃烧装置下游的 SCR 系统有几种不同的安装配置。在大多数情况下,反应器位于省煤器下游、空气加热器和颗粒控制装置(热侧)上游。选择性催化还原装置也可以位于 PM 和脱硫设备(冷侧)之后。这种配置可能需要重新加热烟气,会大幅增加运行成本(U.S. EPA, 2003b)。

在 SCR 工艺中,反应发生的温度低于 SNCR 工艺,且温度范围更宽,烟气中

NO$_x$去除率可达到70%~90%,但其成本明显高于 SNCR 系统(U.S. EPA, 2003b; Ramadan, 2004)。选择性催化还原可以单独使用,也可以与其他技术结合使用,如低氮氧化物燃烧器和天然气再燃(NGR)技术等。它也适用于处理低氮氧化物浓度的污染源。SCR 技术的主要缺点为:投资成本和运营成本高于 LNB 和 SNCR、基于工业锅炉改造 SCR 工艺较为困难且成本高昂、试剂和催化剂消耗量大、可能需要下游清洁设备(U.S. EPA, 2003b)、存在未反应氨的排放问题、在催化作用下存在 SO$_2$ 向 SO$_3$ 的转化,该过程会影响 NO$_x$ 去除效果(Ramadan, 2004)。

5.1.4 硫黄回收单元

将硫化氢(H$_2$S)转化为硫元素称为硫黄回收(U.S. EPA, 2015; Jafarinejad, 2016a)。向大气排放含硫化合物受到环境法规的严格限制,因此硫黄回收装置(sulfur-recovery unit, SRU)是整个设施可以被允许运行的重要处理设施(Street and Rameshni, 2011)。来自胺处理装置和酸性水汽提塔(SWS)的富含 H$_2$S 的气流在 SRU 中进行处理;SRU 通常包括用于整体脱硫的克劳斯工艺(Claus process)装置和随后用于剩余 H$_2$S 去除的尾气处理装置(TGTU)。进入 SRU 的其他组分可能还包括 NH$_3$、CO$_2$ 和少量烃类(European Commission and Joint Research Center, 2013; Jafarinejad, 2016a)。

5.1.4.1 克劳斯工艺

克劳斯工艺的基本装置包括一个加热段和两个或三个催化段(Street and Rameshni, 2011)。图 5.4 展示了一个典型的克劳斯工艺过程。它由一个反应炉和一系列催化段组成,每个催化段包括一个气体再热器、一个催化剂室和一个冷凝器(European Commission and Joint Research Center, 2013; U.S. EPA, 2015)。该工艺包括对 H$_2$S 的多级催化氧化,总反应如下(U.S. EPA, 2015):

$$2H_2S+O_2 \longleftrightarrow 2S+2H_2O \tag{5.1}$$

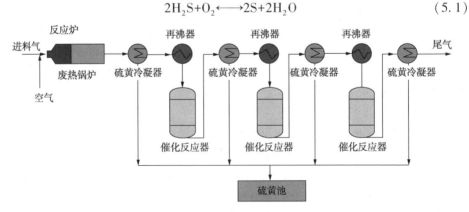

图 5.4 典型克劳斯工艺示意图(Jafarinejad, 2016a)

加热炉通常在980~1540℃(US EPA,2015)或1000~1400℃(Speight,2005)的较高温度下运行,压力通常不高于70kPa。三分之一的H_2S与空气一起燃烧,形成二氧化硫,反应如下:

$$2H_2S+3O_2 \longleftrightarrow 2SO_2+2H_2O+heat \tag{5.2}$$

在进入硫黄冷凝器之前,来自燃烧室的热气在废热锅炉中被冷却,产生高到中压蒸汽。约80%释放的热量可作为有用能源回收(U.S. EPA,2015)。催化反应器在较低温度下运行,温度范围为200~315℃(U.S. EPA,2015)或200~350℃(Speight,2005),剩下的三分之二未燃烧的H_2S与SO_2反应生成元素硫,反应如下:

$$2H_2S+SO_2 \longleftrightarrow 3S+2H_2O+heat \tag{5.3}$$

从带盖容器内各种冷凝器中可收集液态单质硫。氧化铝或铝土矿可用作催化剂(U.S. EPA,2015)。实现最高硫回收率的重要参数包括:进料/空气比控制、加热炉、反应器和冷凝器的温度控制以及良好的液硫除雾,尤其是来自最终冷凝器出口气流的液硫(European Commission and Joint Research Center,2013)。通常硫回收率在95%~97%(U.S. EPA,2015)或94%~98%(European Commission and Joint Research Center,2013)或95%~98%(Street and Rameshni,2011),具体取决于原料气成分、催化反应段的数量、所用再加热方法的类型(辅助燃烧器或热交换器,天然气处理厂采用蒸汽再热,原油炼厂采用3536~4223kPa蒸汽),以及常规装置配置(Street and Rameshni,2011;U.S. EPA,2015)。通常,含有H_2S、SO_2、硫蒸气、燃烧段形成的微量其他硫化合物的尾气以及来自最终催化段冷凝器的惰性气体进入尾气处理装置(TGTU)以回收额外的硫,从而达到更高的硫黄回收率(U.S. EPA,2015)。除TGTU外,还可使用SNO_x(一种NO_x和SO_x联合减排技术)或洗涤器技术提升硫黄回收率(European Commission and Joint Research Center,2013)。

许多其他副反应也会产生COS和CS_2,它们不容易转化为元素硫和二氧化碳,这对许多克劳斯工业装置的操作造成了问题(European Commission and Joint Research Center,2013)。一些可能的副反应包括(U.S. EPA,2015):

$$H_2S+CO_2 \longrightarrow COS+2H_2O \tag{5.4}$$

$$COS+H_2S \longrightarrow CS_2+2H_2O \tag{5.5}$$

$$2COS \longrightarrow CO_2+CS_2 \tag{5.6}$$

使用富氧技术(如氧化克劳斯工艺)可提高克劳斯装置的总处理量,但不会提高装置的硫回收率。在现有SRU工艺基础上改进燃烧器系统、增强燃烧条件使最低温度达到1350℃、采用高性能催化剂工艺(如Selectox),以及采用空气进料自动控制技术可提高克劳斯工艺效率(European Commission and Joint Research Center,2013;Jafarinejad,2016a)。

5.1.4.2 尾气处理装置(TGTU)

尾气处理装置(Tail-gas treatment units, TGTU)是一系列可结合 SRU 装置以提高含硫化合物去除率和硫黄回收率的技术。如第 3 章所述，根据适用原则，最常用的 UTGT 工艺大致可分为以下四类：

1) 直接氧化制硫(PRO-Claus, 即 Parson RedOx Claus, 预期硫回收率 99.5%；SUPERCLAUS 工艺预期硫回收率为 98%~99.3%)。

2) 连续克劳斯反应[冷床吸收(CBA)工艺预期硫回收率为 99.3%~99.4%；Clauspol 工艺预期硫回收率为 99.5%~99.9%；Sulfreen 工艺(Hydrosulfreen 工艺预期硫回收率为 99.5%~99.7%；Doxosulfreen 工艺预期硫回收率为 99.8%~99.9%；Maxisulf 工艺预期硫回收率为 98.5%。注：三段 Claus 的硫 Maxisulf 工艺预期硫回收率为 99%~99.5%)]。

3) 还原为 H_2S 并从 H_2S 中回收硫[Flexsorb 工艺预计硫回收率为 99.9%；高克劳斯比(HCR)工艺，还原-吸收-再循环(RAR)工艺，预计硫回收率为 99.9%；对于胺基工艺，壳牌克劳斯烟气处理(SCOT)工艺(H_2S 洗涤)]的预期硫回收率为 99.5%~99.95%；Beavon 脱硫(BSR)工艺的预期硫回收率为 99.5%~99.9%(European Commission and JointResearch Center, 2013)。

4) 氧化成 SO_2 并从 SO_2 中回收硫(Wellmane-Lord 工艺预期硫回收率 99.9%；Clintox 工艺；Labsorb 工艺)(European Commission and Joint Research Center, 2013；U. S. EPA, 2015；Jafarinejad, 2016a)。

在这些工艺中，SCOT 工艺、BSR 工艺和 Wellmane-Lord 工艺常用于回收额外的硫，下文对三者进行具体介绍。

5.1.4.2.1 壳牌克劳斯烟气处理(SCOT)工艺

SCOT 工艺广泛应用于从克劳斯尾气中回收硫(Speight, 2005；European Commission and Joint Research Center, 2013；U. S. EPA, 2015；Jafarinejad, 2016a)。图 5.5 显示了 SCOT 工艺的简化工艺流程图(PFD)。在该工艺洗涤过程中，在添加还原气体、300℃、钴钼催化剂条件下，尾气中的硫通过含硫化合物的氢化和水解作用转化为 H_2S。然后将气体冷却并送至吸收器，在吸收器中 H_2S 被胺溶液(普通胺或特种胺)吸收。富含硫化物的胺溶液被送至再生器，在再生器中 H_2S 被去除并再循环至前面的克劳斯反应炉。胺液再生后返回吸收塔(European Commission and Joint Research Center, 2013)。

5.1.4.2.2 Beavon 脱硫(BSR)工艺

Beavon 脱硫(BSR)工艺用于回收克劳斯尾气中的硫(Street and Rameshni, 2011；U. S. EPA, 2015；Jafarinejad, 2016a)。该工艺代表了目前可用的最佳控制

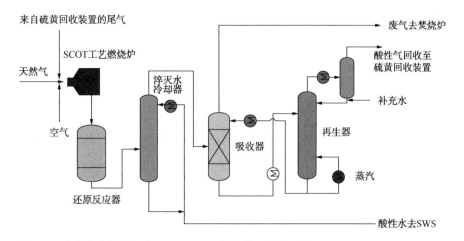

图 5.5 壳牌克劳斯烟气处理(SCOT)工艺简化工艺流程图(PFD)(Jafarinejad, 2016a)

技术(BACT),有可能实现 99.99%以上的总硫回收率,H_2S 排放量<10μL/L,总硫量 30μL/L(Rameshni)。它还可以不受克劳斯过程影响,有效去除少量 SO_2、COS 和 CS_2(Speight, 2005; Street and Rameshni, 2011)。图 5.6 展示了典型的 Beavon 脱硫(BSR)工艺简化示意图。BSR 工艺包括两个步骤,在第一步中,所有含硫化合物在高温(300~400℃)下通过氢化/水解反应催化(钼酸钴基)转化为 H_2S(European Commission and Joint Research Center, 2013)。通过在还原气体发生器(RGG)中对天然气进行星型化学计量燃烧(RGG 中产生一些还原气体 H_2 和 CO),将克劳斯尾气加热至约 290~340℃,以便随后将几乎所有非 H_2S 硫组分催化还原为 H_2S。元素硫(S_x)和 SO_2 在反应器中通过氢化反应发生以下反应:

$$S_x + xH_2 \longrightarrow xH_2S \tag{5.7}$$

$$SO_2 + 3H_2 \longrightarrow H_2S + 2H_2O \tag{5.8}$$

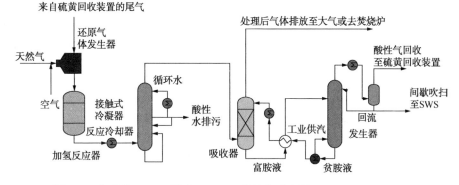

图 5.6 典型的 Beavon 脱硫(BSR)工艺简化示意图(Jafarinejad, 2016a)

COS 和 CS_2 的转化在反应器中通过水解进行，如下列方程式所示：

$$COS+H_2O \longrightarrow H_2S+CO_2 \tag{5.9}$$

$$CS_2+2H_2O \longrightarrow 2H_2S+CO_2 \tag{5.10}$$

上述反应是放热的，热量从反应冷却器中的气体中排出产生蒸汽。气体在直接接触式冷凝器（或急冷塔）中通过循环水流进一步冷却至第二步的适当温度，蒸汽冷凝形成酸性冷凝水（Street and Rameshni，2011；Rameshni）。在第二步中，H_2S 通常通过化学溶液（如胺法）或另一尾气工艺（如 Stretford 氧化还原法）去除（European Commission and Joint Research Center，2013；Rameshni）。在胺液处理过程中，气体在吸收塔中与贫胺液接触，胺液吸收 H_2S 和部分 CO_2。处理后的气体被送往热氧化器，使残留的 H_2S 在排放到大气之前转化为 SO_2。富胺液在贫/富换热器中由再生器底部的热贫胺液加热后被送入再生器。在再生器中，通过加热再沸器中的溶液，将酸性气体从溶液中释放出来。再生器塔顶冷却形成的冷凝水返回塔中。冷却的、水饱和的酸性气体被循环回到克劳斯装置。热贫胺液首先通过加热富液进行冷却，然后在进入吸收塔之前进入贫胺液冷却器（Street and Rameshni，2011；Jafarinejad，2016a）。

5.1.4.2.3　Wellmane-Lord 工艺

Wellmane-Lord 工艺采用湿法再生工艺，将烟气 SO_2 浓度降低至 $250\mu L/L$ 以下，并可达到约 99.9% 的硫回收率（U.S. EPA，2015）。该工艺是应用最广泛的再生工艺（European Commission and Joint Research Center，2013），包括烟气预处理、二氧化硫吸收、吸收剂再生和硫酸盐去除工艺。吸收剂再生后，获得的 SO_2 可液化或用于连续生产硫酸或硫黄，例如被称为 Wellmane-Lord 及相关的化学工艺（Atanasova et al.，2013）。图 5.7 显示了 Wellmane-Lord 和相关化学过程的 PFD 示意图。硫黄回收装置的尾气被焚烧，在这个过程中所有的含硫物质均被氧化形成 SO_2（U.S. EPA，2015）。然后，气体进入一个初级吸收塔（文丘里预硫化橡胶），并被冷却和淬火，以去除多余的水，并将气体温度降低到吸收塔的温度状态，其中大部分固体杂质、氯化物、部分二氧化硫等被捕集（Tri-State Synfuels Company，1982；Atanasova et al.，2013）。然后，富 SO_2 气体与亚硫酸钠（Na_2SO_3）溶液反应生成亚硫酸氢盐（Tri-State Synfuels Company，1982；Atanasova et al.，2013；U.S. EPA，2015）：

$$SO_2+Na_2SO_3+H_2O \longrightarrow 2NaHSO_3 \tag{5.11}$$

废气被重新加热并排放到烟囱中。产生的亚硫酸氢盐溶液在蒸发结晶器中煮沸，在其中分解为 SO_2、水蒸气（H_2O）以及亚硫酸钠沉淀：

$$2NaHSO_3 \longrightarrow Na_2SO_3\downarrow +H_2O+SO_2\uparrow \tag{5.12}$$

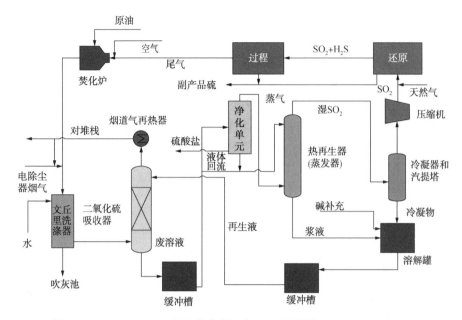

图 5.7 Wellmane-Lord 及相关化学工艺 PFD 示意图(Jafarinejad, 2016a)

亚硫酸盐晶体被分离并重新溶解,作为吸收塔中的贫溶液再次使用(U.S. EPA, 2015)。蒸发器产生的亚硫酸钠浆液溶解在汽提冷凝液中,冷凝液来自蒸发器塔顶蒸汽。向溶解罐中添加碳酸钠补充剂,以补充洗涤过程中损失的钠。碳酸钠在溶解罐中与亚硫酸氢钠反应生成额外的亚硫酸钠(Tri-State Synfuels Company, 1982):

$$Na_2CO_3 + 2NaHSO_3 \longrightarrow 2Na_2CO_3 + H_2O + CO_2 \quad (5.13)$$

湿 SO_2 气体被引导到部分冷凝器,在冷凝器中大部分水被冷凝并重新使用以溶解亚硫酸盐晶体。浓缩后的 SO_2 流被回收并用于转化为元素硫或生产硫酸(Atanasova et al., 2013;U.S. EPA, 2015;Jafarinejad, 2016a)。

Wellmane-Lord 法的优点是可生产无残渣的纯 SO_2,主要缺点是用于工厂建设的投资较高,另一个缺点是溶液再生需要大量蒸汽(Atanasova et al., 2013)。Kolev(2000) 和 Atanasova(2013)等基于饱和吸收剂中 SO_2 浓度显著增加强化 Wellmane-Lord 的方法,提出了三种方法来大幅降低工艺的蒸汽消耗量:

1)在将初始 Na_2SO_3 部分转化为 $NaHSO_3$ 后,再用 Na_2SO_3 额外饱和吸收溶液;

2)接触式省煤器系统填料床中烟气的初步冷却,并将烟气余热用于区域供热水以及加热和加湿进入该系统的空气锅炉燃烧室;

3)开发新型填料和液体分布器。

5.1.5 烟气脱硫(FGD)

烟气脱硫(FGD)是一种使用碱性试剂(通常是钠基或钙基碱性试剂)从烟气中去除 SO_2 的洗涤技术(Tri-State Synfuels Company, 1982; Tilly, 1983; Srivastava and Jozewicz, 2001; U.S. EPA, 2003c; Ramadan, 2004; Dehghani and Bridjianian, 2010; European Commission and Joint Research Center, 2013; Jafarinejad, 2016a)。试剂被注入喷雾塔中的烟气中,并直接进入管道中,然后被吸收以中和和/或氧化 SO_2。因此,固体硫化合物,如硫酸钙(石膏)、硫酸钠等(取决于碱性试剂),被产生并使用下游设备从废气流中去除(U.S. EPA, 2003c; Jafarinejad, 2016a)。

根据吸附剂吸附 SO_2 后的处理方式,烟气脱硫工艺可分为直流式(一次通过)或再生式(Srivastava and Jozewicz, 2001; U.S. EPA, 2003c; Jafarinejad, 2016a)。在直流(一次通过)技术中,用过的吸附剂作为废物处理或作为副产品加以利用。在可再生技术中, SO_2 在吸收剂再生过程中从吸收剂中被释放出来,并且 SO_2 可进一步加工以生产 H_2SO_4、元素硫或液体 SO_2。再生技术在应用过程中不会产生废物(Srivastava and Jozewicz, 2001)。再生工艺通常比直流(一次通过)技术成本高;但是,如果空间或处置方案受到限制,并且副产品有市场,则可选择再生工艺(U.S. EPA, 2003c; Jafarinejad, 2016a)。

直流(一次通过)和再生技术均可进一步分为湿式、半干式或干式技术(U.S. EPA, 2003c)。湿法直流(一次通过)技术的工艺包括石灰石强制氧化(LSFO)、石灰石抑制氧化(LSIO)、喷射鼓泡反应器(JBR)、石灰法、镁强化石灰(MEL)、双碱法和海水工艺;半干或干式直流(一次通过)技术的工艺包括石灰喷雾干燥(LSD)、炉内吸附剂喷射(FSI)向炉内注入石灰石和活化未反应钙(LIFAC)工艺、省煤器吸附剂喷射(ESI)、管道吸附剂喷射(DSI)、管道喷雾干燥(DSD)、循环流化床(CFB)和 Hypas 吸附剂喷射(HSI)。此外,湿法再生技术的实例包括亚硫酸钠法、氧化镁法、碳酸钠法和胺法;干式再生技术的一个实例是活性炭法(Srivastava and Jozewicz, 2001; Jafarinejad, 2016a)。

FGD 技术的优点包括脱硫效率高(脱硫率 50%~98%)、反应产物可重复使用、改造相对简单、试剂价格相对较低且较易获得;FGD 技术的一些缺点包括运行维护(O&M)和资本成本较高、吸收塔和下游设备上湿固体的结垢和沉积严重、湿式体系会产生可见羽流、不可用于 SO_2 浓度大于 2000ppm 的废气,以及因废物处理会增加运行和维护成本(U.S. EPA, 2003c; Jafarinejad, 2016a)。

5.1.5.1 湿式 FGD 工艺

在湿法工艺中,烟气通过管道输送至喷雾塔,在喷雾塔中,通过喷嘴向烟气中注入吸收剂的水浆液。浆液中的一部分水蒸发,废气流被水蒸气饱和。在吸收器中，SO_2 溶解在浆液中，并与溶解的碱性颗粒发生反应。浆液在吸收塔底部收集，处理后的烟气通过除雾器，在离开吸收塔之前除去任何夹带的浆液液滴。吸收塔底部出水进入反应池，完成 SO_2-碱反应，形成中性盐。在直流（一次通过）工艺中，废泥浆被脱水处理或作为副产品使用（图 5.8），但在再生工艺中，废泥浆被回收到吸收器中（U.S. EPA，2003c；Jafarinejad，2016a）。石灰更易于现场管理，控制效率高达 95%，但成本明显更高；而石灰石非常便宜，但石灰石系统的控制效率仅限于约 90%。有一些特殊的吸附剂与反应性增强添加剂，可达到超过 95% 的控制效率，但非常昂贵。试剂浆液与废气的体积比（L/G）决定了可与 SO_2 反应的试剂量。较高的 L/G 可以提高控制效率，减少 SO_2 氧化引起的吸收塔结垢。对于湿式洗涤器，L/G 约为 1:1，单位为加仑泥浆/1000ft³ 烟气（U.S. EPA，2003c；Jafarinejad，2016a）。

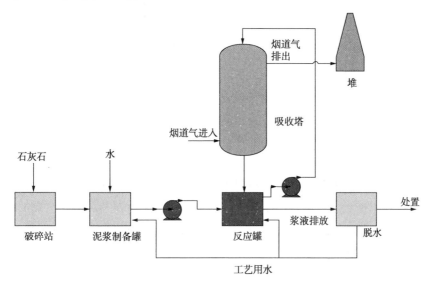

图 5.8 基于石灰石的湿式 FGD 工艺 PFD 示意图
（Srivastava and Jozewicz，2001；Jafarinejad，2016a）

5.1.5.2 半干式 FGD 工艺

在半干式 FGD 工艺或喷雾干燥器中，类似于湿式 FGD 工艺的含水吸附剂浆液被注入系统，但该浆液具有较高的吸附剂浓度。热烟气与浆液溶液混合以使浆液中水分蒸发。固体吸附剂上残留的水加强了与二氧化硫的反应。所产生的干废物产品采用标准 PM 收集设备（如袋式除尘器或 ESP）收集，该产品可作为副产品处理、出售或回收至泥浆中（U.S. EPA，2003c；Jafarinejad，2016a）。

多种钙和钠基试剂可用作吸附剂，但通常将石灰注入喷雾干燥洗涤器中。石灰喷雾干燥 LSD 工艺的示意图如图 5.9 所示。使用旋转雾化器或两个流体喷嘴将石灰浆细致地分散到烟气中。需要接近绝热饱和(烟气温度 10~15℃)条件以达到高 SO_2 去除率。当吸附剂仍然处于潮湿状态时,喷雾干燥器中可达到高 SO_2 捕集量(U. S. EPA, 2003c; Srivastava and Jozewicz, 2001; Jafarinejad, 2016a)。应采用较低的 L/G 比(约 1∶3)。当烟气中 SO_2 浓度较高或烟气温度较高时洗涤器性能会降低。喷雾干燥洗涤器的 SO_2 控制效率一般在 80%~90%之间。大型机组可能需要配置多个吸收塔系统。可使用碳钢建造吸收塔。喷雾干燥洗涤器的投资和运营成本低于湿式洗涤器(U. S. EPA, 2003c; Jafarinejad, 2016a)。

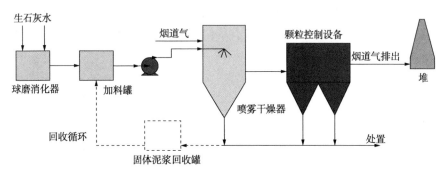

图 5.9 LSD 工艺示意图

(Srivastava and Jozewicz, 2001; Jafarinejad, 2016a)

5.1.5.3 干式 FGD 工艺

在干式 FGD 工艺中,粉末状吸附剂通过干式吸附剂喷射系统直接以气动方式注入炉膛(温度约在 950~1000℃ 间)、省煤器(温度约在 500~570℃ 间)或下游管道系统(温度约在 150~180℃ 间)。喷射温度和停留时间是脱除 SO_2 的关键参数。喷射需要合适的温度条件,以便将吸附剂分解成具有高比表面积的多孔固体。干废物采用标准 PM 收集装置(如袋式除尘器或 ESP)收集。烟气通常在进入 PM 控制装置之前冷却。可以在吸收器上游注水以提高 SO_2 去除率(U. S. EPA, 2003c; Srivastava and Jozewicz, 2001; Jafarinejad, 2016a)。图 5.10 所示为包括干粉喷射和管道喷雾干燥的直流干式烟气脱硫工艺示意图。无烟气脱硫装置工厂的烟气流量用实线表示。采用干粉喷射或管道喷雾干燥的替代干式烟气脱硫工艺的吸附剂注入位置如图 5.10 中虚线所示(Srivastava and Jozewicz, 2001; Jafarinejad, 2016a)。

各种钙和钠基试剂和一些专有试剂可以用作吸附剂。通过在吸收剂注入的下游注入水,可以增强吸收剂对二氧化硫的去除(U. S. EPA, 2003c; Jafarinejad, 2016a)。干式洗涤器的投资和年度成本明显低于湿式洗涤器。干式系统易于安

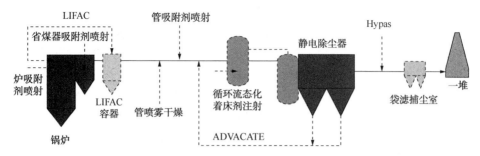

图 5.10 包括干粉喷射和管道喷雾干燥的直流干式烟气脱硫工艺示意图
(Srivastava and Jozewicz, 2001; Jafarinejad, 2016a)

装,是用于装置改造的良好候选工艺。钙基吸收剂的 SO_2 去除效率在 50%~60% 之间,而钠基吸收剂注入管道的 SO_2 去除效率高达 80%(U.S. EPA, 2003c; Srivastava and Jozewicz, 2001; Jafarinejad, 2016a)。干式系统是适用于中小型工业锅炉应用的良好的 SO_2 控制技术,这些用于小型工业锅炉系统的新型设计已实现了 90%以上的 SO_2 去除效率(U.S. EPA, 2003c; Jafarinejad, 2016a)。

5.1.6 蒸气回收装置(VRU)

如第 2 章所述,大多数挥发性产品,特别是原油和打火机产品在装卸操作过程中,可能存在 VOC 排放(U.S. EPA, 2006b; European Commission and Joint Research Center, 2013; Barben Analytical, AMETEK, 2015)。蒸气回收装置(VRU)应用于将原油泵入或泵出储罐和/或将较轻产品泵入或抽出储罐、油罐车、油罐车或船舶时。蒸气回收可以通过各种技术来实现,包括:

吸收:用一种合适的吸收液体(例如乙二醇或矿物油馏分,如煤油或重整油)吸收蒸气分子。通过再次加热解吸吸收的洗涤液。解吸的气体必须被冷凝、进一步处理、焚烧或重新吸收到适当的气流中(例如,回收的产品)。

吸附:活性炭或沸石等吸附性固体材料表面的活化位点能保留蒸气分子。吸附剂进行定期再生处理。所得到的解吸物随后被吸收在下游洗涤柱中回收的产品的循环流中。洗涤塔的残余气体送去进一步处理。

膜气体分离:选择性膜可用于将蒸气/空气混合物分离为碳氢化合物富集相(渗透),随后进行冷凝或吸收,以及碳氢化合物脱除相(保留)。

两级制冷/冷凝:蒸气分子通过蒸气/气体混合物在非常冷的温度下冷凝并分离为液体。由于湿度会导致热交换器结冰,因此需要一个两级冷凝过程来交替操作。

混合系统:可用的 VRU 技术可以组合起来用于回收蒸气(European Commission and Joint Research Center, 2013)。

蒸气回收装置在石油工业中有显著的环境效益和经济效益。从原油或凝析油中闪蒸出来的气体被 VRU 捕获，可以出售获利或用于设施运营。蒸气回收装置还可捕获有害的空气污染物，并可将装置的排放量降低到《清洁空气法》第五篇规定的可操作水平以下。通过捕获甲烷，VRU 还可以减少一种有效的温室气体的排放(U. S. EPA, 2006b)。安装在原油储罐上的 VRU 如图 5.11 所示。碳氢化合物蒸气在大约 4 盎司到 2 磅/平方英寸的低压下从储罐中抽出，首先通过管道输送到分离器(吸入洗涤器)以收集冷凝出来的任何液体。冷凝的液体从洗涤器底部被抽回储罐。气体蒸气从洗涤器顶部流向压缩机，压缩机为 VRU 系统提供低压吸入。压缩机控制是 VRU 设计的关键。为了防止在抽油和油位下降时油箱顶部产生真空，VRU 配备控制导向装置以关闭压缩机并允许蒸气回流到油箱中。随后对蒸气进行计量，并从 VRU 系统中移除，以进行管道销售或现场燃料供应(U. S. EPA, 2006b; Barben Analytical, AMETEK, 2015)。

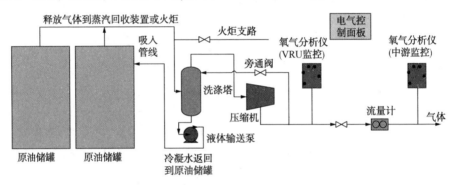

图 5.11 安装在原油储罐上的 VRU 示意图

5.1.7 蒸气破坏装置

当蒸气回收不易实现时，可通过热氧化(焚烧)或催化氧化等方式来破坏 VOC。需要采取安全措施(如阻火器)来防止爆炸(European Commission and Joint Research Center, 2013)。

5.1.7.1 热氧化

在有氧的情况下，将材料的温度提高到自燃点以上，并保持在高温足够时间，使其完全燃烧成二氧化碳和水，这种氧化可燃材料的方法称为热氧化。燃烧过程的速率和效率会受到时间、温度、湍流(用于混合)和氧气可用性的影响(U. S. EPA, 2003d)。这一过程通常发生在带有燃气燃烧器和烟囱的单室耐火材料内衬氧化剂中(European Commission and Joint Research Center, 2013)。注意，反应是放热的，因此产生的热量可以用来预热进入的排气(Rusu and Dumitriu,

2003)。如果存在汽油，热交换器的效率有限，预热温度维持在180℃以下，以降低着火风险。工作温度从760℃到870℃，停留时间通常为1s(European Commission and Joint Research Center, 2013)。

热氧化是最积极的和已被证明的破坏技术之一，VOC的破坏效率可达99.9999%。根据实际的现场测试数据，商业焚烧炉一般应在870℃下运行，名义停留时间为0.75s，以确保98%的无卤有机物被去除(U.S. EPA, 2003d)。当特定的焚烧炉无法销毁VOC时，可以使用现有的焚烧炉来提供所需的温度和停留时间(European Commission and Joint Research Center, 2013)。当需要高效率且废气超过爆炸下限(LEL)20%以上时热焚烧炉往往是最佳选择。由于补充燃料的成本，这种方法的操作成本相对较高，而且它不适合具有高度可变流量和含卤素或含硫化合物的控制气体(U.S. EPA, 2003d)。

5.1.7.2 催化氧化

催化氧化通常使用催化剂来提高氧化速率(使用催化剂的活化能势垒较低)是通过在其表面吸附氧气和VOC而实现的。催化氧化剂的原理图如图5.12所示。使用催化剂时，氧化反应发生的温度比热氧化所需的温度低，通常从320℃到540℃ (European Commission and Joint Research Center, 2013)。此外，相比其他类型的焚化炉，较小的焚化炉尺寸，较低的燃料需求，没有绝缘要求，减少了火灾隐患，减少了回燃的问题是催化焚化炉的优点。这些焚烧炉的一些缺点是初始成本高、可能

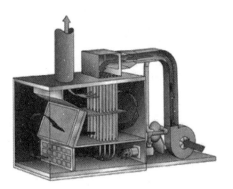

图5.12 安圭尔环境系统公司生产的
催化氧化剂示意图
(Rusu and Dumitriu, 2003)

存在催化剂中毒、进入焚烧炉前需要去除颗粒以及可能需要处理废催化剂(U.S. EPA, 2003e)。

在催化焚化炉中，首先要进行预热(电加热或在回热式换热器中使用燃烧后的气体)，以达到启动VOC催化氧化所必需的温度。当气体通过由固体催化剂组成的床层时，就发生了氧化步骤(European Commission and Joint Research Center, 2013; U.S. EPA, 2003e)。氧和VOC扩散并被吸附到催化剂表面发生氧化的催化剂活性位点上，产物被气体从这些位点上解吸并通过扩散输送回气流中。需要注意的是，PM可以覆盖在催化剂上，从而防止催化剂活性位点协助污染物的氧化，这被称为致盲(U.S. EPA, 2003e)。

挥发性有机化合物的组成和浓度、操作温度、氧气浓度、催化剂特性以及空

速(气体的体积流量除以催化剂床的体积)都会影响 VOC 的破坏效率。随着空速的增加,VOC 的破坏效率降低,而温度的增加可以提高 VOC 的破坏效率。使用大催化剂量和/或更高的温度,可实现 98%~99%更高的破坏效率(U. S. EPA,2003e)。

贵金属和过渡金属氧化物是用于 VOC 氧化的两种催化剂。贵金属铂(Pt)和钯(Pd)是氧化去除气态挥发性有机物最常用的催化剂(Papaefthimiou et al., 1997；Rusu 和 Dumitriu, 2003)。Pt 和 Pd 通常与其他金属如钌(Ru)、铑(Rh)、锇(Os)和铱(Ir)合金,并负载在氧化物如 Al_2O_3 和 SiO_2 上。Rusu 和 Dumitriu (2003)综述了过渡金属在不同材料上对 VOC 的破坏。金属氧化物可以替代贵金属作为 VOC 氧化催化剂,虽然它们具有相同的催化活性,但需要较高的温度。最活跃的氧化物具有 p-半导体性质,最常用的氧化物是银(Ag)、钒(V)、铬(Cr)、锰(Mn)、铁(Fe)和钴(Co)的氧化物(Rusu and Dumitriu, 2003)。催化剂如铬/氧化铝、钴氧化物和铜氧化物/锰氧化物已用于氧化含氯化合物的气体,而铂基催化剂已用于氧化含硫 VOC,尽管它们会因氯的存在而迅速失活(U. S. EPA, 2003e)。

固定床和流化床催化焚烧炉都可用于去除 VOC。固定床催化焚烧炉可以使用整体催化剂(广泛使用)或固定床催化剂。流化床催化焚烧炉的优点是传质速率高、床旁传热高。由于流化催化剂颗粒的不断磨损,这些焚烧炉比固定床或整体催化剂更能耐气流中的 PM。由于磨损导致催化剂的流失是流化床系统的一个缺点,但是已经开发出抗磨损催化剂来克服这个问题(U. S. EPA, 2003e)。

5.1.8 洗涤系统

洗涤系统是一组不同的空气污染控制设备,可用于清除工业废物流中的颗粒和/或气体。洗涤器是一种污染控制设备,它使用液体从气体流中清除有害污染物和/或将干燥试剂或泥浆注入废气流中以清除酸性气体(Joseph and Beachler, 1998)。洗涤系统可分为干式或半干式洗涤系统和湿式洗涤系统(Joseph and Beachler, 1998; Boamah et al., 2012; European Commission and Joint Research Center, 2013)。

5.1.8.1 干式或半干式洗涤系统

干式或半干式洗涤系统用于从废气流中去除酸性气体,如 SO_2 和 HCl。这些系统应用粉末吸附剂材料,钙或钠基碱性试剂与烟道气中的酸性气体反应,并产生固体盐,可通过颗粒控制设备(如袋式过滤器或 ESP)去除。这些洗涤器不需要烟囱蒸汽羽流或废水处理/处置。在干式洗涤系统或干式吸附剂注入系统中,干粉吸附剂材料直接注入管道系统或反应室中,而在半干式洗涤系统或喷雾干燥机吸收器(SDA)中，吸附剂材料首先与水混合，然后注入喷雾干燥容器中，在该容器中所有的液体通过冷却气流完全蒸发，同时吸附剂与酸性气体反应形成固体盐，固体盐由颗粒控制装置去除(Joseph and Beachler, 1998)。一般可以通过使用反应塔来提高洗涤系统的去除效率(European Commission and Joint Research Center, 2013)。这些系统已在5.1.5.2和5.1.5.3节中详细讨论。

5.1.8.2 湿式洗涤系统

湿式洗涤系统是利用适当的液体(水或碱性溶液)从工艺废气流中去除颗粒和/或气态污染物(如SO_2)的设备(Joseph and Beachler, 1998; Weaver, 2006; Air & Waste Management Association(A&WMA), 2007; Faustine, 2008; European Commission and Joint Research Center, 2013)。湿式洗涤系统可能包括管道系统和风扇系统、饱和室、洗涤容器、除雾器、泵送和可能的再循环系统、废洗涤液处理和/或再用系统，以及排气装置。湿式洗涤器产生的废水流必须在工厂中处理或再利用。由于气体流中液体饱和，会产生蒸汽羽流，因此除雾器或夹带分离器通常也是湿式洗涤系统的一个重要组成部分，除可提供额外的污染物去除外，还可以除去和/或循环使用洗涤液体(Joseph and Beachler, 1998)。

如前所述，湿式洗涤系统可分为一次性洗涤系统和可再生系统，这取决于吸附剂吸附污染物后的处理方式(Srivastava and Jozewicz, 2001; U.S. EPA, 2003c)。这些系统在5.1.5节中进行了讨论。

基于接触方法，湿式洗涤器有几种配置(European Commission and Joint Research Center, 2013)。所有设计都试图处理好液体与污染物的良好接触，以获得高达95%的去除效率(Joseph and Beachler, 1998)。喷雾塔或喷雾室、旋风喷雾塔、动态洗涤塔、塔盘、文丘里洗涤塔、孔板洗涤塔、填料床或填料塔、冷凝洗涤塔和充液洗涤塔都是湿式洗涤塔的类型(Mussatti and Hemmer, 2002)。图5.13所示为带有旋风分离器和除雾器的文丘里洗涤器。

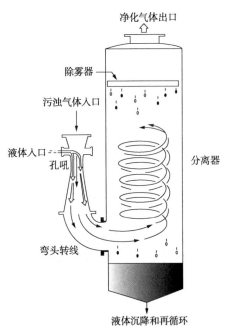

图5.13 带有旋风分离器和除雾器的文丘里洗涤器(A&WMA, 2007)

湿式洗涤系统对 SO_x 的去除效率为 85%~98%(European Commission and Joint Research Center,2013)。湿式洗涤器的捕集效率随废气流的颗粒大小分布而变化,一般随颗粒大小的减小而降低。捕集效率也因洗涤器类型而异。捕集效率范围从大于 99% 的文丘里洗涤器到 40%~60%(或更低)的简单喷雾塔(Mussatti and Hemmer,2002)。一个给定的洗涤器的实际性能通常取决于特定的灰尘特性、分布和负载、气体流速和压降、洗涤液量或液气比(L/G)、废气流速、温度和湿度、液滴大小和停留时间(Mussatti and Hemmer,2002;MikroPol,2015)。

对于直径大于 $5\mu m$ 的颗粒,喷雾塔的去除效率可达 90%;对于直径为 3~$5\mu m$ 的颗粒,去除效率为 60%~80%;对于直径小于 $3\mu m$ 的颗粒,去除效率低于 50%。对于大于 $5\mu m$ 的颗粒,旋风喷雾塔的捕集效率高达 95%,对于亚微米颗粒的捕集效率为 60%~75%。动态洗涤器的捕集效率与旋风喷雾塔相似。托盘塔不能有效去除亚微米颗粒,但这些塔可以去除大于 $5\mu m$ 的颗粒,效率高达 97%。文丘里洗涤器比喷塔、旋风洗涤器或灰塔洗涤器更昂贵,但可以以更高的效率去除细颗粒物。这些洗涤器是湿式洗涤器中效率最高的,文丘里喉部的高气体速度和湍流导致了高的捕集效率,直径大于 $1\mu m$ 的颗粒的捕集效率从 70% 到 99% 不等,而亚微米颗粒的捕集效率则大于 50%。对于直径大于 $2\mu m$ 的 PM,孔板过滤器的去除效率从 80% 到 99% 不等(Mussatti and Hemmer,2002)。填料塔最常用来吸收气态污染物,而不是去除颗粒物,因为当它们与重的、含颗粒物的气体一起使用时,它们可能被颗粒物堵塞(Mussatti and Hemmer,2002;A&WMA,2007)。冷凝洗涤器可有效去除细颗粒物,其捕集效率大于 99%(Mussatti and Hemmer,2002)。

各种各样的设计变化(包括几种混合技术)可以在商用湿式洗涤器中找到。多喉文丘里洗涤器,湿式除尘器的组合与其他类型的颗粒除尘器的组合,如袋式除尘器或 ESP(Mussatti and Hemmer,2002),多种两级湿式洗涤器设计,比如文丘里洗涤器和固定床部分(图 5.14),多通道的动态洗涤器,等等(MikroPul,2015)。

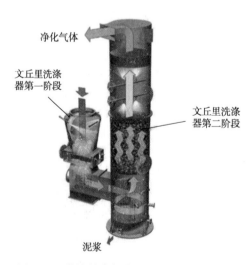

图 5.14 带填料床部分的文丘里式洗涤器的两级湿式洗涤器设计图(MikroPul,2015)

5.1.9 静电除尘器

静电除尘器(ESP)是一种利用静

电力去除气流中微粒的技术(Turner et al., 1999; Mizuno, 2000; Boamah et al., 2012)。它被广泛应用于公用锅炉、水泥窑、发动机、房屋、办公室、医院和食品加工工厂等室内空气的净化(Mizuno, 2000)。在石油工业中,ESP 可应用于 FCC 装置、FGD 工艺、发电厂和焚化炉。它可能不适用于某些高电阻的 PM。它们通常可以安装在新的和现有的工厂中(European Commission and Joint Research Center, 2013)。

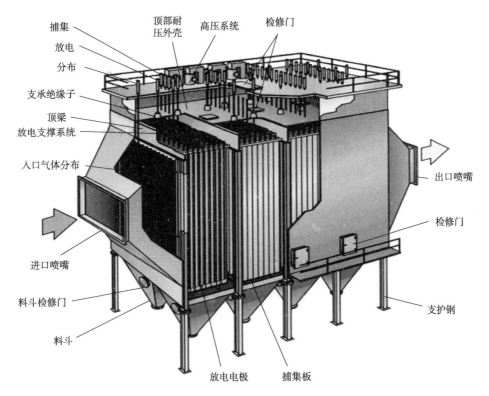

图 5.15　静电除尘器的原理图(Courtesy of The Babcock & Wilcox Company)

静电除尘器的原理图如图 5.15 所示。ESP 可以由分流气流的挡板、放电和捕集电极(通常是一组相互垂直或平行悬挂的大型金属板)、颗粒清除系统和捕集料斗等组成。放电电极被施加负电荷,而极板被接地,因此成为正电荷。放电电极采用一个高直流电压系统来给粒子充电,然后粒子被吸引到相反的电荷捕集电极上,并被捕获(Boamah et al., 2012)。根据需要,ESP 的电源(包括升压变压器、高压整流器,有时还有滤波电容器)可将 220~480V 的工业交流电压转换为 20 000~100 000 V 的脉动 DV 电压,通过迫使粒子通过电晕(气体离子流动的区域)而获得电荷(Turner et al.,1999)。这些带电粒子在库仑力的作用下向捕集电极移动,并被捕集在电极上(Mizuno,2000)。沉淀颗粒可以机械地从电极上去除,通常是在干燥的 ESP 中敲击(脉冲或振动式),或在潮湿的 ESP 中用水冲洗(Boamah et al.,2012;European Commission and Joint Research Center,2013)。

根据用途的不同,工业 ESP 有多种类型。静电除尘器根据捕集电极的形状可分为圆柱形和板式两种;基于气流方向的垂直气流和水平气流;基于电极位置的一级和二级气流;以及基于是否用水的干燥型和湿型气流(Mizuno,2000)。板线式 ESP 具有广泛的工业应用,如燃煤锅炉、石油精炼催化裂化装置等(Turner et al.,1999)。湿式电除尘器适用于去除电阻率极低或极高的粉尘,或满足极低排放要求(即 < 1 mg/m³),并能去除 NO_2、SO_2、HCl、NH_3 等可溶性污染物。湿式 ESP 也可以在干式 ESP 之后使用,以减少颗粒排放(Mizuno,2000)。

静电除尘器具有捕集效率高(通常大于 99%)和压降低的特点,可有效捕集直径 <1 mm 的亚微米颗粒。ESP 的压降通常小于 1000Pa,这一优势使得 ESP 的运行成本较低。ESP 的捕集效率 η 由 Deutsch 给出,如下:

$$\eta = 1 - \exp(-w_e f) = 1 - \exp\left(\frac{-w_e A}{Q}\right) \tag{5.14}$$

式中,$f = A/Q$,为比捕集面积(s/m),A 为捕集电极面积(m²),Q 为气体流量(m³/s),w_e 为迁移速度(m/s)。粒子以如下速度向捕集电极移动:

$$w_e = \frac{qE\, C_m}{3\pi\mu\, d_p} \tag{5.15}$$

式中,q 为粒子电荷(C),E 为电场(V/m),m 为黏度(Pa·s),d_p 为粒子直径(m),C_m 为坎宁安修正因子,可由下式求得:

$$C_m = 1 + 2.54\left(\frac{\lambda}{d_p}\right) + 0.8\left(\frac{\lambda}{d_p}\right)\exp\left(\frac{-0.55\, d_p}{\lambda}\right) \tag{5.16}$$

式中,λ 为气体分子平均自由程(m),可计算如下:

$$\lambda = 6.61 \times 10^{-8}\left(\frac{T}{293}\right)\left(\frac{101300}{P}\right) \tag{5.17}$$

式中,T 为温度(K),P 为压力(Pa)。对于大气压和室温(300 K)下的空气,λ 约为 0.07 mm。对于 <1μm 的粒子,校正因子 C_m 需要考虑黏度作用。

对于捕集效率,在许多工业 ESP 中,经常发现基于电压(V)和电流(I)的关系,其值为 $n = 2$:

$$\eta = V^n I \tag{5.18}$$

当 ESP 以最大可用电压运行时,通常可以获得更高的捕集效率(Mizuno,2000)。捕集效率受到许多因素的影响,如电极的几何形状,粉尘颗粒的特性,场的数量，停留时间（大小），上游颗粒去除装置等（Mizuno，2000；European Commission and Joint Research Center，2013），也有很多关于修正理论捕集效率的报告（Mizuno，2000）。

在石油工业中，三场 ESP 和四场 ESP 通常用于催化裂化装置。静电除尘器可采用干式除尘器或氨喷除尘器来提高颗粒的收集性能。绿色焦炭煅烧过程中，焦炭颗粒难以带电，可能会降低电除尘器的捕集效率（European Commission and Joint Research Center，2013）。

例 5.1

在一个静电除尘器中，假定气体流速、颗粒直径、电场、颗粒电荷、黏度、温度和压力分别为 $35m^3/s$、$0.5\mu m$、$60000V/m$、$1.6\times10^{-18}C$、$1.81\times10^{-5}kg/ms$、$293K$ 和 $101300Pa$。再假设每块板的尺寸为 $5m\times3m$，ESP 的捕集效率必须达到 99%。问：需要多少平板？

解

气体分子的平均自由路径可以用公式（5.17）求得：

$$\lambda = 6.61\times10^{-8}\left(\frac{293}{293}\right)\left(\frac{101300}{101300}\right) = 6.61\times10^{-8}(m)$$

坎宁安校正系数可由公式（5.16）获得：

$$C_m = 1 + 2.54\left(\frac{6.61\times10^{-8}}{5\times10^{-7}}\right) + 0.8\left(\frac{6.61\times10^{-8}}{5\times10^{-7}}\right)\exp\left(\frac{-0.55\times5\times10^{-7}}{6.61\times10^{-8}}\right) = 1.333$$

迁移速度可由公式（5.15）计算获得：

$$w_e = \frac{1.6\times10^{-18}\times60000\times1.333}{3\pi\times1.81\times10^{-5}\times5\times10^{-7}} = 1.5\times10^{-3}(m/s)$$

根据公式（5.14），效率为 99% 时，集电极面积为 $107453.97m^2$，可得：

$$0.99 = 1 - \exp\left(\frac{-0.0015A}{35}\right)$$

因为一个平板的捕集面积为 $2\times5\times3=30m^2$，基于这个事实，每两个终端板只提供一个单一的收集侧，所以需加 1 个平板的数量；因此，所需的板的数量如下：

$$n = \frac{107453.97}{30} + 1 = 3581.79 + 1 = 3583$$

5.1.10 多级旋风分离器

旋风分离器也被称为旋风分离器、旋风捕集器、离心分离器和惯性分离器（U.S. EPA，2003f），自 19 世纪后期以来已被用于清除工业气体流中的灰尘

(Dirgo and Leith,1985)。它们通常用于清除大于 10μm 的颗粒物,但具有高捕集效率的特殊旋风分离器可以有效清除≤10μm 和≤2.5μm 的颗粒物。在一些应用中,许多小型气旋可以并行运行,这被称为多旋风分离器或多管旋风分离器系统(U.S. EPA,2003f)。

旋风分离器是较昂贵的最终控制设备(如织物过滤器或 ESPs)中重要的预清洁设备。除控制污染的目的外,旋风分离器还应用于许多工艺应用中,如食品的回收、催化剂的回收和流体裂解过程中 PM 的去除等(U.S. EPA,2003f)。

目前已经建立了许多不同类型的旋风分离器,根据气流如何进入设备和收集的粉尘如何排放,一般可以分为四种类型:切向进口、轴向进口;轴向进口、轴向排放;切向进口,周边排放;轴向进口,周边排放(U.S. EPA,2003f)。切向进口,轴向排放最常用于工业气体净化(Dirgo and Leith,1985;U.S. EPA,2003f)。

图 5.16 所示为典型的切向入口旋风分离器及其各种符号。阶梯型高效旋风分离器是常用的标准旋风分离器设计的一个例子(Dirgo and Leith,1985;Kuo and Tsai,2001)。阶梯型高效旋风分离器的相对尺寸为 $a = S = D_e = 0.5D$,$b = 0.2D$,$h = 1.5D$,$h = 4D$,$B = 0.375D$。其中,D 为旋风分离器直径;a 为旋风分离器入口高度;b 为旋风分离器入口宽度;D_e 为旋风分离器出口管直径;S 为涡流探测器或出口风道的长度;h 为旋风筒高度;H 为气旋的总高度;B 为旋风分离器底部直径或扬尘出口直径(Kuo and Tsai,2001)。

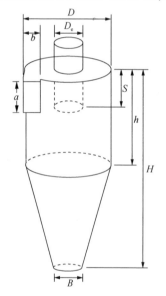

图 5.16 典型的切向入口旋风分离器
(Kuo and Tsai,2001)

在旋风分离器中,旋转运动产生离心力,使颗粒被抛向圆筒的壁面,并因与壁面的摩擦而减慢速度,然后落入下面的锥形漏斗中。当尘埃颗粒被清除后,留在钢瓶中间的气体向上运动,离开圆筒。累积的颗粒被随机地从料斗中取出进行处理(A&WMA,2007;Boamah et al.,2012)。

旋风捕集效率 η 被定义为旋风分离器所保留的特定大小的颗粒的比例(Dirgo and Leith,1985),与 50%捕集效率相对应的颗粒直径被称为旋风分离器的截止直径 d_{p50}(Kuo and Tsai,2001)。用来预测效率的理论在复杂性上有很大的不同。在所有、大多数和少数理论中,分别考虑了系统的运行参数、颗粒直径、密度、气速和黏度,以及旋风分离器的尺寸和几何尺寸来预测旋风分离器性能的理论。一些理论使用了所有 8 个气旋维度，而另一些只包含了 3 个维度(Dirgo and Leith，1985)。表 5.2 给出了旋风分离器的理论捕集效率和截止直径的一些可用公式。

表 5.2　旋风分离器的理论捕集效率和截止直径的一些公式
(Dirgo and Leith, 1985; Kuo and Tsai, 2001)

理论	理论捕集效率公式	截止直径公式	参数
Lapple		$d_{p50} = \sqrt{\dfrac{9\mu b}{2\pi \rho_p v_i C N_t}}$	d_{p50}，截止直径(m)；d_p，颗粒直径(m)；μ，气体黏度(Pa·s)；b，气旋入口宽度(m)；ρ_p，颗粒密度(kg/m³)；C，对应 d_{p50} 的颗粒滑移修正系数；$N_t = tv_i/\pi$，匝数；t，停留时间，等于旋风分离器的体积除以体积流量(Q)
Theodore and DePaola	$\eta = \dfrac{1}{1 + (d_{p50}/d_p)^2}$	$d_{p50} = \sqrt{\dfrac{9\mu b}{2\pi \rho_p v_i C N_t}}$	
Stairmand		$d_{p50} = \sqrt{\dfrac{9\mu Q}{\pi \rho_p v_{max} C(H-S)}}$	v_{tmax}，最大切向速度；H，旋风分离器总高度；S，涡流探测器或出口管道的长度
Barth	$\eta = \dfrac{1}{1 + \left(\dfrac{\pi h^* v_t^2 \rho_p d_p^2}{9\mu Q}\right)^{-3.2}}$	$d_{p50} = \sqrt{\dfrac{9\mu Q}{\pi \rho_p v_{max} C(H-S)}}$	v_t，中心核边缘的切向气体速度；h^*，中心核的高度
Leith and Licht	$\eta = 1 - \exp[-2(C_g \psi)^{\frac{1}{n+1}}]$		C_g，旋风分离器的尺寸因子；$\psi = C\rho_p d_p^2 v_i/18\mu D$，嵌入参数；$n$，涡指数
Dietz	$\eta = 1 - [K_0 - \sqrt{(K_1^2 + K_2)}]$ $\times \exp\left[\dfrac{-\pi \rho_p d_p^2 v_i(2S-a)}{18\mu ab}\right]$		下标 K 是粒子和气体性质，以及旋风分离器尺寸的函数
Li and Wang	$\eta = 1 - \exp\left[\dfrac{-2\pi\lambda(S+L)}{a}\right]$		λ，一个特征值；$L = 2.3 D_e \sqrt[3]{\dfrac{D^2}{ab}}$，旋风分离器的自然长度
Iozia and Leith	$\eta = \dfrac{1}{1 + (d_{p50}/d_p)^\beta}$	$d_{p50} = \sqrt{\dfrac{9\mu Q}{\pi \rho_p v_{max} \chi_c}}$	$v_{tmax} = 6.1\, v_i \left(\dfrac{ab}{D^2}\right)^{0.61}$ $\left(\dfrac{D_e}{D}\right)^{-0.74} \left(\dfrac{H}{D}\right)^{0.33}$，最大切向速度；$\chi_c$ 中心核的长度；β 可由下式计算 $\ln\beta = 0.62 - 0.87\ln(d_{p50}) + 521 \times \ln\left(\dfrac{ab}{D^2}\right) + 1.05\left[\left(\dfrac{ab}{D^2}\right)\right]^2$

常规旋风分离器的控制效率范围估计为：当粒径大于 10μm 时，控制效率范围为 70%~90%；当粒径小于或等于 10μm 时，控制效率范围为 30%~90%；当粒径小于或等于 2.5mm 时，控制效率范围为 0~40%。据报道，当粒径等于 5μm 时，多管旋风分离器的捕集效率为 80%~95%(U.S. EPA,2003f)。

在炼油厂，催化裂化装置、重油和渣油裂解装置都采用多管旋风分离器和 ESP。三级分离器是安装在两级旋风分离器后的一种旋风捕集装置或系统。三级分离器通常由一个装有许多常规旋风分离器或改进的旋流管技术的单一容器组成。再生器内旋风分离器下游催化剂细粉的颗粒浓度和粒径分布主要影响其性能(European Commission and Joint Research Center,2013)。

5.1.11 燃除气体排放的预防或减少

燃烧是指燃烧可燃气体，而排放是指将可燃气体释放到大气中。燃烧通常发生在汽油厂、炼油厂或生产井周围(Indriani,2005)，用于对不需要的或过量可燃物的排放的安全和环境控制，以及用于紧急情况下气体的激增，混乱，意外事件，或意外的设备故障。

低压燃烧、高压燃烧、蒸汽辅助燃烧、空气辅助燃烧、气体辅助燃烧和高压注水燃烧都是燃烧系统的类型(European Commission and Joint Research Center,2013)。燃烧会产生空气排放，并带来潜在的火灾危险和能见度的影响(U.S. Forest Service,2011)，还会导致潜在的有价值产品的燃烧。因此，由于环境和能源效率问题，必须限制其使用，并尽可能减少燃烧气体的数量(European Commission and Joint Research Center,2013)。

根据 Indriani(2005)和 European Commission and Joint Research Center(2013)的研究，可以通过以下方法预防和减少燃除气体的排放：

1) 正确的装置设计，包括有足够的火炬气回收系统容量，应用高完整性的溢流阀，以及将火炬气仅作为正常运行(启动、关闭、紧急情况)之外的安全系统使用的其他措施；

2) 工厂管理，如组织和控制措施，以减少燃除情况，如平衡 RFG 系统，或使用先进的过程控制；

3) 设计火炬的参数，包括高度、压力、蒸汽、空气或气体的辅助、火炬头的类型等，以确保无烟和可靠的操作，并确保在非常规操作中燃烧多余的气体；

4) 监测和报告，包括持续的监控(测量气体流量和其他参数的估计)燃烧的气体送到燃除和相关的燃烧参数(例如，混合流气体和热含量、辅助比、速度、净化气体流量、污染物排放)(European Commission and Joint Research Center,2013)；

5) 气体回注的使用，包括将天然气回注到地下储层，以增加储层内的压力，从而诱导原油流动；

6）利用天然气液体（NGL）回收；

7）天然气到管道的使用，包括通过管道捕集和输送天然气到终端用户；

8）使用气-液（GTL）系统，包括从气体中生产液体燃料，可以通过直接转化气体（甲烷）和使用费托合成（F-T）或甲醇间接转化合成气进行；

9）燃料切换，如在发电设施中使用天然气作为替代燃料（Indriani，2005）。

5.2 恶臭控制

如第2章2.3.4节所述，炼油厂的恶臭主要由硫化物（如硫化氢、硫醇、硫化物、二硫化物）、氮化合物（如氨、胺）和碳氢化合物（如芳香烃）产生（European Commission and Joint Research Center，2013；Jafarinejad，2015b，2016b）。可以用来减少或控制恶臭产生的技术包括：

1）在化粪池区（如储罐、污水系统、油/水分离器）使用以硝酸盐为基础的产品，以取代细菌原料和有利于反硝化细菌的生长，这既能减少硝酸盐的添加，也能减少现有的硫化氢；

2）用封闭密封的盖子覆盖污水处理厂（WWTP）的一些单元（例如CPI和API隔油池），以减少VOC和恶臭的产生；

3）通过使用固定顶罐或浮动顶罐，保持油和水与空气接触的最小表面积来减少水均质罐的恶臭（European Commission and Joint Research Center，2013；Jafarinejad，2016b）；

4）减少和控制无组织排放；

5）控制燃烧，防止或减少其排放；

6）燃油质量控制；

7）使用洗涤系统清除异味气体；

8）使用焚化系统处理恶臭气体（Orszulik，2008；Jafarinejad，2016b）。

参 考 文 献

Air & Waste Management Association (A&WMA), 2007. Fact Sheet: Air Pollution Emission Control Devices for Stationary Sources. [Online] Available from: http://events.awma.org/files_original/ControlDevicesFactSheet07.pdf.

Atanasova, D.D., Velkova, E.R., Ljutzkanov, L., Kolev, N., Kolev, D., 2013. Energy efficient SO_2 removal from flue gases using the method of Wellman-Lord. Journal of Chemical Technology and Metallurgy 48 (5), 457–464.

Barben Analytical, AMETEK, 2015. Application Note, Vapor Recovery Units, Oil & Gas: Upstream. AMETEK, Inc., Barben Analytical 5200 Convair Drive, Carson City, NV 89706, USA. August, 2015. [Online] Available from: http://www.bat4ph.com/files/VRU_AN_RevA.pdf.

Boamah, P.O., Onumah, J., Takase, M., Bonsu, P.O., Salifu, T., 2012. Air pollution control techniques: review article. Global Journal of Bio-Science & Biotechnology (G.J.B.B.) 1 (2), 124–131.

Dehghani, A., Bridjanian, H., 2010. Flue gas desulfurization methods to conserve the environment. Petroleum & Coal 52 (4), 220–226.

Dirgo, J., Leith, D., 1985. Cyclone collection efficiency: comparison of experimental results with theoretical predictions. Aerosol Science and Technology 4 (4), 401–415.

Energie- en milieu-informatiesysteem (EMIS), VITO, 2015a. Selective Non-catalytic Reduction. VITO, Boeretang 200, B-2400 Mol, Belgium. [Online] Available from: http://emis.vito.be/techniekfiche/selective-non-catalytic-reduction?language=en.

Energie- en milieu-informatiesysteem (EMIS), VITO, 2015b. Selective Catalytic Reduction. VITO, Boeretang 200, B-2400 Mol, Belgium. [Online] Available from: http://emis.vito.be/techniekfiche/selective-catalytic-reduction?language=en.

E&P Forum, 1993. Exploration and Production (E&P) Waste Management Guidelines, September 1993, Report No. 2.58/196.

European Commission, Joint Research Center, 2013. Best Available Techniques (BAT) Reference Document for the Refining of Mineral Oil and Gas. Industrial Emissions Directive 2010/75/EU (Integrated Pollution Prevention and Control), Joint Research Center, Institute for Prospective Technological Studies Sustainable Production and Consumption Unit European IPPC Bureau.

Faustine, C., 2008. Environmental Review of Petroleum Industry Effluents Analysis (Master of Science thesis). Royal Institute of Technology, Stockholm, Sweden.

Indriani, G., 2005. Gas Flaring Reduction in the Indonesian Oil and Gas Sector – Technical and Economic Potential of Clean Development Mechanism (CDM) Projects, 253. Hamburgisches Welt-Wirtschafts-Archiv (HWWA), Hamburg Institute of International Economics, Öffentlichkeitsarbeit, Neuer Jungfernstieg 21, 20347 Hamburg.

Jafarinejad, Sh., 2015a. Methods of control of air emissions from petroleum refinery processes. In: 2nd e-Conference on Recent Research in Science and Technology, Kerman, Iran, Summer 2015.

Jafarinejad, Sh., 2015b. Investigation of unpleasant odors, sources and treatment methods of solid waste materials from petroleum refinery processes. In: 2nd e-Conference on Recent Research in Science and Technology, Kerman, Iran, Summer 2015.

Jafarinejad, Sh., 2016a. Control and treatment of sulfur compounds specially sulfur oxides (SO_x) emissions from the petroleum industry: a review. Chemistry International 2 (4), 242–253.

Jafarinejad, Sh., 2016b. Odours emission and control in the petroleum refinery: a review. Current Science Perspectives 2 (3), 78–82.

Joseph, G.T., Beachler, D.S., 1998. Scrubber Systems Operation Review, Self-instructional Manual, APTI Course SI:412C, second ed. Developed by North Carolina State University, EPA Cooperative Assistance Agreement CT-902765, USA.

Kolev, N., 2000. New possibilities for cleaning of flue gases from SO_2 and reduction of CO_2 and NO_x emissions. Journal of Environmental Protection and Ecology 71–77 (special issue).

Kuo, K.Y., Tsai, C.J., 2001. On the theory of particle cutoff diameter and collection efficiency of cyclones. Aerosol and Air Quality Research 1 (1), 47–56.

MikroPul, 2015. Wet Scrubbers. BIM503 3/09, MikroPul LLC, a Nederman company. [Online] Available from: http://www.mikropul.com/uploads/pdf/wet_scrubbers.pdf.

Mizuno, A., 2000. Electrostatic precipitation. IEEE Transactions on Dielectrics and Electrical Insulation 7 (5), 615–624.

Mussatti, D., Hemmer, P., 2002. Section 6: Particulate Matter Controls, Chapter 2: Wet Scrubbers for Particulate Matter. EPA/452/B-02−001, July 15, 2002.

Orszulik, S.T., 2008. Environmental Technology in the Oil Industry, second ed. Springer.

Papaefthimiou, P., Ioanides, T., Verykios, X.E., 1997. Combustion of non-halogenated volatile organic compounds over group (VIII) metal catalysts. Applied Catalysis B: Environmental 13, 175−184.

Ramadan, A.E.K., 2004. Acid deposition phenomena. TESCE 30 (2), 1369−1389. [Online] Available from: http://www.iaea.org/inis/collection/NCLCollectionStore/_Public/40/079/40079323.pdf.

Rameshni, M. Selection Criteria for Claus Tail Gas Treating Processes. Worley Parsons, 181 West Huntington Drive, Monrovia, CA 91016, USA. [Online] Available from: http://www.worleyparsons.com/CSG/Hydrocarbons/SpecialtyCapabilities/Documents/Selection_Criteria_for_Claus_Tail_Gas_Treating_Processes.pdf.

Rusu, A.O., Dumitriu, E., 2003. Destruction of volatile organic compounds by catalytic oxidation. Environmental Engineering and Management Journal 2 (4), 273−302.

Speight, J.G., 2005. Environmental Analysis and Technology for the Refining Industry. John Wiley & Sons, Inc., Hoboken, New Jersey.

Street, R., Rameshni, M., 2011. Sulfur Recovery Unit, Expansion Case Studies. Worley Parsons, 125 West Huntington Drive, Arcadia, CA 91007, USA. [Online] Available from: http://www.worleyparsons.com/CSG/Hydrocarbons/SpecialtyCapabilities/Documents/Sulfur_Recovery_Unit_Expansion_Case_Studies.pdf.

Srivastava, R.K., Jozewicz, W., 2001. Technical paper: flue gas desulfurization: the state of the art. Journal of Air & Waste Management Association 51, 1676−1688.

The Linde Group, 2015. LoTOx™ System, Low Temperature Oxidation for NO_x Control. Gases Division, Seitnerstrasse 70, 82049 Pullach, Germany, pp. 1−2. [Online] Available from: http://www.linde-gas.com/internet.global.lindegas.global/en/images/LOTOX%20-datasheet17_130449.pdf.

Tilly, J., 1983. Flue Gas Desulfurization: Cost and Functional Analysis of Large Scale Proven Plants (M.Sc. thesis). Chemical Engineering Dept. Massachusetts Institute of Technology, Cambridge, MA 02139. Energy Laboratory Report No. MIT-EL 33−006, June 1983.

Tri-State Synfuels Company, 1982. Tri-State Synfuels Project Review. In: Commercial Status of Licensed Process Units, June 1982, vol. 8. Prepared for U.S. DOE under cooperative agreement NO. DE -FC05−810R20807, 10.0 Flue gas desulfurization, Tri-State Synfuels Company, Indirect coal liquefaction Plant, Western Kentucky, Fluor engineers and Constructors, Inc., Contract 835604. [Online] Available from: http://www.fischer-tropsch.org/DOE/DOE_reports/20807-t1/doe_or_20807-t1-vol_3/doe_or_20807-t1-vol_3-J.pdf.

Turner, J.H., Lawless, P.A., Yamamoto, T., Coy, D.W., Greiner, G.P., McKenna, J.D., Vatavuk, W.M., 1999. Section 6: Particulate Matter Controls, Chapter 3: Electrostatic Precipitators, EPA/452/B-02−001. [Online] Available from: http://www3.epa.gov/ttncatc1/dir1/cs6ch3.pdf.

United States Environmental Protection Agency (U.S. EPA), 1995. Profile of the Petroleum Refining Industry. Environmental Protection Agency, Washington, DC.

United States Environmental Protection Agency (U.S. EPA), 2003a. Air Pollution Control Technology Fact Sheet, EPA-452/F-03−031. [Online] Available from: http://www3.epa.gov/ttncatc1/dir1/fsncr.pdf.

United States Environmental Protection Agency (U.S. EPA), 2003b. Air Pollution Control Technology Fact Sheet, EPA-452/F-03−032. [Online] Available from: http://www3.epa.gov/ttncatc1/dir1/fscr.pdf.

United States Environmental Protection Agency (U.S. EPA), 2003c. Air Pollution Control Technology Fact Sheet, Flue Gas Desulfurization (FGD) — Wet, Spray Dry, and Dry Scrubber, EPA-452/F-03—034. [Online] Available from: http://www3.epa.gov/ttncatc1/dir1/ffdg.pdf.

United States Environmental Protection Agency (U.S. EPA), 2003d. Air Pollution Control Technology Fact Sheet, Thermal Incinerator, EPA-452/F-03—022. [Online] Available from: http://www3.epa.gov/ttnchie1/mkb/documents/fthermal.pdf.

United States Environmental Protection Agency (U.S. EPA), 2003e. Air Pollution Control Technology Fact Sheet, Catalytic Incinerator, EPA-452/F-03—018. [Online] Available from: http://www3.epa.gov/ttncatc1/dir1/fcataly.pdf.

United States Environmental Protection Agency (U.S. EPA), 2003f. Air Pollution Control Technology Fact Sheet, Cyclones, EPA-452/F-03—005, Washington, DC. [Online] Available from: http://www3.epa.gov/ttncatc1/dir1/fcyclon.pdf.

United States Environmental Protection Agency (U.S. EPA), 2006a. Emission Factor Documentation for AP-42. Section 7.1, Organic liquid storage tanks, Final Report, For U. S. Environmental Protection Agency, Office of Air Quality Planning and Standards, Emission Factor and Inventory Group, September 2006.

United States Environmental Protection Agency (U.S. EPA), 2006b. Installing Vapor Recovery Units on Storage Tanks, Lessons Learned From Natural Gas STAR Partners. United States Environmental Protection Agency Air and Radiation (6202J) 1200 Pennsylvania Ave., NW Washington, DC 20460, October 2006. [Online] Available from: http://www3.epa.gov/gasstar/documents/ll_final_vap.pdf.

United States Environmental Protection Agency (U.S. EPA), 2008. AP 42 In: Chapter 5: Petroleum Industry, fifth ed., vol. I 5.2 Transportation and marketing of petroleum liquids, July 2008. [Online] Available from: http://www.epa.gov/ttn/chief/ap42/ch05/final/c05s02.pdf.

United States Environmental Protection Agency (U.S. EPA), 2015. AP 42 In: Chapter 8: Inorganic Chemical Industry, fifth ed., vol. I Sulfur recovery, April 2015. [Online] Available from: http://www3.epa.gov/ttnchie1/ap42/ch08/final/c08s13.pdf.

U.S. Forest Service, 2011. Emission Reduction Techniques for Oil and Gas Activities, pp. 1—47. [Online] Available from: http://www.fs.fed.us/air/documents/EmissionReduction-072011x.pdf.

Weaver, E.H., 2006. Wet Scrubbing System Control Technology for Refineries an Evaluation of Regenerative and Nonregenerative Systems. By Edwin H. Weaver, P.E., Q.E.P., Technology Director, Belco Technologies Corporation, Parsippany, N.J. USA, Refining China 2006 Conference, April 24—26, 2006, Beijing, China.

World Bank Group, 1998. Petroleum Refining, Project Guidelines: Industry Sector Guidelines, Pollution Prevention and Abatement Handbook, pp. 377—381. [Online] Available from: http://www.ifc.org/wps/wcm/connect/b99a2e804886589db69ef66a6515bb18/petroref_PPAH.pdf?MOD=AJPERES.

6 含油污水处理

6.1 石油工业污水及管理概述

石油工业生产和经营会产生大量含油、水和泥的排放物,排放这些污水不仅污染环境还会降低油和水的收益(Zhong et al.,2003;Jafarinejad,2014a,b,2015a,b,c,d)。如第 2 章所述,勘探与生产活动产生的废水主要来源是采出水、钻井液、岩屑、井处理化学品、冷却水、工艺、冲洗和排水、溢出和泄漏以及污水、卫生和生活废水(E&P Forum/UNEP,1997)。在炼油厂,由于用水量相对较大,会产生冷却水、工艺用水、雨水(即地表径流)和生活污水四种污水(U.S.EPA,1995;IPIECA,2010)。几乎所有的冷却水都被多次循环使用,由于冷却水通常并不直接接触油类物料,相比于工艺废水来说污染程度低,但是也可能因工艺设备泄漏而受到油类污染。用于生产操作的水也占污水总量中相当大的一部分。工艺废水产生自原油脱盐、汽提、机泵轴封冷却、产品分馏塔回流罐排水和锅炉排污水。因为工艺废水常直接接触油料,通常污染程度较高。地表径流是间歇性的,含有溢出、设备泄漏以及排污中积累的任何物料成分,也包括原油和产品储罐罐顶排水(U.S.EPA,1995)。石油化工厂产生的污水来自生产工艺(例如蒸汽冷凝、工艺用水、裂解炉和芳烃装置中的废碱液)、冷却塔排污、泵和压缩机冷却、铺设公用事业区排水管、冷却水和雨水径流(IL & FS Ecosmart Limited Hyderabad,2010;MIGA,2004)。液体储罐罐底(European Commission and Joint Research Center,2013)、储罐和管线泄漏液体、运输船舶和专用油轮的压载水(Cholakov,2009)是储存、运输、分配和销售环节污水的来源。

石油工业的水务管理可以通过为水找到合适的有价值利用渠道或者选择适宜的水处理装置来实现。但是,有价值利用和选择污水处置装置高度依赖于水质,在使用或处理前可能需要水处理过程。为了达到可利用的规范要求或者满足前处理标准限值需要进行污水处理(Arthur et al.,2005)。先进、优化的石油工业水务管理可降低生产中的取水量和用水成本,也可减少污水量或者污染物负荷或者实现两者的同时降低,进而降低污水处理的操作和维护成本。因处理后排水中污染物总量下降,外排水水质得到改善,最终有利于降低石油工业外排水对环境的影响(IPIECA,2010)。

根据第 3 章所述,使用采出水或工艺用水作冲洗水;使用罐底物、表面活性剂、重质碳氢化合物和含碳氢化合物的土壤作道路用油；道路混合料或沥青（通过分析确认密度和金属含量应与道路用油或混合料一致）；钻探泥浆再循环；从采出水和钻探泥浆中回收油（E&P Forum，1993）；回收泵使用的润滑油和冷却水；避免钻井过程中不必要的物质（例如钻机冲洗，雨水径流等）进入流体系统（Reis，1996）；通过离心和过滤从储罐底部回收油（E&P Forum，1993；European Commission and Joint Research Center，2013）；再利用冲洗水；将回用水用于电脱盐；在工艺侧将相对干净的雨水与污水分离；尽量减少储罐数量从而减少可能导致的罐底固体和倾析废水（Speight，2005）；将塔顶回流废水作为脱盐水回用；在炼油厂内再利用废碱；循环使用冷却水；在多级脱盐器中将第二级脱盐器的部分含盐废水回收到第一级；使洗涤水用量最小化；回收单乙醇胺溶液；溶剂回收；用酸性水和汽提后的酸性水作为电脱盐洗水（只能用汽提后酸性水）或者作为FCC主塔塔顶洗水以减少装置排往污水处理场的水量（European Commission and Joint Research Center，2013），等等，以上均为石油工业在污水处理前开展的管理实例。

6.2 污水特性

原油中含有多种有机和无机组分，包括盐、悬浮物和水溶性金属（Ishak et al.，2012）。石油工业产生的含油污水组分复杂（Uan，2013；Jafarinejad，2015d），取决于生产过程的复杂性，但总体来说，污水的组分包括游离态、分散态、乳化态和溶解的油以及溶解性矿物质（Ishak et al.，2012）。石油工业各业务板块中，炼油厂产生污水的主要污染物是油和油脂，以四种形态存在：游离态（油滴直径>150μm），分散态（油滴直径在20~150μm之间），乳化态（油滴直径<20μm）和溶解态（不以油滴形式存在）（Pombo et al.，2011；European Commission and Joint Research Center，2013）。油是一种烃类混合物[苯、甲苯、乙苯、二甲苯（BTEX）、多环芳烃（PAH）和酚]，而溶解性矿物质是无机组分，包括阴离子和重金属在内的阳离子（Ishak et al.，2012）。

含油污水的典型水质指标包括油和油脂（O&G）、化学需氧量（COD），溶解性化学需氧量（SCOD），生化需氧量（BOD），溶解性生化需氧量（SBOD），TSS，TDS，BTEX，酚，氨氮（NH_4-N），总凯氏氮（TKN），总磷，S^{2-}，硬度，浊度，碱度，pH值，电导率，SO_4^{2-}，F^-，Cl^-，重金属等（Nacheva，2011；Ishak et al.，2012）。石油工业污水中的油和含油污水的水质特性随原油性质和生产工艺单元的不同而显著变化（Schultz，2007）。

6.3 油水分离和处理技术选择

石油工业污水中的油以三种形式中的一种或多种形式存在：

1) 游离态油：浮油和以具有足够尺寸分散油滴形式存在的油（油滴直径>150μm），能够在浮力作用下到达水的顶部（Mohr et al.，1998）。这种油可以从撇油罐的表面撇出，或者通过重力分离，例如采用美国石油协会（API）标准的隔油池（Yokogawa Corporation of America，2008）。

2) 乳化油：油以更小的粒径的液滴或粒状物形式存在，通常粒径≤20μm，可在水中形成稳定的悬浮液。从设计角度考虑，乳化油也被称为乳状液，其中的液滴小到不会以一定速率上浮，进而分离设备可以按照液滴尺寸实现分离功能。依据 API 的说法，重力无法分离真正的乳化液，无论油-水乳化体系静置多久。根据 Mohr 等的报道（1998），可以设计一种强化型重力隔油池来处理低流速含乳化油的水。通过化学剂降低 pH 值后注入溶解的氧气或氮气，能够使乳化油像破乳游离一样从污水中分离出来（Yokogawa Corporation of America，2008）。

3) 溶解油：不以液滴形式存在，在水中以真正的分子态形式存在，无法依靠重力分离去除。这种油可以利用生化处理、活性炭或其他吸附剂的吸附来去除。（Mohr et al.，1998；Yokogawa Corporation of America，2008）。

石油工业污水中油的粒径分布是判断油水分离技术合理性和处理效率的关键因素。根据 Benyahia 等所述（2006），API 隔油池、波纹板拦截（CPI）隔油池、升流式流沙过滤器、诱导气浮（IGF）、溶气气浮（DAF）和滤池能够有效去除粒径分别大于 150μm、40~270μm、2~270μm、10~100μm、5~100μm、5~30μm 的油滴。根据 Arthur 等所述（2005），能够被 API 隔油池、CPI 隔油池、IDF（不加絮凝剂）、IDF（加絮凝剂）、水力旋流器、丝网聚结器、滤池、离心和膜过滤去除的油滴最小粒径分别为 150μm、40μm、25μm、3~5μm、10~15μm、5μm、5μm、2μm 和 0.01μm。

此外，了解污水中油的来源、油的特性、污水中油和悬浮物浓度、亲油固体存在状况、不同种类油水分离设备的设计局限、影响所选油水分离设备种类和尺寸的温度、影响油水分离设备材料选择的温度和 pH 值、油对后续处理设备的影响、处理目标对合理选择和设计油水分离系统至关重要。最终的污水处理指标要求包括油含量、BOD、COD、TSS、TKN、氨氮等也对选择油水分离系统非常重要。例如，如果排放许可要求去除 COD 和 BOD 并且规划建设生物处理系统，这可能关系到油水分离系统的选择（要确保不会有过量的油进入生物处理单元），通常将其作为一级处理单元置于生物处理前端（Schultz，2007）。

石油工业污水(以炼油污水为例)的外排处理有别于炼油装置的回用处理,污水回用处理需要更先进的处理技术,因为对水质的要求更高(Pombo et al.,2011)。

6.4 污水处理

含油污水在排放到环境前进行处理非常必要,否则污水含有的高浓度矿物质和有机组分会严重污染近海水域、河口、河流、地下水、海岸和土壤(Uan,2013)。含油污水污染能够影响饮用水、地下水源以及种植业,危及水产资源和人类健康,污染大气,破坏自然景观;甚至由于油类结焦会带来燃油器的安全问题(Yu et al., 2013)。依据世界银行(1998)资料,一些可得到的排放限值列在表6.1中。有效要求为直接排放至地表水,排放到企业外污水处理厂(WWTP)应满足适用的预处理要求。

表6.1 石油工业最大排放限值(World Bank Group,1998)

参数指标	限值
BOD/(mg/L)	30
COD/(mg/L)	150
TSS/(mg/L)	30
油和脂/(mg/L)	10
pH 值	6~9
六价铬/(mg/L)	0.1
总铬/(mg/L)	0.5
铅/(mg/L)	0.1
酚/(mg/L)	0.5
苯/(mg/L)	0.05
苯并[a]芘/(mg/L)	0.05
硫化物/(mg/L)	1
总氮/(mg/L)	10(当工艺含有加氢时此参数可上升到40mg/L)
温升	≤3℃(外排水会在初始混合或稀释的边界区域造成不超过3℃的温升;如果区域未定义界定,则选用距离排放点100m的距离,前提是在这个范围内没有敏感的生态系统)

典型的含油污水处理过程可分类如下：
1）工艺废水预处理；
2）一级处理；
3）二级处理；
4）三级处理或深度处理（U. S. EPA，1995；Benyahia et al.，2006；IPIECA，2010；European Commission and Joint Research Center，2013；Goldblatt et al.，2014；Jafarinejad，2015d）。

一级处理后，污水可以送至公共污水处理厂（POTW）或者在直排到地表水前依据国家污染排放清除系统计划（NPDES）许可要求进行二级处理（U. S. EPA，1995）。世界上大部分炼油厂都拥有一级和二级处理设施，但只有一少部分拥有三级处理设施（Goldblatt et al.，2014）。

污水处理厂是重要的空气污染源。气体逸散来自大量储罐、池体、下水系统的无组织排放（US EPA，1995）（例如 API、CPI、DAF 装置，均质罐和生物处理设施）。用封闭性或密封的盖子盖住这些装置能够大幅减少挥发性有机化合物（VOC）和恶臭的产生。废气可以通过盖子的排气口收集并利用适当的处理系统处理（例如生物滤池、活性炭吸附、焚烧炉和热氧化）或者重新注入曝气池。盖住 CPI 和 API 能够将隔油池排放的 VOC 降低到 $3g/m^3$。污水均质罐采用固定顶或浮顶罐形式，相比于敞开式能够减少 80%~90% 的 VOC 和其他恶臭组分排放，如果将固定顶罐逸散的废气收集并送至适当的废气处理系统，这个比例可以达到 99.9% 以上（European Commission and Joint Research Center，2013）。在污水处理厂，固体废物以污泥的形式产生，来自多种处理装置例如 API 隔油池或者其他重力分离设施等（U. S. EPA，1995）。

6.4.1　工艺废水预处理

在某些情况下，一些石油工业生产装置产生的污水要在送至污水处理厂前进行预处理（IPIECA，2010），一些预处理实例包括：

1）调节污水 pH 值，中和到排放目标范围或在进行氧化-还原化学反应处理前建立适宜条件，为重金属沉淀提供氢氧化物，为了澄清反应充分以及更好的吸附；

2）在装配搅拌器或撇油器的储罐中使用化学剂如絮凝剂、助凝剂和润湿剂对某些油水混合物进行破乳（Orszulik，2008）；

3）利用分离罐（例如采用浮顶罐以控制 VOC 排放，通常停留时间为 1d 左右以实现均质、缓冲等）对电脱盐排水进行油水分离，将撇出的油送至炼油，水送至污水处理厂，固废送至污泥处理设施或者焦化装置（IPIECA，2010）；

4) 从源头上减少并回收污水中的烃类,例如利用氮气或空气从污水中提取回收苯,用逆向萃取塔液萃取污水中的酚,高压湿式氧化[>20 bar(表)]将含硫物质转化为硫酸盐,低压氧化工艺[<20bar(表)]将氨和腈转化为氮气(European Commission and Joint Research Center,2013);

5) 酸性水汽提(IPIECA,2010;European Commission and Joint Research Center,2013)。

常减压装置、催化裂化装置、延迟焦化装置、减黏裂化装置、加氢装置、加氢裂化装置和硫黄装置是产生酸性水的生产装置。酸性水在酸性水汽提装置(SWS)中进行汽提处理(IPIECA,2010)。大多数酸性水汽提装置为单塔流程,但双塔流程可以使净化水中的 H_2S 和 NH_3 浓度更低。图 6.1 展示了一个双塔工艺的简要工艺流程图(PFD),在单级塔中,收集罐同时起到进料缓冲和沉降的双重作用,油在此分离。酸性水从收集罐泵送至汽提塔顶,途经进料/出料换热器。酸性水在塔中与注入或再沸器产生的蒸汽逆向汽提。通常这个塔要回流来降低酸性气中的水含量,塔的操作压力根据尾气的最终去向(SUR、焚烧炉或酸性气火炬)在 0.5~1.2bar(表)变化。在必要时,需要控制 pH 值来使 H_2S 或 NH_3 的去除率最大。双塔汽提不同于单塔汽提,第一个塔在较低的 pH 值(6)下运行,最终在较高压力[9bar(表)]下,H_2S 从顶部分出,NH_3/水在底部送出;第二塔在高 pH 值(10)下操作,NH_3 从顶部分出,底部为汽提净化水(European Commission and Joint Research Center,2013)。酸性水汽提装置的设计和操作对汽提净化水的成分影响很大,表 6.2 列出了单塔工艺汽提净化水中污染物的预期值(IPIECA,2010)。在双塔汽提净化工艺中,H_2S 和 NH_3 的总回收率分别达到 98% 和 95%,相应地汽提净化水中的残留物浓度分别为 0.1~1.0mg/L 和 1~10mg/L(European Commission and Joint Research Center,2013)。

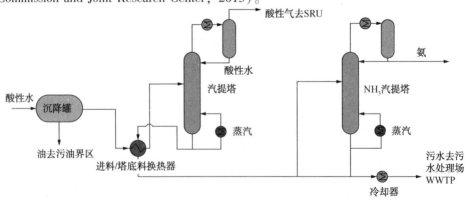

图 6.1 双塔酸性水汽提(SWS)的简要工艺流程图

表 6.2 单塔工艺汽提净化水中污染物的预期值(IPIECA, 2010)

污染物	预期浓度/(mg/L)	污染物	预期浓度/(mg/L)
COD	600~1200	苯	0
游离烃	<10	硫化物	<10
悬浮物	<10	氨	<100
酚	≤200		

6.4.2 一级处理

污水一级处理包括两阶段分离油、水和固体。第一阶段使用 API 隔油池、CPI 隔油池、平行板(PPI)隔油池、斜板式(TPI)隔油池、水力旋流分离器或缓冲和/或均质罐(U.S.EPA, 1995; Schultz, 2007; European Commission and Joint Research Center, 2013)。污水缓慢通过隔油池，使游离态油漂浮到表面而被撇出，固体沉降到底部并被刮去污泥收集槽。第二阶段使用物理或化学方法从污水中分离乳化油(U.S.EPA, 1995)。物理方法包括采用一系列长停留时间的沉降池，或用溶气气浮(采用空气的 DAF 和其他气体的 DGF)，或采用空气或其他气体的诱导气浮(IAF, IGF)，或砂滤(U.S.EPA, 1995; Benyahia et al., 2006; Schultz, 2007; European Commission and Joint Research Center, 2013)。化学剂如氢氧化铁或氢氧化铝可用来使混凝水中杂质形成泡沫或污泥，使其易于从水面撇出(U.S.EPA, 1995)。一级处理设施出水油含量(不溶性)应低于 20mg/L，多数溶解性有机物仍在出水中(Goldblatt et al., 2014)。API 隔油池、一级处理设施和其他重力隔油池产生的污泥，DAF 气浮浮渣和沉降池产生的固废与石油工业污水的一级处理过程密切相关，应被界定为危险废物(U.S.EPA, 1995)。

6.4.2.1 一级处理的第一阶段

第一阶段的油水分离设施被设计用来去除污水中大量的游离态油和重悬浮物，通常在来水含油量超出约 500mg/L 的工况下使用。这些分离设施的工作原理均基于 Stokes 定律，使污水中不同密度(比重)的组分相互分离(Schultz, 2007)。油滴的上升速率可利用 Stokes 方程计算：

$$V_r = \frac{g\,d^2(\rho_d - \rho_c)}{18\mu} \tag{6.1}$$

其中，V_r 是油滴上升速率(cm/s)，g 是重力加速度(980cm/s^2)，μ 是连续流体(水)的绝对黏度(P)，d 是油滴直径(cm)，ρ_d 是颗粒(油滴)的密度(g/cm^3)，ρ_c 是连续流体的密度(g/cm^3)。假设油滴是球形，流体是层流(包括水平和垂直向)，油滴具有相同尺寸，则利用 Stokes 方程计算油滴上升速率是准确的。由

Stokes 定律可见,连续流体的黏度、连续流体与油滴间的密度差以及油滴尺寸是计算上升速率最重要的变量,它们用以确定隔油池大小。Stokes 方程最初用来描述固体颗粒落进液体的运动行为,所以计算的油滴上升速率是一个负数(Mohr et al.,1998)。

倾析和聚结是油水重力分离的两个原理(Pombo et al.,2011)。API 隔油池设计成一种长而窄的结构用于从污水中分离油和悬浮物。图 6.2 展示了一种典型的 API 隔油池,这种隔油池可以去除高浓度悬浮物(进水 TSS 高达 20000mg/L)(Schultz,2007)。停留时间、池体设计、油的性质、操作条件和絮凝剂或助凝剂添加均可影响 API 重力隔油池的效果(Arthur et al.,2005)。出水油含量可达到 100~300mg/L。由于 API 隔油池可操作的流量和负荷范围宽,还可处理高浓度悬浮物,是目前石油工业中最常用的油水分离设备,特别是在炼油和石化企业中,但是这种隔油池需要最大的占地面积并且是最贵的油水重力分离设施。API 隔油池也可以加盖,用以控制恶臭和 VOC 排放(Schultz,2007),但是无法去除乳化油或溶解油。API 隔油池在高 pH 值下运行会稳定乳化,因此为了降低 pH 值,废碱液应提前中和或直接送至均质单元(IPIECA,2010)。

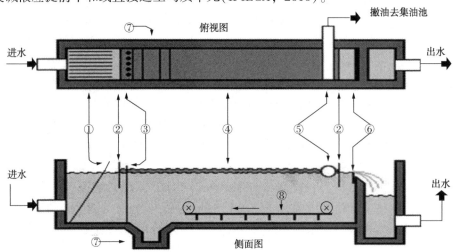

① 格栅(斜管)
② 挡油板
③ 流体分布器(竖直管)
④ 油层
⑤ 割缝管刮油机
⑥ 可调节溢流堰
⑦ 沉泥槽
⑧ 循环链板式刮泥机

图 6.2 典型 API 隔油池(Robinson,2013)

CPI、PPI 和 TPI 隔油池使用内板缩短达到既定油水分离目标所需停留时间，进而相比于 API 隔油池减少了所需的分离单元和占地面积（European Commission and Joint Research Center，2013）。这些隔油池对油水（两相）分离来说非常有效，但是当污水中存在固体（第三相）时的处理效果较差（IPIECA，2010）。例如对 CPI 隔油池来说，进水油含量和 TSS 应分别为 500~10000mg/L 和小于 100mg/L，出水油含量可达到 100~300mg/L。CPI 隔油池相比于常见的 API 隔油池来说更小且成本更低，然而高 TSS 进水引起的运行问题（结垢和堵塞）限制了其在石油炼制工业的应用。在石油化工行业，进水 TSS 大幅减少，能够获得巨大成功（Schultz，2007）。

水力旋流分离器也是基于 Stokes 定律实现污水除油的，但需要将进水加压到至少 35psi 在装置的管束中形成高能量旋流作用。油和水之间的比重差被污水旋转产生的离心力增强，实现低能耗除油。这类分离器常用于油田，因为采油的分离器能够提供带压的进水。由于利用泵将含油污水加压到水力旋流进口压力会将油滴打碎成更小粒径，引起的剧烈乳化不利于去除，因此该技术在炼油和石化企业应用并不广泛（Schultz，2007）。

6.4.2.2 一级处理的第二阶段

一级处理的第二阶段设计用于去除第一阶段无法分离的微小油滴和悬浮物、乳化油、亲油固体。最常见的技术是气浮，气体采用空气或氮气，但使用氮气是考虑装置被封闭控制 VOC 和/或恶臭时的安全原因（Schultz，2007）。DGF 和 IGF 与 DAF 和 IAF 是相同的技术，只是使用惰性气体代替空气以降低安全风险（European Commission and Joint Research Center，2013）。气浮系统利用气泡黏附油滴和悬浮物将其浮选出去。气泡使油–气泡组合泡沫的比重降低，进而提高了泡沫的上升速率（Mohr et al.，1998）。为了保证气浮系统达到最佳效果，加入混凝剂（如 $FeSO_4$ 或 $FeCl_3$）破坏乳化油并加入絮凝剂（如聚电解质）将微小的油滴和悬浮物颗粒构建成更易于在污水中漂浮的大颗粒（Schultz，2007）。在气浮系统中，油和悬浮物均从顶部被撇出（U.S. EPA，1995）。

图 6.3 展示了一个典型的 DAF 装置。溶气气浮能够处理 500mg/L 及更高浓度的进水油含量，除油效率高达 95% 以上（出水油含量 10~30mg/L）。在这个系统中，进水 TSS 低于 500mg/L 即可，且能够非常有效地去除污水中的悬浮物，去除效率不低于 95%（出水 TSS 低于 25mg/L）。污泥和浮渣的体积为进口流量的 0.1%~0.5%。溶气气浮对流速和负荷的变化非常敏感，通过集成安装快速混合器和絮凝罐，可提高去除效率（Schultz，2007）。

图 6.4 展示了一个典型的诱导气浮（IAF）装置，诱导气浮是目前成本最低的气浮系统。进水油含量和出水油含量分别低于 300mg/L 和 20~75mg/L。浮渣体

图 6.3 典型溶气气浮（DAF）装置

积为进水流量的 1%~10%。如果油和 TSS 的含量不高且污水流量和负荷变化很小，诱导气浮能够达到一个可接受的处理效果，另外，诱导气浮并不能用来去除 TSS。诱导气浮装置应用于一些炼油厂，但是因为溶气气浮的设计和功能使其在流速和负荷大幅波动的情况下也能够获得高质量的出水，所以在炼油和石化企业更常用（Schultz，2007）。

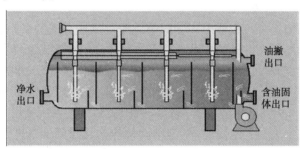

图 6.4 典型诱导气浮（IAF）装置（Arthur et al.，2005）

澄清池和砂滤（或双层滤料）是替代浮选的备用技术（European Commission and Joint Research Center，2013）。砂子和无烟煤可作为滤池滤料，双层滤料滤池便是由无烟煤层覆盖在砂子层上组成的。无烟煤用于截留大颗粒，砂子截留小固体（IPIECA，2010）。滤池通常能够去除 2~5μm 的小油滴，进水油含量、TSS 和出水油含量可分别达到 <50mg/L、<50~100mg/L 和 <20mg/L。油能够污染和堵塞滤料（Schultz，2007），滤池需要周期性反冲洗以去除截留的固体（IPIECA，2010）。反洗周期内可利用空气冲刷去除累积的油，但此操作并不推荐用于石化企业，因为这会成为 VOC 的一个重要排放源并需要 VOC 控制设施。碎核桃壳也可作为滤料用于核桃壳过滤器，在吸附和捕捉油滴能力上非常具有吸引力（Schultz，2007）。

6.4.3 二级处理

在二级处理阶段,溶解油和其他有机污染物会被微生物消灭(U. S. EPA,1995)。微生物(天然存在的、商品化的、特定组群、驯化的活性污泥)在有氧、厌氧或兼氧条件下将有机物氧化成简单产物(CO_2、H_2O 和 CH_4)。C∶N∶P 比例(100∶5∶1)足够供给微生物的生长(Ishak et al.,2012)。生物处理工艺通常可分为两类:

1) 悬浮生长工艺。例如活性污泥(AS)法、序批式活性污泥法(SBR)、连续搅拌槽式反应器(CSTB)、膜生物反应器(MBR)和曝气塘。

2) 附着生长工艺。例如滴滤池(TF)、生物流化床(FBB)和生物转盘(RBC)(EPA,1997;IPIECA,2010;Ishak et al.,2012)。

生物处理可能需要氧的参与,采取了不同的技术形式,包括活性污泥法、滴滤池、生物转盘等。二级处理会产生生物质废物,通常采用厌氧后脱水处理(U. S. EPA,1995)。

近年来,组合系统被研发出来,用以克服常规技术缺陷,提高除油效率,改善出水质量。这种系统将悬浮和附着生长工艺结合在同一个反应器内,比如将活性污泥法与淹没式生物滤池(固定床生物滤池)相结合(Ishak et al.,2012)。

在一些案例中,当石油工业区域(如一个炼油厂区)面临严格的氨氮或总氮排放限值而需要深度脱氮时,可以选用硝化作用(使用硝化菌)或者组合的硝化/反硝化作用(IPIECA,2010;European Commission and Joint Research Center,2013)。

6.4.3.1 悬浮生长工艺

在悬浮生长工艺中,微生物与有机物在液相中完全混合并保持悬浮状态。有机组分作为食物用于微生物生长,形成活性生物质(IPIECA,2010;Ishak et al.,2012)。活性污泥法是石油类污水处理厂最常用的悬浮生长工艺(IPIECA,2010;Pombo et al.,2011;Ishak et al.,2012;European Commission and Joint Research Center,2013)。传统型(平推流)、全混型和SBR均是活性污泥法处理污水的常见形式(Ishak et al.,2012)。

6.4.3.1.1 活性污泥法

如图6.5所示,活性污泥法是在两个隔室中进行的:曝气池和二沉池或澄清池(Pombo et al.,2011)。污水被引入一个装微生物的曝气池中,这些微生物被统称为活性污泥或者混合液。浸没式扩散曝气系统或者机械表面曝气系统以及它们的组合可用于保持活性污泥悬浮(EPA,1997)。污水中的有机物成为微生物的碳源和能量用于生长,从而转化成细胞组织、水和氧化产物例如 CO_2(IPIECA,

2010)。污水和活性污泥接触一段时间后,在澄清池中将污泥从出水中分离出来。为了保持曝气池中含有适宜的微生物量,污泥被送回曝气池中(回流污泥(RAS)),但因生物生长多余的部分被周期性地或连续地排出[剩余活性污泥(WAS)]以提升澄清池的沉降效率(EPA,1997)。混合液中的生物质被称为混合液悬浮固体(MLSS),生物质的有机部分被称为混合液挥发性悬浮固体(MLVSS)(IPIECA,2010)。处理效率会受到曝气池中混合液浓度的影响(EPA,1997)。

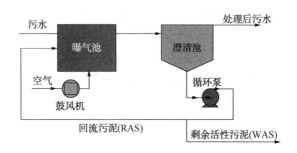

图 6.5　活性污泥(AS)法流程简图

6.4.3.1.2　粉末活性炭-活性污泥法

因活性炭(粉末活性炭 PAC 和粒状活性炭 GAC)具有大的表面积适用于吸附,应用于水处理和污水处理领域已很久(Tri,2002;Jafarinejad,2015e),粉末活性炭粒径小于 200 目(Tri,2002)。PAC-活性污泥法与常规活性污泥法类似,只是 PAC 被加到好氧池或者混合液中。去除污染物的能力因生物降解和吸附的协同作用而被强化(Tri,2002;IPIECA,2010)。典型的活性炭处理(PACT)工艺流程参见图 6.6,虽然多数 PAC 随着活性污泥被回收,但系统仍需要持续补充新鲜活性炭。PACT 工艺常用于某类污染物控制标准非常严格的石油工业污水处理案例(IPIECA,2010)。根据 Tri(2002)的报道,PACT 工艺去除有机组分的效果优于单独的生物降解或吸附。PAC 加入量和混合液中 PAC 掺混浓度与污泥龄之间的关系如下:

$$X_\mathrm{p} = \frac{X_i \theta_\mathrm{c}}{\theta} \tag{6.2}$$

其中,X_p 是稳定后 PAC 的 MLSS(mg/L),X_i 代表 PAC 加入量(mg/L),θ_c 是固体停留时间(d),θ 代表水力停留时间(HRT)(d)。碳加入量的常规范围为 20~200mg/L。由于更长的污泥龄,增加了单位碳去除有机物的量,进而提高了处理效率(Tri,2002)。

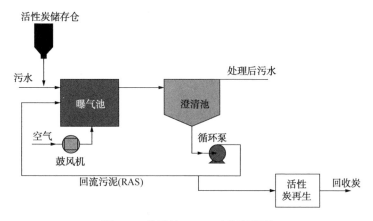

图 6.6 典型的 PACT 工艺流程图

6.4.3.1.3 序批式活性污泥法

序批式活性污泥法(SBR)是一种充/排式活性污泥系统用于市政和工业污水处理,曝气、沉降、澄清可在单一池体中实现。SBR 的运行没有二沉池,污水进入反应池,反应去除不需要的组分后排出。为了优化系统性能,可将两个或者更多的反应池按照预定的操作顺序批次运行。典型的 SBR 系统如图 6.7 所示,SBR 的运行基于充/排方式,由五步组成:进水、反应、沉降、排水、静置,这些步骤可根据不同的应用需求而变更。SBR 的运行流速通常低于 219L/s(5MGD),更大规模的 SBR 装置运行需要更精细的操作,阻碍了该技术在大流速工况下的应用。因此,SBR 在小规模处理污水的情况下极具吸引力,绝大多数装置的设计污水流速为 ≤ 22L/s(0.5MGD)(Metcalf and Eddy, 1991; U.S.EPA, 1999; Gurtekin, 2014)。

SBR 应用于一些炼油厂,但是它在整个石油工业污水处理领域的应用范围有限(IPIECA, 2010)。Leong 等(2011)研究了不同酚浓度进水情况下 SBR 的污泥特性和处理性能。结果表明,当反应工序足够长时可去除几乎全部的酚,随着进水酚负荷的提升,污泥形态的变化不会影响 SBR 的除酚效率。然而,当进水酚浓度增加到 400mg/L 时,微小絮体占优势,导致污泥沉降性能变差,排水因悬浮物而变差。Ishak 等(2012)论证了 SBR 的生物活性和处理性能会受到酚等毒性物质的影响,造成驯化期间细菌数量持续下降。

6.4.3.1.4 连续搅拌槽式反应器

连续搅拌槽式反应器(CSTB)是另外一种悬浮生长工艺(Ishak et al., 2012),基于常规全混流反应器(MFR)或者连续搅拌反应器系统(CSTR),需要在反应器的顶部或底部供给空气和搅拌器。Gargouri 等(2011)曾用 CSTB 优化可行、可靠

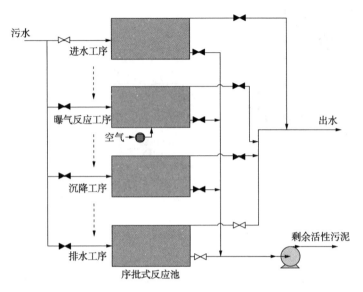

图 6.7 典型序批式活性污泥法(SBR)流程简图

的生化工艺来处理烃类含量较高的工业污水,利用高效适应性混合菌株成功开发出一套生物修复技术[斑点气单胞菌(豚鼠气单胞菌),蜡状芽孢杆菌,烟碱降解细菌,嗜麦芽窄食单胞菌,苯酚降解菌红球菌]。COD下降率高达95%,总石油烃(TPH)由320mg TPH/L下降到8mg TPH/L的效果证实了生物强化的反应器性能。另外,根据植物毒害测试,水芹的发芽指数在57%~95%,认定处理后的污水是无毒的。虽然利用这种工艺处理石油炼制和石化工业高烃类污水是一种可靠的技术且能得到令人满意的结果,但应用并不普遍。

6.4.3.1.5 膜生物反应器

膜生物反应器(MBR)是传统活性污泥法反应器的变型,膜过滤单元[如微滤(MF)或超滤(UF)]替代二沉池用于从活性污泥中分离出水(固液分离)(Tri, 2002; Rahman and Al-Malack, 2006; Pombo et al., 2011; Ishak et al., 2012; Uan, 2013)。膜的形式主要为管式、中空纤维式和平板式,材质可以为聚合物、金属和无机物(陶瓷)。可反冲洗、耐腐蚀、抗污染是陶瓷膜的一些主要特点,但是价格高于聚合物材质的膜,如目前实际应用最广泛的聚偏二氟乙烯(PVDF)膜、聚醚砜(PES)膜、聚乙烯(PE)膜和聚砜(PSF)膜。膜孔径通常为0.01~0.45μm(Uan, 2013)。

膜生物反应器通常有两种不同的结构:

1) 浸没式膜生物反应器(SMBR)的膜组件浸没在生物反应池内,直接采用死端过滤以抽吸方式使水透过(Tri, 2002)。要强调的是,膜可以浸没在曝气池或者膜池中。对于浸没式结构来说，空气用于生物过程和膜擦洗(Uan，2013)。SMBR 更多应用于处理市政污水，可使用中空纤维膜(水平向或垂直向)和平板膜(垂直向)(Pombo et al.，2011)。

2) 错流式膜生物反应器(CFMBR)的膜组件安装在曝气池外，混合液(液固混合)被泵入膜组件中利用膜进行错流过滤。渗透的水被排出，渗余物(过量的流股)被送回曝气池(Tri，2002)。在这种结构中常使用管式膜(水平向或垂直向)(Pombo et al.，2011)。

MBR 相比于传统活性污泥法具有出水质量高、处理设施占地面积小、产泥量小、技术可靠性和操作灵活性好等优势(Tri，2002；Zhidong et al.，2009；Uan，2013)，但膜污染会增加处理成本。膜污染对通量下降的影响可用下面的串联阻力模型描述(Tri，2002)：

$$J = \frac{\Delta P}{\mu R_t} \tag{6.3}$$

其中，J 代表膜通量($m^3/m^2 s$)，ΔP 代表跨膜压差(Pa)，μ 是渗透液黏度(Pa·s)，R_t 代表过滤总阻力(1/m)，可根据式(6.4)计算：

$$R_t = R_m + R_c + R_f \tag{6.4}$$

其中，R_m 代表内部膜阻力，R_c 代表滤饼层阻力，R_f 表示不可逆污染和孔封堵带来的污染阻力(Tri，2002)。

进水性质、生物特性(例如高分子量组分状况)、膜性能、组件形式和操作条件(如水动力情况)是影响膜污染的常规参数(Pombo et al.，2011；Uan，2013)。反应器、膜组件设计和曝气(微小气泡用于曝气，聚并成的大气泡用于控制膜污染)的优化也有利于控制膜污染(Uan，2013)。

典型 MBR 系统的示意图如图 6.8 所示，通常 MBR 用于处理含油污水的好氧停留时间(HRT)在 0.5~3d，而污泥龄(SRT)需要控制在 20~50d，SRT 高度依赖于 HRT 和进水性质(Uan，2013)。依据 IPIECA(2010)，MBR 系统的 MLSS 浓度(15000~20000mg/L)通常高于常规活性污泥系统。由于引入了膜，MBR 的成本高于常规活性污泥法，且 MBR 并没有用在石油工业。但是，活性污泥法需要三级过滤，MBR 因有膜组件而具有更高的性价比。在石油工业领域，将使用反渗透等三级处理，相比于在生物处理后选择介质过滤或微滤，MBR 更具吸引力(IPIECA，2010)。未来，膜成本的快速下降可能是 MBR 广泛应用的一个重要驱动力(Uan，2013)。

科研人员已探索了利用 MBR 处理含油污水的可行性。Yaopo 等(1997)研究了利用 MBR 处理石油化工污水，报道的去除率 COD 为 78%~98%，BOD_5 为 96%~99%，SS 为 74%~99%，浊度为 99%~100%。Scholz 和 Fuchs(2000)考察了

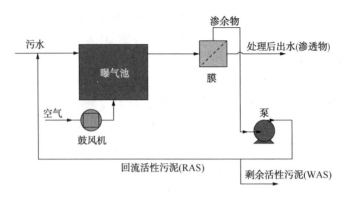

图 6.8 典型膜生物反应器(MBR)流程简图

应用外接膜组件的 MBR 处理含合成油的污水(含表面活性剂以及燃料油或润滑油)。进水烃类浓度在 500~1000mg/L 范围内,维持系统中生物质浓度达到 48g/L。在 HRT 为 13.3h 的情况下,燃料油和润滑油的去除效率为 99.9%。总有机碳(TOC)和 COD 去除率分别为燃料油污水 94%~96%,润滑油污水 97%~98%,污水中表面活性剂去除率在 92.9%~99.3% 之间。最终证明,处理后的污水(出水)能够回用工业生产(Scholz and Fuchs, 2000; Tri, 2002; Pombo et al., 2011)。Rahman 和 Al-Malack(2006)利用 CFMBR(采用管式陶瓷膜)处理炼油污水,在 MLSS 浓度 5000mg/L 和 3000mg/L 的工况下考察处理技术性能。结果表明,COD 去除率超过 93%,MLSS 值和 HRT 对系统处理能力没有显著影响。Wiszniowski 等(2011)考察了柱塞流式 MBR 系统中石油类污染的去除状况并监测了微生物群落结构,发现 COD(93%)、BOD(99%)、TOC(96%)的有效去除,并且来源于石油的非极性微污染物几乎被全部去除。这个研究也表明,高的石油类污染含量(1000μL/L)会影响微生物群落,在此浓度下,微生物群落开始趋异。

6.4.3.1.6 曝气塘

氧化塘或者污水稳定塘是一种嵌入地面的凹地,利用藻类和细菌的自然过程处理市政和工业污水。塘内发生复杂的物理、化学和生物的共同作用处理污水,天气条件、塘的种类和结构、系统设计影响着处理性能。氧化塘可以分为厌氧型、兼氧型、好养型和曝气式。厌氧塘度通常为 2.5~5m 深,所有的生化过程均为厌氧。这种氧化塘对于处理高 BOD_5 浓度的工业污水或者市政和工业混合污水是一个很好的选择,常用来作为预处理,后续还需要采用兼氧塘或好氧塘去除厌氧产生的溶解性 BOD_5。好氧-厌氧塘或者兼氧塘通常 1.2~1.5m 深,含氧水层覆盖在厌氧水层之上,包含悬浮物的厌氧消解和沉降污泥。好氧塘非常浅(0.3~0.45m),以至于阳光可以透入池底,溶解氧存在于水柱中的任何地方。这种氧化塘通常应用在日照充足、温暖的气候条件，不存在冰层覆盖的风险（National Guide to Sustainable Municipal Infrastructure，2004）。

在曝气塘中，机械的或扩散曝气设备强化了天然的曝气过程，有利于生物处理（U.S. EPA，2002；NationalGuide to Sustainable Municipal Infrastructure，2004）。这种氧化塘根据混合设备数量或者曝气强度，能够使液相中全部固体或部分固体呈悬浮状态，分为完全混合曝气塘和部分混合曝气塘（U.S. EPA，2002；Pombo et al.，2011）。在第一个案例中，生物质能在二级塘中沉降为污泥，而在第二个案例中，生物碎片的形成和分离以及固体的沉降均在池内发生（Pombo et al.，2011）。曝气塘一般为2~6m深，后续连接兼氧塘，使在完全混合或部分混合的曝气塘中无法沉降的悬浮物沉降下来并厌氧消解（National Guide to Sustainable Municipal Infrastructure，2004）。

一般情况下，根据曝气塘的种类不同，可去除80%~90% TSS，65%~80% COD，50%~95% BOD（Pombo et al.，2011），如果系统末端包含沉降设备，出水BOD和TSS可以稳定低于30mg/L（U.S. EPA，2002）。这类曝气塘常用在土地价格低廉或排放标准不是特别严格的地方（U.S. EPA，2002；IPIECA，2010）。由于曝气塘与活性污泥法的出水水质无法相提并论，它在外排水指标控制严格的石油工业污水处理领域应用较少（IPIECA，2010）。

6.4.3.2 附着生长工艺

附着生长工艺，也称之为生物膜或者固定膜处理工艺，是微生物附着在惰性材料上（如岩石、砂砾、矿渣、塑料和各类合成材料）生长成含有胞外物质的生物膜的一种处理技术（EPA，1997；Ishak et al.，2012），生成的膜或黏泥包含的微生物与污水接触实现处理。这类工艺可分为填充介质（如TF），移动或漂浮介质（如RBC）（EPA，1997），本节将探讨生物滤池、FBB和RBC。

6.4.3.2.1 滴滤池

滴滤池（TF）是一种生物质附着在床层上的好氧生物技术，床层材料可以是岩石、矿渣或塑料（U.S. EPA，1996）。典型不含回流的滴滤池示意图参见图6.9，这个系统一般由滤床、污水分布器、出水的排水系统和澄清池组成。水中有机物被填充材料表面的生物膜（微生物）降解（EPA，1997；Arthur et al.，2005；IPIECA，2010）。当生物质达到一定厚度时将部分脱落，因此如果将滴滤池作为主体处理单元的话，需要使用澄清池来分离脱落的生物质（U.S. EPA，1996）。

在炼油等石油工业，如果对出水水质要求不高，生物滤池可以单独作为二级处理单元。滴滤池也可以作为活性污泥设施的上游装置，降低处理负荷或者污水

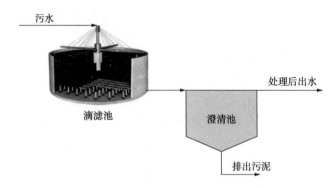

图 6.9 典型滴滤池示意图

有机污染负荷。根据 Bush(1980)报道,受滤材种类、担载量、床层类型等影响,BOD 去除率为 60%~85%,COD 去除率为 30%~70%,SS 去除率为 60%~85%,石油类去除率为 50%~80%(Bush,1980)。根据有机负荷情况,滴滤池的设计形式有四种:

1) 低速滤池普遍用于进水负荷低于 40kg $BOD_5/100m^3 \cdot d$ 的工况;

2) 中速滤池可以将进水负荷提高到 64kg $BOD_5/100m^3 \cdot d$;

3) 高速滤池进水往往处于滤池能够接收的有机物负荷上限情况,进水 BOD_5 负荷在 64~160kg $BOD_5/100m^3 \cdot d$ 的范围内;

4) 粗滤池设计用于大量溶解性 BOD 透过生物滤池,设计负荷达到 160~480 $BOD_5/100m^3 \cdot d$。

低速滤池、中速滤池、高速滤池和粗滤池的 BOD_5 去除率分别为 80%~90%、50%~70%、65%~85%和 40%~65%(U.S. EPA,2000)。根据 Bush(1980)报道,由于只有低进水负荷情况下才能够获得高的处理能力,在此进水负荷下,滴滤池的成本要高于其他同类技术,因此滴滤池更适于作为前处理设施而不是综合处理单元。

6.4.3.2.2 流化床生物反应器

流化床生物反应器(FBB)一般包括载体内或载体表面上的固定细胞或酶(作为生物催化剂),载体能够随着液相流体运动。这些小载体或颗粒能够为细胞黏附构建大表面积,使氧气和氮气能够快速传递到细胞(Godia and Sola,1995)。FBB 可分为好氧型和厌氧型(Godia and Sola,1995;Wan et al.,2010;Haribabu and Sivasubramanian,2014)。由于 FBB 系统中存在三相(固-液-气),流体动力学表征难度较大(Godia and Sola,1995)。载体上的生物质直接接触污水实现污水处理。

一些研发人员探索了利用 FBB 处理石油工业污水的可行性。例如,Sokol

(2003)考察了炼油污水在三相 FBB 中的好氧处理效果,此 FBB 使用低密度(颗粒密度小于水)生物质载体[KMT(Kaldnes Miljotechnologi AS)聚丙烯颗粒]。当反应器在堆积床层体积和生物反应器体积比为 0.55,气速 U 为 0.029 m/s 条件下操作时,得到的最大 COD 去除率约 90%。pH 值控制在 6.5~7.0 之间,温度保持在 28~30℃。经过 2 周培养,反应器中的生物质达到稳定状态。可以推断,多余的生物质可以通过颗粒间和颗粒与壁面间的碰撞而脱落,颗粒的剧烈运动能够消除床层通道的堵塞。Lohi 等(2008)研究了稳定和非稳定工况下,以火山岩为生物载体的三相 FBB 对柴油(DF)污水的好氧生物降解效果,FBB 中载体颗粒随着进水和曝气上升流化。结果表明,在配制污水中柴油负荷为 0.43~1.03kg/m^3·d 时,FBB 在非稳定工况下操作可实现柴油去除率 100%;平均 97% 以上的进水 COD (547~4025mg/L)被去除,当进水 COD 达到 1345mg/L 时,去除率超过了 90%。在稳定工况下操作,污水中柴油去除率为 100%,COD 平均去除率 96%。当水力停留时间低至 4h 时,出水柴油浓度约 200mg/L,COD 为 1237mg/L。此外,Kuyukina 等(2009)考察了 FBB 连续循环处理石油污水的效果,测试的不同种类生物催化剂包括固载 Rhodococcus 菌的疏水性载体如锯屑、聚乙烯醇冻凝胶(cryoPVA)、聚丙烯酰胺冻凝胶(cryoPAAG)。相比于 C12-cryoPAAG 基生物催化剂,疏水锯屑基生物催化剂整体展现出更高的代谢活性,这是由于锯屑能够固载更多的 Rhodococcus 细胞,有助于 FBB 的应用效果。他们的报道证明了设计的 FBB 系统是成功的,2~3 周后,污水中正构烷烃(C10-C19)去除率为 70%~100%,2~3 环 PAH 去除率为 66%~70%。

6.4.3.2.3 生物转盘

生物转盘(RBC)系统中,微生物在大直径盘片或结构性模块上黏附并形成生物膜,盘片或模块绕中心水平轴旋转,将生物膜顺序地暴露于污水和大气(从中吸取氧气),从而生物降解污水中的污染物(EPA,1997;Suzuki and Yamaya,2005;Ishak et al.,2012)。可采用传动杆直接连接齿轮传动电机外部驱动盘片旋转,或者依靠气泡切向推动盘上的叶片旋转。市售的支撑介质种类繁多,但特征均为一系列小间距(相距 2~3cm)、直径 1~3m 的塑料盘片(如聚苯乙烯)(EPA,1997)。常规 RBC 系统 40%~45% 的盘片表面积浸没在污水中进行生物处理(Suzuki and Yamaya,2005),典型 RBC 系统示意图参见图 6.10。

RBC 的优势在于相对较低的能耗,操作和维护简单,并且能够有效处理进水污染物(Suzuki and Yamaya,2005)。此外,RBC 不需要额外的曝气设施因为盘片的转动能够促进氧气的传递(Chavan and Mukherji,2008)。

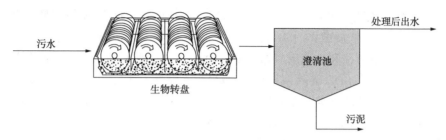

图 6.10 典型生物转盘(RBC)示意图

Tran 和 Chowdhury(1991)在实验室研究了使用多孔生物支撑系统(PBSS)的 RBC 处理炼油污水的可行性,多孔性支撑材料用聚氨酯泡沫制造。在各水力负荷条件下($0.01m^3/m^2/d$、$0.02m^3/m^2/d$、$0.03m^3/m^2/d$ 和 $0.04m^3/m^2/d$),总 COD 和石油类的去除率超过 80%,氨氮和酚的去除率分别超出 90% 和 80%。在水力负荷为 $0.03\ m^3/m^2/d$ 的初期,聚氨酯泡沫中最大生物浓度约 $30g/m^3$,断定 RBC 能够在温和的水力负荷条件下有效应用。Suzuki 和 Yamaya(2005)设计了使用转筒的一步法 RBC,在 25℃、pH 值为 7 的情况下间歇操作,以去除工业排放污水中的烃类污染。生物转筒是一种圆柱形的筛网转筒,随机填充了聚氨酯泡沫块来容纳石油降解无绿微藻(achlorophyllous microalga Prototheca zopfii)细胞,40% 浸没在培养液中。固定在 1cm 见方泡沫块中的藻类细胞数量高于实验室研究使用的小孔径泡沫块。结果表明,使用转筒的 RBC 对烷烃类(C_{14}、C_{15} 和 C_{16})的去除速率明显高于使用聚碳酸酯转盘的 RBC。Kubsad 等(2005)在实验室评估了 RBC 处理石化行业丙烯腈生产污水的处理效率,在水力负荷为 $0.011\ m^3/m^2/d$ 时,氰化物、COD、BOD_5 和氨氮的去除率分别高于 99%、95.2%、99.1% 和 77%。碳氮比不影响氰化物的去除,而受基质与氰化物比值的影响,当比值为 20:1 时,氰化物去除率超过 99%。Chavan 和 Mukherji(2008)考察了利用光合微生物和盘片上生长的细菌联合处理含柴油污水的处理效果。RBC 内加入了油降解菌洋葱伯克霍尔德菌和耐油性光合微生物,出水中残留柴油为 0.003%。他们指出,这种系统具有 TPH 去除效果好、不需加入溶解性碳源和生物固体沉降性能好的优点。氮磷比(N/P)影响着光合微生物和细菌间的占比优势,也是决定 RBC 处理能力和效率的关键因素。在 HRT 为 21h、有机负荷 27.33 g $TPH/m^2 \cdot d$ 的情况下,氮磷比 28.5:1 和 38:1 均能够获得高到几乎完全去除的 TPH 和 COD 处理效果。这些研究表明,RBC 应是一种切实可行的石油工业含油污水处理技术。

6.4.3.3 硝化或硝化/反硝化组合工艺

硝化作用是将氨或铵盐的生物氧化成亚硝酸盐(例如在亚硝化单胞菌作用下),随后亚硝酸盐氧化成硝酸盐(例如在硝化杆菌作用下)的过程,具体如下:

$$2NH_4^+ + 3O_2 \xrightarrow{\text{硝化细菌如亚硝化单胞菌}} 2NO_2^- + 2H_2O + 4H^+ \tag{6.5}$$

$$2NO_2^- + O_2 \xrightarrow{\text{硝化细菌如硝化杆菌}} 2NO_3^- \tag{6.6}$$

反硝化作用是一种缺氧过程，在没有溶解氧的情况下反应发生，硝酸盐（NO_3^-）在碳源和异养菌（例如假单胞菌）存在条件下依次还原为亚硝酸盐（NO_2^-）、一氧化二氮（N_2O）和氮气（N_2）。硝化过程产生的硝酸盐成为异养菌利用 BOD 的氧源，因此反硝化作用需要细菌、作为氧源的氮氧化物和碳源三个因素（EPA，1997；European Commission and Joint Research Center，2013）。

正如前文所述，一些石油企业所处地区对氨氮或者总氮限制严格，需要深入脱氮，因此应用硝化或硝化/反硝化组合工艺是完全可能的（IPIECA，2010；European Commission and Joint Research Center，2013）。

生物脱氮过程可以与活性污泥、渗透滤池或滴滤池结合或改造（EPA，1997）。为了升级污水处理场的硝化/反硝化功能，通常在曝气池的后端（后置反硝化）或前端（前置反硝化）增加不曝气的设施（缺氧池），这些结构如图 6.11 所示（Trevi nv，2014）。在后置反硝化系统中，碳源（如甲醇）被加入缺氧池辅助实现反硝化作用。在前置反硝化系统中，缺氧池进口污水的 BOD 充当了碳源，一部分曝气池出水回流，将出水中的硝酸盐还原（IPIECA，2010；Trevi nv，2014）。依据欧盟联合研究中心的报告（2013），活性污泥法中自然脱氮能力通常约为10%，硝化/反硝化生物处理能力可达到 70%~80%，三级反硝化（扩展单元）的能力可高达 90%。

6.4.4 三级处理或深度处理

三级处理或深度处理是指任何二级处理的后续单元，以获得高质量出水水质，应对排放限值（U.S. EPA，1995；Goldblatt et al.，2014）。换言之，当石油工业排放的不同污染物如 TSS、COD、溶解或悬浮金属、PAH 等痕量有机物需要达到严格的环保限值要求时，应考虑三级处理（IPIECA，2010）。深度处理阶段包括砂滤、活性炭（Bush，1980；U.S. EPA，1995；Benyahia et al.，2006；IPIECA，2010；Goldblatt et al.，2014）、化学氧化（Bush，1980；IPIECA，2010；Goldblatt et al.，2014）、超滤（Benyahia et al.，2006；European Commission and Joint Research Center，2013）和反渗透（European Commission and Joint Research Center，2013；Goldblatt et al.，2014）等膜分离技术，或者去除难降解污染物的其他处理技术，使出水适于外排或回用（Goldblatt et al.，2014）。

要提醒的是，下面介绍的大部分技术没有广泛应用在石油工业，应用尚不普遍，然而根据所在地的政策和经济压力，可以从这些技术中进行选择（IPIECA，2010）。

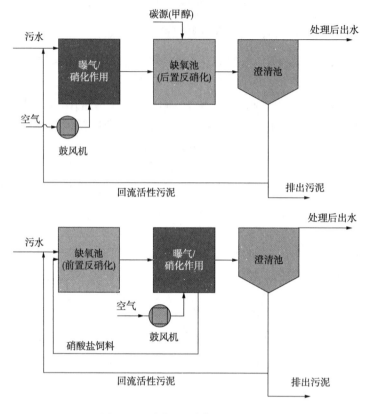

图 6.11 硝化/反硝化系统示意图

6.4.4.1 砂滤

基于世界银行的报告(1998),石油工业外排水 TSS 的最大限值为 30mg/L。此外,依据 IPIECA(2010),许多地区的炼油厂需要一致执行低至 15mg/L 的 SS 限值。生物处理系统出水中通常含有 5~50mg/L 悬浮态或胶体态生物质或者 25~80mg/L 悬浮物,取决于沉淀池的操作情况,可采用砂滤过滤。图 6.12 展示了典型的砂滤系统,阴离子或阳离子聚合物可加到沉淀池出水中提升颗粒去除效果,大于 5μm 的污染物颗粒能够采用这种处理方式去除(IPIECA, 2010)。粒状滤料可将悬浮态或胶体态有机质含量降低到 3~20mg/L。双层滤池可使用无烟煤和砂子、活性炭和砂子、树脂床和砂子、树脂床和无烟煤(Bush, 1980),一般由砂子上覆盖无烟煤层构成(Schultz, 2007),无烟煤层捕捉大颗粒,砂子截留微小颗粒。滤池通过定期反冲洗去除截留的颗粒(IPIECA, 2010)。由于滤池性能依赖于进水特性,Bush(1980)建议针对特殊体系开展初步研究(Bush, 1980)。

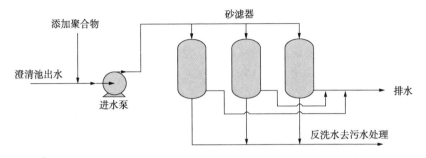

图 6.12 典型砂滤系统

6.4.4.2 活性炭吸附

活性炭吸附是一种普遍的排水深度处理技术用以去除溶解性和难降解的有机组分(Bush, 1980; Pombo et al., 2011; Okiel et al., 2011)。该技术只适用于出水水质要求非常高的情况(Bush, 1980),处理后的水可回用作工业用水(Pombo et al., 2011)。

活性炭吸附系统由三个部分组成:吸附器,污水和活性炭(如 GAC)床(固定床并联或移动床)在此接触;传输系统,将碳从吸附器送至再生器再返回;再生系统[热(常规系统)、化学、溶剂或生物系统],典型活性炭吸附系统如图 6.13 所示。在这些吸附系统中,流速、床层高度和接触时间分别为 $5\sim10\mathrm{gpm/ft^2}$、$\geqslant 10\mathrm{ft}$ 和 $15\sim38\mathrm{min}$(Bush, 1980)。

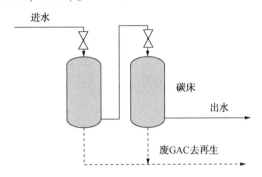

图 6.13 典型活性炭吸附系统

根据 Bush(1980)的报道,活性污泥系统出水的 BOD、油含量和酚可通过吸附分别降低至 $3\sim10\mathrm{mg/L}$、$<1\mathrm{mg/L}$ 和几乎为 0。Okiel 等(2011)研究了利用膨润土、PAC 和沉积碳(DC)对油水乳化液中油的吸附去除。除油率随着接触时间、吸附剂质量的增加而增加;随被吸附物(油)含量的增加而降低。例如,初始油浓度为 836mg/L 时,用 0.5g PAC 搅拌 2h 的去除率为 82.78%,而用 1.0g PAC 搅拌 4h 的去除率为 93.54%。他们也证明同等条件下膨润土和沉积碳的吸附容量

大于 PAC。

6.4.4.3 化学氧化

化学氧化是指使用氧化剂如过氧化氢、二氧化氯、臭氧减少残余 COD、难生化物质和微量有机组分(Bush,1980;IPIECA,2010),典型化学氧化系统如图 6.14 所示。该技术在石化工业污水处理系统应用并不普遍(IPIECA,2010),但适用于常规生物氧化技术难以处理的水量小、浓度高的流股(Bush,1980)。换言之,当污水含有毒性难降解组分如溶解性芳香族时,生物处理不再适用,采用化学氧化能够有效降解这些物质(Mota et al.,2008)。

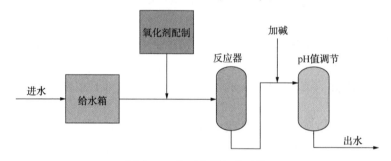

图 6.14 典型化学氧化系统

6.4.4.4 压力驱动膜分离技术

膜分离技术使用膜作为选择性屏障控制或限制通过的污染物如有机物、营养物、浊度、微生物、无机金属离子等,允许相对干净的水透过(Shon et al.,2013)。膜是两种相邻相之间的相界面,作为半渗透或者选择性屏障,基于分子量或者物理粒径分离颗粒(Muro et al.,2012)。传输选择性是膜技术与其他方法相比的主要优势,膜分离不需要添加剂,调整技术处理深度以及与其他分离或反应技术集成容易(Dach,2008)。

根据驱动力的不同,膜过程可以分为以下几类:

1) 压力驱动:常规或微粒过滤,微滤(MF)、超滤(UF)、纳滤(NF)、反渗透(RO)、渗透汽化(PV)、气体渗透(GP)或者气体分离;
2) 浓度驱动:渗析和渗透;
3) 温度(热)驱动:膜蒸馏(MD);
4) 电驱动:电渗析(ED)和膜电解(ME)(Dach,2008;Shon et al.,2013)。

绝大多数商品化膜由有机聚合物(聚砜和聚酰胺)和无机材料(锆、钛、硅、铝类氧化物基陶瓷膜)制造而成。工业应用的膜结构主要为四种:板框式、螺旋卷式、管式和中空纤维式(Muro et al.,2012)。

膜通常用流量或截留或分离的颗粒分子量表征。然而,结构、孔隙率、厚度、膜表面和污染物的静电斥力、表面润湿性、操作条件也影响溶质的排斥性，进而影响膜性能。膜流量与膜能够分离的颗粒粒径(微米，μm)和截留分子量(MWCO)之间存在差异。MWCO 是一种性能指标，是指截留 95%~98%溶质的分子量下限(Muro et al.，2012)，代表膜截留某一类分子量的能力，以道尔顿(Da)表示(Arthur et al.，2005)。

不可逆过程热力学(IT)可用于描述溶质通过膜的传质现象，根据 Spiegler 和 Kedem(1966)的研究工作形成了关于溶剂(水)通量(J_v)和溶质通量(J_s)的两个基本方程如下：

$$J_v = L_p (\Delta P - \sigma \Delta \mathrm{II}) \tag{6.7}$$

$$J_s = P_s \Delta C_s + (1-\sigma) J_v C_{int} \tag{6.8}$$

其中，ΔP 和 $\Delta \mathrm{II}$ 分别代表跨膜的压力和渗透压；L_p 是纯水渗透能力；σ 代表膜的反射系数；P_s 代表溶质渗透能力；C_{int} 代表膜中溶质浓度；$\Delta C_s = C_m - C_p$，C_m 和 C_p 分别代表膜面和透过液浓度(Dach，2008)。膜的选择能力可由截留系数(R)表示，指在给定进料浓度下膜截留的溶质部分(Pombo et al.，2011)。当纯水渗透能力和反射系数(L_p 和 σ)为常量时，式(6.8)结合膜厚度，截留系数可通过下面的方程获得(Dach，2008；Bolong et al.，2012；Jafarinejad，2015f)：

$$R = 1 - \frac{C_p}{C_m} = \frac{\sigma \left(1 - \exp\left(-\frac{1-\sigma}{P_s} J_v\right)\right)}{1 - \sigma \exp\left(-\frac{1-\sigma}{P_s} J_v\right)} \tag{6.9}$$

要指出的是，膜表面内外侧(膜相侧和溶液侧)可视为相等(Bolong et al.，2012；Jafarinejad，2015f)。

膜污染会降低膜过滤器的效率，对于任何膜过程来说都是巨大的挑战(Shon et al.，2013；Pombo et al.，2011)。膜孔堵塞、膜吸附溶质、膜表面形成胶体等会引起可逆或者不可逆的膜污染(Pombo et al.，2011)。可逆膜污染可通过物理方法去除，而不可逆膜污染需采用化学清洗和其他手段去除(Pombo et al.，2011；Muro et al.，2012)。膜污染通常可通过在临界流量范围内操作或者添加化学剂(主要用于阻止无机结垢或污染)，和/或进行预处理而得以控制(Shon et al.，2013)。

微滤、UF、NF 和 RO 施加跨膜高压，实现污水中污染物的过滤(Arthur et al.，2005)，这些膜过滤过程的主要区别列于表 6.3。需要注意的是，单一膜分离技术通常不是解决含油污水处理问题的好方案，需要与一个不同的膜分离技术结合使用，例如 UF 和 RO 的组合(IPIECA，2010；Yu et al.，2013)，MF 和 RO

的组合，MF/UF 和 NF 的组合（IPIECA，2010），MF 和 UF 的组合（Yu et al.，2013），等等。

6.4.4.4.1 微滤

微滤常用于常规处理方法的后端，作为 RO 的预处理单元延长 RO 使用寿命且减少膜污染和操作成本，以及作为 MBR 的一部分用以截留生物质（Pombo et al.，2011）。如表 6.3 描述，MF 能够去除大于 $0.1\mu m$ 的颗粒。

以回用为目的，经 GAC 预处理的典型 MF 或 UF 的示意图如图 6.15 所示。在这个系统中，GAC 用于使油脂含量降低到 1mg/L 以下（Bush，1980；IPIECA，2010），加入杀菌剂（如氯或氯胺）避免膜的微生物污染。MF 和 UF 均用于制造高洁净的滤液，SS 低于 1mg/L，但这些过程无法显著减少进水中的溶解性盐和金属（IPIECA，2010）。

Song 等（2006）研究了孔径 $1\mu m$ 的低成本煤基 MF 碳膜在跨膜压差 0.10MPa 和错流流速 0.1 m/s 的工况下处理含油污水。他们报道的对含油污水的阻油率高达 97%，渗透液中油含量低于 10mg/L。Hua 等（2007）考察了利用 50nm 孔径陶瓷（$\alpha\text{-}Al_2O_3$）膜错流处理含油污水。在所有的实验条件下，TOC 去除率超过了 92.4%。Cui 等（2008）在 $\alpha\text{-}Al_2O_3$ 管上利用原位水热合成法制备了 NaA 分子筛 MF 膜，粒子间平均孔径 $1.2\mu m$，考察了含油污水中水的分离和回收情况。在膜压力 50kPa，通量 $85L/h \cdot m^2$ 的情况下，油阻隔率超过 99%，出水油含量低于 1mg/L。Madaeni 等（2012）在聚结器前用 $\gamma\text{-}Al_2O_3$ 基陶瓷 MF 膜从石化污水中去除焦粉，获得了完美的焦粉去除效果。Kumar 等（2015）通过挤出法用便宜的黏土混合料即球黏土、高岭土、长石、石英、叶蜡石和碳酸钙制备了平均孔径 $0.309\mu m$ 的管式陶瓷 MF 膜，用于合成油污水处理。根据他们的研究成果在施加压力 69kPa 时获得最好的含油污水处理效果（99.98%），渗透通量 3.16×10^5 m/s。

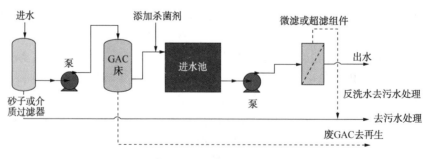

图 6.15 采用 GAC 预处理的 MF 或 UF 系统

表6.3 膜过滤过程间的主要区别(Dach, 2008;
Muro et al., 2012, Shon et al., 2013)

膜过程	MF	UF	NF	RO
膜	各向异性多孔	非对称多孔	多微孔非对称/复合	无孔非对称/复合
传递机理	筛分和吸附机理（溶质对流迁移）	筛分和选择性吸附	筛分/静电/扩散	扩散（溶质扩散迁移）
压力范围/bar	0.1~2	1~5	3~20	5~120
MWCO/Da	>100000	1000~300000	200~1000	<200
水力渗透范围/(L/h·m²·bar)	>1000	10~1000	1.5~30	0.05~1.5
截留颗粒直径/μm	0.1~10	0.001~1	0.001~0.01	0.0001~0.001
截留溶质	细菌、脂肪、油脂、胶体、有机物、微粒	蛋白质、色素、油、糖、有机物、微粒	色素、硫酸盐、二价阳离子、二价阴离子、乳糖、蔗糖、氯化钠	盐、氯化钠、无机离子
典型溶液处理体系	含固体颗粒的溶液	含胶体和/或大分子的溶液	离子、小分子	离子、小分子

6.4.4.4.2 超滤

超滤(UF)膜可用于常规处理方法的后端,作为 RO 前的预处理和 MBR 的一部分(Pombo et al., 2011)。由表6.3可知,UF 通常在 1~5bar 的压力范围内操作。

Li 等(2006)使用装配无机纳米氧化铝颗粒改性 PVDF 膜的管式 UF 组件净化油田的含油污水。根据报道,COD 和 TOC 分别被截留了 90% 和 98%,纳米氧化铝颗粒的加入改善了膜的抗污染能力。结果表明,UF 处理后油含量低于 1mg/L, SS 含量低于 1mg/L,固体颗粒中值直径低于 2μm,渗透水水质达到了油田回注或排水要求。Karhu 等(2013)考察了市售工业化生产的 UF 分别于 2008 年和 2011 年在两个污水处理厂处理高浓度含油污水的技术效果。据报道,对 2008 年和 2011 年两个厂的 BOD_7、COD、TOC 和总表面电荷(TSC)的去除效果均非常好。Salahi 等(2015)采用干喷湿纺法纺丝工艺进行相转化,制备了聚醚砜 UF 中空纤维膜,针对炼制德黑兰原油产生的污水经 API 装置处理出水,考察了处理效果。

根据他们的报道，利用制备的膜使 COD、TOC 和石油类去除率分别达到 83.1%、96.3%和 99.7%，最终通量和污染程度分别为 84.1L/hm^2 和 63%，出水质量非常高，甚至优于冷却塔进水标准。Huang 等（2015）研究了 PVP 接枝改性的 PVDF UF 膜用于含油污水处理的效果。膜的制备按照脱氟、双键水合和 PVP 接枝步骤依次进行。另外，外界污染是造成膜通量下降的主要原因，受污染的 PVDF-PVP 膜经 3%（质）NaOH 水溶液清洗能够恢复超过 90%的通量，明显优于同等污染状况下的 PVDF 膜。

6.4.4.4.3 纳滤

纳滤（NF）膜的性能介于无孔 RO 膜和多孔 UF 膜之间，商品化 NF 膜在磺酸盐或羧酸等表面基团的解离作用下具有固定的电荷。在 UF 的孔径和电子效应以及无孔 RO 离子相互作用机理的共同作用下，NF 膜具备离子分离功能。在许多应用环境下，低能耗、高通量的纳滤能够替代 RO（Shon et al.，2013）。

经 GAC 预处理除油，MF/UF 和 NF/RO 组合工艺流程图如图 6.16 所示，此工艺可用于回用目的。

Rahimpour 等（2011）利用自制或商品化的 NF 膜处理清洗汽油储罐的含油污水。他们用 MF 膜对污水进行预处理，然后在渗透通量 20~265kg/hm^2，施加压力 5bar、10bar、15bar、20bar，温度 20℃、30℃和 40℃条件下进行了多组 NF 试验，COD 和电导率（EC）大幅降低，甚至较原料和预处理后污水的初始值低 10 倍以上。Jin 等（2012）制备了新型 SiO$_2$ 纳米颗粒复合 NF 膜用于含油污水脱盐，添加了 1.0%（质）SiO$_2$ 纳米颗粒的聚酰胺（PA）-SiO$_2$ 膜的渗透性能提升近 50%，而除盐率没有损失。无机盐的截留能力为 Na$_2$SO$_4$ > MgSO$_4$ > MgCl$_2$ > NaCl，证明 PA 和 PA-SiO$_2$ 膜均为负电性。PA-SiO$_2$ 膜具有更高的稳定通量，对含油污水进行一次过滤能够去除近 50%的盐，证实了利用复合 PA-SiO$_2$ 膜对含油污水脱盐具有可行性。Muppalla 等（2015）使用抗污染 NF 膜从水中分离油水乳化液和微量污染物，在进口浓度 500~4000ppm，施加压力 3.5~28kg/cm^2 的情况下，NaCl 截留率为 22%~37%，MgSO$_4$ 截留率为 33%~44%，MgCl$_2$ 截留率为 20%~36%，Na$_2$SO$_4$ 截留率为 45%~61%。随着有机微污染物的疏水性增加，被截留效果下降：苯甲酸>2-氯苯酚>2，4-二甲基苯酚>双酚 A。另外，在施加压力 3.5kg/cm^2 下以 500~1000ppm 机油/水乳化液为原料进行测试，复合膜的除油率为 95.5%~99.5%。Altalyan 等（2016）考察了利用 RO 和 NF 从博特尼湾（悉尼区域）地表水中去除 VOC。在截留地表水中探测到的 VOC 方面，RO 的去除效率优于 NF。NF 和 RO 膜截留亲水性 VOC 的性能高于疏水性 VOC 组分，NF 和 RO 膜的最大截留率分别为 98.4%和 100%。他们表示亲水性组分能够根据尺寸排阻（空间位阻）原理被 NF/RO 膜有效截留，而疏水性组分能够吸附进入 NF/RO 膜内部，然后扩散通过致密聚合物基体，导致去除率低于亲水性组分。

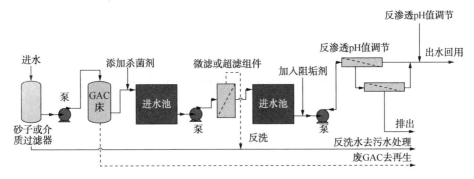

图 6.16　MF/UF 与 NF/RO 组合工艺系统流程图

6.4.4.4.4　反渗透

反渗透（RO）是一种应用半渗透膜（通常为螺旋卷式）（Dach，2008）从污水中分离去除溶解性固体、离子（溶解盐）、有机物、致热原、亚微米胶体物质、色度、硝酸盐和细菌的工艺技术（Palit，2012）。当压力差（ΔP）大于渗透压（$\Delta \Pi$）的情况下，反渗透过程发生，水从富集侧流向淡水侧（Pombo et al.，2011）。

反渗透是最常用的含油污水膜法脱盐技术（Pombo et al.，2011），产水适合回用石油工业生产。RO 膜的截盐率可达到 99% 以上。由于油和烃类易污染 RO 膜，需要在 RO 过程中对油脂进行有效预处理。多数膜制造商建议 RO 进水油含量<1mg/L，根据报道案例，进水中仅仅 0.001mg/L 的烃类便会对 RO 系统造成不可逆污染（IPIECA，2010）。

Al-Jeshi 和 Neville（2008）研究确认了利用 RO 膜处理油含量到 50%（以体积计）污水的可行性，并且评估了进料压力、pH 值、温度对双层复合聚酰胺 RO 膜分离性能的影响。根据报道，实验用污水油含量达到 30% 时，超过 99% 的油被截留，从而获得高质量出水。在某些情况下，油类污染能够增加膜通量，例如，50% 油含量会使膜通量提高 40%。但是，在此高油含量下，膜渗透侧出水水质变差。随着进水 pH 值降低，产水水质大幅改善，温度对出水水质的影响最小。增加进水压力也会明显改善渗透侧出水的 TOC 指标。Kim 等（2011）用 NF 和 RO 膜从油砂污水（OSPW）中去除盐离子。由于 OSPW 中含有悬浮物加剧膜污染，因此进水必须经过预处理以控制污染。他们考察了 NF 和 RO 的预处理方法，例如有/无絮凝剂和助凝剂的凝聚-絮凝-沉降（CFS）过程，加入絮凝剂和助凝剂强化了膜的渗透性。OSPW 中的有机和油类组分增加了膜的负电荷和疏水性，降低了膜性能。利用1mmol/L酸可以获得高效的化学清洗效果，清洗后通量恢复81%。这些结果表明，预处理能够提升NF和RO膜对OSPW的脱盐效果。Silva等(2015)处理水包油型乳化液以获得高质量回用水。为了这个目的，他们在RO前采用电絮凝作为预处理，降低初始污染物负荷，最大程度减少膜污染。无论任何乳化液种类，6min的停留时间足以使去除效率达到平稳，浊度去除率超过99.5%，色度去除率为96%，COD去除率为92%。再经过后续RO处理，当渗透侧出水流量限制在$20L/h \cdot m^2$，过膜净压降2.874MPa条件下，COD和吸光度实现100%去除，浊度去除率超过99.9%，TDS去除率为98.9%，电导率降低99.1%，铝离子去除率为99.6%。实验进行2h后，渗透通量略微降低。

6.4.4.5 其他高级处理技术

离子交换、电渗析(ED)、导极电渗析(EDR)和高级氧化工艺(AOP)，例如过氧化氢/紫外光(H_2O_2/UV)、臭氧氧化工艺、芬顿和光助芬顿、非均相光催化、电化学氧化、湿式氧化(WAO)和超临界水氧化(SCWO)，是其他去除污水中难降解污染物的高级处理方法，出水适于外排或回用。

6.4.4.5.1 离子交换

离子交换是一种可逆反应，溶液中的带电离子能够被不溶性材料中相似的带电离子取代(Arthur et al., 2005)。该技术主要用于水软化或除硬，钙、镁和其他阳离子在此被钠交换而除去矿物质，也能有效去除钡、镉、铬(Ⅲ)、银、镭、亚硝酸盐、硒、砷(Ⅴ)、铬(Ⅵ)和硝酸盐。离子交换是需要去除放射性物质的小型处理系统的最佳选择(National Drinking Water Clearinghouse, 1997)。在石油工业中，这是从污水中去除重金属、硝酸盐等溶解性无机组分的备用技术(Arthur et al., 2005; IPIECA, 2010)。

离子交换材料可分为：①天然离子交换材料(有机和无机)；②合成离子交换材料(有机和无机)；③复合离子交换材料；④离子交换膜(IEM)(International Atomic Energy Agency, Vienna, 2002)。天然无机沸石和合成有机树脂可用于离子交换(Arthur, Langhus, and Patel)。离子交换树脂分为阳离子交换树脂(交换带正电荷的离子)和阴离子交换树脂(交换带负电荷的离子)。树脂还可以进一步分为强酸性阳离子树脂、弱酸性阳离子树脂、强碱性阴离子树脂和弱碱性阴离子树脂，详细论述见表6.4。

离子交换适用于溶解性固体浓度低于400mg/L的情况，可用于将石油工业排水(炼油厂排水)处理至适宜的回用标准。例如，利用弱酸和碱性树脂或其交替使用，将外排水处理至炼油厂新鲜水或锅炉用水的补水水质要求。用于回用目的的离子交换系统PFD简图如图6.17所示(IPIECA, 2010)。

表 6.4　离子交换树脂的性质、反应和再生（Arthur et al.，2005）

树脂类型	性质	离子交换反应	再生
强酸性阳离子树脂	树脂以氢和钠的形式高度解离，在所有 pH 值范围内 H^+ 或 Na^+ 易于交换。氢组分和钠组分可分别用于脱盐和水软化	$2RSO_3Na+Ca^{2+} \leftrightarrow (RSO_3)_2Ca+2Na^+$	氢型树脂可通过接触强酸溶液再生；钠型树脂可通过接触氯化钠溶液再生
弱酸性阳离子树脂	树脂拥有羧酸基团（COOH），与弱有机酸功能相似，具有弱解离性。树脂容量部分取决于溶液 pH 值，且对二价盐具有高度亲和性。该类树脂适于处理高硬度工业水，特别针对碳酸氢钙和碳酸盐	$2RCOONa+Ca^{2+} \leftrightarrow (RCOO)_2Ca+2Na^+$	氢型树脂再生需要的酸大大低于强酸性树脂
强碱性阴离子树脂	树脂高度离子化，可用于所有 pH 值范围，以氢氧根离子（OH^-）形式去除水中离子	$RR_3'NOH+Cl^- \leftrightarrow RR_3'NCl+OH^-$	再生过程采用高浓度氢氧化钠使失效树脂转化为氢氧根型
弱碱性阴离子树脂	树脂具有弱碱性功能性基团，离子化程度取决于 pH 值。当 pH 高于 7 时，树脂的交换能力最弱	$RNH_3OH+Cl^- \leftrightarrow RNH_3Cl+OH^-$	

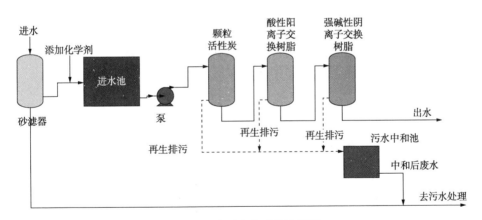

图 6.17　离子交换系统流程图

Cechinel 等（2016）考察了以四种大型褐藻类（泡叶藻、螺旋藻、极北海带、鹿角菜）为天然阳离子交换剂从石化污水中去除过渡性金属的情况。相比其他褐藻，极北海带展现出更高的吸收容量。除极北海带对 Ca 的亲和力更弱外，各吸附剂功能基团的平衡亲和常数随着 Cu > Zn > Ni≈Ca 的顺序降低。填装天然极北海带的固定床交换柱的离子交换穿透曲线显示，对 Cu、Zn 和 Ni 的交换容量分别为 0.22mEq/g、0.10mEq/g 和 0.05mEq/g，相当于 1558BV、515BV 和 528BV (7.2BV/h)。处理工艺采用两级交换柱串联，第一级去除铜离子（操作条件 1558BV~7.2BV/h），第二级去除锌和镍（操作条件 163BV~7.3BV/h）。分别利用 10BV 和 6BV 的 HCl(0.4mol/L, 1.2%)(150g HCl/L 和 90g HCl/L 吸附剂体积)，流速 3.6BV/h 下洗脱一级和二级交换柱中天然交换剂上的 Cu、Zn 和 Ni。

6.4.4.5.2 电渗析和导极电渗析

电渗析(ED)和导极电渗析(EDR)可用于从石油工业含油污水中去除离子（溶解性盐）。电渗析是指在 ED 模块中，在电场作用下使盐离子从一侧溶液通过 IEM 迁移到另外一侧溶液，溶解性阴离子向阳极移动而阳离子受阴极吸引。模块由两电极间放置的阳离子交换膜(CEM)和阴离子交换膜(AEM)构成进料或淡水隔室和浓水隔室。阴离子能穿透阴离子交换膜而阳离子不能，CME 的工作原理近似，只是作用反过来。浓水和除盐水（处理后污水）可以从系统中连续排出（图 6.18）。几乎所有的 ED 装置都是由 AEM 和 CEM 交替的多个 ED 模块构成，称之为 ED 膜堆(Arthur et al., 2005; Pombo et al., 2011)。

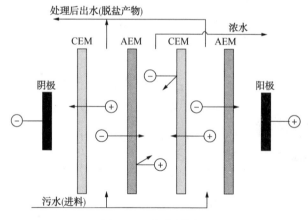

图 6.18 电渗析原理

EDR 装置的工作原理与标准 ED 系统相同，除了结构上 EDR 的产水和浓水通道完全相同(Arthur et al., 2005)之外。电极的极性周期性反转，离子运动方向也随之反转，因此浓水侧变成了产水侧，反之亦然(Arthur et al., 2005; Pombo et al., 2011)。极性的周期性变化起到了自清洁的作用，降低了 IEM 的表面污染从而延长膜寿命(Pombo et al., 2011)。冲洗大幅降低了膜污染，减少了预处理化学药剂(Arthur et al., 2005)；相比于 RO，进水的有机质、胶体颗粒和微生物负荷更高,水回收率相对较高(Pombo et al.,2011)。

三次采油技术特别是聚合物驱油法能够有效提升采收率,但产生的巨大量含油污水必须处理和回用。电渗析是一种含油污水回注的处理技术(Guo et al.,2014)。Jing 等(2009)应用 ED 技术从聚合物驱油污水中去除 TDS,研究了 ED 运行期间流速和电势对 TDS 去除率的影响。聚合物驱油污水中主要离子的去除率为 Ca^{2+} > Cl^- > Na^+ > HCO_3^-。他们指出,从经济性角度来说,在一定流速下电势升高会使能耗大幅增加,但流速对能耗的影响并不显著。Guo 等(2014)揭示了 ED 系统中阴离子聚丙烯酰胺(APAM)对 AEM 的污染机理。他们在不同电流密度和不同 APAM 浓度下开展了污染实验,在电流密度接近限定值、高 APAM 浓度条件下,观察到了最严重的污染现象,这可通过 AEM 的疏水性和电阻的明显增加体现出来。他们报道胶体层产生于受污染 AEM 的淡水侧,APAM 存在于此。Zuo 等(2014)关注了 ED 处理中国大庆油田聚合物驱油污水(含 SS、APAM 和原油)过程中 SiO_2/PVDF AEM 的污染特性。通过形态研究,他们报道 SiO_2/PVDF AEM 外表面上只有受 SS 和 APAM 污染形成的少量滤饼层。同时,在原油存在下,会有更多污染物吸附在膜表面和膜孔中。他们也发现 SiO_2/PVDF 膜较 PVDF 膜展现出更好的抗污染能力,体现在膜污染行为和脱盐时间上。此外,他们揭示了膜表面污染物不仅包含有机物还有无机元素。Guo 等(2015)考察了处理含油污水的工业级 ED 离子交换膜的化学清洗。他们报道 HCl 对 AEM 和 CEM 的处理效果均优于 NaOH,并指出 NaOH 能够有效去除 CEM 上的 APAM,HCl 对 AEM 上 APAM 的去除效果更好,这可以根据 NaOH/HCl 的质子化/去质子化作用对 APAM 分子与离子交换膜间静电作用的影响进行合理解释。他们也发现,NaOH 能够更有效地去除 IEM 上的油,而无机沉积物基于复分解和中和反应通过 HCl 清洗去除。此外,研究发现 IEM 的无机污染主要由碳酸钙沉积造成,HCl 清洗能够去除大部分无机污染。

6.4.4.5.3 高级氧化法

高级氧化法(AOP)是一种产生羟基自由基和极端反应的清洁化技术,羟基自由基氧化能力(E_0 = 2.8 V)非常强,可降解介质中的毒性有机化合物(Mota et al.,2008;Santos et al.,2011;Jafarinejad,2015e)。由于具有将多种有机化合物氧化成 CO_2、H_2O 等的强大能力,AOP 被用于多种工况(Santos et al.,2011;Jafarinejad,2014a,b,2015a,b,e;Esplugas et al.,2002;Mota et al.,2008)。这种技术不但能够破坏污染物,还可以避免后续产生毒性残留物,相比之下,无破坏性的物理分离技术只能将去除的污染物转移到其他相中,产生富集的残留物(Mota et al.,2008)。

一些AOP能够使有机化合物(包括难降解污染物)近乎完全的矿化,不产生污泥,且污染物破坏过程所需时间短(即几分钟),这是AOP的优势。然而,一些工况需加入H_2O_2和O_3等化学剂、紫外线照射消耗电能、溶液中有机质对反应时间影响大等是AOP的缺点(Diya'uddeen et al., 2011; Dores et al., 2012)。

根据Mota等(2008)的报道,AOP可能的反应路径为:羟基自由基对含有π键有机化合物(不饱和或芳香族)的亲电加成会产生有机自由基[式(6.10)];羟基自由基与饱和脂肪族化合物的反应发生氢转移[式(6.11)];羟基自由基被有机基团还原发生电子转移生成氢氧根负离子[式(6.12)]。需要注意的是,水中很多化学基团诸如碳酸根和碳酸氢根离子会与羟基自由基反应,与有机基团争夺羟基自由基(Mota et al., 2008)。

$$HO^· + 不饱和或芳香族化合物 \longrightarrow 不饱和\text{-}OH \text{ 或者 } 芳香族\text{-}OH \quad (6.10)$$

$$HO^· + R\text{-}H \longrightarrow R^· + H_2O \quad (6.11)$$

$$HO^· + R\text{-}X \longrightarrow [R\text{-}X]^{+·} + HO^- \quad (6.12)$$

产生羟基自由基的AOP很多,可归类分为均相和非均相两类(Huang et al., 1993),也可以按照是否使用光进行归类。利用这些分类方法,Mota等(2008)列出了AOP的种类,见表6.5,其中一些技术被不同的研究者应用在含油污水处理方面,在本章节中进行具体论述。

表6.5 高级氧化技术(Mota et al., 2008)

非光化学技术	光化学技术
均相工艺	
碱性条件下臭氧(O_3/HO^-)	真空紫外光(VUV)下水的光解
臭氧/过氧化氢(O_3/H_2O_2)	UV/H_2O_2
芬顿(Fe^{2+}或Fe^{3+}/H_2O_2)	UV/O_3
电氧化	$UV/O_3/H_2O_2$
液电技术(超声)	光助芬顿Fe^{2+}或$Fe^{3+}/H_2O_2/UV$
湿式氧化(WAO)	
超临界氧化(SCWO)	
非均相工艺	
催化湿式氧化(CWAO)	非均相光催化:ZnO/UV, SnO_2/UV, TiO_2/UV, $TiO_2/H_2O_2/UV$

根据AOP的处理目标,下面的要点需要考虑:

1)由于使用了如H_2O_2和O_3等高成本试剂且紫外线照射需要电能,AOP是一种昂贵的技术。

2）当污水无法用生物处理时，AOP 可作为备选技术。

3）将 AOP 降低污水毒性，用作生物处理单元的预处理能够降低 AOP 成本（Mota et al.，2008；Jafarinejad，2015d）。

4）高 COD 污水消耗药剂量大，不利于处理，因此 AOP 适于处理 COD 低于 5g/L 的污水（Andreozzi et al.，1999；Mota et al.，2008）。

5）对于有机负荷高的污水来说，需要采取稀释、混凝等预处理手段降低初始负荷（Rivas et al.，2004；Mota et al.，2008）。

6）AOP 常用于生化处理单元的前处理或者后处理，用于去除毒性或者难降解污染物（Pombo et al.，2011）。

6.4.4.5.3.1 过氧化氢/紫外

过氧化氢（H_2O_2）是一种标准还原电势为 1.77V 的氧化剂，常用于水和污水的净化处理。独立使用 H_2O_2 氧化复杂和难降解污染物的反应速率低，效果不佳，但是当与其他试剂或能量联合使用，可作为氧化剂强化生成羟基自由基（Mota et al.，2008）。羟基自由基可通过 H_2O_2 的光解作用产生（紫外光波长低于 300nm），如式（6.13）所示（Siedlecka and Stepnowski，2006；Mota et al.，2008）：

$$H_2O_2 \xrightarrow{h\nu} 2HO\cdot \tag{6.13}$$

在高 H_2O_2 浓度下，发生下列反应，其中 H_2O_2 为羟基自由基的去除剂，但生成过氧化羟基自由基（Alfano et al.，2001；Siedlecka and Stepnowski，2006）：

$$H_2O_2 + HO\cdot \longrightarrow HO_2\cdot + H_2O \tag{6.14}$$

这些自由基均能够攻击有机化合物，但要注意的是，过氧化羟基自由基的还原电势（1.7V）低于羟基自由基（2.8V）。由上述可见，两种自由基的生成与 H_2O_2/UV 的工艺流程无关。根据 Lopez 等（2000）、Zhao 等（2004）和 Mota 等（2008）的报道，增加 H_2O_2 初始浓度可以强化得到最大的污染物降解速率，当 H_2O_2 浓度达到较高的情况下，降解速率开始下降，这是因为过量的 H_2O_2 替代有机化合物与羟基自由基反应生成过氧化羟基自由基的缘故。

低压和中压汞灯的强度均较高，常用于 H_2O_2 的光解。消毒灯被广泛选用，成本低但效率低。H_2O_2/UV 工艺的操作 pH 值较低（pH 值<4）（Mota et al.，2008）。

H_2O_2/UV 技术具有 H_2O_2 水溶性好，无传质问题制约，$OH\cdot$ 来源高效且不需要处理后的分离步骤（Mota et al.，2008）以及无降解产物的二次污染问题，存储方案稳定、成熟，绿色环保（Simonenko et al.，2015）等优势。

Stepnowski 等（2002）考察了低浓度 H_2O_2 与搅拌和 UV 联合工艺对降解炼油污水中有机组分的影响情况。他们报道了在 H_2O_2 浓度相对较低的情况下 TPH 的氧化情况，施加少量紫外辐照能够加速反应过程。1，2-二氯乙烷和甲基叔丁基醚的降解条件类似，H_2O_2 加入浓度最低（1.17mmol/L），还原反应 24h 后完全。在 H_2O_2/UV 工艺中，二氯乙烷的降解速率最低，在 H_2O_2 浓度最大为 11.76mmol/L 下还原率最大值为 83%。Philippopoulos 和 Poulopoulos（2003）研究了利用 H_2O_2/UV 技术处理润滑油生产装置含油污水的情况。在 H_2O_2 浓度为 830~1660mg/L 情况下 COD 去除率为 20%~45%，GC-MS 分析表明污水中的有机化合物分解成了抗光氧化的有机酸，在这些有机化合物中，乙二醇在羟基自由基的攻击下几乎没有变化。调节 pH 值到酸性和加入 Fe(Ⅲ)明显强化了污水的光氧化作用。Poulopoulos 等（2006）利用 H_2O_2/UV 技术处理苯酚溶液，尽管苯酚的直接光解和 H_2O_2 氧化（无 UV）并不明显，H_2O_2 和 UV 的组合却对苯酚的降解非常有效。然而，有时候 COD 也不会完全去除，说明生成的中间产物具有抗光氧化性。增加苯酚的初始浓度会造成苯酚转化能力降低，而提高 H_2O_2 初始浓度能够显著强化苯酚的降解。与此相反，COD 去除率受这些变化的影响并不敏感。Coelho 等（2006）考察了不同 AOP 技术如 H_2O_2、H_2O_2/UV、UV、光催化、臭氧、芬顿和光助芬顿处理石油炼制酸性水的性能。除了芬顿和光助芬顿，其他技术减少了酸性水中至多 35% 的溶解性有机碳（DOC），效果均不理想。Siedlecka 和 Stepnowski（2006）利用 H_2O_2/UV 系统处理油港排放污水，也考察了化学氧化对污水生物降解性的影响。在低过氧化氢浓度下，采用专有的日光光解 H_2O_2 具有高效的降解速率；高过氧化氢浓度抑制了污水中有机污染物的降解。在 H_2O_2/UV 系统中，全部污染物的降解率均较高，但在 20min 或 45minUV 辐照下的降解效率差异不明显。过量使用 H_2O_2 抑制了酚类降解并生成新的酚类组分。港口污水经 AOP 处理后生物降解性没有明显提升。Hu 等（2008）利用 UV/H_2O_2 和 UV/TiO_2 间歇反应体系研究了甲基叔丁基醚（MTBE）的光降解性，MTBE 是一种汽油添加剂，因加油站储罐泄漏而成为美国受污染地下水中最常见的污染物。当 MTBE 初始浓度为 1mmol/L 时，UV/H_2O_2 系统的最佳操作条件为酸性、H_2O_2 15mmol/L；254nmUV 辐照下 UV/TiO_2 悬浮浆态系统 pH 值 3.0、TiO_2 2g/L。在优化条件下，初始 60min 内 MTBE 在 UV/H_2O_2 和 UV/TiO_2 体系中的光降解率分别为 98% 和 80%，两个系统中 MTBE 的光降解率均随着 MTBE 浓度的升高而降低。而 MTBE 的光降解速率随着 H_2O_2（5~15mmol/L）和 TiO_2（0.5~3g/L）加入量的升高而增加，进一步提高 H_2O_2（20mmol/L）和 TiO_2（4g/L）加入量反而使 MTBE 光降解率降低。

6.4.4.5.3.2 臭氧工艺

臭氧处理水是一种利用 O_3 强氧化性质氧化多种有机化合物的有效技术。不同于 Cl_2 等其他氧化剂，O_3 氧化不会留下需处理或去除的毒性残留物（Krzeminska et al., 2015)。尽管制造臭氧需要大量能量,成本仍然很高(Pera-Titus et al.,2004；Mota et al.,2008；Jafarinejad,2015a,e；Krzeminska et al.,2015),且臭氧效率高度依赖于气-液传质(臭氧在水溶液中的溶解性差)(Gogate and Pandit,2004；Mota et al.,2008；Jafarinejad,2015a,e),在过去的几年里人们对利用臭氧处理污水的兴趣大幅增加,这是因为这种技术有很多优点,比如:

1) 没有污泥残留；
2) 危险性很小；
3) 一步发生降解作用；
4) 易操作；
5) 空间需求很小；
6) 所有残留 O_3 易于分解,转化成氧气和水(Krzeminska et al.,2015)。

臭氧具有高还原电势(2.07V),可以直接与有机质[式(6.15)中的 R]缓慢发生反应(Augugliaro et al.,2006；Mota et al.,2008；Jafarinejad,2015a,e；Krzeminska et al.,2015)。然而,如果只使用臭氧分解产生羟基自由基[式(6.16)],则被认为是一种 AOP 技术,碱性环境下的氢氧根离子或过渡金属阳离子能够催化该反应(Augugliaro et al.,2006；Pera-Titus et al.,2004；Mota et al.,2008；Jafarinejad,2015a,e)。

$$O_3 + R \longrightarrow RO + O_2 \quad (6.15)$$

$$2O_3 + 2H_2O \longrightarrow 2HO^{\cdot} + 2HO_2^{\cdot} + O_2 \quad (6.16)$$

如与催化剂(Munter,2001)、H_2O_2、UV 或超声(Mota et al.,2008；Jafarinejad,2015e)结合,臭氧降解有机化合物的效率得以加强。

臭氧反应可通过使用均相或非均相催化剂而加快,已考察了多种金属氧化物和金属离子(Fe_2O_3,Al_2O_3-Me,MnO_2,Ru/CeO_2,TiO_2-Me,Fe^{2+},Fe^{3+},Mn^{2+}等)的催化效果,目标化合物的降解速度明显增加(Munter,2001)。

向 O_3 中加入 H_2O_2(混合臭氧和双氧水称之为过臭氧)能够引发 O_3 的分解循环(Munter,2001),羟基自由基的产生如下(Mota et al.,2008):

$$O_3 + H_2O_2 \longrightarrow HO^{\cdot} + HO_2^{\cdot} + O_2 \quad (6.17)$$

O_3 易吸收 254nm 波长的 UV 产生中间产物 H_2O_2[式(6.18)],然后在 UV 光照下分解出羟基自由基,反应式如式(6.13)所示(Munter,2001；Mota et al.,2008):

$$O_3 + H_2O \xrightarrow{h\nu} H_2O_2 + O_2 \quad (6.18)$$

超声引发的空化效应产生的湍流降低了传质限制,进而应用超声和 O_3 能够强化羟基自由基的产生(Gogate and Pandit,2004；Mota et al.,2008)。

根据 Munter(2001)的报道,臭氧结合颗粒活性炭(GAC)也是解决石油工业环境问题的好选择。自 1991 年起,位于美国加州 Richmond 的 ARCO 公司每年已能够为其成品油储运设施处理大约 $1×10^5$ gal 的含油污水。由于臭氧/GAC 技术非常成功,该公司于 1993 年又建设了四套设施。Kornmuller 等(1997)通过间歇实验研究了臭氧对合成油-水乳液中 3~5 环 PAH 的作用。在高浓度十二烷脂族溶剂存在下,PAH 能够被选择性氧化。即使 pH 值在 11 左右,不氧化的十二烷作为矿物油的代表也可在实验过程中被观察到。在 pH 为酸性到中性条件下,由于与臭氧直接反应,PAH 的氧化速率很高。在 20~40℃ 的考察区间内,温度对苯并[k]萤蒽没有影响。他们也考察了五种 PAH 的竞争性臭氧氧化,反应完成的次序为苊、芘,最后苯并[e]芘、苯并[k]萤蒽和菲几乎同时完成。Kornmuller 和 Wiesmann(1999)考察了"臭氧-好氧生物"两级系统中 PAH 的连续臭氧氧化。高度浓缩的苯并[e]芘和苯并[k]萤蒽在合成油-水乳液中被选择性氧化;温度对 O_3 溶解浓度的影响程度高于对 PAH 反应速率的影响;依据 pH 情况,PAH 与臭氧在油滴内部直接发生氧化反应。他们定量研究了在不同臭氧段停留时间下苯并[e]芘的两种主要氧化产物,氧化产物随后将在生物处理步骤发生转化。

Chang 等(2001)研究了用 UF 膜和 O_3 处理回用汽车部件制造厂含油污水的可行性,脱脂污水经 UF 渗透水回用作补水。然而,因为 UF 渗透水中存在的表面活性剂过多,UF 渗透水配制的切削液性质如乳液尺寸、发泡倍率等发生了变化。UF 渗透水中的表面活性剂被 O_3 部分氧化,丧失了改变乳液尺寸、发泡倍率、折射指数等性质的能力,因此能够回用作为生产用水。Garoma 等(2008)研究了 O_3/UV 处理受汽油组分污染的真实地下水样品,汽油组分包括例如 BTEX、MTBE、叔丁醇(TBA),以及以 TPH 组成的汽油组分(TPHg),考察在一个半间歇反应器中进行,考察了不同的实验条件。相比于臭氧,O_3/UV 技术对于去除汽油组分非常有效,对于不同的汽油组分来说,采用 O_3/UV 的去除率超过 99%,而采用臭氧技术的去除率低至 27%。在 O_3/UV 体系中,氧化不同种类地下水样品中 1mol 有机碳(来源于 BTEX、MTBE 和 TBA)净消耗臭氧 5~60mol。在臭氧实验中,明显观察到地下水中充足的铁能够强化去除 BTEX、MTBE、TBA 和 TPHg。Chen 等(2014)考察了活性炭担载氧化铁(FAC)催化臭氧处理重油炼制污水(HORW),并用活性炭(AC)作参比。相比于 AC/O_3,FAC/O_3 体系的 COD 去除率明显大幅提升,这是因为 TBA 能够识别更多的羟基自由基。利用 FT-ICR MS 对 HORW 中的有机污染物进行成分分析的结果发现了处理过程中有机污染物分子链的剪切和氧化过程,处理后 HORW 的可生物降解性大幅提升。

Kiss 等(2014)评价了利用膜和 AOP 组合工艺治理含油污水[含 0.01%(质)石油类]的经济性。AOP(例如臭氧预氧化)能够提升膜分离效率,特别是保水值。研究发现,两步膜分离过程(MF/UF)能够得到较高的效率,但是固定资产投资和操作费用高于臭氧预氧化和 MF 组合工艺约 25%。

6.4.4.5.3.3 芬顿和光助芬顿

芬顿反应是一类成本低、环境友好的氧化方法，于 1894 年被 Fenton 发现，当时他用亚铁离子（Fe^{2+}）和 H_2O_2 大幅提升了酒石酸的氧化性（Fenton，1894；Santos et al.，2011），这个技术被普遍应用于污水处理。芬顿试剂是亚铁离子和 H_2O_2 的溶液，反应机理复杂，可通过以下方程简化（Santos et al.，2011；Mota et al.，2008；Sun et al.，2007；Jiang et al.，2010；Jafarinejad，2015e）：

$$H_2O_2 + Fe^{2+} \longrightarrow Fe^{3+} + OH^- + HO\cdot \quad (6.19)$$

$$有机质 + HO\cdot \rightarrow 氧化中间产物 \quad (6.20)$$

$$氧化中间产物 + HO\cdot \rightarrow CO_2 + H_2O \quad (6.21)$$

$$H_2O_2 + HO\cdot \rightarrow H_2O + HO_2\cdot \quad (6.22)$$

$$Fe^{2+} + HO\cdot \rightarrow Fe^{3+} + HO^- \quad (6.23)$$

$$HO\cdot + HO\cdot \rightarrow H_2O_2 \quad (6.24)$$

$$Fe^{3+} + H_2O_2 \rightarrow Fe^{III}(HO_2)^{2+} + H^+ \quad (6.25)$$

$$Fe^{III}(HO_2)^{2+} \longrightarrow Fe^{2+} + HO_2\cdot \quad (6.26)$$

简而言之，亚铁离子与 H_2O_2 之间反应能够生成具有强氧化性的羟基自由基[式（6.19）]，能够攻击水中有机物[式（6.20）]。不幸的是，一些平行反应也会发生[式（6.22）~式（6.24）]，因此羟基自由基不仅消耗于有机物的降解过程还会生成其他低氧化能力的自由基或其他基团（$HO\cdot$ 的清除作用），进而造成非预期的 H_2O_2 损失[式（6.22）]。另一方面，式（6.25）和式（6.26）表明 Fe^{3+} 与 H_2O_2 之间能够反应生成 Fe^{2+}（类芬顿过程）；这样亚铁离子被恢复，可在整个过程中发挥催化剂的作用（Santos et al.，2011；Jafarinejad，2015e）。

在芬顿反应体系中，不需要输入能量来活化 H_2O_2，因此这种方法提供了一种利用易得试剂产生羟基自由基的高经济性来源。然而，过程会产生大量的 $Fe(OH)_3$ 沉积物，铁盐等均相催化剂无法在系统中留存，这是该系统的一个缺点（Awaleh and Soubaneh，2014）。

根据 Motal 等（2008）的研究，芬顿反应理想的 pH 值为 3，因此必须在加入芬顿试剂前调节污水的 pH 值。此外，尽管[Fe^{2+}]/[H_2O_2]的比值 1∶2 能够得到较高的有机物降解速率，但通常推荐比值为 1∶5，能够得到相似的结果并且药剂量更少。

芬顿反应速率可被 UV/可见光辐照加快，这种技术被广泛称之为光助芬顿（Munter，2001；Mota et al.，2008；Molkenthin et al.，2013；Awaleh and Soubaneh，2014）。在光助芬顿反应过程中，Fe^{2+} 离子被 H_2O_2 氧化成 Fe^{3+}，同时产生

一个等量的羟基自由基[式(6.19)]。在水溶液中，获得的 Fe^{3+} 作为光吸收介质产生其他自由基，而初始加入的 Fe^{2+} 离子再生，如式(6.27)所示，循环往复(Alalm and Tawfik，2013)。

$$H_2O+Fe^{3+} \xrightarrow{hv} Fe^{2+}+OH^{\cdot}+H^+ \qquad (6.27)$$

H_2O_2 浓度、铁的加入和操作 pH 值能够影响芬顿和光助芬顿技术效果。根据 Mota 等(2008)的研究，相比于芬顿反应(没有光照)，光助芬顿反应中的辐照能够显著减少铁离子的用量。依据 Faust 和 Hoigne(1990)、Munter(2001)，以及 Mota 等(2008)的研究成果，pH 值在 2.5~5 之间(例如 pH 值=3)时铁络合物 Fe$(OH)^{2+}$ 占主体，这种络合物的光解(波长<410nm)是羟基自由基的最大来源。

低 pH 值(通常低于4)和有时需要在反应后除铁是光助芬顿的缺点，但反应可使用阳光辐照是该技术的主要优点(Mota et al.，2008)。

Safarzadeh-Amiri 等(1997)考察了 UV-Vis/草酸铁/H_2O_2 体系处理含有氯苯、BTX、1,4-二噁烷、甲醇、甲醛和甲酸的不同种类污水，并与其他可选氧化技术进行了处理效率的对比，包括 UV/H_2O_2 和 UV-Vis/Fe(Ⅱ)/H_2O_2 体系。他们发现在几乎所有案例条件下，UV-Vis/草酸铁/H_2O_2 体系相比于 UV/H_2O_2 或 UV-Vis/Fe(Ⅱ)/H_2O_2 体系具有更高的效率(系数相差 3~30)，证明该体系可非常高效地处理中高程度污染的水。

Tiburtius 等(2005)研究了 AOP 降解含 BTX 的水溶液和含汽油污水的效果。他们发现 BTX 能够利用光助芬顿有效氧化，反应时间约 30min 时几乎全部 BTX 被降解，80%以上的酚类中间产物被消除。以汽油污水为对象进行初步考察，结果发现光助芬顿对于大规模处理以 BTX 和汽油污染为主的污水具有很好的潜力。他们也报道非均质光催化和 UV/H_2O_2 体系的降解效率较低，可能是因为 TiO_2 介质的体系特点和高色度中间产物的存在对 H_2O_2/UV 体系造成了光损失。Galvão 等(2006)利用光助芬顿处理含柴油的污水并证明该技术可行，污染物可被完全矿化。如前所述，Coelho 等(2006)考察了利用多种 AOP 如 H_2O_2、H_2O_2/UV、UV、光催化、臭氧、芬顿和光助芬顿处理炼油厂酸性水。除芬顿和光助芬顿外，没有一个技术能够得到让人满意的效果，只能降低最多 35% 的酸性水 DOC。根据他们的报道，间歇操作的芬顿反应非常快，因生成铁络合物，几分钟便可使 DOC 的最终去除率达到 13%~27%，引入辐照 60min 能够使 DOC 去除率提升到 87%。将一个 0.4L 带搅拌芬顿反应器和一个 1.6L 光助芬顿反应器串联，在反应系统 HRT 超过 85min 的连续操作模式下，DOC 去除率也能超过 75%。Mater 等(2007)考察了利用芬顿试剂矿化原油污染水和土壤中有机组分的有效性。在加入高浓度 H_2O_2(20%)和低浓度 Fe^{2+}(1mmol/L)时，水中 TOC 去除率超过 75%，在土壤中超过70%。除了提高矿化的程度外，芬顿反应均提高了水和土壤样品中石油组分的可生化降解性（BOD_5/COD 比值）至3.8。他们的试验结果表明，低药剂浓度（1% H_2O_2 和 1mmol/L Fe^{2+}）足以引发降解过程，随后可利用微生物继续处理，能够降低处理石油污水和土壤的药剂成本。

Silva 等（2012）调查了利用 IAF 和光助芬顿组合工艺对含 BTEX 油田采出水的处理效果。反应 90min 后，全部样本的降解率均达到了 90% 以上，芬顿试剂浓度优化后矿化度可达到 100%。组合工艺能够在 20min 内去除 100% 有机负荷。研究结果表明，IAF 与光助芬顿的组合能够使外排水满足巴西排放限值。Aljoubury 等（2015）研究了利用 TiO_2 可见光催化加芬顿试剂的方法处理位于沙特阿拉伯阿曼 Sohar 炼油厂的炼油污水，得到的最优条件为 0.66g/L TiO_2、0.5g/L H_2O_2、0.01g/L Fe^{2+}、pH 值 4.18、反应时间 90min。TOC 和 COD 去除率分别为 62% 和 50%，铁残留 0.8ppm。他们认为，可见光助芬顿在 pH 值<7 的酸性条件下可有效处理炼油污水，而且因没有能耗而经济性更好。Estrada-Arriaga 等（2016）评估了光-草酸铁和芬顿试剂作为对比技术对含高浓度酚（200mg/L）炼油厂实际排水进行后处理，同步去除污水中的 COD、酚和炼油污水其他典型污染物的情况。他们报道在光-草酸铁反应条件下，当草酸浓度为 200mg/L、Fe^{2+} 为 20mg/L、H_2O_2 为 500mg/L、pH 值=5 时，COD 和酚的去除率分别为 84% 和 100%；芬顿反应条件在 H_2O_2 和 Fe^{2+} 分别为 300mg/L 和 20mg/L、pH 值=4 的条件下，COD 和酚去除率分别为 55% 和 100%，两种 AOP 反应时间均为 120min。经光-草酸铁反应处理后的污水在压力 8.8~18.5psi（流速 8.8~38mL/min）下输送至 UF 中空纤维膜组件，在 UF 膜测试期间 COD 去除率为 66.3%，TSS 去除率>99%。最终，经光-草酸铁-UF 膜组合工艺处理，出水 COD、酚、硫化物、TSS、浊度、色度分别为 22mg/L（总去除率 94%）、<0.5mg/L、<0.2mg/L、<1mg/L、2 NTU、254 Pt-Co。

6.4.4.5.3.4 非均相光催化

根据 Kamboj（2009）的报道，19 世纪 30 年代在 Plotnikov 的著作《Allaemeine Photochemie》中首次注意到光催化。在 19 世纪 50 年代，Markhani 和 Laidler 在悬浮液中开展了氧化锌（ZnO）表面上光氧化反应动力学的研究。到了 19 世纪 70 年代，研究人员开始对光催化剂诸如氧化锌和二氧化钛（TiO_2）开展表面研究（Kamboj，2009）。自从 Fujishima 和 Honda（1972）发现水在 TiO_2 存在下可光解成氢气和氧气，非均相光催化作用开始被集中研究（Kamboj，2009；Kaan et al.，2012；Ibhadon and Fitzpatrick，2013）。自 19 世纪 80 年代起，光催化作用被许多科学家尝试用于净化环境（气、水和土壤）（Fujishima et al.，2007；Mota et al.，2008；Kamboj，2009；Jafarinejad，2015e）。

在催化剂存在下光反应的加速作用称为非均相光催化(Ibhadon and Fitzpatrick,2013)。依据 Mota 等(2008)的报道,非均相光催化作用的原理(图6.19)为基于半导体颗粒材料(CdS、TiO_2、ZnO、WO_3等)被某种适宜波长的辐照作用激发。半导体颗粒对光子的吸收具有足够的能量提升一个电子(e^-)从价带(VB)到导带(CB)的传导能力(称为带隙能量),实现激发并在价带产生空穴(h^+)形成氧化区(Mota et al.,2008;Jafarinejad,2015e)。换言之,光照到光催化剂上会产生高能态的电子空穴对(e^-/h^+)并迁移到颗粒表面,在此参与吸附物质的氧化还原反应,分别产生过氧阴离子自由基($O_2^{·-}$)和羟基自由基($OH^·$),如式(6.28)~式(6.31)所示(Hoffmann et al.,1995;Lee et al.,2003;Mok,2009;Kamboj,2009;Zhang et al.,2014;Krzeminska et al.,2015):

$$TiO_2 \xrightarrow{hv} TiO_2(e^-+h^+) \qquad (6.28)$$

$$h^+ + H_2O \rightarrow OH^· + H^+ \qquad (6.29)$$

$$h^+ + OH^- \rightarrow OH^· \qquad (6.30)$$

$$e^- + O_2 \rightarrow O_2^{·-} \qquad (6.31)$$

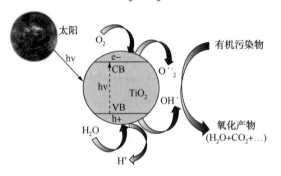

图6.19 TiO_2在太阳光催化过程中的通用机理

根据 Bockelmann(1995)和 Mota(2008)的报道,加入 H_2O_2 也有利于非均相光催化过程,提供的 O_2 等可在系统中作为电子受体,生成羟基自由基如下:

$$e^- + H_2O_2 \rightarrow HO^· + HO^- \qquad (6.32)$$

生成的自由基作为强氧化基团将有机污染物转化为 H_2O、CO_2 和少量毒性副产物(Hoffmann et al.,1995;Lee et al.,2003;Zhang et al.,2014;Jafarinejad,2015b,e)。

人造源(例如 UV 多色灯)或太阳可作为光催化过程的辐照源,基于日光的光催化降解被认为是经济的(Banu et al.,2008;Mok,2009;Krzeminska et al.,2015)。

初始有机负荷或初始基底浓度、催化剂、催化剂形态、催化剂量、反应器设计、辐照源、UV 辐照时间、温度、溶液 pH、光强和离子存在状态是影响非均相光催化处理水或污水的主要变量(Stasinakis, 2008; Mok, 2009; Krzeminska et al., 2015)。

光催化剂应具有如下性质：光活性、生物和化学惰性、耐光腐蚀、适于利用可见光或近 UV 光能量、低成本、无毒性(Ibhadon and Fitzpatrick, 2013)。多种氧化物如 TiO_2、ZnO、SiO_2、SnO_2、WO_3、ZrO_2、CeO、Nb_2O_3、Fe_2O_3、$SrTiO_3$ 等，或者硫化物如 CdS、ZnS 等已在光催化体系中进行了研究(Kaan et al., 2012; Krzeminska et al., 2015)，但 TiO_2 因其适宜的带隙能量和高度抗光腐蚀性仍是一种优异的光催化剂。TiO_2 也具有易于从市场上获得、化学惰性和耐受性以及无毒的优点(Kaan et al., 2012)。TiO_2 具有不同的晶型，最常见的是锐钛矿型和金红石型，而第三种板钛矿型并不常见也不稳定。在光催化应用方面，锐钛矿型比金红石型具有更开放的结构，因此更高效。Degussa P25 是市售的一种 TiO_2，由大约 25% 的金红石型和 75% 的锐钛矿型组成(Ibhadon and Fitzpatrick, 2013)。由于催化剂颗粒不透光，过量投加催化剂会减少进入介质的能量(Stasinakis, 2008; Krzeminska et al., 2015)。

支撑体在固定活性催化剂方面发挥着重要作用，增加了催化剂材料的表面积，减少烧结并提升了催化剂材料的疏水性、热性能、水解性和化学稳定性(Ibhadon and Fitzpatrick, 2013)。活性炭、光纤导线、玻璃纤维丝、玻璃、玻璃球、玻璃棉、膜、石英砂、沸石分子筛、硅胶、不锈钢和特氟龙均被研究用于 TiO_2 的支撑体(Mok, 2009)。

处理污水的光催化反应器可根据设计特征进行分类，例如光催化剂形态、光照类型和辐照源的位置等(Mok, 2009)。根据光催化剂形态，反应器主要分为两类：悬浮/浆态型和薄膜型(Mok, 2009; Kaan et al., 2012; Jafarinejad, 2015b)。光催化反应器设计的主要挑战在于使足够的光照射到催化剂(Ibhadon and Fitzpatrick, 2013)。光催化反应器可采用人造光源(如 UV 多色灯)和/或阳光进行辐照。辐照源位置决定了不同的分类，例如浸没光源反应器，外部光源反应器，分布式光源反应器。浆态反应器广泛用于处理目的(Mok, 22009)。在浆态反应器中，催化剂装载对反应器空间和光催化剂的有效利用是一个重要的设计变量，据报道在悬浮水溶液中催化剂的优化装载范围较宽(0.15~8g/L)(Ibhadon and Fitzpatrick, 2013)。需关注的是，TiO_2 浆态反应器的光催化活性大于固定床反应器。具有良好的传质环境是 TiO_2 浆态反应器的优点，而其主要缺点在于催化剂需要较长沉降时间才能从水溶液中分离出来，从而不得不使用高精度过滤器。因此，固

定 TiO_2 光催化剂的反应器应用逐渐增多（Mok，2009）。

Minero 等（1997）在海水介质中进行了利用光催化降解一些原油组分（十二烷和甲苯）的一些试验。在辐照过程中没有发现氯化物组分，并且他们报道光照仅几个小时后便降解100%。Preis 等（1997）研究了利用光催化氧化油页岩处理过程污水中的酚类化合物（苯酚、对甲苯酚、间苯二酚和5-甲基间苯二酚（5-MR））。甲基化酚（对甲苯酚和5-MR）相比于非甲基化组分产生出更好的光氧化效果。他们比较了用模型化合物的试验结果和光氧化净化 Estonia 油页岩热处理污水的结果，结果显示，在重污染情况下，将污水用饮用水按照 3∶1 略微稀释能够得到更好的光催化氧化效果。光氧化预处理后的污水相比于未处理污水也展现出更好的可生物降解能力和低微生物毒性。

Grzechulska 等（2000）考察了光催化下水中油的分解，报道在光催化剂含量为 $0.5\ g/dm^3$，UV 光照2h 后油全部分解。Bessa 等（2001）研究了利用光催化/H_2O_2 体系处理位于坎普斯盆地（Rio de Janeiro，Brazil）的油田采出水。他们发现在光催化工艺中加入 H_2O_2 是不必要的，甚至因为 H_2O_2 对催化剂（TiO_2）的腐蚀和破坏而起负面作用。Ziolli 和 Jardim（2002）报道了海水溶解的原油组分能够在二氧化钛纳米颗粒作用下用人造光源分解。Alhakimi 等（2003）比较了用自然光和人造 UV 光光催化降解 4-氯苯酚（炼油污水中典型化合物）。他们报道，采用日光的系统对 4-氯苯酚分解速率较使用人造 UV 灯-Degussa P25 和 Hombikat UV 100 分别高出 6.4 倍和 1.6 倍。当使用日光并以 Degussa P25 为催化剂，在优化条件下相比于 Hombikat UV 100 体系分解速率高出 6 倍以上。他们分析了反应过程中氯化物的生成情况，发现在日光源和 Degussa P25 体系下含量较高。Araujo 等（2006）研究了在水溶液中以分散 TiO_2 为催化剂和 UV 辐照下，光分解三种溶解性和乳化切割液的情况。他们发现在 pH 值为 8.0 时催化剂对所有切割液的性能最佳，此时 70% 以上的有机物质被分解。Saien 和 Nejati（2007）使用装配浸没式 UV 灯（400W，200~550nm）的循环流光催化反应器去除炼油污水中的脂肪族和芳香族有机污染物，报道优化的催化剂浓度、流体 pH 值和温度数值分别为 100mg/L、3 和 318K。约 4h 光照后，COD 最大下降率超过 90%，仅 90min 便达到 73%。此外，他们利用 GC-MS 和装配有顶空进样的 GC 分析系统观察到了所有污染物的高效分解。

Salu 等（2011）利用新型鼓式光催化反应器处理 Sureclean 公司（一家环境治理公司）隔油池的含柴油污水。经两个 90min 处理周期后 TOC 下降 45%。90min 辐照后 TPH 下降也达到 45%，第二步处理期间进一步降低 25%。他们认为，这种反应器可以集成在 WWTP 中作为深度处理技术使用，并且可以多次通过反应器来提升处理效率。Soltanian 和 Behbahani（2011）将光催化技术用于 Bandar Abbas

炼油厂污水的三级处理，优化条件为 3.0g/L TiO_2、pH 值=6.3。他们表示使用 H_2O_2 并无有益效果。苯酚、DOC 和油脂分别去除 93%、56% 和>50%，在 UV 催化辐照作用下，处理后出水水质得以改善。Diya'uddeen 等（2011）对炼油厂外排水处理技术进行了综述，认为光催化降解对替代分离和降解等其他现有炼油厂外排水深度处理技术方面具有巨大潜力。Shahrezaei 等（2012）利用 TiO_2 纳米颗粒在光催化反应器中处理炼油厂污水，报道在优化条件下（pH 值=4，催化剂浓度 100mg/L，温度 45℃、反应时间 120min）TCOD 最大降低 83% 以上。Ong 等（2014）评价了浸没式膜光催化反应器（SMPR），其中 PVDF-TiO_2 中空纤维膜起分离作用，合成油污水在 UV 辐照下分解。他们发现，利用 PVDF-TiO_2 膜的 TOC 降解效果明显优于单纯 PVDF 膜，利用 GC-MS 分析证实了污水中的油组分能够在 TiO_2 存在下被 UV 辐照有效去除。在油含量 250ppm，膜组件填充密度 35.3%，气泡流速 5L/min 的优化条件下，嵌入 2%（质）TiO_2 的 PVDF 膜平均通量约为 73.04L/h·m^2。Al-Muhtaseb 和 Khraisheh（2015）用溶胶凝胶法制备了一系列 Cu 掺杂 TiO_2 催化剂，并考察了 UV 辐照下炼油污水中酚的去除效果。他们报道利用乙醇溶剂制备的无掺杂 TiO_2 催化剂展现出最高的酚降解速率，尽管异丙醇制备的样品表面积高出乙醇制样品的 6 倍。然而对于 Cu 掺杂 TiO_2 催化剂来说，用异丙醇制备的催化剂对酚的光降解速率最高。Khan 等（2015）研究了利用 TiO_2、ZnO 和 H_2O_2 光催化降解 National Refinery Limited（NRL）（卡拉奇，巴基斯坦）实际炼油污水。在以 TiO_2 为催化剂、37℃、pH 值=4、辐照 120min 情况下，报道的最大降解率为 40.68%。当 TiO_2 与 H_2O_2 联合使用时，降解率降低至 25.35%，从而证明 TiO_2 对实际炼油污水的处理效果较 ZnO 和 H_2O_2 更有效。实际炼油污水与综合炼化污水、油田采出水或工业含油外排污水的反应情况均存在差异。

6.4.4.5.3.5 电化学氧化

电化学氧化含有产生羟基自由基的阳极活性区，在污水处理方面具有显著的经济性和环保性，应用于多种有机和无机污染物的分离和净化（Rizzo，2011；Krzeminska et al.，2015）。根据 Mota 等（2008）引用 Brillas（1998）的文献，在电化学过程中，羟基自由基可通过两种方法产生：阳极氧化（直接生成）和中间介质电氧化（间接生成）。在阳极氧化中，水在电化学电池阳极的氧化过程中生成羟基自由基[式（6.33）]。在中间介质电氧化中，化学物质如 H_2O_2 在阴极上通过两个电子对溶解氧的还原反应持续生成，如式（6.34）所示（Brillas and Casado，2002；Mota et al.，2008）。

$$H_2O \longrightarrow HO^{\cdot} + H^+ + e^- \tag{6.33}$$

$$O_2 + 2H^+ + 2e^- \longrightarrow H_2O_2 \tag{6.34}$$

产生的 H_2O_2 可用作芬顿试剂，随着铁的加入依据式(6.19)生成羟基自由基。在这个过程中，由于芬顿反应中的 H_2O_2 是电化学产生的，故称之为电芬顿工艺(Brillas and Casado, 2002; Mota et al., 2008)。根据 Mota 等(2008)引用 Oturan 和 Brillas(2007)的文献，芬顿反应生成的[式(6.19)]或者外加的 Fe^{3+} 可连续被还原为 Fe^{2+}，建立了一个电化学催化过程，如下面方程所述：

$$Fe^{3+} + e^- \longrightarrow Fe^{2+} \tag{6.35}$$

在这个系统中，施加的 UV 辐照帮助 Fe^{3+} 还原为 Fe^{2+}，这个技术被称为光电芬顿工艺(Wang et al., 2008; Mota et al., 2008)。

电极和支持电解质的种类、施加电流、溶液 pH 值、目标污染物/水基质性质和污染物初始浓度能够影响电化学氧化过程的效率(Rizzo, 2011; Krzeminska et al., 2015)。不同阳极如石墨、Pt、TiO_2、IrO_2、PbO_2、掺杂 SnO_2、多种 Ti 基合金、硼掺杂钻石电极已在该体系内进行了研究，但最常用的电极材料是铁或铝(Rizzo, 2011; Jafarinejad, 2014b; Krzeminska et al., 2015)。

Yavuz 和 Koparal(2006)在使用混合钌的金属氧化物电极平行板反应器中考察了电化学氧化酚的效果。在初始酚浓度为 200mg/L、COD 为 480mg/L 的情况下去除率分别为 99.7%和 88.9%。有相同研究报道，电流密度为 $15mA/cm^2$ 时每去除 1g 酚消耗量为 $1.88kW \cdot h/g$，传质系数为 $8.62 \times 10^6 m/s$。他们也研究了炼油污水的电化学氧化处理，获得了最佳试验条件，在电流密度为 $20mA/cm^2$ 下酚去除率为 94.5%、COD 去除率为 70.1%。Santos 等(2006)应用电化学技术治理采油废水。他们发现电解含油污水会使样品 COD 下降和时间具有关联性，原因被认为是：①电极上油组分的直接氧化。利用金属氧化物本身或电极表面生成的羟基自由基；②电极上油组分的间接氧化。利用平行反应中产生的氧化中间物(如 ClO^-)；③在电浮选作用下悬浮油滴的聚集。在 50℃，电流密度为 $100mA/cm^2$，电解含油样品 70h 后，COD 最大降低率为 57%。Ma 和 Wang(2006)利用电化学技术以实验室中试规模处理油田采出水(图 6.20)，使用了活性金属(M)和石墨(C)双阳极，以铁为阴极，以及大表面积的含贵金属催化剂。由于产生了强氧化电势的化学物质(Cl_2、O_2、OCl^-、$HO \cdot$ 等)，当污水通过中试装置时，包括细菌在内的有机污染物被氧化并被生成的 Mn^+ 离子凝聚。他们证实了催化电化学处理油田采出污水是有效的，在 15V/120A 的条件下，COD 和 BOD 均在 6min 内下降 90%以上，SS 下降 99%，Ca^{2+} 含量下降 22%，腐蚀速率下降 98%，在 3min 内细菌[硫酸盐还原菌(SRB)、腐生菌(TGB)和铁细菌]减少 99%。

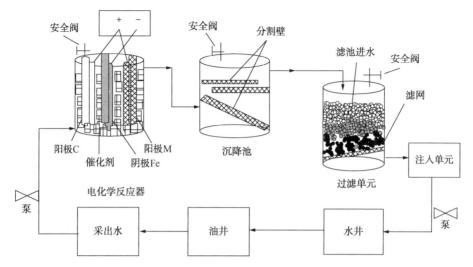

图 6.20 Ma 和 Wang(2006)工作中电化学中试装置的工艺流程示意图

Yan 等(2011)利用三维多相电极电化学处理炼油厂污水，引入了 Fe 颗粒并且通入空气到常规二维反应器中。当初始 pH 值为 6.5，电池电压为 12V 并加入细微铁颗粒时，出水具有让人满意的 COD 去除率(92.8%)和低含盐(84μS/cm)性质。在另一项工作中，Yan 等(2014)报道了在初始 pH 值为 3、细微铁颗粒和空气同时加入的情况下，出水具有良好的 COD 去除率(89.91%)和 NH_3-N 去除率(99.47%)。El-Naas 等(2014)开发了一种新型三段工艺，工艺由电絮凝单元，使用聚乙烯醇凝胶固定 pseudonymous putida 的喷动床生物反应器(SBBR)，以及装填了颗粒活性炭(由农业废料和特殊的枣核制成)的吸附柱构成。他们评价了利用该技术对高污染浓度炼油污水的处理效果。电絮凝装置作为预处理步骤可有效降低高浓度 COD 和 SS，减轻生物反应器和吸附柱的负荷。结果表明，在优化的工艺条件和装置排列布置下，该工艺过程可降低 COD、苯酚和甲酚的浓度分别为 97%、100% 和 100%。

6.4.4.5.3.6 湿式氧化

Zimmermann(1954)在寻求一种处理造纸厂黑液的备用技术时，开发了湿式氧化技术(WAO)(Siemens Water Technologies Corp.，2011)。他烧掉这些造纸废液，进而引入了一项技术，在氧存在和相对低的温度下，利用空气在高压条件下氧化水溶液中溶解或悬浮的有机化合物(Debellefontaine and Foussard，2000)。从这开始，WAO 应用于例如污水处理等很多领域(Debellefontaine and Foussard，2000；Siemens Water Technologies Corp.，2011)。

WAO 是一种清洁的技术，在高温高压下以氧气作为氧化剂，溶解或悬浮的有机或无机基质从过程中被氧化(Copa and Dietrich, 1988; Siemens Water Technologies Corp., 2011)。常规温度范围约 175~320℃(Copa and Dietrich, 1988)或 150~320℃(Siemens Water Technologies Corp., 2011)。施加的系统压力约为 10~220bar(Mota et al., 2008; Siemens Water Technologies Corp., 2011), 限制了所需反应温度下水的蒸发量。压缩空气或纯氧作为氧源为 WAO 过程提供氧化剂(Copa and Dietrich, 1988)。羟基自由基在这个系统中生成(Mota et al., 2008)。

氧化的程度决定了 WAO 的产物。在氧化程度低的情况下,有机物质转化成低分子量有机化合物如乙酸。在氧化程度高的情况下,有机物质主要被氧化成 CO_2 和 H_2O; 有机或无机硫转化成硫酸盐; 有机氮主要转化成氨氮; 卤化有机物中的卤素转化成无机卤化物(Copa and Dietrich, 1988); 磷的化合物转化成磷酸盐, 含氯化合物转化成盐酸。因此 WAO 过程的常规物料平衡可由下面的反应表示, 热值接近 435 kJ/(反应每摩尔 O_2)(Debellefontaine and Foussard, 2000):

$$C_mH_nO_kCl_wN_xS_yP_z + [m+0.25(n-3x)-0.5k+2(y+z)]O_2 \rightarrow$$
$$mCO_2 + 0.5(n-3x)H_2O + xNH_3 + wCl^- + ySO_4^{2-} + zPO_4^{3-} + 热量 \quad (6.36)$$

典型 WAO 的基本工艺流程如图 6.21 所示。在这个系统中,含有污染物的进料流股通过高压泵进入系统。压缩空气或氧气在高压泵出口或反应器入口随水引入(Copa and Dietrich, 1988)。通常氧气流速不超过进口 COD 流速的 110%(Debellefontaine and Foussard, 2000)。进口污水与处理后热水在换热器中进行预换热(Copa and Dietrich, 1988)。辅助能源(通常为蒸汽)在开车阶段非常必要, 提供所需的补偿热量(Siemens Water Technologies Corp., 2011)。反应器常用立式鼓泡塔,可提供所需的水力停留时间以满足反应条件需求(Copa and Dietrich, 1988)。反应程度可从轻度氧化(需要几分钟,例如 35min)到总污染物消除(需要 1h 或更长停留时间,例如 36h)(Copa and Dietrich, 1988; Debellefontaine and Foussard, 2000)。根据式(6.3), 反应期间氧化放热释放到污水流股中, 流股在反应器中利用这股热量被加热到期望水平。反应器中出来的处理后热流股在换热器中被冷却,随后通过压力控制阀排出系统。处理后排水和不凝结尾气在分离罐中分离后通过分离管线排出(Copa and Dietrich, 1988)。WAO 处理设施排出的气体流股包含少数 VOC 和 CO(0.5%~25%)、CO_2、过量 O_2 和水。简单的末端燃烧反应器可用作这些气体的最终氧化步骤,处理后排放大气(Debellefontaine and Foussard, 2000)。

根据 Debellefontaine 和 Foussard(2000)的研究工作, WAO 技术可使大部分的污染物造成的 COD 下降 90%~95%, 操作成本通常低于 95 欧元/m^3, 优选 COD

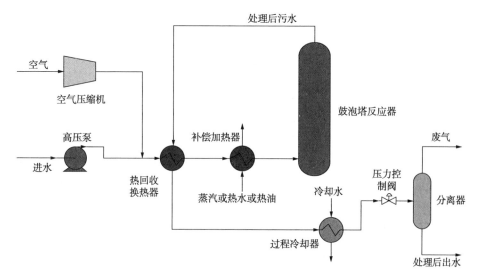

图 6.21 典型湿式氧化装置的基本工艺流程

负荷在 10~80kg/m³ 之间变化。由于投资高和操作问题,世界范围内只有少量的工业化反应器在运行。温度、压力、进气流速、氧化期间 pH 变化等能够影响 WAO 装置性能并在反应器设计中应加以考虑(Debellefontaine and Foussard,2000)。

通过在反应中使用均相催化剂(如 Cu^{2+} 盐)和非均相催化剂(MnO_2、CuO、Fe_2O_3 等),可以提升 WAO 的效率,这称之为催化湿式氧化(CWAO)(Moat et al.,2008)。多种的非均相催化剂包括贵金属(例如 Ru、Rh、Pd、Ir、Pt)和金属氧化物(Cr、Mn、Fe、Co、Ni、Cu、Zn、Mo、Ce 的氧化物)已被广泛研究用于强化 CWAO 的效率(Kim and Ihm,2011)。

Copa 和 Dietrich(1988)在位于美国威斯康星州罗斯柴尔德的 Zimpro/Passavant 实验室设施上实施了小试规模的 WAO 研究,研究了对采出水、井口油、重油、炼油厂油泥和废钻井泥浆的处理。例如,他们将油泥、生化污泥和采出水按照质量比 1:1:2 配制成原料,在摇动高压釜中 240℃ 和 280℃ 下氧化反应 60min。据报道,在 WAO 温度为 240℃ 和 280℃ 下 COD 分别下降 59.2% 和 84.1%。另外,在出水中没有任何不溶性油的情况下,原料的油类性质明显消失,在氧化温度 240℃ 和 280℃ 下油含量分别下降 93.6% 和 99.1%。他们证实这个技术可用于处理废油和油泥,也可以用来改善含乳化剂和油的废弃泥浆的脱水能力。Bernal 等(1999)考察了 WAO 处理油轮含油废物的可行性。他们发现这是一种处理这类残留废物的有效技术,初始 COD 的去除率超过 99%,油含量去除率为 99.9%。

Zerva 等(2003)研究了在高压搅拌式反应釜中 180~260℃、氧气压力 1MPa 下利用均相 WAO 处理含油污水,污水主要含有乙醇和苯酚组分,COD 为 11g/L。他们报道在污水中含有的组分中,乙二醇对湿式氧化展现出巨大的抗性,将其有效降解的温度需超过 240℃。有机酸(主要是乙酸)是 WAO 的中间产物,转化成二氧化碳非常慢。Guo 和 Al-Dahhan(2005)研究了利用并行上流或下流式柱撑黏土固定床反应器 CWAO 法处理酚的效果。这两种反应器模式在温度为 150~170℃、总压力为 1.5~3.2MPa 的相对温和条件下,均可完全去除苯酚且 TOC 大幅下降。他们表示,温度很大程度影响着苯酚和 TOC 转化,而空气压力只是次要影响因素。去除全部 TOC 很难,因为在此条件下产生的主要中间产物乙酸具有 CWAO 抗性。Prasad 等(2007)考察了油页岩炼油厂汽提净化水的 CWAO 和湿式预氧化(WPO)效果,在玻璃衬里反应器的操作条件为温度 200℃、$Cu(NO_3)_2$ 67mmol/L、时间 3h、氧气压力 0.5MPa 下,汽提净化水中超过 70% 的 TOC 被去除。在不加入氧气的情况下,系统中的 TOC 被大幅去除(约 31%),他们解释主要原因在于基于铜氧化态的显著变化,在铜催化氧化作用下汽提净化水中有机物会发生脱羧基作用。在 WPO 操作条件为温度 150℃、H_2O_2 浓度 64g/L、时间 1.5h 下,超过 80% 的 TOC 被去除。他们也认定 WPO 是从汽提净化水中去除恶臭化合物的一项非常有效的技术。Sun 等(2008)利用微波辅助 CWAO 技术,在低温(150℃)低压(0.8MPa)下以 GAC[5%(质)]为催化剂处理重度污染炼油污水。他们报道 COD 去除超过 90%,30min 内可生化性 BOD_5/COD 由 0.04 上升到 0.47,展现出水溶液可生化性的显著改善,有利于炼油污水的后续生物处理。Yang 等(2008)考察了在间歇反应器和固定床反应器中采用 CWAO 法以 CeO_2-TiO_2 催化剂处理苯酚。间歇反应器的催化剂中 CeO_2-TiO_2 为 1∶1,反应温度 150℃,120min 后 COD 和 TOC 的去除率分别为 100% 和 77%,此时总压力为 3MPa,苯酚浓度 1000mg/L,催化剂加载量 4g/L。固定床反应器催化剂中 CeO_2 颗粒与 TiO_2 颗粒的比例为 1∶1,反应温度 140℃,空气总压力 3.5MPa,苯酚浓度 1000mg/L,连续反应 100h 后 91% 的 COD 和 80% 的 TOC 被去除。

Yang 等(2014)以氧化石墨烯(GO)和化学还原石墨烯氧化物为催化剂,在不使用任何金属的情况下利用 CWAO 间歇式反应器处理苯酚。在 CWAO 处理苯酚的系统中使用这些碳材料能够很好地去除苯酚和 TOC。GO 具有最高的催化活性,报道在 40min 后酚全部去除,在反应温度 155℃、总压力 2.5MPa、催化剂加载量 0.2g/L 时,120min 后约 84% 的 TOC 被去除。Parvas 等(2014)利用超声化学法将不同量的非贵金属镍涂覆在 CeO_2-TiO_2 支撑体上,检验了 CWAO 处理苯酚的效果。他们报道向 CWAO 中引入不同担载量的镍,因具有更多的活性相而能够提升苯酚的去除效果。当催化剂量从 4g/L 提升至 9g/L 时除酚效果得以加强,但是当进一步增加到10g/L时催化反应能力下降。Wang 等（2014）开发了不同碳材料催化剂（多壁碳纳米管、碳纤维、石墨）强化水溶液中 CWAO 的除酚能力，这些功能性碳材料在 CWAO 除酚中表现出优异的催化活性。反应 60min 后，使用功能性多壁碳可使苯酚去除率接近 100%，而使用纯的多壁碳在相同操作条件下去除率仅为 14%。他们认为功能性多壁碳表面引入的羧酸基团对 CWAO 的催化活性发挥了重要作用，它们可以强化自由基生成，为 CWAO 提供强氧化剂。Fu 等（2015）在不锈钢高压釜中利用带均相催化剂的 WAO 同步处理硝基苯（NB）和苯酚，温度范围为 150~210℃，氧气分压 1MPa。他们报道在均相催化剂存在的情况下，相比于无催化剂协同氧化 NB 和苯酚，能够大幅强化这两种化合物的转化。过渡金属离子 Cu^{2+}、Co^{2+} 和 Ni^{2+} 被报道是有效的催化剂，其中 Cu^{2+} 的效果更好。另外，少量加入酚有助于更有效地分解 NB，例如，以 Cu^{2+} 为均相催化剂在 200℃下反应 1h，两次加入苯酚可使 NB 转化率达到 95%。这种催化协同氧化方法与加入苯酚引发阶段相结合能够提供一种可选并有效的方法从环境中去除持续性有机污染物。Monteros 等（2015）研究了 TiO_2-x%（质）CeO_2 支撑体上担载钌和铂的催化剂在 160℃、纯氧压力 20bar 下 CWAO 除酚的催化性能。他们发现，与预期相反，提升材料的储氧能力不利于催化性能因为这有利于溶液中聚合物的生成，进而积累了吸附物。然而，一方面，存在 Lewis 酸区域有利于活化羟基的功能，因此强化了酚的邻位氧化，提升酚的整体氧化效果，最终形成 CO_2。另一方面，在 CWAO 除酚方面 Pt 比 Ru 显现出更高的效率。

6.4.4.5.3.7 超临界水氧化

超临界水氧化（SCWO）是一种在温度和压力高于水的临界点（T_c =374℃，P_c =22.1MPa）条件下发生在水溶液介质中的技术方法（Sabet et al.，2014；Jafarinejad et al.，2010a, b；Jafarinejad，2014a；Wenbing et al.，2013；Fourcault et al.，2009；Bambang and Jae-Duck，2007；Paraskeva and Diamadopoulos，2006；Xu et al.，2012）。与常规水相比，超临界水的氢键更少、介电常数更低、黏度更低、扩散系数更高（Xu et al.，2012）。在这些条件下，水变成具有独特性质的流体，可作为反应介质用于制备纳米颗粒、破坏有机化合物等。这个过程通常在温度范围 400~600℃，压力范围 24~28MPa 下操作（Sabet et al.，2014；Jafarinejad，2014a）。

SCWO 的主要应用是消灭有机污染物（Yu et al.，2013；Jafarinejad，2014a）。有机底物和氧化剂（如氧气或纯氧或 H_2O_2）完全溶解在超临界水中创造出一个单相环境，从而克服了相间的传质阻力，加快了整体反应速率。超临界水氧化快速而完全地将有机物质破坏成小分子组分例如 CO_2、N_2、H_2O 等，杂原子也会转化成它们的矿物质酸(Xu et al., 2012)。在停留时间 1min 之内,转化速率超过 99%。超临界水氧化是一种清洁或绿色,无污染,环境友好的有机废物处理技术,在处理毒性和生物可降解有机废物方面具有独特的效果,而且不会造成二次污染(Bambang and Jae-Duck, 2007; Yu et al., 2013)。

典型的 SCWO 系统包括进料[液体废物、氧化剂、燃油(可选)、蒸馏水(可选)]制备和加压、预加热器、反应器、备用固体脱除点、热交换器、减压、气/液分离、出水深度处理(Bambang and Jae-Duck, 2007)。SCWO 装置(MODAR型)流程图如图 6.22 所示。含有机物质的液态污染流股被加压并预加热到反应器条件,氧化剂流股也被加压并与污染物流股混合(Bambang and Jae-Duck, 2007)。SCWO 反应器在超临界条件下,有机组分与超临界水、氧化剂完全混合,形成"水-有机物-氧化物"均相体系,温度足够高至自由基氧化反应快速进行(Barner et al., 1992; Bambang and Jae-Duck, 2007)。主要污染物 NO_x 和 SO_2 被消除,酸性气体在过程中被原位中和(Barner et al., 1992)。传热设备被用于回收过程热量和排放前冷却产物,淬火分离器用于气/液分离。如果需要,排放气可以在排放至大气前通过催化 CO 氧化炉(National Research Council, 1993)。

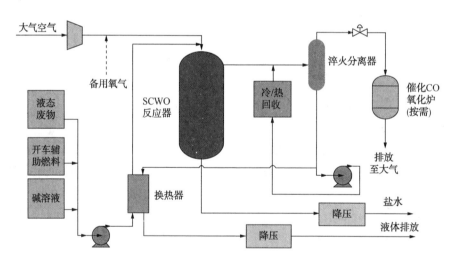

图 6.22 超临界水氧化装置(MODAR 型)流程图

SCWO 污水处理技术为 Medoll(1982)首先提出,从此研究者们广泛提及 SCWO 应用于多种毒性和有害性工业废物处理(Bambang and Jae-Duck, 2007; Xu et al., 2012; Yu et al., 2013)。根据 Xu 等(2012)、Bambang 和 Jae-Duck (2007)的报道,现今 SCWO 企业包括许多著名公司,例如 General Atomics、MO-

DAR、MODEC、FostereWheeler、EcoWaste Technologies、Chematur、SRI International、Hydro – Processing、Hanwha Chemical、Supercritical Fluids International 等(Xu et al.，2012；Bambang and Jae-Duck，2007)。以处理为目的的工业规模 SCWO 已在美国、英国、日本、中国、瑞典等国家建设(Bambang and Jae-Duck，2007；Xu et al.，2012；Yu et al.，2013)。腐蚀、堵塞、运行成本高是 SCWO 的主要缺点，问题仍然存在甚至会造成一些工业规模 SCWO 装置停运(Bambang and Jae-Duck，2007；Xu et al.，2012；Abelleira et al.，2013)。

  Matsumura 等(2000)利用 SCWO 在 25MPa、反应温度 623~723K、停留时间 6.5~26s 下分解浓度高达 2%(质)的苯酚。他们等额加入氧来考察中间产物，发现尽管能够观察到焦油状材料生成，苯酚的分解转化可以通过前期研究者根据低浓度下开展的试验开发的反应速率方程很好地预测。与低浓度苯酚氧化的差别在于反应产物分布和形成焦油状材料。他们解释无论苯酚浓度如何，降解反应的初始过程是相同的，但最后的自由基反应不同。芳香族化合物间的加成反应被高苯酚浓度所强化。Yu 和 Savage(2000)利用装填 CuO/Al_2O_3 催化剂的固定床反应器，在 380~450℃ 和 219~300atm 下的超临界水中氧化苯酚。他们报道相比于无催化剂的 SCOW，CuO 催化剂对苯酚消解和 CO_2 生成速率具有良好的加速效果，也能够在确保既有苯酚转化率下同步减少不期望的苯酚二聚物产生。苯酚消解和 CO_2 生成速率与苯酚和氧气浓度密切相关，与水密度关系较小。载体担载 CuO 的催化剂相比于 MnO_2 主体催化剂和 TiO_2 主体催化剂在苯酚消解和 CO_2 生成方面具有更高的活性。然而，以新鲜催化剂的表面积为评价基准，CuO 催化剂的活性最低。CuO 催化剂表现出一些初始钝化性，但另一方面它在连续使用的 100h 内持续保持活性。Cu 和 Al 均在反应器出水中被检出，这说明在反应条件下发生了催化剂溶解或腐蚀。Portela 等(2001)尝试用常规和改进的水热氧化方法在连续流动系统处理切削油污染[组成为常规油、水和添加剂(脂肪酸、表面活性剂、杀菌剂等)]，操作温度 300~500℃。他们利用过氧化氢作为氧源和自由基来源，分别在包含或者不含前端热分解的情况下引入反应器。在这两种样本中均发生有机材料的氧化反应，在 500℃10s 内 TOC 下降 90% 以上。在更低温度下，使用改进的水热氧化明显促进了氧化过程。Matsumura 等(2002)用活性炭为催化剂用 SWCO 处理苯酚。在装填活性炭的反应器中，高浓度苯酚与等量氧气在 673K 25MPa 的超临界水中进行处理。尽管在这类反应中活性炭氧化被报道，活性炭的质量减少足够缓慢，对苯酚氧化的催化效果显而易见。活性炭的催化效果体现在强化反应速率、减少焦油状材料产生、提高气体产量。他们也报道在研究的条件下，65% 送入反应器中的氧气有效用于苯酚氧化，然而如果不使用催化剂则只有 39% 的氧气被利用。他们总结使用低操作温度和廉价的碳催化剂是可行的。Pérez

等（2004）在试验规模 SCWO 系统中研究了高浓度苯酚和 2，4-二硝基苯酚（DNP）的氧化。在处理时间约 40s、反应压力 25MPa、温度 666~778K、氧过量 0~34% 的工况下，苯酚降解率从 94% 到 99.98%，TOC 降解率从 75% 到 99.77%。他们报道在 43s、25MPa、780K、大量氧过量下处理含 2.4%（质）2，4-DNP、2.1%（质）硫酸铵的水溶液，DNP 降解率超过 99.9996%，TOC 降解率超过 99.92%。一硝基苯酚为中间产物而不存在于最终出水中，出水中检测到碳酸氢铵和硫酸盐的残留。这种水溶液在温度约 370℃ 下对 625 合金预热器具有很强的腐蚀作用。他们也报道了在 24.5MPa、742~813K、氧气浓度从理论配比到过量 67% 的条件下，处理包含 2.26%（质）2，4-DNP 含氨无硫酸盐的溶液，全部样本中 2，4-DNP 的降解率超过 99.9996%。报道的 TOC 去除效率从 98.98% 到 99.98%，而氨去除率范围从 15% 到 50%。苦味酸和一硝基苯酚作为中间产物不存在于排水中。除了在一些低于氧气理论计算值的情况下，排放气样品中没有发现 CO 或 NO_x。Wang 等（2005）利用间歇性设备，在 390~430℃、24~28MPa、反应时间 30~90s 下对 SCWO 处理含油污水进行了研究。他们报道 SCWO 是一种高效的有机废物处理和处置方法，温度和反应时间是影响含油污水中 COD 去除的主要因素，随着温度和时间的增加 COD 去除率显著提高。

Marulanda 和 Bolanos（2010）考察了 SCWO 处理受 PCB 高度污染的实际矿物变压器油（PCB 污染油）的效果。他们报道在 539℃、350% 过量氧、241bar 下，99.6% 的有机物质分解成碳氢化合物和 PCB 的复杂混合物。他们也报道了出水 PCB 浓度低于色谱分析检测限，水蚤毒性检测显示工艺出水没有生态毒性。他们提出了一种移动式 SCWO 装置的工艺流程作为焚烧技术的备选，初步经济评价结果证明该技术相比于焚烧处理是可行的。Wenbing 等（2013）研究了 SCWO 处理含乙醇的含油污水，他们考察了在乙醇和含油污水完全氧化条件下（含油污水初始浓度 4000mg/L、乙醇浓度 20mg/L、温度范围 390~450℃、压力 23MPa），乙醇对含油污水的协同氧化效果。在过氧化氢过量 70%，初始 COD 4000mg/L 情况下，450℃ 反应 9min 后 COD 去除率为 90.26%，乙醇强化了含油污水的分解。相比于没有乙醇的情况，乙醇使 COD 去除率显著升高（提升 8%）。

6.5 含油污水处理厂

如上所示，含油污水处理通常分为工艺废水预处理、一级处理、二级处理和三级处理或深度处理（U. S. EPA，1995；Benyahia et al.，2006；IPIECA，2010；European Commission and Joint Research Center，2013；Goldblatt et al.，2014；Jafarinejad，2015d）。一个典型的含油污水处理系统或炼油/石化污水处理系统如图

6.23所示,它由均质、初级和二级油水分离、生物处理、生物或二级澄清、三级处理(按需)组成(Schultz, 2006; Siemens Water Technologies Corp., 2009)。在WWTP中,固体废物以污泥的形式从多种处理装置中产生(U.S. EPA, 1995),必须处理,详见第7章。

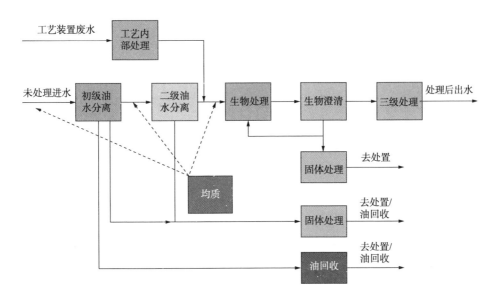

图6.23 典型的含油污水处理系统

均质系统用于缓和流量和组成/浓度的波动或变化(Bush, 1980; Schultz, 2006; IPIECA, 2010)。流量均质可缓和流量变化,因此使流量和后续装置负荷可能的突增达到最小化,也可以减小后续装置的尺寸和WWTP的整体成本。浓度均质使生物系统等后续装置的污染物冲击负荷最小化(IPIECA, 2010)。要注意的是有效的生物处理系统进水的体积和组成应该是常数(Bush, 1980)。均质系统可以位于一级油水分离(API隔油池)之前、二级油水分离(DAF/IAF)之前(Bush, 1980; Schultz, 2006; IPIECA, 2010)和二级油水分离(DAF/IAF)之后(Schultz, 2006; IPIECA, 2010)。如果选择将均质系统置于API隔油池之前,由于罐中含油污水中的油和固体具有分离的趋势,因此必须提供能够从罐中去除浮油和固体的设备(管/泵和控制)以防止这些物质的积累。均质系统必须根据含油污水中固体和油的含量每年清理一次或两次(IPIECA, 2010)。

炼油厂中污水分质和分质污水的处理应该在缺水地区加以考虑,但这并不普遍。炼油污水可基于污水的TDS含量分类如下:

1) 低 TDS：汽提净化水、雨水、杂用水；
2) 高 TDS：电脱盐出水、罐底泥和水(BS&W)和碱渣。

图 6.24 展示了一个炼油厂的污水分质处理系统，由两列装置几乎相同的平行工艺组成，除了低 TDS 工艺中不包括 API 隔油池，这是因为污水的悬浮物浓度低(IPIECA，2010)。

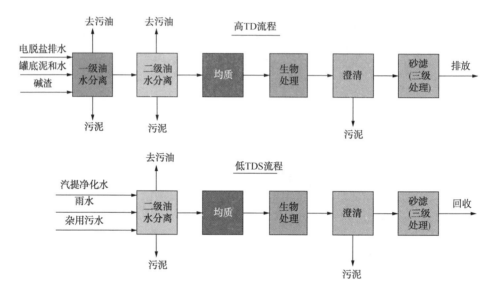

图 6.24　污水分质处理系统

美国横河公司(2008)提供的含污泥处理和处置的炼油厂 WWTP 的简易流程图如图 6.25 所示。这个处理系统由 API 隔油池、DAF、均质罐、活性污泥处理、澄清、氯化、砂滤、污泥浓缩、污泥消化、污泥脱水、污泥处置和集油槽组成。注意这套处理系统的污泥处理单元并不完全，均质罐和集油槽是作者加入的。依据 MARINER plus s.r.o.(Flottweg，Solenis)(2016)的含油污水处理系统的简化工艺流程图如图 6.26 所示。这个处理系统由 pH 调节、API 隔油池、浮选、曝气池、澄清池、油泥预处理罐、油泥三相离心机、生物污泥两相离心机组成(油泥预处理、两相离心机和三相离心机在第 7 章中详细讨论)。注意三相离心机分离出的油(仍然含有水和固)可能需要进一步分离以获得回收油，而且固体残留物也需要进一步处理。Morita(2013)提供了一些中东国家炼油厂现有污水处理系统的改进，如图 6.27 所示。处理系统由引水沟、API 隔油池、均质罐、DAF、曝气池、澄清池、砂滤、污泥接收池、两相离心机、污泥装料斗、蒸发塘(详见第 7 章)和污油罐组成。Morita(2013)提供的蒸发塘污泥回收计划见图 6.28，包括利用真空油槽车输送到污泥接收池、油泥与空气和蒸汽混合、利用两相离心机分离污泥和污水、分离污水的再处理和焚烧炉中的污泥焚烧。

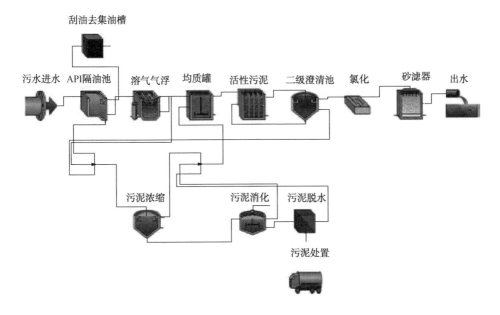

图 6.25 含污泥处理和处置的炼油污水处理厂的简易流程图

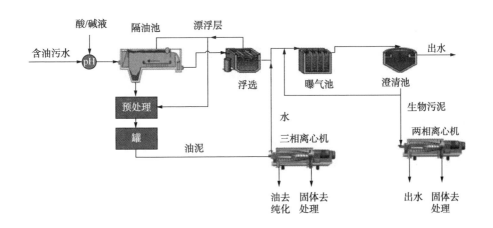

图 6.26 含油污水处理简易流程图

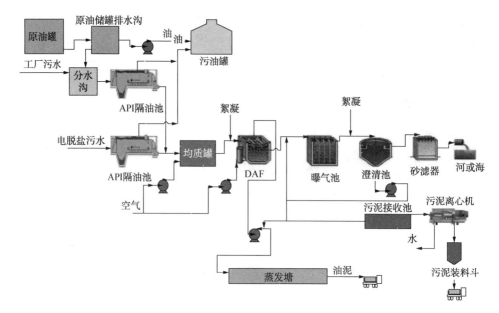

图 6.27　一些中东国家炼油厂现有污水处理系统的改进流程简图

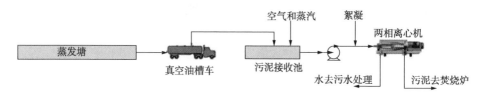

图 6.28　蒸发塘污泥回收计划

参 考 文 献

Abelleira, J., Sánchez-Oneto, J., Portela, J.R., Martínez de la Ossa, E.J., 2013. Kinetics of supercritical water oxidation of isopropanol as an auxiliary fuel and co-fuel. Fuel 111, 574−583.

Alalm, M.G., Tawfik, A., 2013. Fenton and solar photo-Fenton oxidation of industrial wastewater containing pesticides. In: Seventeenth International Water Technology Conference, IWTC17, Istanbul, 5−7 November 2013.

Alfano, O.M., Brandi, R.J., Cassano, A.E., 2001. Degradation kinetics of 2,4-D in water employing hydrogen peroxide and UV radiation. Chemical Engineering Journal 82, 209−218.

Alhakimi, G., Gebril, S., Studnicki, L.H., 2003. Comparative photocatalytic degradation using natural and artificial UV-light of 4-chlorophenol as a representative compound in refinery wastewater. Journal of Photochemistry and Photobiology A: Chemistry 157 (1), 103−109.

Al-Jeshi, S., Neville, A., 2008. An experimental evaluation of reverse osmosis membrane performance in oily water. Desalination 228 (1−3), 287−294.

Aljuboury, D.A., Palaniandy, P., Aziz, H.B.A., Feroz, S., 2015. Treatment of petroleum wastewater using combination of solar photo-two catalyst TiO_2 and photo-Fenton process. Journal of Environmental Chemical Engineering 3 (2), 1117−1124.

Al-Muhtaseb, A.H., Khraisheh, M., 2015. Photocatalytic removal of phenol from refinery wastewater: catalytic activity of Cu-doped titanium dioxide. Journal of Water Process Engineering 8, 82−90.

Altalyan, H.N., Jones, B., Bradd, J., Nghiem, L.D., Alyazichi, Y.M., 2016. Removal of volatile organic compounds (VOCs) from groundwater by reverse osmosis and nanofiltration. Journal of Water Process Engineering 9, 9−21.

Andreozzi, R., Caprio, V., Insola, A., Marotta, R., 1999. Advanced oxidation processes (AOP) for water purification and recovery. Catalysis Today 53, 51−59.

Araújo, A.B., Junior, O.P.A., Vieira, E.M., Valente, J.P.S., Padilha, P.M., Florentino, A.O., 2006. Photodegradation of soluble and emulsive cutting fluids using TiO_2 as catalyst. Journal of the Brazilian Chemical Society 17 (4), 737−740.

Arthur, J.D., Langhus, B.G., Patel, C., 2005. Technical Summary of Oil & Gas Produced Water Treatment Technologies, All Consulting, LLC, 1718 South Cheyenne Ave., Tulsa, OK 74119. [Online] Available from: http://www.all-llc.com/publicdownloads/ALLConsulting-WaterTreatmentOptionsReport.pdf.

Augugliaro, V., Litter, M., Palmisano, L., Soria, J., 2006. The combination of heterogeneous photocatalysis with chemical and physical operations: a tool for improving the photoprocess performance. Journal of Photochemistry and Photobiology C: Photochemistry Reviews 7 (4), 127−144.

Awaleh, M.O., Soubaneh, Y.D., 2014. Waste water treatment in chemical industries: the concept and current technologies. Hydrology Current Research 5 (1), 1−12.

Bambang, V., Jae-Duck, K., 2007. Supercritical water oxidation for the destruction of toxic organic wastewaters: a review. Journal of Environmental Sciences 19, 513−522.

Banu, J.R., Anandan, S., Kaliappan, S., Yeom, I.Y., 2008. Treatment of dairy wastewater using anaerobic and solar photocatalytic methods. Solar Energy 82, 812−819.

Barner, H.E., Huang, C.Y., Johnson, T., Jacobs, G., Martch, M.A., 1992. Supercritical water oxidation: an emerging technology (paper presented at ACHEMA'91). Journal of Hazardous Materials 31 (1), 1−17.

Benyahia, F., Abdulkarim, M., Embaby, A., Rao, M., 2006. Refinery wastewater treatment: a true technological challenge. In: The Seventh Annual U.A.E. University Research Conference, April, 2006, ENG- 186, Al Ain, UAE.

Bernal, J.L., Miguélez, J.R.P., Sanz, E.N., Ossa, M.D.I., 1999. Wet air oxidation of oily wastes generated aboard ships: kinetic modeling. Journal of Hazardous Materials 67 (1), 61−73.

Bessa, E., Sant'Anna Jr., G.L., Dezotti, M., 2001. Photocatalytic/H_2O_2 treatment of oil field produced waters. Applied Catalysis B: Environmental 29 (2), 125−134.

Bockelmann, D., Weichgrebe, D., Goslich, R., Bahnemann, D., 1995. Concentrating versus non-concentrating reactors for solar water detoxification. Solar Energy Materials and Solar Cells 38, 441−451.

Bolong, N., Saad, I., Ismail, A.F., Salim, M.R., Rana, D., Matsuura, T., 2012. Charge property modeling of nanofiltration hollow fiber membranes. International Journal of Simulation Systems, Science & Technology (IJSSST) 12 (3), 12−16.

Brillas, E., Mur, E., Sauleda, R., Sanchez, L., Peral, J., Domenech, X., Casado, J., 1998. Aniline mineralization by AOP's: anodic oxidation, photocatalysis, electro-Fenton and photoelectro-Fenton processes. Applied Catalysis B: Environmental 16, 31−42.

Brillas, E., Casado, J., 2002. Aniline degradation by electro-Fenton and peroxicoagulation processes using a flow reactor for wastewater treatment. Chemosphere 47, 241–248.

Bush, K.E., 1980. Refinery wastewater treatment and reuse. Originally published April 12, 1976. In: Cavaseno, V., the Staff of Chemical Engineering (Eds.), Industrial Wastewater and Solid Waste Engineering. Chemical Engineering McGraw-Hill Pub. Co., New York, USA, pp. 13–18.

Cechinel, M.A.P., Mayer, D.A., Pozdniakova, T.A., Mazur, L.P., Boaventura, R.A.R., de Souza, A.A.U., de Souza, S.M.A.G.U., Vilar, V.J.P., 2016. Removal of metal ions from a petrochemical wastewater using brown macro-algae as natural cation-exchangers. Chemical Engineering Journal 286, 1–15.

Chang, I.S., Chung, C.M., Han, S.H., 2001. Treatment of oily wastewater by ultrafiltration and ozone. Desalination 133, 225–232.

Chavan, A., Mukherji, S., 2008. Treatment of hydrocarbon-rich wastewater using oil degrading bacteria and phototrophic microorganisms in rotating biological contactor: effect of N:P ratio. Journal of Hazardous Materials 154 (1–3), 63–72.

Chen, C., Chen, H., Guo, X., Guo, S., Yan, G., 2014. Advanced ozone treatment of heavy oil refining wastewater by activated carbon supported iron oxide. Journal of Industrial and Engineering Chemistry 20 (5), 2782–2791.

Cholakov, G. St., 2009. Pollution control technologies. In: Control of Pollution in the Petroleum Industry. Encyclopedia of Life Support Systems (EOLSS), vol. III.

Coelho, A., Castro, A.V., Dezotti, M., Sant'Anna Jr., G.L., 2006. Treatment of petroleum refinery sourwater by advanced oxidation processes. Journal of Hazardous Materials 137 (1), 178–184.

Cui, J.Y., Zhang, X.F., Liu, H.O., Liu, S.Q., Yeung, K.L., 2008. Preparation and application of zeolite/ceramic microfiltration membranes for treatment of oil contaminated water. Journal of Membrane Science 325 (1), 420–426.

Copa, W.M., Dietrich, M.J., 1988. Wet Air Oxidation of Oils, Oil Refinery Sludges, and Spent Drilling Muds, Zimpro/Passavant Inc., April, 1988. [Online] Available from: http://infohouse.p2ric.org/ref/25/24892.pdf.

Dach, H., 2008. Comparison des operations de nanofiltration et dosmose inverse pour le dessalement selectif des eaux saumatres: de lechelle du laboratoire au pilote industriel (Ph.D. thesis). Université d'Angers, France.

Debellefontaine, H., Foussard, J.N., 2000. Wet air oxidation for the treatment of industrial wastes. Chemical aspects, reactor design and industrial applications in Europe. Waste Management 20, 15–25.

Diya'uddeen, B.H., Wan Daud, W.M.A., Abdul Aziz, A.R., 2011. Treatment technologies for petroleum refinery effluents: a review. Process Safety and Environmental Protection 89 (2), 95–105.

Dores, R., Hussain, A., Katebah, M., Adham, S., 2012. Using advanced water treatment technologies to treat produced water from the petroleum industry. SPE 157108. In: Society of Petroleum Engineers (SPE) International Production and Operations Conference and Exhibition, Doha, Qatar, 14–16 May 2012.

El-Naas, M.H., Alhaija, M.A., Al-Zuhair, S., 2014. Evaluation of a three-step process for the treatment of petroleum refinery wastewater. Journal of Environmental Chemical Engineering 2 (1), 56–62.

Environmental Protection Agency (EPA), 1997. Waste Water Treatment Manuals, Primary, Secondary and Tertiary Treatment. Environmental Protection Agency, Ardcavan, Wexford, Ireland.

E&P Forum, 1993. Exploration and Production (E&P) Waste Management Guidelines, September 1993. Report No. 2.58/196.

E&P Forum/UNEP, 1997. Environmental Management in Oil and Gas Exploration and Production, an Overview of Issues and Management Approaches. Joint E&P Forum/UNEP Technical Publications.

Esplugas, S., Giménez, J., Contreras, S., Pascual, E., Rodrígues, M., 2002. Comparison of different advanced oxidation processes for phenol degradation. Water Research 36, 1034–1042.

Estrada-Arriaga, E.B., Zepeda-Aviles, J.A., García-Sánchez, L., 2016. Post-treatment of real oil refinery effluent with high concentrations of phenols using photo-ferrioxalate and Fenton's reactions with membrane process step. Chemical Engineering Journal 285, 508–516.

European Commission, Joint Research Center, 2013. Best Available Techniques (BAT) Reference Document for the Refining of Mineral Oil and Gas, Industrial Emissions Directive 2010/75/EU (Integrated Pollution Prevention and Control). Joint Research Center, Institute for Prospective Technological Studies Sustainable Production and Consumption Unit European IPPC Bureau.

Faust, B.C., Hoigne, J., 1990. Photolysis of Fe(III)-hydroxy complexes as sources of OH radicals in clouds, fog and rain. Atmospheric Environment 24A (1), 79–89.

Fenton, H.J.H., 1894. Oxidation of tartaric acid in presence of iron. Journal of the Chemical Society, Transactions 65, 899–910.

Fourcault, A., Garcia-Jarana, B., Sanchez-Oneto, J., Mariasa, F., Portela, J.R., 2009. Supercritical water oxidation of phenol with air. Experimental results and modeling. Chemical Engineering Journal 152, 227–233.

Fujishima, A., Honda, K., 1972. Electrochemical photolysis of water at a semiconductor electrode. Nature 238, 37–38.

Fu, D., Zhang, F., Wang, L., Yang, F., Liang, X., 2015. Simultaneous removal of nitrobenzene and phenol by homogenous catalytic wet air oxidation. Chinese Journal of Catalysis 36 (7), 952–956.

Fujishima, A., Zhang, X., Tryk, D.A., 2007. Heterogeneous photocatalysis: from water photolysis to applications in environmental cleanup. International Journal of Hydrogen Energy 32, 2664–2672.

Galvão, S.A.O., Mota, A.L.N., Silva, D.N., Moraes, J.E.F., Nascimento, C.A.O., Chiavone-Filho, O., 2006. Application of the photo-Fenton process to the treatment of wastewaters contaminated with diesel. Science of the Total Environment 367 (1), 42–49.

Gargouri, B., Karray, F., Mhiri, N., Aloui, F., Sayadi, S., 2011. Application of a continuously stirred tank bioreactor (CSTR) for bioremediation of hydrocarbon-rich industrial wastewater effluents. Journal of Hazardous Materials 189 (1–2), 427–434.

Garoma, T., Gurol, M.D., Osibodu, O., Thotakura, L., 2008. Treatment of groundwater contaminated with gasoline components by an ozone/UV process. Chemosphere 73 (5), 825–831.

Godia, F., Sola, C., 1995. Fluidized-bed bioreactors. Biotechnology Progress 11 (5), 479–497.

Gogate, P.R., Pandit, A.B., 2004. A review of imperative technologies for wastewater treatment I: oxidation technologies at ambient conditions. Advances in Environmental Research 8 (3–4), 501–551.

Goldblatt, M.E., Gucciardi, J.M., Huban, C.M., Vasconcellos, S.R., Liao, W.P., 2014. New Polyelectrolyte Emulsion Breaker Improves Oily Wastewater Cleanup at Lower Usage Rates, Technical Paper, GE Water and Power, Water & Process Technologies, General Electric Company, tp382.doc 06, pp. 1–6.

Grzechulska, J., Hamerski, M., Morawski, A.W., 2000. Photocatalytic decomposition of oil in water. Water Research 34 (5), 1638−1644.

Guo, J., Al-Dahhan, M., 2005. Catalytic wet air oxidation of phenol in concurrent downflow and upflow packed-bed reactors over pillared clay catalyst. Chemical Engineering Science 60 (3), 735−746.

Guo, H., Xiao, L., Yu, S., Yang, H., Liu, G., Tang, Y., 2014. Analysis of anion exchange membrane fouling mechanism caused by anion polyacrylamide in electrodialysis. Desalination 346, 46−53.

Guo, H., You, F., Yu, S., Li, L., Zhao, D., 2015. Mechanisms of chemical cleaning of ion exchange membranes: a case study of plant-scale electrodialysis for oily wastewater treatment. Journal of Membrane Science 496, 310−317.

Gurtekin, E., 2014. Sequencing Batch Reactor, Akademik Platform, ISEM 2014 Adiyaman − Turkey.

Haribabu, K., Sivasubramanian, V., 2014. Treatment of wastewater in fluidized bed bioreactor using low density biosupport. Energy Procedia 50, 214−221.

Hoffmann, H.R., Martin, S.T., Choi, W., Bahnemann, D.W., 1995. Environmental applications of semiconductor photocatalysis. Chemical Reviews 69, 95−101.

Hu, Q., Zhang, C., Wang, Z., Chen, Y., Mao, K., Zhang, X., Xiong, Y., Zhu, M., 2008. Photodegradation of methyl tert-butyl ether (MTBE) by UV/H_2O_2 and UV/TiO_2. Journal of Hazardous Materials 154 (1−3), 795−803.

Hua, F.L., Tsang, Y.F., Wang, Y.J., Chan, S.Y., Chua, H., Sin, S.N., 2007. Performance study of ceramic microfiltration membrane for oily wastewater treatment. Chemical Engineering Journal 128 (2–3), 169−175.

Huang, C.P., Dong, C., Tang, Z., 1993. Advanced chemical oxidation: its present role and potential future in hazardous waste treatment. Waste Management 13, 361−377.

Huang, X., Wang, W., Liu, Y., Wang, H., Zhang, Z., Fan, W., Li, L., 2015. Treatment of oily waste water by PVP grafted PVDF ultrafiltration membranes. Chemical Engineering Journal 273, 421−429.

Ibhadon, A.O., Fitzpatrick, P., 2013. Heterogeneous photocatalysis: recent advances and applications. Catalysts 3, 189−218.

IL & FS Ecosmart Limited Hyderabad, 2010. Technical EIA Guidance Manual for Petrochemical Complexes, Prepared for the Ministry of Environment and Forests, Government of India, September 2010.

International Atomic Energy Agency, Vienna, 2002. Application of Ion Exchange Processes for the Treatment of Radioactive Waste and Management of Spent Ion Exchangers. Technical Report Series No. 408, International Atomic Energy Agency, Vienna, Austria, June 2002, DOC/010/408.

IPIECA, 2010. Petroleum Refining Water/Wastewater Use and Management. IPIECA Operations Best Practice Series, London, United Kingdom.

Ishak, S., Malakahmad, A., Isa, M.H., 2012. Refinery wastewater biological treatment: a short review. Journal of Scientific & Industrial Research 71, 251−256.

Jafarinejad, Sh., Abolghasemi, H., Golzary, A., Moosavian, M.A., Maragheh, M.G., 2010a. Fractional factorial design for the optimization of hydrothermal synthesis of lanthanum oxide under supercritical water condition. Journal of Supercritical Fluids 52, 292−297.

Jafarinejad, Sh., Abolghasemi, H., Moosavian, M.A., Maragheh, M.G., 2010b. Prediction of solute solubility in supercritical carbon dioxide: a novel semi-empirical model. Chemical Engineering Research and Design 88, 893−898.

Jafarinejad, Sh., 2014a. Supercritical water oxidation (SCWO) in oily wastewater treatment. In: National e-Conference on Advances in Basic Sciences and Engineering (AEBSCONF), Iran.

Jafarinejad, Sh., 2014b. Electrochemical oxidation process in oily wastewater treatment. In: National e-Conference on Advances in Basic Sciences and Engineering (AEBSCONF), Iran.

Jafarinejad, Sh., 2015a. Ozonation advanced oxidation process and place of its use in oily sludge and wastewater treatment. In: 1st International Conference on Environmental Engineering (eiconf), Tehran, Iran.

Jafarinejad, Sh., 2015b. Heterogeneous photocatalysis oxidation process and use of it for oily wastewater treatment. In: 1st International Conference on Environmental Engineering (eiconf), Tehran, Iran.

Jafarinejad, Sh., 2015c. Recent advances in nanofiltration process and use of it for oily wastewater treatment. In: 1st International Conference on Environmental Engineering (eiconf), Tehran, Iran.

Jafarinejad, Sh., 2015d. Investigation of advanced technologies for wastewater treatment from petroleum refinery processes. In: 2nd e-Conference on Recent Research in Science and Technology, Kerman, Iran, Summer 2015.

Jafarinejad, Sh., 2015e. Recent advances in determination of herbicide paraquat in environmental waters and its removal from aqueous solutions: a review. International Research Journal of Applied and Basic Sciences 9 (10), 1758–1774.

Jafarinejad, Sh., 2015f. Modeling of solute transport through membrane in nanofiltration process. In: 1st International Conference on Environmental Engineering (eiconf), Tehran, Iran.

Jiang, C., Pang, S., Ouyang, F., Ma, J., Jiang, J., 2010. A new insight into Fenton and Fenton like processes for water treatment. Journal of Hazardous Materials 174, 813–817.

Jin, L.M., Yu, S.L., Shi, W.X., Yi, X.S., Sun, N., Ge, Y.L., Ma, C., 2012. Synthesis of a novel composite nanofiltration membrane incorporated SiO_2 nanoparticles for oily wastewater desalination. Polymer 53 (23), 5295–5303.

Jing, G., Wang, X., Zhao, H., 2009. Study on TDS removal from polymer-flooding wastewater in crude oil: extraction by electrodialysis. Desalination 244 (1–3), 90–96.

Kamboj, M.L., 2009. Studies on the Degradation of Industrial Wastewater Using Heterogeneous Photocatalysis (Master thesis). Thapar University, Patiala.

Kaan, C.C., Aziz, A.A., Ibrahim, S., Matheswaran, M., Saravanan, P., 2012. Heterogeneous photocatalytic oxidation an effective tool for wastewater treatment – a review. In: Kumarasamy, M. (Ed.), Studies on Water Management Issues. InTech, ISBN 978-953-307-961-5. [Online] Available from: http://www.intechopen.com/books/studies-on-water-managementissues/heterogeneous-photocatalytic-oxidation-an-effective-tool-for-wastewater-treatment-a-review.

Karhu, M., Kuokkanen, T., Rämö, J., Mikola, M., Tanskanen, J., 2013. Performance of a commercial industrial-scale UF-based process for treatment of oily wastewaters. Journal of Environmental Management 128, 413–420.

Khan, W.Z., Najeeb, I., Tuiyebayeva, M., Makhtayeva, Z., 2015. Refinery wastewater degradation with titanium dioxide, zinc oxide, and hydrogen peroxide in a photocatalytic reactor. Process Safety and Environmental Protection 94, 479–486.

Kim, K.H., Ihm, S.K., 2011. Heterogeneous catalytic wet air oxidation of refractory organic pollutants in industrial wastewaters: a review. Journal of Hazardous Materials 186 (1), 16–34.

Kim, E.S., Liu, Y., El-Din, M.G., 2011. The effects of pretreatment on nanofiltration and reverse osmosis membrane filtration for desalination of oil sands process-affected water. Separation and Purification Technology 81 (3), 418–428.

Kiss, Z.L., Gábor, K., Cecilia, H., Zsuzsanna, L., 2014. Economic evaluation for combinated membrane and AOPs wastewater treatment methods. Annals of Faculty Engineering Hunedoara–International Journal of Engineering 4, 79–82. Tome XII.

Kornmüller, A., Cuno, M., Wiesmann, U., 1997. Selective ozonation of polycyclic aromatic hydrocarbons in oil/water-emulsions. Oxidation Technologies for Water and Wastewater Treatment, Selected Proceedings of the International Conference on Oxidation Technologies for Water and Wastewater Treatment. Water Science and Technology 35 (4), 57–64.

Kornmüller, A., Wiesmann, U., 1999. Continuous ozonation of polycyclic aromatic hydrocarbons in oil/water-emulsions and biodegradation of oxidation products. Water Science and Technology 40 (4–5), 107–114.

Krzemińska, D., Neczaj, E., Borowski, G., 2015. Advanced oxidation processes for food industrial wastewater decontamination, review article. Journal of Ecological Engineering 16 (2), 61–71.

Kubsad, V., Gupta, S.K., Chaudhari, S., 2005. Treatment of petrochemical wastewater by rotating biological contactor. Environmental Technology 26 (12), 1317–1326.

Kumar, R.V., Ghoshal, A.K., Pugazhenthi, G., 2015. Elaboration of novel tubular ceramic membrane from inexpensive raw materials by extrusion method and its performance in microfiltration of synthetic oily wastewater treatment. Journal of Membrane Science 490, 92–102.

Kuyukina, M.S., Ivshina, I.B., Serebrennikova, M.K., Krivorutchko, A.B., Podorozhko, E.A., Ivanov, R.V., Lozinsky, V.I., 2009. Petroleum-contaminated water treatment in a fluidized-bed bioreactor with immobilized *Rhodococcus* cells. International Biodeterioration & Biodegradation 63 (4), 427–432.

Lee, J.C., Kim, M.S., Kim, C.K., Chung, C.H., Cho, S.M., Han, G.Y., Yoon, K.J., Kim, B.W., 2003. Removal of paraquat in aqueous suspension of TiO_2 in an immersed UV photoreactor. Korean Journal of Chemical Engineering 20 (5), 862–868.

Leong, M.L., Lee, K.M., Lai, S.O., Ooi, B.S., 2011. Sludge characteristics and performances of the sequencing batch reactor at different influent phenol concentrations. Desalination 270 (1–3), 181–187.

Li, Y.S., Yan, L., Xiang, C.B., Hong, L.J., 2006. Treatment of oily wastewater by organic–inorganic composite tubular ultrafiltration (UF) membranes. Desalination 196 (1–3), 76–83.

Lohi, A., Alvarez Cuenca, M., Anania, G., Upreti, S.R., Wan, L., 2008. Biodegradation of diesel fuel-contaminated wastewater using a three-phase fluidized bed reactor. Journal of Hazardous Materials 154 (1–3), 105–111.

Lopez, J.L., Einschlang, F.S.G., Gonzalez, M.C., Capparelli, A.L., Oliveros, E., Hashem, T.M., Braun, A.M., 2000. Hydroxyl radical initiated photodegradation of 4-chloro-3,5-dinitrobenzoic acid in aqueous solution. Journal of Photochemistry and Photobiology A: Chemistry 137 (2–3), 177–184.

Ma, H., Wang, B., 2006. Electrochemical pilot-scale plant for oil field produced wastewater by M/C/Fe electrodes for injection. Journal of Hazardous Materials 132 (2–3), 237–243.

Madaeni, S.S., Monfared, H.A., Vatanpour, V., Shamsabadi, A.A., Salehi, E., Daraei, P., Laki, S., Khatami, S.M., 2012. Coke removal from petrochemical oily wastewater using γ-Al_2O_3 based ceramic microfiltration membrane. Desalination 293, 87–93.

MARINER plus s.r.o. (Flottweg, Solenis), 2016. Processing and Recycling of Oil Sludge, Processing of Wastewater Containing Oil, MARINER Plus s.r.o. − výhradné zastúpenie Flottweg SE pre ČR a SR, Naftárska 1413, 908 45 Gbely, Slovenská republika. [Online] Available from: http://marinerplus.sk/?page_id=738.

Mater, L., Rosa, E.V.C., Berto, J., Corrêa, A.X.R., Schwingel, P.R., Radetski, C.M., 2007. A simple methodology to evaluate influence of H_2O_2 and Fe^{2+} concentrations on the mineralization and biodegradability of organic compounds in water and soil contaminated with crude petroleum. Journal of Hazardous Materials 149 (2), 379−386.

Matsumura, Y., Nunoura, T., Urase, T., Yamamoto, K., 2000. Supercritical water oxidation of high concentrations of phenol. Journal of Hazardous Materials 73 (3), 245−254.

Matsumura, Y., Urase, T., Yamamoto, K., Nunoura, T., 2002. Carbon catalyzed supercritical water oxidation of phenol. The Journal of Supercritical Fluids 22 (2), 149−156.

Marulanda, V., Bolanos, G., 2010. Supercritical water oxidation of a heavily PCB-contaminated mineral transformer oil: laboratory-scale data and economic assessment. The Journal of Supercritical Fluids 54 (2), 258−265.

Medoll, M., 1982. Processing Methods for the Oxidation of Organics in Supercritical Water, U.S. Patent 4,338,199.

Metcalf and Eddy, 1991. Wastewater Engineering, Treatment, Disposal and Reuse. Mc Graw − Hill Book Company, New York.

Minero, C., Maurino, V., Pelizzetti, E., 1997. Photocatalytic transformations of hydrocarbons at the sea water/air interface under solar radiation. Marine Chemistry 58, 361−372.

Mohr, K.S., Veenstra, J.N., Sanders, D.A., 1998. Refinery Wastewater Management Using Multiple Angle Oil-Water Separators, a Paper Presented at the International Petroleum Environment Conference in Albuquerque, New Mexico, 1998, Mohr Separations Research, Inc. [Online] Available from: http://www.oilandwaterseparator.com/wp-content/uploads/2014/09/REFINERY-WASTEWATER-MANAGEMENT-USING-MULTIPLE-ANGLE-OIL-WATER-SEPARATORS.pdf.

Mok, N.B., 2009. Photocatalytic Degradation of Oily Wastewater: Effect of Catalyst Concentration Load, Irradiation Time and Temperature, Bachelor Thesis, Faculty of Chemical & Natural Resources Engineering, University Malaysia Pahang, May 2009.

Molkenthin, M., Olmez-Hanci, T., Jekel, M.R., Arslan-Alaton, I., 2013. Photo-Fenton-like treatment of BPA: effect of UV light source and water matrix on toxicity and transformation products. Water Research 47, 5052−5064.

Monteros, A.E.D.L., Lafaye, G., Cervantes, A., Del Angel, G., Barbier Jr., J., Torres, G., 2015. Catalytic wet air oxidation of phenol over metal catalyst (Ru, Pt) supported on TiO_2-CeO_2 oxides. Catalysis Today 258 (2), 564−569.

Morita, T., 2013. Technical support for environmental improvement of the refineries in Middle East. In: The 21st Joint GCC-Japan Environment Symposium, February 5−6, 2013. [Online] Available from: https://www.jccp.or.jp/international/conference/docs/23cosmo-engineering-mr-morita-presentation-by-morita.pdf.

Mota, A.L.N., Albuquerque, L.F., Beltrame, L.T.C., Chiavone-Filho, O., Machulek Jr., A., Nascimento, C.A.O., 2008. Advanced oxidation processes and their application in the petroleum industry: a review. Brazilian Journal of Petroleum and Gas 2 (3), 122−142.

Multilateral Investment Guarantee Agency (MIGA), 2004. Environmental Guidelines for Petrochemicals Manufacturing, pp. 461−467. [Online] Available from: https://www.miga.org/documents/Petrochemicals.pdf.

Munter, R., 2001. Advanced oxidation processes − current status and prospects. Proceedings of the Estonian Academy of Sciences. Chemistry 50 (2), 59−80.

Muppalla, R., Jewrajka, S.K., Reddy, A.V.R., 2015. Fouling resistant nanofiltration membranes for the separation of oil−water emulsion and micropollutants from water. Separation and Purification Technology 143, 125−134.

Muro, C., Riera, F., Díaz, M.C., 2012. In: Valdez, B. (Ed.), Membrane Separation Process in Wastewater Treatment of Food Industry, Food Industrial Processes − Methods and Equipment. InTech, ISBN 978-953-307-905-9. [Online] Available from: http://www.intechopen.com/books/foodindustrial-processes-methods-and-equipment/membrane-separation-process-in-wastewater-treatment-offood-industry.

Nacheva, P.M., 2011. In: Jha, M. (Ed.), Water Management in the Petroleum Refining Industry, Water Conservation. InTech, ISBN 978-953-307-960-8. [Online] Available from: http://www.intechopen.com/books/water-conservation/water-management-in-the-petroleum-refining-industry.

National Drinking Water Clearinghouse, 1997. Ion Exchange and Demineralization, a National Drinking Water Clearinghouse Fact Sheet, Tech Brief, May 1997, pp. 1−4.

National Guide to Sustainable Municipal Infrastructure, 2004. Optimization of Lagoon Operation, a Best Practice by the National Guide to Sustainable Municipal Infrastructure. Federation of Canadian Municipalities and National Research Council. Issue No. 1.0, Publication Date: August 2004. [Online] Available from: https://www.fcm.ca/Documents/reports/Infraguide/Optimization_of_Lagoon_Operations_EN.pdf.

National Research Council, 1993. Alternative Technology for the Destruction of Chemical Agents and Munitions, 7 Processes at Medium and High Temperatures. National Academy Press, Washington, DC.

Okiel, K., El-Sayed, M., El-Kady, M.Y., 2011. Treatment of oil−water emulsions by adsorption onto activated carbon, bentonite and deposited carbon. Egyptian Journal of Petroleum 20, 9−15.

Ong, C.S., Lau, W.J., Goh, P.S., Ng, B.S., Ismail, A.F., 2014. Investigation of submerged membrane photocatalytic reactor (sMPR) operating parameters during oily wastewater treatment process. Desalination 353, 48−56.

Orszulik, S.T., 2008. Environmental Technology in the Oil Industry, second ed. Springer.

Oturan, M.A., Brillas, E., 2007. Electrochemical advanced oxidation processes (EAOPs) for environmental applications. Portugaliae Electrochimica Acta 25, 1--18.

Palit, S., 2012. A short review of applications of reverse osmosis and other membrane separation procedures. International Journal of Chemical Sciences and Applications 3 (2), 302−305.

Pan America Environmental, Inc., 2013. Dissolved Air Flotation systems, The DAF Series Dissolved Air Flotation Systems are Designed to Remove Petroleum Products, FOG, TSS, BOD, COD and Other Contaminants in a Wide Variety of Industries & Applications, DAF-8 through DAF-600. Pan America Environmental, Inc., Wauconda, IL, USA. [online] Available from: http://panamenv.com/wp-content/uploads/DAF-DISSOLVED-AIR-FLOTATION-2013.pdf.

Paraskeva, P., Diamadopoulos, E., 2006. Technologies for olive mill wastewater (OMW) treatment: a review. Journal of Chemical Technology and Biotechnology 81, 1475−1485.

Parvas, M., Haghighi, M., Allahyari, S., 2014. Catalytic wet air oxidation of phenol over ultrasound-assisted synthesized Ni/CeO_2-ZrO_2 nanocatalyst used in wastewater treatment. Environmental Chemistry, Arabian Journal of Chemistry. http://dx.doi.org/10.1016/j.arabjc.2014.10.043. Special Issue (in press).

Pera-Titus, M., Garcia-Molina, V., Banos, M.A., Gimenez, J., Esplugas, S., 2004. Degradation of chlorophenols by means of advanced oxidation processes: a general review. Applied Catalysis B: Environmental 47, 219−256.

Pérez, I.V., Rogak, S., Branion, R., 2004. Supercritical water oxidation of phenol and 2,4-dinitrophenol. The Journal of Supercritical Fluids 30 (1), 71–87.

Philippopoulos, C.J., Poulopoulos, S.G., 2003. Photo-assisted oxidation of an oily wastewater using hydrogen peroxide. Journal of Hazardous Materials 98 (1–3), 201–210.

Preis, S., Terentyeva, Y., Rozkov, A., 1997. Photocatalytic oxidation of phenolic compounds in wastewater from oil shale treatment. Water Science and Technology 35 (4), 165–174.

Pombo, F., Magrini, A., Szklo, A., 2011. In: Broniewicz, E. (Ed.), Technology Roadmap for Wastewater Reuse in Petroleum Refineries in Brazil, Environmental Management in Practice. InTech, ISBN 978-953-307-358-3. Available from: http://www.intechopen.com/books/environmental-management-inpractice/technology-roadmap-for-wastewater-reuse-in-petroleum-refineries-in-brazil.

Portela, J.R., Lopez, J., Nebot, E., Martínez de la Ossa, E., 2001. Elimination of cutting oil wastes by promoted hydrothermal oxidation. Journal of Hazardous Materials 88 (1), 95–106.

Poulopoulos, S.G., Arvanitakis, F., Philippopoulos, C.J., 2006. Photochemical treatment of phenol aqueous solutions using ultraviolet radiation and hydrogen peroxide. Journal of Hazardous Materials 129 (1–3), 64–68.

Prasad, J., Tardio, J., Jani, H., Bhargava, S.K., Akolekar, D.B., Grocott, S.C., 2007. Wet peroxide oxidation and catalytic wet oxidation of stripped sour water produced during oil shale refining. Journal of Hazardous Materials 146 (3), 589–594.

Rahimpour, A., Rajaeian, B., Hosienzadeh, A., Madaeni, S.S., Ghoreishi, F., 2011. Treatment of oily wastewater produced by washing of gasoline reserving tanks using self-made and commercial nanofiltration membranes. Desalination 265 (1–3), 190–198.

Rahman, M.M., Al-Malack, M.H., 2006. Performance of a crossflow membrane bioreactor (CF-MBR) when treating refinery wastewater. Desalination 191, 16–26.

Reis, J.C., 1996. Environmental Control in Petroleum Engineering. Gulf Publishing Company, Houston, Texas, USA.

Rivas, F.J., Beltran, F., Carvalho, F., Acedo, B., Gimeno, B., 2004. Stabilized leachates: sequential coagulation– flocculation + chemical oxidation process. Journal of Hazardous Materials B 116, 95–102.

Rizzo, L., 2011. Bioassays as a tool for evaluating advanced oxidation processes in water and wastewater treatment. Water Research 45, 4311–4340.

Robinson, D., 2013. Oil and gas: treatment and discharge of produced waters onshore. Filtration and Separation 50 (3), 40–46.

Sabet, J.K., Jafarinejad, Sh., Golzary, A., 2014. Supercritical water oxidation for the recovery of dysprosium ion from aqueous solutions. International Research Journal of Applied and Basic Sciences (IRJABS) 8 (8), 1079–1083.

Safarzadeh-Amiri, A., Bolton, J.R., Cater, S.R., 1997. Ferrioxalate-mediated photodegradation of organic pollutants in contaminated water. Water Research 31 (4), 787–798.

Saien, J., Nejati, H., 2007. Enhanced photocatalytic degradation of pollutants in petroleum refinery wastewater under mild conditions. Journal of Hazardous Materials 148 (1–2), 491–495.

Salahi, A., Mohammadi, T., Behbahani, R.M., Hemmati, M., 2015. Asymmetric polyethersulfone ultrafiltration membranes for oily wastewater treatment: synthesis, characterization, ANFIS modeling, and performance. Journal of Environmental Chemical Engineering 3 (1), 170–178.

Salu, O.A., Adams, M., Robertson, P.K.J., Wong, L.S., Mccullagh, C., 2011. Remediation of oily wastewater from an interceptor tank using a novel photocatalytic drum reactor. Desalination and Water Treatment 26 (1–3), 87–91.

Santos, M.S.F., Alves, A., Madeira, L.M., 2011. Paraquat removal from water by oxidation with Fenton's reagent. Chemical Engineering Journal 175, 279–290.

Santos, M.R.G., Goulart, M.O.F., Tonholo, J., Zanta, C.L.P.S., 2006. The application of electrochemical technology to the remediation of oily wastewater. Chemosphere 64 (3), 393–399.

Scholz, W., Fuchs, W., 2000. Treatment of oil contaminated wastewater in a membrane bioreactor. Water Research 34 (14), 3621–3629.

Schultz, T.E., 2006. Petroleum refinery, ethylene and gas plant wastewater treatment presentation, wastewater treatment, treatment options & key design issues. Siemens AG 1–94. [Online] Available from: http://www.sawea.org/pdf/waterarabia2013/Workshops/Basic-Industrial-Wastewater-Treatment-Workshop.pdf.

Schultz, T.E., 2007. Wastewater Treatment for the Petroleum Industry, Selecting the Right Oil/water Separation Technology, Technology & Trends, Specialist Article, P&A Select Oil & Gas 2007.

Shahrezaei, F., Mansouri, Y., Zinatizadeh, A.A.L., Akhbari, A., 2012. Process modeling and kinetic evaluation of petroleum refinery wastewater treatment in a photocatalytic reactor using TiO_2 nanoparticles. Powder Technology 221, 203–212.

Shon, H.K., Phuntsho, S., Chaudhary, D.S., Vigneswaran, S., Cho, J., 2013. Nanofiltration for water and wastewater treatment – a mini review. Drinking Water Engineering and Science 6 (1), 47–53.

Siedlecka, E.M., Stepnowski, P., 2006. Treatment of oily port wastewater effluents using the ultraviolet/hydrogen peroxide photodecomposition system. Water Environment Research 78 (8), 852–856.

Siemens Water Technologies Corp., 2009. Total Wastewater Management for the Petroleum Refining and Petrochemical Industries, HP-WWCB-BR-0209, Siemens Water Technologies Corp., pp. 1–16. [Online] Available from: http://www.petroconsult-eg.com/wp-content/uploads/2014/11/siemens_Refinery_Brochure.pdf.

Siemens Water Technologies Corp., 2011. Can You Treat the Most Difficult Wastewater With Only Air?, Zimpro® Wet Air Oxidation Systems: The Cleanest Way to Treat the Dirtiest Water, Answers for Industry, Siemens Water Technologies Corp., GIS-WAO-BR-0111. [Online] Available from: http://www.energy.siemens.com/hq/pool/hq/industries-utilities/oil-gas/water-solutions/Zimpro-Wet-Air-Oxidation-System-The-Cleanest-Way.pdf.

Silva, J.R.P., Merçon, F., Silva, L.F., Cerqueira, A.A., Ximango, P.B., Marques, M.R.C., 2015. Evaluation of electrocoagulation as pre-treatment of oil emulsions, followed by reverse osmosis. Journal of Water Process Engineering 8, 126–135.

Silva, S.S., Chiavone-Filho, O., Neto, E.L.B., Nascimento, C.A.O., 2012. Integration of processes induced air flotation and photo-Fenton for treatment of residual waters contaminated with xylene. Journal of Hazardous Materials 199–200, 151–157.

Simonenko, E., Gomonov, A., Rolle, N., Molodkina, L., 2015. Modeling of H_2O_2 and UV oxidation of organic pollutants at wastewater post-treatment. Procedia Engineering 117, 337–344.

Speight, J.G., 2005. Environmental Analysis and Technology for the Refining Industry. John Wiley & Sons, Inc., Hoboken, New Jersey.

Sokol, W., 2003. Treatment of refinery wastewater in a three-phase fluidised bed bioreactor with a low density biomass support. Biochemical Engineering Journal 15 (1), 1–10.

Soltanian, G.R., Behbahani, M.H., 2011. The effect of metal oxides on the refinery effluent treatment. Iranian Journal of Environmental Health Science and Engineering 8 (2), 169–174.

Song, C.W., Wang, T.H., Pan, Y.Q., 2006. Preparation of coal-based microfiltration carbon membrane and application in oily wastewater treatment. Separation and Purification Technology 51 (1), 80–84.

Spiegler, K.S., Kedem, O., 1966. Thermodynamics of hyperfiltration (reverse osmosis): criteria for efficient membrane. Desalination 1, 311–326.

Stasinakis, A.S., 2008. Use of selected advanced oxidation processes (AOPs) for wastewater treatment – a mini review. Global NEST Journal 10 (3), 376–385.

Stepnowski, P., Siedlecka, E.M., Behrend, P., Jastorff, B., 2002. Enhanced photo-degradation of contaminants in petroleum refinery wastewater. Water Research 36, 2167–2172.

Sun, J.H., Sun, S.P., Fan, M.H., Guo, H.Q., Qiao, L.P., Sun, R.X., 2007. A kinetic study on the degradation of p-nitroaniline by Fenton oxidation process. Journal of Hazardous Materials 148, 172–177.

Sun, Y., Zhang, Y., Quan, X., 2008. Treatment of petroleum refinery wastewater by microwave-assisted catalytic wet air oxidation under low temperature and low pressure. Separation and Purification Technology 62 (3), 565–570.

Suzuki, T., Yamaya, S., 2005. Removal of hydrocarbons in a rotating biological contactor with biodrum. Process Biochemistry 40 (11), 3429–3433.

Tiburtius, E.R.L., Peralta-Zamora, P., Emmel, A., 2005. Treatment of gasoline-contaminated waters by advanced oxidation processes. Journal of Hazardous Materials 126 (1–3), 86–90.

Tran, T.F., Chowdhury, A.K.M.M., 1991. Petroleum waste biodegradation with porous biomass support system (PBSS) on rotating biological contactor. Journal of Environmental Sciences (China) 3 (1), 11–28.

Trevi nv, 2014. Biological Nitrogen Removal. Trevi nv, Dulle-Grietlaan, Gentbrugge, Belgium. [Online] Available from: http://www.trevi-env.com/en/technique_biological_nitrogen_removal.php.

Tri, P.T., August 2002. Oily Wastewater Treatment by Membrane Bioreactor Process Coupled with Biological Activated Carbon Process (Master of Engineering thesis). Asian Institute of Technology, School of Environment, Resources and Development, Thailand.

Uan, D.K., 2013. Potential application of membrane bioreactor (MBR) technology for treatment of oily and petrochemical wastewater in Vietnam – an overview. Petroleum Safety & Environment, Petrovietnam – Journal 6, 64–71.

United States Environmental Protection Agency (U.S. EPA), 1995. Profile of the Petroleum Refining Industry, EPA Office of Compliance Sector Notebook Project, EPA/310-R-95–013, September 1995, Office of Compliance, Office of Enforcement and Compliance Assurance, U.S. Environmental Protection Agency, Washington, DC.

United States Environmental Protection Agency (U.S. EPA), 1996. Preliminary Data Summary for the Petroleum Refining Category, United States Environmental Protection Agency, Office of Water, Engineering and Analysis Division, Washington, DC. EPA 821-R-96–015, April 1996.

United States Environmental Protection Agency (U.S. EPA), 1999. Wastewater Technology Fact Sheet: Sequencing Batch Reactors, U.S. Environmental Protection Agency, Office of Water, Washington, DC. EPA 932-F-99–073, September 1999.

United States Environmental Protection Agency (U.S. EPA), 2000. Wastewater Technology Fact Sheet: Trickling Filters, U.S. Environmental Protection Agency, Office of Water, Washington, D.C. EPA 832-F-00–014, September 2000.

United States Environmental Protection Agency (U.S. EPA), 2002. Wastewater Technology Fact Sheet: Aerated, Partial Mix Lagoons, U.S. Environmental Protection Agency, Office of Water, Washington, DC. EPA 832-F-02–008, September 2002.

Wan, L., Alvarez-Cuenca, M., Upreti, S.R., Lohi, A., 2010. Development of a three-phase fluidized bed reactor with enhanced oxygen transfer. Chemical Engineering and Processing: Process Intensification 49 (1), 2−8.

Wang, L., Wang, S.Z., Zhang, Q.M., Zhao, W., Lin, Z.H., 2005. Treatment of oil bearing sewage by supercritical water oxidation. Environmental Pollution and Control 27 (7), 546−549.

Wang, A., Qu, J., Liu, H., Ru, J., 2008. Mineralization of an azo dye Acid Red 14 by photoelectro-Fenton process using an activated carbon fiber cathode. Applied Catalysis B: Environmental 84, 393−399.

Wang, J., Fu, W., He, X., Yang, S., Zhu, W., 2014. Catalytic wet air oxidation of phenol with functionalized carbon materials as catalysts: reaction mechanism and pathway. Journal of Environmental Sciences 26 (8), 1741−1749.

Wenbing, M., Hongpeng, L., Xuemei, M., 2013. Study on supercritical water oxidation of oily wastewater with ethanol. Research Journal of Applied Sciences, Engineering and Technology 6 (6), 1007−1011.

Wiszniowski, J., Ska, A.Z., Ciesielski, S., 2011. Removal of petroleum pollutants and monitoring of bacterial community structure in a membrane bioreactor. Chemosphere 83, 49−56.

World Bank Group, 1998. Petroleum refining, project guidelines: industry sector guidelines. Pollution Prevention and Abatement Handbook 377−381. [Online] Available from: http://www.ifc.org/wps/wcm/connect/b99a2e804886589db69ef66a6515bb18/petroref_PPAH.pdf?MOD=AJPERES.

Xu, D., Wang, S., Tang, X., Gong, Y., Guo, Y., Wang, Y., Zhang, J., 2012. Design of the first pilot scale plant of China for supercritical water oxidation of sewage sludge. Chemical Engineering Research and Design 90, 288−297.

Yan, L., Ma, H., Wang, B., Wang, Y., Chen, Y., 2011. Electrochemical treatment of petroleum refinery wastewater with three-dimensional multi-phase electrode. Desalination 276 (1−3), 397−402.

Yan, L., Wang, Y., Li, J., Ma, H., Liu, H., Li, T., Zhang, Y., 2014. Comparative study of different electrochemical methods for petroleum refinery wastewater treatment. Desalination 341, 87−93.

Yang, S., Zhu, W., Wang, J., Chen, Z., 2008. Catalytic wet air oxidation of phenol over CeO_2-TiO_2 catalyst in the batch reactor and the packed-bed reactor. Journal of Hazardous Materials 153 (3), 1248−1253.

Yang, S., Cui, Y., Sun, Y., Yang, H., 2014. Graphene oxide as an effective catalyst for wet air oxidation of phenol. Journal of Hazardous Materials 280, 55−62.

Yaopo, F., Jusi, W., Zhaochun, J., 1997. Treatment of petrochemical wastewater with a membrane bioreactor. Acta Scientiae Circumstantiae 1.

Yavuz, Y., Koparal, A.S., 2006. Electrochemical oxidation of phenol in a parallel plate reactor using ruthenium mixed metal oxide electrode. Journal of Hazardous Materials 136 (2), 296−302.

Yokogawa Corporation of America, 2008. Refinery Wastewater: Oil & Grease Removal, Application Note, AN10B01C20−05E, Yokogawa Corporation of America. [Online] Available from: http://web-material3.yokogawa.com/AN10B01C20-05E_Refinery_Wastewater_Oil_and_Grease_Removal_Final_1.pdf.

Yu, J., Savage, P.E., 2000. Phenol oxidation over CuO/Al_2O_3 in supercritical water. Applied Catalysis B: Environmental 28 (3−4), 275−288.

Yu, L., Han, M., He, F., 2013. A review of treating oily wastewater. Arabian Journal of Chemistry. http://dx.doi.org/10.1016/j.arabjc.2013.07.020 (in press).

Zerva, C., Peschos, Z., Poulopoulos, S.G., Philippopoulos, C.J., 2003. Treatment of industrial oily wastewaters by wet oxidation. Journal of Hazardous Materials 97 (1–3), 257–265.

Zhang, T., Wang, X., Zhang, X., 2014. Recent progress in TiO_2-mediated solar photocatalysis for industrial wastewater treatment: review article. Hindawi Publishing Corporation, International Journal of Photoenergy. Article ID 607954, 12 pp. [Online] Available from: http://dx.doi.org/10.1155/2014/607954.

Zhao, X.K., Yang, G.P., Wang, Y.J., Gao, X.C., 2004. Photochemical degradation of dimethyl phthalate by Fenton reagent. Journal of Photochemistry and Photobiology A: Chemistry 161, 215–220.

Zhidong, L., Na, L., Honglin, Z., Dan, L., 2009. Study of an A/O submerged membrane bioreactor for oil refinery wastewater treatment. Petroleum Science and Technology 27, 1274–1285.

Zhong, J., Sun, X., Wang, C., 2003. Treatment of oily wastewater produced from refinery processes using flocculation and ceramic membrane filtration. Separation and Purification Technology 32, 93–98.

Zimmermann, F.J., 1954. Waste disposal. US Patent No. 2 665 249 US Patent Office 6 (10), 630–631.

Ziolli, R., Jardim, W., 2002. Photocatalytic decomposition of seawater-soluble crude oil fractions using high surface area colloid nanoparticles of TiO_2. Journal of Photochemistry and Photobiology A – Chemistry 147, 205–212.

Zuo, X., Wang, L., He, J., Li, Z., Yu, S., 2014. SEM-EDX studies of SiO_2/PVDF membranes fouling in electrodialysis of polymer-flooding produced wastewater: diatomite, APAM and crude oil. Desalination 347, 43–51.

7 石油污染固体废物管理

7.1 石油工业固体废物简介

在石油工业的多种活动和加工过程中会产生多种固体废物,其排放会对环境和人类健康产生不利影响(E&P Forum,1993;World Bank Group,1998;CONCAWE,1999,2003;Bashat,2003;Echeverria et al.,2002;Mokhtar et al.,2011;Lima et al.,2011;European Commission and Joint Research Center,2013;Ubani et al.,2013;Hu et al.,2013,2014;Lima et al.,2014;Jafarinejad,2015a,b)。在各类固体废弃物中,含油污泥的处理需要引起特别重视(Kriipsalu et al.,2008)。此外,固体废物的类型及来源、含油污泥特性、固体废物毒性与环境影响以及石油工业中固体废物的管理也需要重点关注。

7.1.1 固体废物的类型和来源

如第 2 章所述,勘探生产过程(E&P)中产生的固体废物包括柜/管道污泥、IGF/DGF 污泥、蜡、化学剂、污染土壤、吸附剂(如泄漏清理剂)、焚化炉灰、油基泥浆、岩屑、清管污泥、废催化剂(如催化剂床层和分子筛)、工业废物(如电池、变压器和电容器)、维修废物(如喷砂/砂砾、润滑脂、过滤器)、出砂(来自钻井/生产作业)、废料(如废弃平台、废弃管道、废弃工艺设备、废弃罐、废弃电缆、空桶、废弃管柱、废弃外壳)、医疗废物和生活垃圾等。表 2.6 列出了石油勘探与生产过程中产生的固体废物、环境中重点关注的物质、主要来源和产生污染物的操作类型(E&P Forum,1993;Bashat,2003)。

炼油厂固体废物一般包括三类材料:

1) 污泥,包括含油污泥[如罐底油泥、API 油水分离器、平行板截流器(PPI)或波纹板截流器(CPI)产生的残渣、絮凝曝气装置(FFU)、溶解空气浮选(DAF)或诱导气浮(IAF)装置产生的污泥和脱盐污泥等]和非含油污泥(如锅炉给水污泥);

2) 其他炼油厂废物,包括各种液体、半液体或固体废物(例如污染土壤、反应过程产生的废催化剂、含油废物、焚烧炉灰、废碱、废黏土、废化学品和酸性焦油);

3）非炼油废物（如民用、建筑拆除和建造废物）(European Commission and Joint Research Center, 2013)。

典型炼油厂产生的主要固体废物及其来源列于表 2.16。世界银行集团资料显示，炼油厂中产生的固体废物和污泥(3~5kg/吨加工原油)富含有毒有机物和重金属，约80%属于危险品(World Bank Group, 1998)。一般情况下固体废物和污泥的产生率应低于所加工的原油的0.5%，目标固体废物产率为0.3%（World Bank Group, 1998; European Commission and Joint Research Center, 2013)。

石化工厂还产生各种各样的固体废物和污泥，其中一些富含有毒有机物和重金属，属于危险品(MIGA, 2004)。石化固体废物主要有两类：

1）间歇性固体废物，如某些加工装置产生的废催化剂和产品处理废物，如废过滤黏土、加工装置底泥、储罐沉淀物、容器水垢和其他沉淀物，一般在检修时去除；

2）连续性固体废物，如工艺装置废物和废水处理废物。

燃气或石脑油蒸气裂解工艺固体废物的产生量通常较小，包括有机污泥、焦炭、废催化剂、废吸附剂、滤油器/滤芯和空气干燥吸附剂。芳烃生产装置产生的固体废弃物则主要包括催化剂、黏土、吸附剂、污泥/固体聚合材料、油污物质和含油污泥(IL & FS Ecosmart Limited Hyderabad, 2010)。

在贮存、运输和分销过程中，储运罐底部的污泥是主要的固体废物(Cholakov, 2009)。储罐底泥可能含有铁锈、黏土、沙子、水、乳化油和蜡、苯酚、苯、甲苯、二甲苯、硫化物、硫酸盐、硝酸盐、碳酸盐、乙苯、萘、芘、氟、氰化物、金属（如铁、镍、铬、钒、锑、汞、砷、硒以及来自含铅汽油储罐的铅等）等(European Commission and Joint Research Center, 2013)。

在石油工业中，普通的油或污泥都可能成为含油废弃物，具体取决于含油基质中水和固体的比例(AlFutaisi et al., 2007; Hu et al., 2013)。废油通常比污泥含水少、黏稠度高且固体含量高。石油污泥废弃物的典型物理形态是油包水(W/O)稳定乳状液(Elektorowicz and Habibi, 2005; Hu et al., 2013)。

虽然含油污泥是石油工业固体废弃物中的重点关注对象(Kriipsalu et al., 2008)，但是整体上对所有固体废物都必须加以管理。含油污泥是固体颗粒、水、油和石油烃(PHCs)组成的复杂、黏稠的混合物(Mokhtar et al., 2011; Ubani et al., 2013; Hu et al., 2013, 2014; Lima et al., 2014)。含油污泥中有毒成分（如有毒有机物和重金属）浓度较高，属于危险废物，因而需要妥善管理(Hu et al., 2014)。需注意，石油工业中含油污泥不断积累会造成严重的环境问题(Lima et al., 2011)。

7.1.2 含油污泥特性

分析固体废物特性是判定废物危险等级、进行废物分类并筛选废物隔离、最小化处理及最终丢弃策略的必要前提。固体废物的物理化学性质影响着其危险程度和环境效应(Bashat,2003)。

污泥一般是指工业生产和废水处理过程中产生的半液态残渣(European Commission and Joint Research Center,2013)。含油污泥属于危险固体废物,它是由水、固体、PHC和金属形成的稳定的油包水(W/O)乳液。乳液中存在一层保护膜可以阻止水滴间相互结合,这对乳液稳定性有重要影响。界面膜通常由PHC物质等天然乳化剂(如沥青质和胶质)、细固体颗粒、油溶性有机酸和其他可细分物质共同组成。含油污泥pH值通常在6.5~7.5之间,其化学成分根据不同原油来源、加工方案、炼制所用设备和试剂不同有很大变化(Hu et al.,2013)。表7.1列出了罐区污水管、汽油罐区污水管、馏分油罐区污水管、API分离器、活性污泥和沉淀池中污泥的典型化学性质。根据Hu等的研究(Hu et al.,2013),含油污泥中TPH的含量在5%~86.2%(质)之间波动,但是通常在15%~50%(质)范围内;水和固体含量则分别在30%~85%(质)和5%~46%(质)范围内。类似地,Mokhtar等的研究(Mokhtar et al.,2011)表明含油污泥中碳氢化合物含量高达10%~30%(质),固体含量约5%~20%(质),其余组分为水。此外,Liang等的研究表明(Liang et al.,2014),含油污泥中包含30%~50%(质)的油、30%~50%(质)的水和10%~12%(质)的固体。含油污泥中的PHC和其他有机化合物一般可分为四种组分,包括脂肪烃、芳香烃、含氮硫氧(NSO)的化合物和沥青质(Mrayyan and Battikhi,2005;Hu et al.,2013);其中芳香烃含量较高,相应碳原子数通常在1~40范围内(US EPA,1997;Ubani et al.,2013)。含油污泥中的PHC通常以脂肪烃和芳香烃为主,二者含量可高达75%,其中最常见的化合物包括烷烃、环烷烃、苯、甲苯、二甲苯、萘、酚和多种多环芳烃(如氟、菲、蒽、䓛、苯芴和芘的甲基化衍生物)(Hu et al.,2013)。NSO组分包括极性化合物,如环烷酸、硫醇、噻吩和吡啶。含油污泥中氮元素大部分来自馏分油残渣中的沥青质和胶质组分,含量低于3%;硫含量一般在0.3%~10%范围内,氧含量则通常低于4.8%(Kriipsalu et al.,2008;Hu et al.,2013)。沥青质是不溶于戊烷的胶体混合物,包括烷基取代(通常是甲基)的多环芳烃和脂肪环化合物,其相对分子质量通常在500到几千之间。含油污泥中的沥青质和胶质组分含有亲水官能团,可以作为亲油乳化剂,从而使乳液体系稳定存在。含油污泥通常由40%~52%(质)烷烃、28%~31%(质)芳烃、8%~10%(质)沥青质和7%~22.4%(质)的胶质组成(Hu et al.,2013)。

表 7.1 罐区管道、汽油罐区管道、馏分池油罐区管道、API 分离器、活性污泥和沉淀池装置中污泥的典型化学特征（March Consulting Group，1991；European Commission and Joint Research Center，2013）

种类	罐区管道	汽油罐区管道	馏分池油罐区	API 分离器	活性污泥	沉淀池装置
灰分	92.7%	81.0%	97.0%	90.4%	94.3%	99.7%
油	7.3%	19.0%	3.0%	9.6%	5.7%	0.3%
碳	26.9%	44.9%	58.0%	25.8%	13.1%	1.7%
氢	10.2%	7.8%	7.3%	13.1%	51.8%	6.3%
氮	1.2%	0.4%	0.6%	0.6%	1.7%	0.5%
硫	64441.0	58222.0	13514.0	40733.0	9479.0	4214.0
碳酸盐	29.0%	0.3%	0.3%	0.3%	0.2%	0.1%
铁	25000.0	62222.0	105326.0	48269.0	10900.0	7131.0
铝	4193.0	8148.0	3180.0	43177.0	2322.0	4878.0
钙	<0.3	13185.0	11725.0	11609.0	4692.0	8104.0
硫化物	8327.0	4325.9	4238.9	6180.2	2165.9	103.7
镁	9317.0	4430.0	1331.0	4878.0	1351.0	1767.0
钠	1180.0	770.0	445.0	1711.0	3981.0	3971.0
二甲苯	746.9	1121.5	4.0	469.5	9.5	3.2
萘	130.4		25.8	288.2	46.9	16.0
铅	55.9	308.1	234.5	279.0	49.3	15.2
苯酚	71.4		69.6	265.0	46.9	16.0
镍	68.3	500.7	190.8	252.5	37.9	8.8
硝酸盐	2290.4	91.9	8.9	228.1	2066.4	194.5
甲苯	478.3	794.1	4.0	138.5	9.5	32.0
苯乙烯				134.4	47.0	16.0
钒	27.0	49.0	25.0	99.0	18.0	24.0
乙苯	158.4	106.8	4.0	82.5	9.5	3.2
铬	35.4	154.1	81.5	80.0	8.1	11.2
氟	15.5		39.3	59.1	46.9	16.0
锑	19.0	15.0	20.0	49.0	14.0	5.0
苯并[α]芘	<7.8		39.3	42.6	46.9	16.0

续表

种类	罐区管道	汽油罐区管道	馏分池油罐区	API 分离器	活性污泥	沉淀池装置
酚类	18.6		39.3	40.3	46.9	16.0
硒	7.0	4.3	5.0	35.4	26.0	9.0
苯	80.7	35.6	4.0	13.2	9.5	3.2
硫酸盐	1037.3	19.3	39.7	12.2	2767.8	285.3
砷	5.0	14.5	15.9	6.5	15.2	5.2
汞	4.0	9.5	0.2	3.0	1.0	0.0
氰化物	0.6	0.5	0.7	1.0	7.0	0.7

含油污泥的物理性质，如密度、黏度和热值会因其化学组成不同而发生显著变化。含油污泥的性质会随着来源、来源位置和采样时间而变化。含油污泥中化学物质的极性和相对分子质量是影响其物理性质的主要因素，目前已有经验模型可基于含油污泥的化学成分对其物理性质进行预测(Hu et al., 2013)。

与有机化合物组分类似，不同来源的含油污泥中重金属种类和浓度差别很大 (Hu et al., 2013)。1989 年美国石油学会(API)发布的空气污染指数报告指出 (API, 1989)炼油厂含油污泥中金属浓度范围如下：锌 7～80mg/kg、铅 0.001～0.12mg/kg、铜 32～120mg/kg、镍 17～25mg/kg、铬 27～80mg/kg。类似地，有研究表明(Bhattacharyya and Shekdar, 2003)，印度炼油厂的含油污泥含有苯酚 (90mg/kg～100mg/kg)、镍(17～25mg/kg)、铬(27～80mg/kg)、锌(7～80mg/kg)、锰(19～24mg/kg)、镉(0.8～2mg/kg)、铜(32～120mg/kg)和铅 (0.001～0.12mg/kg)。含油污泥中可能含有高浓度的重金属，Admon、Marín、Rocha、Roldan-Carrillo 等的研究表明(Admon et al., 2001; Marín et al., 2006; Rocha et al., 2010; Roldan-Carrillo et al., 2012; Hu et al., 2013)，炼油厂含油污泥中锌、铁、铜、铬、镍和铅的含量分别为 1299mg/kg、60200mg/kg、500mg/kg、480mg/kg、480mg/kg 和 565mg/kg。

7.1.3 固体废物的毒性和影响

如第 3 章所述，由于石油对绝大多数生命体都有毒，其环境影响往往是负面的(Prasad and Kumari, 1987)。毒性是衡量石油等物质对环境潜在影响的常用指标。它是指特定物质对生物体的损害程度(Reis, 1996)。由于含油污泥等固体废物具备危险属性，世界上已有一些法规对危险废物的管理、处理和处置进行了规定，如美国《资源保护和回收法》(RCRA)(US EPA, 1980; Hu et al., 2013)。RCRA 标准定义危险废物是具有可燃性、腐蚀性、反应性或毒性四个特征中至少一项的固体废物(US EPA,2009)。

危险废物可能导致土壤退化、地下水污染、地表水污染和财产贬值,并可能影响公众健康、动植物和空气质量(Shanaa,2014)。据报道,含油污泥中多种成分具有细胞毒性、诱变性和潜在致癌性,其环境影响包括改变自然栖息地的物理化学性质以及对水系和陆地生态系统产生致命和亚致命毒性影响(Bojes and Pope,2007;Ubani et al.,2013)。

含油污泥会影响土壤的理化性质,导致土壤形貌发生变化。受含油污泥污染的土壤可能会出现养分缺乏、种子萌发受抑制、植物生长受抑制甚至枯萎等情况。由于含油污泥具有高黏度,其组分可以固化在土壤孔隙中、吸附在土壤矿物质成分表面或在土壤表面形成连续覆盖面,导致土壤吸湿性、水力传导性和保水能力(即润湿性)降低。特别值得一提的是,含油污泥中相对分子质量较高的成分及其降解产物可以保留在土壤表层附近形成疏水壳,从而减少土壤与水的接触,并对水-空气交换产生抑制。含油污泥中的PHC会抑制土壤中酶(如氢化酶和转化酶)的活性,也会对土壤中微生物的活性产生影响。此外,含油污泥风化后的化学残留物在陆地环境中停留较长一段时间后,会呈现抗解吸、抗降解的特点,会有较长时间与土壤组分相互作用。含油污泥残渣中的有机化合物与土壤中的腐殖酸聚合物(如腐殖质、黄腐酸和腐殖酸)之间可通过共价结合形成不易被微生物降解的稳定二烷基邻苯二甲酸盐、长链烷烃和脂肪酸化合物(Hu et al.,2013)。

含油污泥中的重金属可能引发各种环境和健康问题,具体程度取决于重金属浓度、暴露途径以及暴露对象的年龄、遗传和营养状况等(Singh et al.,2011)。含油污泥还含有挥发性有机碳(VOCs)和半挥发性有机碳(SVOC)(如多环芳烃)(Bojes and Pope,2007;Ubani et al.,2013),二者具有遗传毒性,对中枢神经系统(CNS)的影响有累积效应,可导致头晕、疲劳、丧失记忆和头痛等,具体影响程度与暴露时间长短有关。严重情况下,人体中多环芳烃代谢会产生具有致突变性和致癌性的环氧化合物,将影响皮肤、血液、免疫系统、肝、脾、肾、肺和发育中的胎儿,并导致体重下降(Ubani et al.,2013)。

7.2 固体废物管理实践概述

废物管理的层次结构图如图3.5所示。如第3章所述,固体废物管理措施包括:

1)预防性措施,包括优化钻井作业、分离危险和非危险废物(Reis,1996)、研究和设计新型或改进的操作和工艺(E&P Forum/UNEP,1997)以及测算原料的污泥和水含量等(Speight,2005)。

2) 源头减量或废物最小化措施,例如在勘探与生产中使用砾石包并最小化固体/污泥体积,合理操作设备以及改进工艺等(E&P Forum, 1993)。

3) 再利用措施,包括将含烃土壤用作铺路材料或沥青(E&P Forum, 1993),将含油污泥作为进料的一部分在焦化等工艺装置中进行回用(European Commission and Joint Research Center, 2013)。

4) 循环及回收措施,包括回收钻井泥浆、回收废金属、回收纸张、回收塑料、回收电池(E&P Forum, 1993)、通过离心和过滤从罐底回收石油(勘探论坛,1993 年;欧洲委员会联合研究中心,2013 年)、回收去除催化剂后的油浆(来自 FCC 等生产装置)重新作为加工原料(欧洲委员会联合研究中心,2013 年)、回收废催化剂贵金属、回收催化剂和石油焦粉、利用溶剂萃取法回收含油污泥中有价值的产品(Speight, 2005)。

5) 处理措施,包括利用热、物理、化学和生物等过程处理固体废物(E&P Forum, 1993; MVLWB, 2011)。

6) 处置措施,包括焚烧、生物降解、堆肥、铺地、耕种、填埋等(E&P Forum, 1993)。

7.2.1 处理和处置方法的选择

通常情况下,在含油污泥最终处置前需对其进行脱水和/或脱油(如通过离心)(European Commission and Joint Research Center, 2013)。处理和处置方法的选择主要取决于废物的物理化学性质或其他特性(Bashat, 2003; de Silva et al., 2012),管制文件(Bashat, 2003),以及具体可用的废物处理设施(de Silva et al., 2012)。

7.2.2 废油回收和/或去除措施

废油回收主要涉及从固体废物(含油污泥)中萃取有价值的石油或能源以作他用(E&P Forum, 1993; Bashat, 2003; CONCAWE, 2003)。废油回收既可以在现场生产设施中完成,也可以在场外商业设施中完成(E&P Forum, 1993)。从含油污泥中回收石油还可以减少工业区外危险废物的处理量,控制污染程度,降低不可再生资源利用率(Hu et al., 2013)。

含油污泥含油量高,从中回收废油是处理含油污泥最理想的环境友好型选择(Taiwo and Otolorin, 2009; Liang etal., 2014)。虽然可回收油量低于40%的污泥属于低含油污泥(Islam, 2015),但从经济角度出发,当污泥含油量高于10%时便值得进行废油回收(CONCAWE, 2003; Ramaswamy et al., 2007; Zhang et al., 2012; Liang et al., 2014)。从含油污泥中回收油的方法包括溶剂萃取、离心分离、表面活性剂强化油类回收(surfactant enhanced oil recovery, SEOR)、蒸馏/热解、微波辐照法、冷冻/解冻(freeze/thaw，F/T)处理、电动法(electro-kinetic，E-K)、超声波辐射、泡沫浮选、吸附、高温处理(high-temperature reprocessing，HTR)与过滤等。需要注意的是，部分方法已在实验室规模下实现对含油污泥的处理，包括冷冻/解冻处理、电动法、超声波辐射和泡沫浮选法。

7.2.2.1 溶剂萃取

溶剂萃取是一个简单的过程：将废油和溶剂以适当比例混合以确保油在溶剂中有足够的混溶性，大多数水和固体则不溶于溶剂，作为多余的杂质通过重力沉降或离心去除。油和溶剂的混合物可以通过蒸馏分离(Hu et al.，2015)。溶剂萃取过程的简化流程图如图7.1所示。首先将含油污泥与溶剂在反应器中混合，溶剂选择性地溶解含油污泥中的油馏分，在反应器底部得到难溶杂质。随后油和溶剂的混合物被转移到溶剂蒸馏系统，通过蒸馏使溶剂从油中分离出来。分离后的油即为回收油；分离后的溶剂蒸气经压缩与冷却系统进行液化，进入溶剂回收罐，可在萃取循环中重复使用。反应器塔底杂质则被泵入另一套蒸馏系统，其中溶剂经分离后进入溶剂回收罐，分离后的废渣可能需要进一步处理(Hu et al.，2013；Islam，2015)。

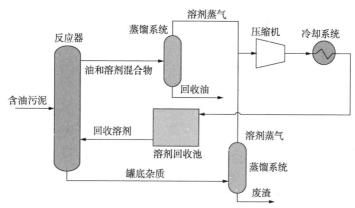

图 7.1　溶剂萃取过程简化流程图

含油污泥中的油回收率(oil-recovery efficiency，R_O)可通过以下公式计算：

$$R_O = \frac{\Gamma_{IO} - \Gamma_O}{\Gamma_{IO}} \tag{7.1}$$

其中，Γ_{IO}、Γ_O分别为污泥中初始和残余含油量g/g(Liang et al.，2014)。

用来表征溶剂萃取平衡的分布系数(K_D)可以定义为平衡时溶剂相中的油浓度与固体(污泥)相中的油浓度之比(Zubaidy and Abouelnasr，2010；Liang 等，

2014)。对于溶剂-萃取平衡体系，可表示为：

$$K_D = \frac{C_O}{\Gamma_O} \tag{7.2}$$

其中，C_O 为油在溶剂中的浓度，可由式(7.3)计算：

$$C_O = \frac{(\Gamma_{IO} - \Gamma_O)m}{V} \tag{7.3}$$

其中，m 为沙子的质量(g)，V 为溶剂体积(mL)(Liang et al., 2014)。Zubaidy 和 Abouelnasr 证明了 K_D 会随固体浓度(C_S)的升高而增大(Zubaidy and Abouelnasr, 2010)，这一现象被称为"固相浓度效应"或"固相效应"(C_S 效应)。在恒定的温度、压力和介质组成(如 pH 值、离子强度)下，特定系统的 K_D 值应与油和固体(污泥)浓度无关。K_D 随 C_S 的变化表明，实验所测量的 K_D 并非热力学平衡条件下的参数，或者实际萃取体系不是理想热力学体系。目前，不同学者已建立多种模型用于研究 C_S 效应的机理以及 K_D 与 C_S 的关联性，包括溶质络合模型(Voice and Weber, 1985)、颗粒相互作用模型(DiToro et al., 1986)、介稳态平衡吸附(metastable-equilibrium adsorption, MEA)理论(Pan and Liss, 1998)、絮凝模型(Helmy et al., 2000)、幂函数(类 Freundlich)模型(Chang and Wang, 2002)、四组分吸附(four components adsorption, FCA)模型(Wu et al., 2006)和表面组分活度(surface-component activity, SCA)模型(Zhao and Hou, 2012; Zhao et al., 2012, 2013; Liang et al., 2014)。

影响溶剂萃取过程油回收效率的主要因素包括温度、压力、溶剂/污泥比或污泥(固体)浓度、混合条件以及溶剂本身。充分混合与加热可以提高污泥中有机组分在溶剂中的溶解程度。高温可以加速萃取过程，但是高温也会导致含油污泥中 PHC 和溶剂的蒸发损失；低温萃取可以降低成本，但同时也会降低油的回收率。在低压条件下溶剂蒸发可在相对较低的蒸馏温度下进行，因此在蒸馏过程中保持较低的压力是有利的。降低蒸馏温度不仅可以降低供热成本，而且可以防止溶剂发生热降解。此外，提高溶剂/污泥比可以提高回收油的数量和质量(Hu et al., 2013)。有关利用不同溶剂从含油污泥中回收油的研究已有很多报道，所涉及不同溶剂的回收率见表7.2。

表7.2 从含油污泥中回收石油的溶剂及其回收率

溶剂	回收率	参考文献
丙烷	在多级萃取的试生产过程中，剩余固体中几种芳香烃的含量低于检出限	Poche et al. (1991)

续表

溶剂	回收率	参考文献
炼油厂生产的中等相对分子质量的烃组分	采用溶剂-污泥质量比 0.5,萃取时间为 1h 后,污泥中 23%~32%的碳氢化合物物质被回收,总体质量大约降低 10%~20%	Biceroglu(1994)
异戊基类(Isopar-L)	采用溶剂-污泥质量比为 10,93℃萃取 2h,大部分碳氢化合物的去除率都超过了 99%	Trowbridge and Holcombe(1995)
松节油	萃取出来油占原油泥量的 13%~53%	Gazineu et al. (2005)
石油溶剂油	环化合物(如环烷烃和芳烃)含量高的石油溶剂油,例如催化裂化加热油对含油污泥中沥青质组分溶解效果显著,以及对含有较多石蜡(蜡)组分的污泥,采用像纯石蜡柴油这样的石蜡型溶剂油是有效的	Meyer et al. (2006)
超临界乙烷和二氯甲烷	超临界乙烷回收油含量占元油泥量 16%~55%,而二氯甲烷大约为 50%	Avila-Chavez et al. (2007)
二甲苯和正己烷	己烷对油泥的最高回收率为 67.5%,且大部分为 $C_9 \sim C_{25}$ 组分	Taiwo and Otolorin (2009)
甲基乙基酮(MEK)及液化石油气凝析油(LPGC)	当溶剂、污泥比为 4:1 时,MEK 和 LPGC 对油泥最高回收率分别为 39%和 32%	Zubaidy and Abouelnasr(2010)
石脑油、煤油、正庚烷、甲苯、二氯甲烷、二氯乙烯、乙醚	甲苯的石油烃回收率最高为 75.94%	El Naggar et al. (2010)
环己烷、正己醇、正丁醇、煤油	(25±0.5)℃下,这些溶剂对不同固含量的油泥的油回收率在 50%~99.99%之间。四种溶剂的油回收率为环己烷>正己醇>煤油>正丁醇	Liang et al. (2014)
环己烷、二氯甲烷、甲基乙基酮、乙酸乙酯和丙胺	除 2-丙醇(2-丙醇)外,这些溶剂的油回收率约为 40%,但二氯甲烷溶剂萃取后的回收率很低	Hu et al. (2015)

溶剂萃取法可用于处理大量含油污泥，具体处理量取决于萃取塔的设计。为了防止溶剂蒸气外排，需要设计一种能够保留溶剂蒸气的封闭、连续工艺过程。溶剂回收所需的加热会提高这一工艺的能耗。大量使用有机溶剂则可能导致重大经济和环境问题。为了进一步优化溶剂萃取法，超临界流体萃取（supercritical fluid extraction, SFE）等替代方法被开发问世。与传统溶剂萃取法相比，SFE法萃取速度更快，且无需消耗有机溶剂；然而，当处理大批量含油污泥时，SFE法效率低、不稳定，其应用可能会受到限制（Hu et al., 2013）。

7.2.2.2 离心分离

离心分离是处理含油污泥的常规机械分离方法（Kotlyar et al., 1999；Huang et al., 2014）。在该过程中，由特殊高速旋转设备产生强大的离心力，可以在短时间内分离出不同密度的组分（如水、固体、油和含油污泥中的糊状混合物）。为了降低能耗、提高离心分离效果，有时需要对含油污泥进行预处理以降低含油污泥的黏度。预处理方法包括使用机溶剂、破乳剂、表面活性剂、注入蒸汽和直接加热。采用离心法处理含油污泥的优势和劣势如下：

优势：

1) 该方法较为清洁、成熟；
2) 通过离心可以有效实现含油污泥的分离；
3) 离心设备占地面积通常不大。

劣势：

1) 离心过程需要较高能耗才能产生足够强的离心力来实现含油污泥中油的分离；
2) 由于设备投资和限制，离心分离法受限于小规模应用；
3) 离心会产生较大噪声；
4) 在含油污泥预处理中使用破乳剂和表面活性剂不仅会提高处理成本，而且会产生环境问题（Hu et al., 2013；Islam, 2015）。

离心法处理含油污泥过程的简化流程图如图7.2所示。含油污泥与破乳剂或其他化学助剂在预处理罐中混合，向混合物中通入热蒸汽以降低其黏度。随后将黏性降低后的污泥按一定的泥/水比与水混合后进行高速离心。离心后，将分离出的含高浓度PHC的水排出至废水处理单元，将分离出的油（仍含水和固体）送入重力分离器进一步分离，得到回收的油。从重力分离器分离出来的水被送至废水处理单元。从离心装置和重力分离器收集到的沉积物作为固体残留物进行进一步处理（Hu et al., 2013；Islam, 2015）。固体颗粒主要包括石英砂（Al-Futaisi et al., 2007；Pinheiro and Holanda, 2013）和其他矿物、铁屑、重金属等，会导致污泥不适于生物降解（Khan et al., 1995；Huang et al., 2014）。

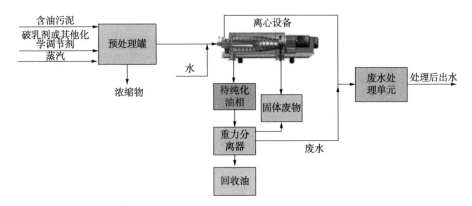

图 7.2 离心分离法处理含油污泥简化流程图

滗析离心机系统是最适于处理含油污泥的离心机类型(CONCAWE, 2003)。已有报道采用两相和三相卧式滗析离心机处理含油污泥。两相卧式滗析离心机(图 6.26)可用于连续两相分离过程(将液体与固体分离)(Schwarz Global Consulting, 2011a)。使用两相卧式滗析离心机进行含油污泥脱水会获得一个干饼和由油、水与一些固体组成的液体(CONCAWE, 2003)。旋转组件是滗析离心机的重要组成部分,它由一个圆柱或圆锥形的滤杯和内部按不同速度旋转的传送带滚轮构成。旋转部分由电机通过皮带传动驱动。进料由中央料管进入离心机,随后通过涡旋体中的端口进入滤杯并在离心力作用下发生分离。在滗析离心机中,产品被分为液相和固相。被分离出的液体可以在压力或重力下排出;被分离的固体则通过滚轮输送至滤杯锥形端排出(Schwarz Global Consulting, 2011a; MARINER plus s.r.o(Flottweg, Solenis), 2016a)。三相卧式滗析离心机(tricanter)(图 6.26 和图 7.2)可用于连续分离由两种不可混溶的液体和一种固体组成的三相系统。在三相卧式滗析离心机中,产品被分离成轻液相(如油)、重液相(如水)和固相(如有机残渣等)。分离出的油通过重力排出;分离出的水通过加压叶轮或重力作用排出;分离出的固体通过滚轮输送到滤器锥形端排出[Schwarz Global Consulting, 2011b; MARINER plus s.r.o. (Flottweg, Solenis), 2016b]。

7.2.2.3 表面活性剂强化废油回收

使用表面活性化合物(表面活性剂)可通过增加疏水性有机化合物的总水溶性来提高该类化合物在污染介质中的生物降解率(Cort et al., 2002)。表面活性剂可用于调集重质原油、石油输运管道、溢油管理、石油污染场地修复、储油设施中含油污泥清理、土壤/沙子生物修复以及强化石油回收率(enhanced oil recovery, EOR)(Banat, 1995)。

表面活性剂通常是一种两亲性化合物,其分子由疏水端和亲水端组成。亲水端使表面活性剂分子可溶于水相、增强 PHC 的水溶性，疏水端使表面活性剂分子趋于在界面处聚集，以降低表面或界面张力，从而增加 PHC 流动性（Mulligan，2009；Hu et al.，2013）。表面活性剂具有增溶效应，可有效提高污染介质中的废油回收效率（Urum and Pekdemir，2004）。

表面活性剂可以通过化学合成获得（合成表面活性剂）或由微生物生产（生物表面活性剂）。合成表面活性剂来源于石油化工产业，生物表面活性剂或生物源表面活性剂则是由细菌、酵母和真菌生产的。合成表面活性剂有阳离子型、阴离子型、非离子型或两亲型，但是仅有阴离子型和非离子型表面活性剂被用作油分散剂。生物表面活性剂通常根据其生化性质和产生它们的微生物种类进行分类。五大类生物表面活性剂包括：糖脂类、磷脂和脂肪酸、脂肽/脂蛋白、聚合物表面活性剂和颗粒表面活性剂（Edwards et al.，2003）。

据报道，一些合成表面活性剂能够提高水相中非极性化合物的浓度，如十二烷基硫酸钠（SDS）、Corexit 9527、Triton X-100、Tween 80 和 Afonic 1412-7 等（Christofi and Ivshina，2002；Grasso et al.，2001；Cuypers et al.，2002；Prak and Pritchard，2002；Lai et al.，2009；Hu et al.，2013）。然而，合成表面活性剂的毒性和难生物降解等问题会在一定程度上限制其应用（Christofi andIvshina，2002；Lai et al.，2009）。与合成表面活性剂相比，生物表面活性剂通常具有环境相容性强、表面活性高、毒性低和生物降解性高等优点（Whang et al.，2008；Lai et al.，2009）。此外，利用微生物发酵技术可以从可再生能源中很容易地生产生物表面活性剂（Lai et al.，2009）。因此，生物表面活性剂更适合用于污染土壤和地下环境的生物修复（Christofi and Ivshina，2002；Lai et al.，2009）。

表面活性剂在含油污泥处理中的应用已有不同规模的实验室和现场研究见诸报道。例如，Abdel Azim 等使用了三组基于壬基苯酚乙氧基化物（$n = 9, 11, 13$）（表面活性剂）的破乳剂体系对 Al-Hamra 石油公司主要排水流域采集的含油污泥进行分解；实验结果表明，基于壬基苯酚乙氧基化物（$n = 13$）的破乳剂是促进含油污泥完全分解的最佳成分（Abdel Azim et al.，2011）。Lima 等开展了使用生物表面活性剂从燃料油储罐污泥中回收石油的研究。他们分离了生产生物表面活性剂的五种菌株，并报道了 Dietzia maris sp.、Pseudomonas aeruginosa、Arthrobacter oxydans、Bacillus sp. 和 Bacillus subtilis 五种菌株所生产的生物表面活性剂对含油污泥中的废油回收率分别为 95.45%、93.40%、91.59%、88.63% 和 84.09%；当不使用生物表面活性剂时，含油污泥中的废油回收率仅为 2.00%（Lima et al.，2011）。Yan 等在实验室和中试实验中使用鼠李糖脂菌株（铜绿假单胞菌 F-2）生产生物表面活性剂，并从含油污泥中回收废油（Yan et al.，2012）。该中试实验开展于大连石化公司污水处理厂，实验流程如图 7.3 所示。该系统以钢架支撑的三个相同的不锈钢罐(长1.1m、宽0.8m、高1.1m)为主体,每个罐侧通过三条管道分别将污泥、热蒸汽和自来水引入罐内。每个罐旁设置有液位计以控制加料,同时监测油-水/沉积物的分离情况,通过与蒸汽管道阀门相连的温度控制器实现温度控制。该中试试验在最优化条件下进行,具体碳氮比、温度、污泥水比和培养液浓度分别为10、35℃、1:4和4%。在培育72h后,向罐中添加浓度为0.33%(质量体积比)的硫酸以终止含油污泥处理实验。随后将处理后的样品转移到离心装置进行分离。在该实验体系中废油回收率可达91.5%。作者认为F-2菌株具有工业应用潜力,可用于从含油污泥中回收石油。Long等在100L中试条件下使用鼠李糖脂对废油进行破乳处理,研究结果表明鼠李糖脂处理下废油回收率可达98%以上;所回收油含水量低于0.3%,可直接重新进入炼油过程(Long et al., 2013a)。

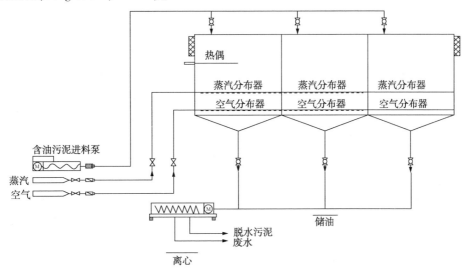

图7.3 含油污泥中回收油的中试实验系统示意图

表面活性剂强化废油回收(SOR)通常具有简单、快速和高效的特点,它具有处理大批量含油污泥的潜力。筛选用于废油回收的表面活性剂时应重点考虑有效性、成本、公众和监管机构接受度、生物降解性、降解产物、毒性和可回收性等因素。特别需要注意,生物表面活性剂的高生产成本可能会限制其商业应用;可以通过提高产量、回收和使用廉价或废弃基质以降低成本(Calvo et al., 2009; Hu et al., 2013)。

7.2.2.4 蒸馏/热解

蒸馏可用于分离固体-烃混合物中的轻质和中质烃类化合物,具体可通过干馏(Reis，1996)、使用蒸汽或过热蒸汽(McCoy，1977)实现。在蒸馏过程中，原始含油污泥或经稀释后的含油污泥通过泥浆泵被泵入加热区中部或上部(即蒸汽蒸馏塔)。固体-碳氢化合物受热后，其中的碳氢化合物和水蒸发为气体，可借助惰性气体(如氮气或二氧化碳)从蒸馏塔中去除，但水蒸气是多种可用气体中最为经济的选择。当碳氢化合物和水从污泥中去除后，污泥固体会变得干燥，呈颗粒状且无黏性，经一系列的格栅落到塔底。随后使用螺旋输送机等机械装置将固体污泥从塔底除去。蒸汽和碳氢化合物蒸气从塔顶被抽送到冷凝器/热交换器中，并被冷凝成油和水的液态混合物。该混合物进一步在油水分离器中通过离心或其他适当的方法进行重力分离。分离后的获得的油可用作裂化原料。在某些情况下，一部分油可用作蒸汽锅炉汽提的燃料油。从油水分离器分出的一部分水可以通过热交换器送至汽提蒸汽锅炉，新鲜水也可以用于补充锅炉用水。值得注意的是，这一过程中所使用的蒸汽温度范围通常在 250~700℉，尤其是在 300~600℉之间时，可以对过热蒸汽加以充分利用(McCoy，1977)。

在该过程中，固体可以转化为更易于处置的形式。一些馏分可以在相对较低的温度下汽化，而重油馏分则需要很高的温度才能汽化。在其他加热条件下，高温会导致烃类发生焦化或破坏性蒸馏(McCoy，1977)。当蒸馏温度足够高时，烃类分子会发生热解、化学键断裂，形成焦炭。剩余烃类通过这个过程得到固化，可以防止它们在废物处置时发生迁移(Reis，1996)。

McCoy 采用蒸汽蒸馏法对炼油厂污泥中的石油进行回收(McCoy，1977)。回收所得油适用于作为裂解原料等各种用途，回收所得水 COD 有所降低。作者称从加热区回收的干燥、可流动固体具有广阔的下游应用前景，例如用于垃圾填埋等。Li 等提出了一种处理含油污泥的改良蒸馏法(Li et al.，2015)。该研究中，在 493K 和 573K 处理 180min 的条件下，分离后的轻油收率分别为 39.2% 和 33.4%，高于脱水含油污泥的轻油收率(29.2%)。在适当的热处理参数范围内(温度 493~533K，时间 2~3h)，所得剩余乳液的性质可进一步优化。例如，在 493K、处理 180min 的条件下，剩余乳液中胶质和沥青质的含量可由 29.1% 提升至 47.5%；此外，剩余乳液的针入度和软化点分别为 88℃ 和 48.5℃。材料结合力也通过改良得到了提高：当将这种类沥青乳化液用作固化或包埋材料时，在 0.5(质量比)的理想混合比条件下可有效控制重金属释放。

Reis 总结了现有的种商业热蒸馏系统(Reis，1996)，但是由于高温烃类蒸汽可能引发火灾、高温腐蚀问题、空气污染物排放以及高温条件下一些烃分子会发生化学结构改变等原因，商业蒸馏系统无法重复应用于某些场景。其限制因素包括因蒸馏缺乏大分子烃而导致的固体表面大量生焦以及加热设施的高能耗等(Reis，1996)。

热解(pyrolysis)是物质在升温过程中(500~1000℃)受热发生分解的过程,理论上在惰性气氛中进行。热解产物包括焦炭、液体或气体,取决于具体工艺条件。需注意热解不同于气化,气化是将有机物质在氧含量20%~40%的条件下转化为可燃气体或合成气。快速热解通常是在高加热速率、中温(500℃)、短气体停留时间(<2s)和蒸汽快速淬火条件下进行的热解反应。该工艺的主要产品是热解液,又称为生物质油(biooil)或热解油(pyrolysis oil),可用作燃料或用于进一步生产其他有价值的化工品(Fonts et al.,2012)。

三种常见的热解工艺为烧蚀热解、流化床及循环流化床热解以及真空热解(Fonts et al.,2012;Hu et al.,2013)。流化床热解操作容易且易于扩大规模,是应用最广泛的热解工艺(Fonts et al.,2012)。商业废油回收热解系统以流化床和循环流化床为主,包括含油污泥预处理、流化床反应器、捕焦器、旋风分离器和飞灰收集器以及液体冷凝系统(图7.4)(Fonts et al.,2012;Hu et al.,2013)。

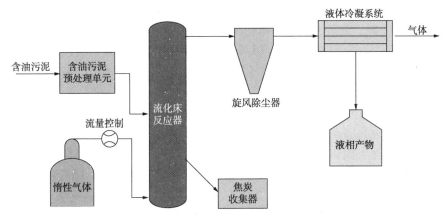

图7.4 含油污泥热解的流化床系统示意图

影响热解效果的主要因素包括温度、加热速率、含油污泥特性(Fonts et al.,2012;Hu et al.,2013)、化学添加剂(Hu et al.,2013)、催化剂、停留时间、加料速率和反应气氛(Fonts et al.,2012)等。

利用裂解法从含油污泥中回收废油已有不少报道。Chang 等以氮气为载气,在378~873K 温度范围内研究了台湾北部某典型炼油厂储油罐含油污泥的热解过程(Chang et al.,2000)。污泥干基热值和湿基低热值分别约为10681 kcal/kg 和5870 kcal/kg。除 N_2 外,主要气态产物(298K 不凝气)质量分数分别为 CO_2(50.88%)、HCs(碳氢化合物,25.23%)、H_2O(17.78%)和 CO(6.11%)。碳氢化合物主要由低相对分子质量的烷烃和烯烃组成(C_1~C_2 产物占碳氢化合物的51.61%)。在713K 条件下,HC 产率最大。含油污泥液态热解产物(298K 凝析气)的蒸馏特性与柴油相近,但其中含有大量减压渣油,约占9.57%(质)。液体产物的热值约为10840 kcal/kg。Schmidt和Kaminsky利用流化床反应器进行了油罐含油污泥的热解实验,并研究了460~650℃条件下含油污泥中的废油回收情况(Schmidt and Kaminsky,2001)。研究结果表明,含油污泥中的废油回收率可达70%~84%。Punnaruttanakun等研究了某泰国石油公司API分离器中含油污泥在不同加热速率(5℃/min、10℃/min和20℃/min)下的热解情况(Punnaruttanakun et al,2003)。实验结果表明热解产物的主要成分为氢气和乙炔。只有在高升温速率下(20℃/min)体系的热转化行为才能和低加热速率条件时形成显著差异,这可能是污泥中的高灰分含量所导致的。为了对固体废物进行再利用、保护和循环利用,Shie等研究了粉煤灰、含油污泥灰分、废DAY型沸石和废聚乙烯醇(PVA)作为添加剂对含油污泥热解性能的改善情况(Shie et al.,2004)。在添加剂用量为10%或5%条件下,热解反应转化率增幅顺序如下:10%粉煤灰>10% PVA>10%含油污泥灰分>10% DAY型沸石>5%粉煤灰>5% DAY型沸石>无添加剂。此外,使用添加剂会提高热解油的质量(轻、重石脑油和轻瓦斯油质量总和),符合如下规律:10%粉煤灰>10%含油污泥灰分>10% PVA>10% DAY型沸石>5%粉煤灰>5% DAY型沸石>无添加剂。Karayildirim等利用固定床反应器研究了污泥废弃物(含油污泥和混合污泥)的热解(Karayildirim et al.,2006)。研究表明,含油污泥热解将产生较多富含脂肪化合物的高热值油,而混合污泥热解所得到的富含极性化合物的油较少;裂解气产物中含有大量的可燃气体;热解固体产物(热解焦)的最佳使用方式是用于垃圾填埋。Wang等首先采用热重量/质谱法(TG/MS)分析含油污泥受热变化规律,随后在电子实验室水平石英反应炉中进行了不同条件下含油污泥的热解(升温速率:5~20℃/min,最终热解温度:400~700℃,设置多种时间间隔以及催化剂添加条件)(Wang et al.,2007)。TG/MS数据表明含油污泥在约200℃的低温下即发生热解,在350~500℃之间转化速率最大。作者指出较高的最终热解温度、间歇热解模式和添加催化剂可以促进热解转化(固体残渣的产生量减小)。在接近峰值温度400℃维持20min左右的间隔有助于增加热解油收率,同时提升其质量。该研究中三种催化剂的加入虽然能够显著提高热解转化率,但对热解产物油的品质无明显改善。Liu等研究了罐底含油污泥的热解(Liu et al.,2009a),发现在473~773K范围内热解反应较为显著。在较高加热速率条件下固体残渣中的碳和硫含量有所提升,但氢含量有所降低。除N_2外的主要气态产物为HC、CO_2、H_2和CO。研究表明在600~723K范围内HC产率最高;热解过程中含油污泥中约80%的总有机碳(TOC)可转化为HC。

Hu等(Hu et al.,2013)提出热解法处理含油污泥的优缺点如下:

优势：

1）液体产品易于储存和运输。

2）热解回收油品质与商业炼油厂的低级石油馏分相近，可直接应用于柴油发动机。

3）与焚烧过程相比，含油污泥热解产生的 NO_x 和 SO_x 排放量更低，同时还能使含油污泥中的重金属富集在最终固体产物(焦炭)中。

4）焦炭一般占原始含油污泥的 30%～50%(质)，可作为吸附剂去除气流中的 H_2S 或 NO_x 等各种污染物，也可作为土壤调节剂为植物提供养分。

5）相较于焚烧飞灰中富集的金属，通过热解得到的固体焦炭中富集的金属抗浸出性更强。

劣势：

1）热解液态产品经济价值低、加工设备相对复杂，限制了热解工艺的大规模应用。

2）热解过程中的吸热反应需要大量外部能量供应，致使热解操作成本高。

3）含油污泥的含水量通常较高，在热解处理前对含油污泥进行脱水会显著提高工艺的总成本。

4）污泥热解的液体产物可能含有大量多环芳烃(PAH)，属于高致癌性物质(Hu et al., 2013)。

7.2.2.5 微波辐射法

由于微波加热具有体积加热效应，因此具有比传统技术更快的加热速度(Abdulbari et al., 2011)。微波能量可以通过分子与电磁场的相互作用直接穿透材料。微波加热可以使材料中所有独立元素均被单独加热，而传统加热方式下材料自身的导热性会对其内部温度分布产生限制。因此，使用微波加热所需时间通常可以减少到传统加热技术所需时间的 1% 以下。材料与微波场相互作用的规律如下：

1）透光材料(低介电损耗材料)：微波通过材料、吸收小。

2）不透光材料(导体)：材料反射微波。

3）吸收剂(高介电损耗材料)：微波能量被吸收，具体取决于电场强度和介电损耗因子。

微波加热方法在处理同时含有吸收剂和透光材料的混合物时具有明显优势。微波能量会被高介电损耗材料吸收，却能够通过低介电损耗材料，可以实现选择性加热。材料所吸收的功率与其介电特性有关。单位体积吸收的功率，即功率密度(P_d)可计算如下：

$$P_d = 2\pi f \varepsilon_0 \varepsilon''_{\text{eff}} |E|^2 \tag{7.4}$$

其中，f 是微波频率，ε_0 是自由空间的介电常数（8.85×10^{12} F/m），$\varepsilon''_{\text{eff}}$ 是相对介电损耗因子，E 是电场大小。被吸收的功率大部分转化为材料内部的热量，因此特定组分的加热速率与功率密度、比热容和密度有关：

$$\frac{\Delta T}{\Delta t} = \frac{2\pi f \varepsilon_0 \varepsilon''_{\text{eff}} |E|^2}{\rho C_p} \tag{7.5}$$

其中，T 为温度，t 为时间，ρ 为材料密度，C_p 为比热容（Shang et al., 2006）。

微波频率范围在 300MHz~300GHz 之间，多数应用中微波频率在 3~30GHz 之间。工业应用中微波加热通常在接近 900MHz 或 2450MHz 的频率下进行（Appleton et al., 2005; Hu et al., 2013）。

Klaila 与 Wolf 最早在其专利中提出了微波加热破乳的概念（Klaila, 1978; Wolf, 1986; Kuo and Lee, 2010; Islam, 2015）。油包水 W/O 乳状液（如含油污泥）的内相为介电损耗因子相对较高的水，因此水比油能吸收更多的微波能量。吸收微波能量后水发生膨胀使油水界面膜被压薄。在无任何化学物质添加的情况下即可实现油水分离（Tan et al., 2007; Hu et al., 2013）。采用微波加热油包水（W/O）乳液时通常有两种主要机理同时发生：一种机理是迅速升温使乳化液黏度降低，同时破坏了液滴的外层膜；另一种机理是分子旋转使水分子周围发生电荷重排，中和 Zeta 电位，使得离子在液滴周围发生移动（Kuo and Lee, 2010）。Zeta 电位降低后乳液中水和油分子运动更加自由，更易于相互碰撞、发生聚结，有利于水油分离（Tan et al., 2007; Hu et al., 2013）。

微波功率、微波处理时间、表面活性剂、pH 值、盐以及含油污泥的水油比等因素都会影响微波加热法对含油污泥的破乳效果（Fortuny et al., 2007; Hu et al., 2013）。

微波辐射在处理油水乳液中的有效性已在一些实验室研究和场地实验中得到了证明。Hu 和 Fang 等采用微波加热法在场地试验中对油罐中 188 桶（约 27t）油包水（W/O）乳液进行破乳处理，结果表明经处理可将乳液分为 146 桶油和 42 桶水，微波处理法从乳液中分离水的效率高于传统加热法（Hu et al., 2013; Fang and Lai, 1995）。Chan 等的研究指出增加液滴尺寸、提升载体（D2EHPA）和酸的浓度会提高破乳速率和分离效率；而提升表面活性剂（Span 80）浓度、增加油相/水相体积比（O/A）则会导致破乳速率和分离效率降低。当电解质（NaCl、KCl、NaNO$_3$、Na$_2$SO4）浓度约为 0.5mol/L 时，破乳速率和分离效率均达到最高值。最佳微波辐照功率和照射时间分别为 420 W 和 12s（Chan and Chen, 2002）。Xia 等的研究表明，在微波辐射下破乳效率可以在很短的时间内达到100%（Xia et al.，2003）。在另一个工作中，Xia 等研究了少量无机盐对 W/O 乳液破乳效果的影响，实验结果表明一些无机盐能有效地提高破乳效率，并使乳液中所分离出的水透光率有所提升（Xia et al.，2004）。Shang 等研究了微波加热技术对石油污染钻屑（OCDC）的处理效果。研究结果表明，对于40g样品大约需要20s的微波处理以将残余油水平降低至接近或低于1%的阈值。作者指出限制最终可达到的最低残余油量的主要因素是水分含量，增加样品的含水量可能会突破这一限制（Shang et al.，2006）。Tan 等（2007）利用微波化学法研究了原油乳液的破乳分离情况，研究表明微波化学法对高含水率原油乳液的分离效果优于低含水率乳液。在破乳剂浓度为50μg/g、辐射时间为10s、沉降时间为1min的条件下，该方法的分离效率约为95/%（体）（Tan et al.，2007）。Fortuny 等研究了一系列原油乳化液变量，包括pH值、盐和水含量对微波破乳方法的影响。实验结果表明含水率较高的乳液微波破乳法效果较好，但高pH值和高盐含量同时存在时例外（Fortuny et al.，2007）。

Kuo 和 Lee 提出用人造海水作为微波处理过程中所需阳离子的廉价来源，并将其称为海水辅助微波破乳法。在最佳操作条件下（700 W 微波辐射40s、沉降60min），该方法对切削油乳液、橄榄油乳液和切削油/橄榄油混合乳液的分离效率分别为93.1%、92.6%和93.2%（添加海水体积分数分别为12%、32%和20%）。在上述条件下，加入无机酸使溶液pH值降低会显著提高破乳效率，而增大表面活性剂 SDS 浓度则会导致破乳效率下降（Kuo and Lee，2010）。Abdulbari 等研究了 Triton X-100、低硫蜡渣（LSWR）、山梨醇单油酸酯（Span 83）和 SDS 对石油乳液稳定性和微波破乳作用的影响。他们发现乳液的稳定性与表面活性剂浓度、水相/油相比（10%~90%）、温度和搅拌速度有关。与常规加热相比，微波加热可以显著提高乳化液的破乳率，破乳率可达90%（体）以上（Abdulbari et al.，2011）。Vazquez 等研究了微波加热和重力沉降法在处理墨西哥油包水乳液中的应用，并证明了微波加热和重力沉降法是分离这些乳液的有效替代方法（Vazquez et al.，2014）。

与其他加热技术相比，微波辐射可以更快地提高介质内部分子的能量，从而提升反应速率，使系统在几分钟内达到过热状态。由于加热时间短，微波辐射是一种能量效率高且易于控制的破乳方法。除破乳效率高外，微波辐射在介质内部直接加热时，反应器壁温较低，可强化芳构化反应，从而提高轻质芳烃产率。上述轻质化合物的毒性比热解液体产物中更高分子量的多环芳烃要低得多。然而，特殊微波辐射设备和可能的高运行成本限制了微波辐射在工业规模含油污泥处理中的应用。此外需注意微波辐射法不能处理重金属（Hu et al.，2013）。

7.2.2.6 冻结/解冻法

从含油污泥中回收原油的一个重要步骤是将油水分为两相,并去除乳液中的水分,这个过程称为破乳作用(Chen and He, 2003; Hu et al., 2013)。有研究表明,用于寒冷地区污水污泥脱水的冻结/解冻(冻融)方法是一种有效可行的破乳方法(Jean et al., 1999; Chen and He, 2003; Lai et al., 2004; Rajakovic and Skala, 2006; Lin et al., 2007; Zhang et al., 2012; Hu et al., 2013)。Lin 和 Hu 认为破乳有两种不同的机理(Lin et al., 2008; Hu et al., 2013)。

当乳状液中的水相先于油相结冰时按照第一种机理进行,如下所示:

$$初始乳液 \to 水滴冻结、扩张、合并 \to 重力分层 \qquad (7.6)$$

当乳状液中的油相先于水相结冰时按照第二种机理进行,如下所示:

$$初始乳液 \to 油相冻结形成一个固体笼 \to 水滴结冰膨胀,$$
$$打破油相笼 \to 乳化融化,水滴聚结 \to 重力分层 \qquad (7.7)$$

初始含油量(Rajakovic and Skala, 2006)、冻结温度、冻结/解冻过程和条件(Rajakovic and Skala, 2006; Hu et al., 2013)、含水量、水相矿化度、表面活性剂的存在以及乳状液中的固体含量(Hu et al., 2013)都会影响冻结/解冻法破乳的效果。值得注意的是,根据 Hu 等的研究,在能够进行自然冻结的寒冷地区使用冻结/解冻法从含油污泥中回收油更有前景。

采用冻结/解冻法处理含油污泥已有多项实验室研究见诸报道。例如,Jean 等采用冷冻/解冻法从台湾桃园某污水处理厂(WWTP) DAF 单元的含油污泥中分离出 50% 以上的油(Jean el al., 1999)。Chen 和 He 采用冷冻/解冻法从润滑油含油污泥的油包水乳液中去除了近 90% 的水分;该研究中最优冻结温度约为零下 40℃,最佳解冻条件则是在室温中或温度低于 20℃ 的水浴中(Chen and He, 2003)。Rajakovic 和 Skala 采用冻结/解冻法和微波辐射进行油包水乳液的分离,在微波辐射辅助下,除油效率可达 90%(Rajakovic and Skala, 2006)。Lin 等采用冻结/解冻法进行水包油乳液破乳研究,并研究了四种冷冻方法的效果,包括冰箱冷冻、低温浴、干冰和液氮。低温或干冰冷冻被认为是最佳的除水冷冻方法,无论液滴大小和油相类型,在含水量为 60% 的情况下,其除水效率均超过 70%。研究表明,破乳的主要驱动力是水结冰体积膨胀和油水界面张力(Lin etal, 2007)。Yang 等研究了冻结/解冻法中三种解冻条件(空气或室温条件,40℃ 水浴或微波辐射)对油包水乳液破乳效果的影响。研究表明微波辐射可显著提高乳液脱水率,乳液中 90%(体)以上的水可被成功分离(Yang etal, 2009)。

Zhang 等(2012)研究了三种不同方法从炼油厂含油污泥中回收石油的效果,包括超声辐射、冻结/解冻法和超声波-冻融处理联用法。研究表明,在油回收率方面,单独采用冻结/解冻法比其他两种方法更有效(油回收率 65.7%)。在综合考虑油回收率、回收油和分离废水中 TPH 浓度的基础上，超声波与冻融联用效果更好，两种技术联用时油回收率为 64.2%，回收油和分离废水中 TPH 浓度分别为 851mg/g 和 200mg/L。

7.2.2.7 超声辐射法

频率大于 20kHz 的循环声压（压缩和膨胀）称为超声波。根据频率可分为三个区域：功率超声（20~100kHz）、高频超声（100~1000kHz）和诊断超声（1~500MHz）(Pilli et al., 2011)。

超声辐射是一种有前景、高效的新兴技术，可用于去除固体颗粒中的吸附材料，分离高浓度悬浮液中的固体液体以及降低水乳液的稳定性(Kim and Wang, 2003; Manson, 2007; Ye et al., 2008; Song et al, 2012; Hu et al., 2013; Li et al., 2013)。超声波产生的振荡空泡和冲击波可以破坏固体颗粒的团聚体，从而导致附着在固体颗粒上的污染物膜受到侵蚀，从而促进污染物从固体和污泥中分离。超声辐照可以到达其他分离方法通常无法到达的固体基质内部空间(Li et al., 2013)。当超声波照射到悬浮在液体中的液滴或气泡等流体介质时，存在两种主要的物理效应：在较低超声强度下，暴露于超声场中的颗粒悬浮液可能会发生团聚；当超声强度增强，超声能量足以破坏液体分子间引力作用时会出现空化现象(Dezhkunov, 2002; Check and Mowla, 2013)。当达到空化阈值时，油包水体系即发生乳化。超声波可以为新界面的形成提供多余的能量。对于任何超过该阈值的超声强度，都有对应可以产生稳定乳液的最大浓度（限制浓度），乳液限制浓度随着超声强度的增加而增大(Gaikwad and Pandit, 2008; Check and Mowla, 2013)。空化可以提高乳液体系的温度，降低乳液黏度，强化液相传质，从而使水乳状液失去稳定性。同时，在超声照射下，乳状液中较小液滴的运动速度比大液滴的运动速度快，碰撞频率提高，液滴团聚加强，从而促进了油水两相的分离(Hu et al., 2013)。

影响超声辐射法处理含油污泥效率的常见因素包括超声频率、超声功率和强度、超声处理时间、温度、压力、乳液水含量、固体颗粒大小、初始 PHC 浓度、盐度、表面活性剂以及黏度等(Feng and Aldrich, 2000; Canselier et al., 2002; Kim and Wang, 2003; Na et al., 2007; Jin et al., 2012; Hu et al., 2013)。

Xu 将初始含油量为 0.130 g/g（干基）的含油污泥与超声波清洗池中处理过的水混合，通过气浮法将油从含油污泥中分离出来(Xu et al. 2009)。在 40℃、超声波辐照后最低含油量为 0.055 g/g（干基），相较于未经超声波辐照处理时降低了 55.6%。此外，研究表明 28kHz 的超声频率优于 40kHz，28kHz 超声波声压为 0.085MPa，该条件下含油量低于 40kHz（声压 0.120MPa）。另外，体系中的硅酸钠对超声波除油有阻碍作用。

Jin 等结合超声波和热化学清洗法对储油罐中的含油污泥进行处理(Jin et al., 2012)。最优洗涤溶剂是硅酸钠、十二烷基苯磺酸钠和脂肪醇乙氧基酯按 1:1:1 比例进行配制。在最佳工艺条件下,污泥含油量由 43.13%降至 1.01%,分离后油相中固相含量为 0.53%;洗涤液浓度为 2g/L 时,含油污泥中油回收率为 99.32%。与传统热化学清洗相比,超声-热化学联合处理下油回收率提高了 17.65%。Zhang 等的研究表明,在超声功率 66 W、超声时间 10 min 的条件下,对于污泥:水为 1:2 的体系,在不添加生物表面活性剂和盐的情况下,油回收率可达 80.0% (Zhang et al., 2012)。有研究采用超声和冷冻/解冻联用处理含油污泥,油回收率为 64.2%,回收油和分离废水中的 TPH 浓度分别为 851mg/g 和 200mg/L。

需要注意的是,高昂的设备价格和维护成本会限制超声技术的工业应用,此外采用大型超声清洗罐时可能会导致超声强度过低,影响该技术对油的回收效果 (Hu et al., 2013)。

7.2.2.8 电动方法

电动力学(electro-kinetics,EK)是一项正在发展中的技术,可应用于从饱和或不饱和介质(如土壤)中原位修复重金属和有机污染物(Elektorowicz et al., 2006)。19 世纪初,Reuss 将直流电作用于黏土-水混合物,报道了首个 EK 现象。然而,Helmholtz 和 Smoluchowski 首先提出了施加电场梯度下与流体电渗透率和 Zeta 电势相关的理论(Acar and Alshawabkeh, 1993; Virkutyte et al., 2002)。

在 EK 过程中,低强度直流电通过在一对电极两侧的多孔介质,导致液相电渗透和离子迁移,胶体系统中的带电粒子向相应的电极移动(电泳)(Virkutyte et al., 2002; Yang et al., 2005; Hu et al., 2013)。一系列电渗透、电泳、电迁移和电解反应等现象的组合通常可以造成基于 EK 的修复行为(Ranjan et al., 2006)。

Elektorowicz 和 Hu 等认为,EK 技术根据以下三个主要机理实现了含油污泥中不同相(水、油和固体)的分离(Elektorowicz et al., 2006; Hu et al., 2013):

1)电场可以破坏含油污泥中胶体的聚集,导致含油污泥胶体和固体粒子通过电泳向阳极移动,而被分离液相(水、油)则通过电渗透作用向阴极区域移动。

2)电破乳过程后,分离的固相在阳极附近会发生电凝,导致固相和沉积物浓度增加(快速凝聚一般会产生松散颗粒,慢速凝聚则会产生致密颗粒)。

3)分离的液相(水和油)可以形成不稳定的二次油包水乳液,通过液带电和团聚作用在阴极附近逐渐电聚,生产两相分离的水和油(Elektorowicz et al., 2006; Hu et al., 2013)。

稳定乳液的破乳率可用式(7.8)表示:

$$H=H_0e^{-k_dt} \tag{7.8}$$

不同的因素如电阻、pH 值、电势和电极间距均会影响 EK 法的处理效果。利用表面活性剂或试剂来提高电极上的污染物去除率也可以优化这一过程。一般来说，处理能力低、应用难度大是该工艺的局限性。与离心、热解等其他采油方法相比，利用该方法从含油污泥中采油所需的能量更低。然而，大多数 EK 法处理含油污泥的研究都是在实验室进行的，大规模应用的效果和成本仍需要进一步的研究。在实际场地应用中以含油污泥储存池作为 EK 单元有望显著降低处理成本（Hu et al.，2013）。根据 Elektorowicz 等的研究，EK 法预计电力消耗成本可以低至 1.2 CDN/m³ 污泥。与传统修复方法相比，该过程成本明显较低，可能达到 800 美元/吨污泥（Elektorowicz et al.，2006）。

Yang 等采用 EK 法对含油污泥的脱水进行了研究。据报道，在试验台规模下，电极间距为 4 cm、电势为 30 V 时，最高的水去除率为 56.3%。对比 20V 和 4cm 间距下的去水效率（51.9%）表明，可能没有必要进一步增加电势。在 20V 和 30V 时，固体含量分别从最初的 5% 增加到 11.5% 和 14.1%。一项大规模的实验研究表明，在圆柱体反应器中使用一对水平电极（60 V、初始间距 22 cm）可以去除超过 40.0% 的水，并能非常有效地从污泥中分离出油。作者得出以下结论：使用污泥处理量 3.8~4 L 的大型系统对体系脱水效率和采油效果的影响明显优于实验规模的小型反应体系，污泥平均减重 46.5%~68.5%（Yang et al.，2005）。根据 Hud 等引用的 Elektorowicz 和 Habibi 的研究，EK 工艺处理含油污泥可以减少近 63% 的水量和 43% 的轻烃含量；结合表面活性剂与 EK 工艺，轻烃含量可降低 50%（Hu et al.，2013；Elektorowicz and Habibi，2005）。Elektorowicz 等研究了电势和两亲性表面活性剂对含油污泥电破乳效果的影响，发现低电势（0.5 V/cm）下破乳率更高，此外两性表面活性剂的应用对总破乳效率没有明显改善（Elektorowicz et al.，2006）。

7.2.2.9 泡沫浮选

泡沫浮选由于其高通量和高效率，在采矿、冶金和矿产行业中得到了广泛应用（Rubio and Tessele，1997；Ramaswamy et al.，2007）。它还可用于含油废水处理（Al-Shamrani et al.，2002）、含油污泥采油（Ramaswamy et al.，2007）和油砂沥青采油（Stasiuk and Schramm，2001；Al-Otoom et al.，2010）。泡沫浮选过程是基于表面化学从水相悬浮液中分离细小固相颗粒的单元操作。在这个过程中，水相浆液（污泥浆液）中的气泡捕获油滴或小颗粒固体，使它们悬浮和聚集在一个泡沫层（Urbina，2003；Hu et al.，2013）。在采用该技术处理油泥时，将一定量的水与含油污泥混合产生污泥浆液。由空气注入产生的细气泡接近污泥浆液中的油滴，油与气泡之间的水膜逐渐变薄达到临界厚度，导致水膜破裂，油向气泡扩散。随后，附着气泡的油滴密度小于未附着气泡的油滴，将更快地上升到油水混合物的顶部发生聚集，堆积的油可以被撇去收集，进行后续净化（Moosai and Dawe，2003；Ramaswamy et al.，2007；Hu et al.，2013）。

不同因素如油泥性质（如黏度、固体含量和密度）、pH 值、盐度、温度、气泡大小、表面活性剂的存在以及浮选时间等都会影响泡沫浮选的采油性能。这一工艺是一种简单、低成本的含油污泥处理方法，但通常不适用于处理高黏度的含油污泥，也无法处理含重金属的含油污泥。含油污泥必须经过预处理以降低其黏度并去除粗固体颗粒。在处理低水分、高黏度的含油污泥时，该工艺需要消耗大量的水，会造成含油废水处理问题。此外，浮选收集的油/固体混合物中的油成分仍需进一步处理，回收油中也可能含有相对较高的水分。因此，在中试规模和工业规模下采用浮选法处理含油污泥仍然存在许多限制（Hu et al.，2013）。

Ramaswamy 等研究了从合成制备的含油污泥中回收油的效果，其最大油回收率约为 55%。作者报道，浮选最优时间为 12min 左右，当表面活性剂添加量从 5 g 增加到 20 g 时，采收率最高可提高 12%（Ramaswamy，2007）。

7.2.2.10 吸附

可以使用煤或活性炭等材料从被污染的固体（如土壤）中去除碳氢化合物。将被污染的土壤和水中的煤悬浮在一个特殊设计的滚筒中，在高温下翻转，让油被煤吸收。然后通过浮选将吸附油的煤与水和净化的砂土分离。然后，这些吸附油的煤可以作为传统燃煤电厂的燃料，加工后的固体颗粒可以直接填埋，也可以根据与产品清洁度有关的法规法律进行一些附加处理（臭氧处理或生物处理）。这种工艺是一种相对低成本的技术（Ignasiak et al.，1990；Reis，1996）。污染物和固体的性质都会影响该过程的有效性（Ignasiak et al.，1990）。

7.2.2.11 高温再处理或加热

高温再处理（high-temperature reprocessing，HTR）或加热通常是在各种监管环境下回收碳氢化合物并减少油性材料残余体积的低成本、高效益过程。在 HTR 过程中，流入的乳液或污泥被加热到水的沸点以上，并在分离塔中通过闪蒸使水和轻烃从重烃中分离出来。较重的烃类和无机物以浆状的形式从分离塔排出。在高温条件下，将水从分离塔中蒸发出来，由于碳氢化合物的黏度降低，固体无机相中碳氢化合物的传质速率也有所提高。轻烃和水可以通过冷凝回收，重烃可以通过浆相固液相分离回收，固体残渣则需要进一步处理。需注意 HTR 工艺使用闪蒸塔而非加压分离（Hahn，1994）。

Hahn 认为 HTR 工艺与压滤和离心等传统污泥处理方式相比，具有如下潜在优势（Hahn，1994）：

1) HTR 设施与其他类型的生产设施类似,可被视为生产过程的一部分,并可纳入现有的许可体系。此外,作为生产过程的一部分,HTR 设备的作用是通过提高油回收率而不是处理剩余物来提高工艺效率的,从而减少了许可要求,特别是在对勘探开发剩余物处理进行管控的州。

2) HTR 工艺对工作面积要求相对较低,可以应用于海上勘探开发。

3) HTR 工艺在高于煤油熔点的温度下运行,可以处理比加压过滤和离心工艺处理对象煤油含量高1%的含油污泥。

4) 在 HTR 过程中,VOC 可以通过冷凝或蒸汽回收来回收,而在传统方法中 VOC 可能会导致大气环境问题。

5) 由于加工在封闭环境中进行,可以减少现场外污染的风险(Hahn,1994)。

7.2.2.12 过滤

当含油污泥中碳氢化合物或受石油污染的固体含量很高时,可以使用机械过滤来从固体中分离出游离碳氢化合物,但这一过程不能有效地将碳氢化合物浓度处理到低水平(Reis,1996)。

砂滤法处理含油污泥时油泥过滤产生的残渣附着在砂滤器上,再生难度大,因此砂滤法不适用于处理含油污泥。

Greig 和 Broadribb 报道了一种油泥处理方法,包括在预先涂覆的表面过滤器中过滤含回收油、未稀释的含油污泥,并用轻烃溶剂处理过滤残渣,和/或用蒸汽对残渣进行汽提(Greig and Broadribb,1981)。合适的预涂覆材料包括硅藻土、粉煤灰和粉状聚合物(如聚氨酯)等。在过滤高固含量的污泥之前,可以加入水或轻烃溶剂作为稀释剂。过滤可在室温或高温下进行。当温度升高时,可以使用常规方法(如蒸汽盘管)来加热含油污泥。可选用的表面过滤器有板式、叶式和管式或烛式等,最好在压力条件下操作,而非在真空下。在这种过滤器中,预涂层是有效的过滤介质,而板、叶、管或蜡烛等结构起到支撑作用。煤油或石脑油等其他溶剂可作为烃类洗涤溶剂。在过滤前,可以向含油污泥中添加与滤料层性质接近或相同的助剂作为过滤理化调节剂(助滤剂),通过提高滤饼孔隙率以延长过滤时间,提高过滤效率,从而降低单位滤饼厚度对应的压差和防止滤饼堵塞,具体方法如下:

1) 对于低固体含量[<1%(质)]的污泥进料,助滤剂用量最好是固体质量的 2~4 倍;

2) 对于固体含量在 1~4%(质)的含油污泥,助滤剂用量最好是固体重量的 1~2 倍;

3) 对于高固体含量[≥4%(质)]的污泥进料,助滤剂用量最好是固体质量的 0.5~1.5 倍。

如果固体颗粒的粒度很细,则需要更多的助滤剂。需注意用最小掺量的助滤剂有助于达到满意的过滤效果,因为过多的助滤剂会减缓滤饼的形成,增加过滤时间。在过滤后和溶剂萃取前用冷或热空气进行干燥可能对处理结果有利。过滤流量适宜在 $0.05 \sim 10 \ m^3/m^2/h$ 范围内,但最好在 $0.5 \sim 2.5 \ m^3/m^2/h$ 范围内。被过滤固体的含油量会影响溶剂的消耗量和流速,而蒸汽消耗量和压力则取决于溶剂的沸点。通过刮除或离心作用可用于从过滤器中除去过滤出的固体。随着固体颗粒的去除,油和水可以更容易地分离。然而,有些油仍保留在固体物质上,可以通过溶剂萃取和/或蒸汽汽提来去除。Greig 和 Broadribb 的研究表明,使用这种方法可将含油污泥转化为含油量小于 1% 的干固体,适合填埋作业(Greig and Broadribb, 1981)。

压滤法可以从含油污泥中去除 20%~50% 的水(Long et al., 2013b)。如前所述,可以使用化学和物理调节剂来改善含油污泥脱水性能(Zall et al., 1987; Qi et al., 2011)。在过滤前使用絮凝剂和混凝剂等化学调节剂,可以通过提高污泥滤饼孔隙度以及降低污泥可压缩性来提高含油污泥的过滤效果(Buyukkamaci and Kucukselek, 2007; Qi et al., 2011; Long et al., 2013b)。物理调节剂则是相对惰性的材料,可以包括矿物材料和碳材料。这些材料可以作为骨架构建基元,通过向污泥固体中引入更多不可压缩的刚性晶格结构提供水通道,从而提高含油污泥的脱水性和滤饼特性(Zall et al., 1987; Qi et al., 2011)。

7.2.3 脱水方法

用于从含油污泥或其他固体废物中去除水分的几种方法包括渗滤池法、机械法[其中振动筛、水力旋流器、沉降池(Reis, 1996)和增稠器(Orszulik, 2008 年)常用于初步脱水;离心和过滤(如高压滤压机、真空过滤机、带式压滤机和螺杆压机)(Wojtanowicz et. al, 1987; Reis, 1996)常用于含油污泥或其他固体的深度脱水]、冷冻/解冻处理(Jean et al., 1999; Guo et al 2011)、EK 法(Yang et al., 2005; Guo et al., 2011)、超声波辐照法(Guo et al., 2011)、Fenton 试剂与锯末结合(Guo et al., 2014)、化学处理(Deng et al., 2015)[如使用酸性调节剂(Guo et al., 2011; Rattanapan et al., 2011),表面活性剂(Long et al., 2013 a, b)等]、蒸发(Reis, 1996)以及加热或干燥(Deng et al., 2015)。离心、过滤以及热处理和化学处理是工业上干燥含油污泥和其他废弃物的主要方法(Deng et al., 2015)。

7.2.3.1 渗滤池

渗滤池是让排出液(水)慢慢渗进地下的一种池塘(通常是人工建造的)。在重力作用下,池塘作为一个储存设施,使水通过多孔材料,如土壤或其他松散介质渗透或渗入当地地下水位(通常是地表含水层)(Ecology Dictionary，2008)。

渗滤池多用于地下水位非常深的干旱地区(Reis，1996)，在城市环境中较为罕见(Nagy，2002)。由于渗滤池会使水中溶解的物质(如有机化合物、重金属等)渗透到当地地下水位，并扩散到周围的土壤，对人类健康和环境构成潜在威胁(Reis，1996；Petition Response Section，Exposure Investigation and Consultation Branch，Division of Health Assessment and Consultation，Agency for Toxic Substances and Disease Registry，1999)，因此其申请受到严格管控(Reis，1996)。

7.2.3.2 蒸发作用

从固体废物中蒸发水分可能是干旱气候中最简单的脱水方法(Reis，1996)。蒸发塘是具有很大表面积的人工池塘，利用阳光或太阳能在环境温度下蒸发水。蒸发塘的建造相对容易，是成本最低的脱水方法，特别是在气候干燥温暖、蒸发率高、土地成本低的地区，与机械系统相比维护成本和对操作人员的要求较低。该系统缺点包括：当蒸发率低或处置率很高时需要大片土地，需要使用不透水黏土衬垫或PVC或Hypalon等合成膜，以及蒸发塘设计不合理时污染物会向外渗流，是周围土地和水源的潜在污染源(Mickley et al.，1993；Ahmed et al，2000)。封闭这些池塘可以降低其造成地下水污染的风险(Ahmed et al.，2000)。应使用网或其他阻垢物覆盖池塘以防水禽等接触废物中的污染物。Morita指出，在炼油厂废水处理系统中使用蒸发塘时，可能会因油水覆盖而导致蒸发受限、工作环境恶化同时存在火灾风险(Morita，2013)。

表面积和深度是与蒸发塘大小相关的两个参数。蒸发池的开放表面积可由式(7.9)计算：

$$A_{open} = \frac{V_{reject} f_1}{E} \tag{7.9}$$

其中，A_{open}为蒸发池的开放表面积(m^2)，V_{reject}为污泥水体积(m^3/d)，E为蒸发速率(m/d)，f_1为考虑到低于平均蒸发速率的安全系数。蒸发速率可用标准蒸发盘(A类蒸发盘)或水平衡计算(Ahmed et al.，2000)来确定。

根据Mickley和Ahmed等和Ahmed等的研究(Mickley et al.，1993；Ahmed et al.，2000)，25~45cm的池塘深度是最大限度提高蒸发速率的最佳条件。蒸发塘在冬天倾向于储存污泥水。公式(7.10)可用于计算储存水量所需的最小深度：

$$d_{min} = E_{ave} f_2 \tag{7.10}$$

其中，d_{min}为最小深度(m)，E_{ave}为平均蒸发率(m/d)，f_2为考虑冬季长度影响的调节因子。必须设置高于正常污泥水面的额外加高深度，以防污泥水由于降雨和异常低蒸发而溢出池塘。建议堤加高为20cm(Ahmed et al.，2000)。

Morita 报道了中东国家炼油厂废水处理系统中蒸发塘的使用情况（Morita，2013）。此外，还报告了利用蒸发技术对钻井、采出水、油基或含盐钻井泥浆储集坑进行脱水。需注意，在储集坑蒸发脱水过程中可形成游离油层、水层和污泥层三层。油层风化可能会形成表面壳层，从而抑制水的蒸发，并延迟水从坑中的自然去除（Reis，1996）。

7.2.3.3 机械法

蒸发法对于固体废物的脱水通常较慢，采用机械方法可避免这一问题。如前所述，振动筛、水力旋流器、沉降池（Reis，1996）和增稠剂[贮槽可使固体通过重力等作用沉降，可能使固体浓度从 3% 增加到 10%～15%（质）]（Orszulik，2008）等机械方法可用于初步脱水；离心、过滤，如高压过滤器、真空过滤器、带式压滤机和螺旋压力机（Wojtanowicz et al.，1987；Reis，1996）则可用于石油工业中含油污泥或其他固体废物的深度脱水。这些机械方法从含油污泥或其他固体废物中的脱水效果各不相同（Reis，1996）。对含油污泥和其他固体废物进行化学和物理处理可以进一步提高机械方法的脱水效果（Zall et al.，1987；Reis，1996；Qi et al.，2011）。

离心和过滤是工业中广泛应用于干燥含油污泥和其他废弃物的机械方法（CONCAWE，2003；Deng et al.，2015）（关于离心和过滤的介绍详见 7.2.2.2 和 7.2.2.12）。过滤通过减少污泥含水量而减少运输和处置成本。当以焚烧作为污泥最终处置方式时，在滤饼中残余较多的油可以降低燃料成本。需注意，油可能会堵塞或弄脏滤布，可能需要使用助滤剂来降低堵塞风险。压力过滤可以处理浓度高达 10% 的固体以及含高比例处理难度大的细颗粒物的含油污泥（CONCAWE，2003）。该方法可以从含油污泥中去除 20%～50% 的水分（Long et al.，2013b），但如果不进行预处理则无法达到预期效果（Guo et al.，2011）。此外，该方法可以获得固含量高达 50%、油浓度 5%～20% 的滤饼。该工艺的效果受进料温度、处理量、添加剂（如石灰/废土添加物）性质、循环时间、滤饼特性和滤液特性等因素的影响。通过加热进料可以有效地破坏固相稳定乳液。筛网带式压滤机可获得污泥中 20% 的固体物质（CONCAWE，2003），并且可能难以清洗。与离心机和带式压滤机相比，真空过滤和螺旋压力机在储存与生产坑的固体分离方面效果不太好，因为它们对固体废物进料的体积减少效果不明显（Reis，1996）。高固含量的进料（至 25%）可以采用两相滚动式滗水器离心机进行处理（CONCAWE，2003）。

7.2.3.4 化学处理法

众所周知，一方面，使用特殊的化学试剂作为胶体颗粒沉降物是从乳液中分离污泥的有效技术，在此过程中可发生化学脱水（Khojasteh et al.，2012）。在另一方面，在物理或机械处理之前使用絮凝剂和混凝剂等化学调节剂可改善污泥脱水效果（Hwa and Jeyaseelan，1997；Buyukkamaci and Kucukselek，2007；Qi et al.，2011；Long et al.，2013b）。化学调理剂的选择取决于污泥的特性和脱水装置的类型。石灰、明矾、氯化铁和聚电解质是常用的化学调理剂（Hwa and Jeyaseelan，1997）。应用化学方法比单独使用其他物理方法更为经济（Khojasteh et al.，2012）。需注意，大量使用石灰等化学调节剂可使最终污泥量显著增加，使该工艺在工业应用中的经济性有所下降（Hwa and Jeyaseelan，1997；Long et al.，2013b）。

在无需特定机械设备和能量输入的情况下，通过酸处理使含油污泥直接脱水可有效减少污泥体积。有研究表明，在实验室规模下，通过加入酸性调节剂使体系pH值为1~3时可以实现脱水率50%~80%的良好脱水效果（Guo et al.，2011；Rattanapan et al.，2011；Long et al.，2013b）。酸化可显著改善含油污泥的脱水性能。据报道，在静置沉降120min后，含油污泥在较低pH值条件下会释放出更多的水。例如，在pH值为4.0时，酸化后含油污泥中约77%的水被脱除。絮凝体骨架的破裂会影响水分的释放（Guo et al.，2011）。酸化也可以有效地对活性污泥进行脱水，除了油和碳氢化合物外，活性污泥通常与含油污泥具有相似的成分（Chen et al.，2001；Guo et al.，2011）。与表面活性剂联用可以进一步提高活性污泥酸化处理的脱水效率（Chen et al.，2001；Long et al.，2013b）。

由于成本效益差或缺乏环境友好性，传统的物理处理（无论是否使用化学调节剂）难以实现工业应用。Long等在中国石化齐鲁分公司胜利炼油厂（淄博）利用生物表面活性剂鼠李糖脂对絮凝剂混凝和DAF工艺产生的含油污泥进行了脱水实验和中试放大。研究表明，在鼠李糖脂浓度300mg/L、pH值5~7以及温度10~60℃的条件下，可以直接从含油污泥中脱除50%~80%的水；单鼠李糖脂（monorhamnolipid）和双鼠李糖脂（di-rhamnolipid）呈现出相近的脱水能力，这与二者具有相近的破乳能力密切相关。pH值的降低显著提高了鼠李糖脂的脱水能力，但温度的变化对脱水能力影响不大。中试脱水系统（图7.5）由含油污泥池、1500 L脱水池、空白或控制池和接收池组成。在脱水池和控制池中进行pH值调节和鼠李糖脂处理。在充分搅拌3min后，使含油污泥在室外温度（5~10℃）下静置。待含油污泥静置120min后，将水相泵入接收池中。经中试（1000L含油污泥）处理后，静置水相含残余油10mg/L和可溶性COD约800mg/L，可以直接外排进入生物处理系统，而富集的含油污泥体积减少了60%~80%，可以泵入焦化塔，实现完全无害化处理。作者认为鼠李糖脂作为一种脱水剂在含油污泥的工业脱水中可能有很大的潜力（Long et al.，2013b）。

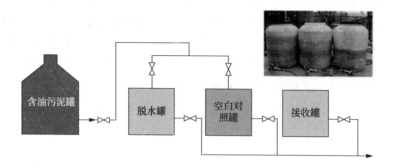

图 7.5 基于鼠李糖脂进行含油污泥脱水的中试实验系统示意图

7.2.3.5 加热或干燥

干燥通常是污泥处理过程中的一个必要步骤,干燥可以大幅度降低污泥的含水率,提高污泥的热值。干污泥运输和储存成本低,是被认可的可燃材料(Ayol and Durak, 2013; Deng et al., 2015)。

一般情况下,干燥污泥可采用螺旋式干燥机内部的传导传热或热气直接对流换热(Ohm et al., 2010; Deng et al., 2015)。污泥干燥机理复杂,在空气干燥过程中,污泥中的水分主要通过空气对流去除,游离水主要通过蒸发去除(Cai et al., 2013; Deng et al., 2015)。因此,对流蒸发是去除水分的主要机制(Velis et al., 2009; Deng et al., 2015)。干燥空气温度、干燥速度和不同的助剂是影响污泥干燥动力学的因素(Leonard et al., 2005; Tuncal, 2010; Deng and Su, 2014; Deng et al., 2015)。

用蒸汽盘管加热炼油厂污泥可以去除其中的水和挥发性有机物。蒸发后的物质可以在滚筒内冷凝分离,分成油相和水相,固相可以排出。含油污泥可以转化为低等级燃料块,应用于其他行业。生物出水污泥也可以通过热处理转化为肥料或堆肥材料。值得注意的是,无论是原始污泥还是来自压滤机或离心机的固相部分,均可以用作热处理装置或污泥干燥器的进料(CONCAWE, 2003)。

Deng 等研究了不同污泥粒径(4~8mm)和温度(105~250℃)对污泥塑形机中长圆柱形污泥干燥过程干燥性质的影响(Deng et al., 2015)。研究表明,温度升高和直径减小将加速干燥速率、缩短干燥时间。提高干燥温度可以显著降低含油污泥的含水率,从而大大缩短总干燥时间。干燥后,长圆柱形含油污泥的固体骨架会出现裂缝,从而产生较小的柱状颗粒。

7.2.4 处置方法

有效、负责的废物处置是各类环境管理系统的关键要素之一(Bashat,

2003)。废物处置方法一般包括地表排放(E&P Forum, 1993)、地下储存(CONCAWE, 1999;CONCAWE, 2003)或地下注入(注水井、环形注入和井下注入)(E&P Forum, 1993)、氧化(Hu et al., 2013;Ubani et al., 2013;Jafarinejad, 2015a, b;Islam, 2015)、焚化、稳定/封装/固化、安全填埋和生物降解或生物处理(E&P Forum, 1993;CONCAWE, 1999, 2003;Hu et al., 2013;Ubani et al., 2013;Jafarinejad, 2015;Islam, 2015)。

处置可在现场或场外进行(E&P Forum, 1993;Reis, 1996),具体处置办法很大程度上取决于废物的类型、特点和管制规定(Reis, 1996;Bashat, 2003)。生态、技术或经济因素通常会对方法选择加以限制(Bashat, 2003)。废物处理办法的评价一般包括环境因素、地理位置、工程限制、法规限制、操作可行性、经济性、可能的长期法律责任等(E&P Forum, 1993;E&P Forum/UNEP, 1997)。

对勘探、开发、生产以及(炼油厂和石化厂)烃类加工过程中产生的大量含油污泥和其他固体废物的安全处置、储存、运输和分配是石油行业面临的主要挑战之一(Srinivasarao-Naik et al., 2011;(Ubani 等, 2013)。已被报道用于处理石油工业中含油污泥或其他固体废物技术包括:地面排放(海上和陆上)、泥浆地下注入、埋藏(E&P Forum, 1993;Reis, 1996)、焚化、稳定/封装/固化(E&P Forum, 1993;CONCAWE, 1999, 2003;Hu et al., 2013;Ubani et al., 2013;Jafarinejad, 2015;Islam, 2015)、氧化(Hu et al., 2013;Ubani et al., 2013;Jafarinejad, 2015a, b;Islam, 2015)、安全填埋(E&P Forum, 1993;CONCAWE, 1999, 2003;Ubani et al., 2013;Jafarinejad, 2015a)和生物降解或生物修复[例如土地处理(土地耕作和土地扩散)、生物滤池/堆肥、生物污泥系统或生物反应器](E&P Forum, 1993;CONCAWE, 1999, 2003;Hu et al., 2013;Ubani et al., 2013)。

7.2.4.1 就地排放(海上及陆上)

就地排放(海上和陆上)可用于处置水相和固体废物(E&P Forum, 1993;Reis, 1996),只要废弃物质量符合监管标准。地表排放在大多数地区都受管控,这种排放需要许可证(Reis, 1996)。潜在接收环境的敏感性和容量、废物中潜在污染物的浓度和排放体积都是应该考虑的因素(E&P Forum, 1993)。

在某些地区,海上排放可用于处置已被处理的固体,如钻屑和产生的固体。例如,在美国,海岸在 3mile 以内的近海禁止废物排放,并且含油钻井泥浆废物不能用这一方法处理(Reis, 1996)。

经处理的固体废物(例如钻屑和产生的固体),其碳氢化合物、盐或重金属含量符合监管标准时,可允许在陆上排放或铺散在陆地表面。电导率(EC)、钠吸附比(sodium adsorption ratio, SAR)、可交换钠百分比(exchangeable sodium percentage,ESP)、O&G 水平和重金属含量可用于评估固体废物是否适宜地表排放（Reis,1996）。一般情况下推荐最大值为：EC < 4 mmhos/cm、SAR < 12、ESP < 15%和O&G < 1%（Deuel,1990；Reis,1996）。土壤中重金属累积推荐最大值为：As 300mg/kg、Be 50mg/kg、Cd 3mg/kg、Co 200mg/kg、Cr 1000mg/kg、Cu 250mg/kg、Hg 10mg/kg、Mn 1000mg/kg、Mo 5mg/kg、Se 5mg/kg、V 500mg/kg、Zn 500mg/kg、Ni 100mg/kg、Pb 1000mg/kg（Reis,1996）。

7.2.4.2 地下注入

将废液或泥浆沿井泵入合适的地下地层，或一次性将废液泵入环状或特殊监测井，称为地下注入。处置井的设计目的是提供一个井筒将废物运输到地下水库，以削弱废物对环境产生的不利影响。用于废物处置的地下岩层应从地质上和物理上与可用的水源隔离。地下注入可能是一个比较昂贵的技术，需要充分的计划和控制。需要考虑的因素包括：所需注射量、形成物的性质（应该有足够的渗透率、孔隙度、厚度和储罐压力以便接收和处理废物）、井内注入废物的运输机制（如泵、油罐车或其他方式）以及可能需要进行注入前预处理（如除油、凝固、沉淀、过滤、曝气、除氧、微生物处理、矿化处理以及将固体研磨成浆注入）（E&P Forum,1993）。

CONCAWE 的研究表明，可以将石油或石油工业中产生的一些废弃物注入深层岩石和黏土层中（CONCAWE,1999,2003）。注水井可用于治理许多液体废物，如采出水、处理水、排放液、冷却水、脱水和脱硫废液以及钻井液废物（E&P Forum,1993）。

环形注入是指将可泵送的废弃物注入环形地面套管或生产套管的处置技术，可用于治理储备矿井液体（E&P Forum,1993）和钻井泥浆及岩屑（Minton and Secoy,1993；Bashat,2003）。需注意，由于无法清洁处置区积累的废物，且生产套管、地表管道或其他套管内部可能存在腐蚀，该方法通常是一次性的，不适用于连续处置（E&P Forum,1993）。

在陆上和海上钻井作业中，油基和水基污泥和岩屑废物均可采用井下处置（E&P Forum,1993），这一方法在技术经济性上也是有利的（Shadizadeh and Majidaie,2008）。由于岩屑颗粒较大，不能直接注入井下，必须将岩屑分解成小颗粒，并在注入前用泥浆或水浸泡。在这些系统中可以使用研磨机、泵、循环管路、储罐、振动筛或除砂器来清除大型固体（E&P Forum,1993）。

7.2.4.3 掩埋（Burial）

把废物直接掩埋在坑里是一种过去常用的简易处理方法。然而掩埋存在的主要问题是可能造成污染物（碳氢化合物、盐类或重金属、化学品和其他物质）从填埋坑中转移到可用水资源中（E&P Forum,1993；Reis,1996）。可能需要在坑周围设置屏障,在坑内掩埋物周围设置衬垫或设置阻挡垂直运移的盖子,以防止污染物运移和浸出。在掩埋废物之前,应考虑地下水的深度和掩埋坑周围的土壤类型。在掩埋和/或坑闭完成后,需要进行地表分级以防止水的积聚,恢复本地物种植被种植,以减少侵蚀并协助该地区生态系统的全面恢复(E&P Forum,1993)。

已有研究采用掩埋法处置了不含有毒有害成分的钻屑和废泥浆(Reis,1996)。掩埋可用处置于惰性不可回收材料和稳定后的废物。稀释掩埋可用于成分仅略高于处置规定水平的废物(如水基泥浆和岩屑)。在稀释掩埋过程中,将坑内的物质与坑内及周围地区的土壤混合,直到满足掩埋要求,然后覆盖掩埋坑并对其表面分级(E&P Forum,1993)。

7.2.4.4 安全填埋(Secure Landfill)

在土地上或土地中弃置废物并用土壤覆盖被称为填埋,受到法律管控(CONCAWE,1999,2003)。换言之,安全填埋场通常是专门设计的、受监控的土地结构,该体系通过保护措施(黏土或合成垫层)抑制化学废物通过浸出或蒸发迁移,并通过系统管道设计收集、控制雨水和渗滤液(E&P Forum,1993;Bashat,2003)。在设计和建造垃圾填埋场时,可以将其作为有毒和危险废物的处置场所(E&P Forum,1993)。

尽管缺乏令人满意的场地,以及从政府部门取得许可证可能会增加额外成本,在一些国家中垃圾填埋仍然是较为经济的处置办法之一(CONCAWE,1999,2003)。资料显示,一些欧洲炼油厂有独立垃圾填埋场,受控于欧洲和国家废物相关立法。然而对于大多数炼油厂来说,填埋材料将进入由商业、国家机构或工业合作的废物处理设施。在垃圾填埋前通常需要进行废物预处理,例如脱水或固化(CONCAWE,1999)。安全的垃圾填埋场在发达国家也很普遍,如美国、英国、加拿大和德国(Bhattacharyya and Shekdar,2003;Hu et al.,2013)。

在垃圾填埋场的设计和运行中,关键考虑因素包括不透水密封衬里(例如,黏土和塑料薄膜衬垫和/或带有综合排水系统的多层衬里),用于检查密封有效性的监测钻孔或渗滤液收集系统,以及为防止地下水受到垃圾填埋场内物质的污染,对液体废物处置或禁止液体处置的特殊规定。还需要注意的是,堆放在垃圾填埋场的废物不会立即销毁,而只是被储存起来。这些材料务必不能发生明显放热的反应或产生有害气体。可以使用特殊系统来收集产生的可燃气体,如甲烷。由于可能出现不受限制的民事责任问题,填埋场址应由废物制造者运营并对其产生的废物负责,或被妥善管理的处置设施运营(E&P Forum,1993;CONCAWE,1999,2003)。

7.2.4.5 稳定化、固化、封装

稳定化、固化和封装是快速且低成本的废物处理工艺（Karamalidis and Voudrias，2007a；Leonard and Stegemann，2010a，b；Hu et al.，2013），旨在提升废物可处理性，减少污染物渗滤的表面积或限制有害成分的溶解度。水泥、石灰或热塑性聚合物可能是合适的试剂（CONCAWE，1999，2003）。这些过程通常会产生干固体（E&P Forum，1993）。固化技术利用固化剂（如水泥或石灰）对污染物进行物理包裹，或利用化学过程固定污染物（如吸附剂），最终形成一个耐久性低浸出固体基体；稳定化技术利用调节 pH 值等方法将废物转变为化学稳定形式（整体块体或干颗粒）以防止其浸出；封装技术则利用一种不可渗透的新物质对废物进行完全覆盖或包裹（CONCAWE，1999，2003）。换言之，固化产生一种耐久性固体基体用于封装污染物，而稳定化则涉及将污染物转化为一种毒性较小和/或可溶性较小的形式（Leonard 和 Stegemann，2010a）。化学稳定利用石灰与废物和水进行反应产生化学性稳定的产品，该技术可被用于固定含水污泥，产生可被压实的疏水性粉状产品（CONCAWE，1999；CONCAWE，2003）。稳定化/固化是一种常见的废物管理技术。事实上，美国环保署将此技术确定为处理美国资源保护和回收法案列出的 50 多种危险废物的最佳方法（Conner and Hoeffner，1998；Leonard and Stegemann，2010a），已被应用于 25% 的美国 Superfund 场地（US EPA，2004；Leonard and Stegemann，2010a）。根据稳定化/固化产品的性质和特点，它可以作为建筑材料被再利用（Leonard and Stegemann，2010a），也可以用于地基、罐基、堤墙和筑路（CONCAWE，1999，2003）。

微观封装（microencapsulation）是通过形成一个硬质、低渗透率的一体式材料以减少废物表面积/体积比；而宏观封装（macroencapsulation）则是通过添加外部刚性承重基质和无缝保护罩对相对大量的废物（如整个废物容器）进行直接封装。对于废物处置场地中积累的难以运输和用其他方法处理的废酸性石油焦和含油污泥，封装法是一种合适的现场（on-site）处理方法。需要注意的是，处理后的产品的体积将比原污泥更大。由于需要处理的污泥量增加，这种处理方法的接受度相对较低（CONCAWE，1999，2003）。

研究表明，水泥基稳定化/固化工艺是处理无机废物的有效手段（Karamalidis and Voudrias，2007b；Leonard and Stegemann，2010a，b）。由于废料中含有金属（因为在水泥混合物的高 pH 值下，大多数金属化合物会转化为不溶性金属氢氧化物），所以这个方法是有效的。在处理废催化剂时，大多数金属化合物以氢氧化物的形式存在，因此也可以增强含废混凝土的强度和稳定性（CONCAWE，1999，2003）。因为有机化合物会对黏合剂的水化产生负面影响，稳定化/固化技术对处理含大量有机化合物的废物的有效性上还有待验证（Conner and Hoeffner，

1998；Leonard and Stegemann，2010a，b）。此外，水化产物吸收有机污染物的概率很低。因此，基质孔隙率和吸附会影响有机污染物的固定化，通常非极性（不溶性）化合物更可能被固体保留，而极性（溶性）化合物则可被浸出（Leonard and Stegemann，2010a，b）。一些研究表明有机污染物可以从用硅酸盐水泥单独处理的稳定/固化产品中滤出（释放）（Leonard and Stegemann，2010b）。例如，多环芳烃（Mulder et al.，2001）、甲醇、2-氯苯胺（Sora et al.，2002）、多氯联苯（PCB）（Yilmaz et al.，2003）和苯酚（Vipulanandan and Krishnan，1990）从稳定/固化产品中的释放已被报道。单一的硅酸盐水泥黏结剂系统对于几种常见的有机污染物的固定化通常是无效的。可以通过使用对有机化合物吸附较强的黏合剂来提升有机废物稳定化/固化过程的有效性，同时可防止有机物对水化黏合剂产生负面影响（Leonard and Stegemann，2010b）。

Caldwell 等（Caldwell，1990）在实验室研究中测定了几种通用固化过程（水泥、水泥-粉煤灰、水泥-活性炭、水泥-膨润土、水泥-可溶性硅酸盐）可实现的有机污染物固化程度。研究表明，水泥-活性炭体系可有效稳定化/固化一系列有机污染物。Vipulanandan 等研究了聚酯聚合物在稳定/固化苯酚方面的潜力（Vipulanandan and Krishnan，1990），并比较了聚酯聚合物与水灰比 0.5 的水泥的固化效果。苯酚对水泥和聚酯聚合物的凝结有抑制作用。在应用聚酯聚合物时，需要采用高浓度的引发剂来抵消苯酚的影响并诱发聚合过程。聚酯聚合物固化体系中苯酚回收率接近 0，而经水泥固化的苯酚回收率则取决于固化时间和初始苯酚含量。几乎所有水泥中苯酚的总回收率都是通过有限毒性特征浸出法（TCLP）所测得的。苯酚还在水泥微结构中造成了巨大的空隙。将苯酚浓度从 0.5% 提高到 2% 会降低聚酯聚合物和水泥的抗压强度和劈裂抗拉伸强度。经聚酯聚合物固化后的苯酚废物的抗压强度和抗拉强度明显高于水泥固化废物。Joshi 等（Joshi，1995）进行了实验室研究，以确定用硅酸盐水泥、粉煤灰、石灰和钠硅酸盐混合物固化和稳定加拿大阿尔伯塔油气污泥的可行性。该研究表明，使用水泥和粉煤灰混合物（二者用量均为污泥固体重量的 15%）可以有效固化半液态、固体含量高于 30% 且具有中等毒性的油气井污泥。向水泥中掺入 1% 的水玻璃会加速水泥强化过程。Hebatpuria 等将廉价的热再生活性炭作为预吸附剂应用于苯酚污染的砂的固化/稳定化（Hebatpuria，1999）。在固化/稳定化过程中，使用活性炭预吸附后苯酚的浸出电位降低了 600%。即使在混合物中加入极少量的活性炭（土壤重量的 1%），也能有效地吸附大部分苯酚，防止其浸出。研究表明，在固化/稳定化废物中，活性炭对苯酚的吸附随着时间的推移部分呈现出不可逆特性，说明可能存在化学吸附。对含酚水泥浆体的孔隙流体分析也表明，钙-苯酚复合物的形成进一步降低了孔隙中游离酚的含量。苯酚的存在抑制了水泥水化，体系中伴有无定形硅酸盐形成。

Tuncan 等用水泥、石灰和粉状燃料灰分(PFA)对石油钻屑进行了处理,研究表明处理产物的无侧限抗压强度和渗透性都得到了提高(Tuncan,2000)。Sora 等研究了大量有机液体(水、甲醇、2-氯苯胺体积比 100∶76∶4 的混合物)的加入对水泥浆体的影响,特别是有机物对水化过程的影响(Sora,2002)。研究结果表明,在水泥浆料中加入该溶液可使凝结和硬化过程延缓几天,并使整个过程延缓数周。此外,由于甲醇蒸气压高,它比留在基体中的水蒸发得更彻底,体系中只剩下 2-氯苯胺。

浸出动力学测试证实,最初包含在块体中的 2-氯苯胺仍然存在,但其与基质的结合不再紧密,而是在渗滤液中被逐步去除。这项研究的结果证实了使用吸附剂捕获 2-氯苯胺的必要性。Al-Ansary 和 Al-Tabbaa 基于北海和红海地区典型钻井岩屑中特定污染物的平均浓度合成了混合岩屑并对其进行了稳定/固化处理研究(Al-Ansary and Al-Tabbaa,2007)。北海和红海地区污泥中氯化物含量接近,质量分数分别为 2.03% 和 2.13%;但烃类化合物含量有较大差异,分别为 4.20% 和 10.95%。研究采用的稳定/固化黏合剂包括硅酸盐水泥、石灰和高炉矿渣、微米级二氧化硅和氧化镁水泥。虽然两种合成岩屑的烃类含量存在显著差异,但研究表明在黏结剂类型和含量相同时混合料的无侧限抗压强度值是相似的。研究通过使用大量针对氯离子的黏结剂,以及 20%~30% 的 BFS-硅酸盐水泥和硅酸盐水泥黏结剂对含油量较低的基质,将钻井岩屑转化为稳定无反应活性的危险废物,符合英国无毒害垃圾填埋场的验收标准的固化技术。使用 30% BFS-硅酸盐水泥黏结剂可将低含油混合料的浸出油浓度成功降至惰性水平。Al-futaisi 等使用三种特定添加剂组合用于固化池底污泥混合物,这些添加剂包括普通硅酸盐水泥(OPC)、水泥槽粉尘(CBPD)和采石场细粉(QF)(Al-futaisi,2007)。TCLP 分析结果显示,没有提取物超过美国环保署设定的 TCLP 测试最高限额。事实上,几个提取物的金属浓度远远低于最大浓度限制。研究人员据此得出结论,这些污泥固化应用中金属明显难以浸出,表明引入到这些固化产物中的金属不易受到弱酸溶液的侵蚀,也不会迁移或溶解到水中。因此,就痕量金属而言,所提出的污泥处理方法安全性高,符合 TCLP 浸出程序的定义。Karamalidis 和 Voudrias 评估了炼油厂含油污泥和含油污泥焚烧灰渣的稳定/固化产物中无机成分的浸出行为(Karamalidis and Voudrias,2007a)。固化灰渣和固化含油污泥中的金属固定率分别为 98%(pH 值大于 6)和 98%(pH 值大于 7)。研究表明,在水泥固化的污泥和灰渣中,Zn、Ni 和 Cu 的浸出均与 pH 值直接相关,Cu、Zn 和 Ni 分别在 pH 值大于 4、pH 值大于和 pH 值大于 8 时呈现出较高的固定率(>98%)。事实上,结合两类废物中金属的初始浓度考虑,稳定化/固化过程对灰渣样品的抗金属浸出作用更强。此外，研究表明，在 pH 值为 2~12 范围内硫酸盐浸出较多，而铬酸盐仅可在固化的含油污泥样品中被检测到。在另一项研究中，Karamalidis 和 Voudrias 利用 I 42.5 水泥和 II 42.5 水泥(分别为硅酸盐和混合水泥)对试剂炼油厂污泥样品进行了稳定/固化处理，并对其进行浸出(Karamalidis and Voudrias，2007b)。通过宏观封装将废物封闭在水泥基体中。水泥结构的破碎会导致大部分碳氢化合物浸出率提高，而据报道，II 42.5 水泥固化样品中正构烷烃的浸出率低于 I 42.5 水泥固化样品。报道称，无论水泥添加量如何，n-C10~n-C27 范围内烷烃的浸出量都低于长链烷烃($>n$-C27)。随着水泥掺量的增加，固体废物中单体烷烃的浸出率普遍提高，说明水泥的加入会降低废物的稳定性。I 42.5 水泥有利于蒽、苯并[a]蒽、苯并[b]氟蒽、苯并[k]氟蒽、苯并[a]芘和二苯并[a,h]蒽的固化；而 II 42.5 水泥则有利于萘、蒽、苯并[b]荧蒽、苯并[k]荧蒽、二苯并[a,h]蒽的固化。

Leonard 和 Stegemann(Leonard and Stegemann，2010a，b)使用硅酸盐水泥对钻屑进行稳定化/固化处理，并添加高碳电厂粉煤灰(HCFA)作为有机污染物的吸附剂。与纯硅酸盐水泥稳定化/固化产品相比，岩屑和 HCFA 的添加均降低了无侧限抗压强度，但 HCFA 会提高水力传导率。岩屑的加入对纯硅酸盐水泥产物的酸中和能力影响不大，而会提高含 HCFA 水泥固化产物的酸中和能力。该工作成功制备了一种钙-硅-水合物基质，该基质具有良好的抗酸侵蚀能力，而且岩屑的添加对基质的影响很小。不添加 HCFA 的硅酸盐水泥对氯化物的固定化效果相对更好，但所有试验整体上对氯的固定化效果均较差。据报道，增加水泥添加量可以提高固化初期的烃浸出量，这可能是由于高 pH 值下钻头岩屑中的黏土发生反应影响了其吸附率。但是，随着时间推移，HCFA 的加入和黏结剂的水化作用会减弱这一影响，两者都会使吸附表面积有所增加。HCFA 的加入是减少还原烃浸出最有效的因素；因此，可以得出结论，HCFA 改善了有机污染物的固化效果，是一种廉价的有机废物稳定/固化黏合剂。

7.2.4.6 焚化

焚化是指利用燃烧将废物转化为体积较小、毒性较小或有毒物质含量更低的过程(CONCAWE，1999，2003)。焚化法的优点包括体积减少、对废物进行完全破坏而不是隔离，以及潜在的资源或能源回收(Bashat，2003；Zhou et al.，2009；Liu et al.，2009b)。一个焚化系统必须通过应用最优化的过程变量(时间、温度和湍流)和设置空气污染控制装置来实现尽可能完全的燃烧，以减少和最小化空气污染物的排放。许多废物易于燃烧，它们的燃烧产物可以是灰渣和无害的气体，可以很容易地通过排气口或烟囱进入到大气中。在这种情况下，该方法往往是处理废物的最健全的技术。性能良好的焚烧设备的特征包括燃烧完全、适当的烟气处理、干净的烟囱烟气、维护要求低、最低的材料处理要求、最小的操作劳动力、充足的处理量和较高的设备可得性。一般来说，焚烧炉的类型包括固定炉床焚烧炉、多炉床焚烧炉、流化床焚烧炉、旋转窑焚烧炉、液体燃料焚烧炉和煤气或烟气焚烧炉（CONCAWE，1993，2003）。

在存在过量空气和辅助燃料的情况下，含油废物完全燃烧是可能的，大型炼油厂普遍采用这种方法进行污泥处理（Hu et al.，2013）。回转窑和流化床焚烧炉是最常用的焚烧炉。回转窑式焚烧炉燃烧温度在 980~1200℃，停留时间约 30min；流化床焚烧炉燃烧温度在 732~760℃，停留时间可达几天（Hu et al.，2013；Ubani et al.，2013）。回转窑焚烧炉通常可以焚烧几乎任何废物，无论大小和组成（CONCAWE，1999，2003）。循环流化床技术因其燃料灵活、混合效率高、燃烧效率高、污染物排放低等特点，被推荐用于油页岩、石油焦、污水、生物质残渣等典型低品质污泥的焚烧（Zhou et al.，2009；Hu et al.，2013）。该工艺可用于处理含油污泥（Zhou et al.，2009）。流化床焚烧炉的主要优点是它能够灵活地适应成分变化巨大的污泥进料（CONCAWE，1999，2003）。需注意，焚化过程需要先进的设备和经验丰富的操作人员，以实现含油污泥的充分燃烧。采用流化床技术焚烧含油污泥，通常会产生重金属含量低的灰洗涤污泥（Ubani et al.，2013）。

焚化过程中需要控制的关键参数和因素包括燃烧条件、氧空气比、停留时间、燃烧温度、废物进料速率、原料质量、辅助燃料的存在和气体排放（Mahmoud，2004；Hu et al.，2013；Ubani et al.，2013）。

Li 等采用间歇式可控空气焚烧炉处理含油污泥和聚乙烯塑料混合物（Li et al.，1995）。研究指出，由于不完全燃烧，废物进料中的多环芳烃含量对烟道气和灰渣中的多环芳烃排放有很大影响。排放物中各多环芳烃平均分布如下：超过 87% 的低分子量多环芳烃，如萘、苊、苊烯和芴通过烟气排放；而超过 18% 的较高分子量的多环芳烃，如蒽、荧蒽、1，2，5，6-二苯并萘、苯并[b]荧蒽、苯并[e]芘、苯并[a]芘、芘、茚并[1，2，3-CD]芘、二苯并[a，h]蒽、苯并[b]䓛、苯并[ghi]芘和晕苯被排放。据报道，多环芳烃的总输出/输入质量比在 0.00103~0.00360 之间，这表明燃烧过程中多环芳烃质量的消耗非常显著。作者得出结论，将含油污泥与塑料混合燃烧是一种减少 PAH 排放和节省辅助燃料消耗的潜在方法。Sankaran 等研究了印度南部一家主要炼油厂使用流化床焚化系统对三种不同含油污泥废物的焚烧效果，结果表明三种含油污泥废物的燃烧效率均超过 98%，焚烧效率均达到 99%（Sankaran et al.，1998）。通过观察烟囱处烟气组成、碱洗水箱产生的洗涤污泥和后燃烧室收集的灰，他们认为流化床焚烧技术是一种安全有效的炼油厂含油污泥废物处理方法。

Liu 等在流化床焚烧系统中研究了含油污泥与水煤浆(CWS)的混合焚烧情况(Liu et al. 2009b),发现该系统中含油污泥与水煤浆作为辅助燃料的混烧具有良好的操作特性。通过调整其进料速率,可以灵活地控制层温。所有排放都能满足相应的环境法规。据报道,CO 的排放量低于百万分之一或基本为零;SO_2 和 NO_x 的排放量分别为 $120\sim220mg/m^3$(标)和 $120\sim160mg/m^3$(标)。底灰和飞灰的重金属分析表明,燃烧后的灰烬可以作为农业土壤进行回收利用。Zhou 等在实验室循环流化床上对含油污泥进行了焚烧实验(Zhou et al.,2009),发现含油污泥挥发分的释放和燃烧不仅发生在稠密区域,也发生在稀释区域。

虽然一些发达国家已经开展了含油污泥的焚烧处理,但仍存在一些局限性:

1)需要对含水高的含油污泥进行预处理,通过降低含水量来提高其燃烧效率。

2)辅助燃料通常需要维持恒定的燃烧温度(Hu et al.,2013)。

3)焚烧和不完全燃烧产生的低分子多环芳烃、二氧化硫、一氧化氮和一氧化碳等污染物的挥发性排放可造成大气污染。

4)焚烧过程中产生的灰渣、洗涤器水和洗涤器污泥是危险品,在处置前可能需要进一步处理(Srinivasarao-Naik et al.,2011;Hu et al.,2013;Ubani et al.,2013)。

5)含油污泥通常含有高浓度的抗燃烧的有害成分(Hu et al.,2013;Ubani et al.,2013);此外焚化需要很高的投资和运营成本(超过 800 美元/吨含油污泥)(Shiva,2004;Hu et al.,2013)。

7.2.4.7 氧化法

可以通过化学氧化或其他强化氧化过程来进行氧化法降解含油废物中的有机污染物。第 6 章详细讨论了化学氧化和高级氧化工艺。化学氧化是通过向含油废物中添加活性化学物质,将有机化合物氧化为 CO_2 和 H_2O,或将其转化为无机盐等其他无害物质的一种方式(Ferrarese et al.,2008;Hu et al.,2013;Islam,2015)。臭氧、过氧化氢、高锰酸盐和过硫酸盐是环境处理中最常用的氧化剂(Ferrarese et al.,2008)。如第 6 章所述,高级氧化过程可以产生足够多的自由基,氧化环境基质中存在的大多数复杂化合物(Rocha et al.,2010;Jafarinejad 2015c)。在这些过程中,羟基自由基可以与化合物发生反应,表现出比传统氧化剂更快的氧化反应速率。需要注意的是,在这些过程中,污染物会被破坏,而非转移到另一个相态(Rocha et al.,2010)。

一些研究表明,氧化法可用于处理土壤和含油污泥。Watts 和 Dilly 采用过氧化氢氧化法对受到 1000mg/kg 柴油污染的 Palouse 黄土性土壤进行土壤污染修复(Watts and Dilly et al.,1996),研究了使用大量铁催化剂[高氯酸铁(Ⅲ)、铁

(Ⅲ)硝酸盐、铁(Ⅲ)硫酸、高氯酸铁(Ⅱ)、铁(Ⅱ)硫酸盐和铁(Ⅲ)-氨基三乙酸(NTA)复合物]的修复效果。在六种无机催化剂中,高氯酸铁和硝酸铁在Palouse黄土土壤中氧化柴油的效果最好。据报道,高氯酸铁是最有效的催化剂,但由于在商业上无法获得,其在土壤修复中的应用可能受到限制。尽管铁(Ⅲ)-NTA 不如高氯酸铁(Ⅲ)有效,但铁(Ⅲ)-NTA 在接近中性的土壤条件下可催化高达80%的 TPH 氧化。磷酸钾(KH_2PO_4)改性降低了土壤泥浆中芬顿反应的速率,这可能是通过络合可溶性铁和其他芬顿催化剂实现的;然而,磷酸钾改性后柴油氧化效果没有显著增加。作者指出,采用类芬顿处理法对柴油污染的Palouse黄土土壤进行化学修复的费用可能是52美元/907kg,但对于其他土壤,处理价格可能因土壤特性、污染物特性和污染物浓度的不同而不同。Kong 等(Kong et al.,1998)利用天然铁矿、针铁矿和磁铁矿催化过氧化氢,并在间歇式处理系统中引发受柴油和/或煤油污染的硅砂的类芬顿反应。研究表明,虽然铁矿体系对污染物的破坏程度稍弱,但它比 $FeSO_4$ 系统更有效。此外,磁铁矿氧化体系中由于 Fe^{2+}、Fe^{3+} 和溶解的铁共存,其催化效果优于针铁矿系统。Watts 等(Watts et al.,2000)研究了汽油中代表性芳香族[苯、甲苯和混合二甲苯(BTX)]和脂肪族(壬烷、癸烷和十二烷)烃类化合物的相对氧化情况,为使用改性芬顿试剂(催化过氧化氢)处理石油污染的土壤和地下水提供了风险评估基础。该研究表明,芳香族化合物的氧化比脂肪族化合物的氧化消耗铁和过氧化氢更少,在接近中性 pH 值条件下更为有效。在接近中性 pH 值条件下,使用 2.5% 过氧化氢和 12.5mmol/L 铁(Ⅲ)可使95%以上的 BTX 被氧化,而在相同条件下,壬烷、癸烷和十二烷的处理率分别仅为 37%、7% 和 1%。Mater 等指出,过氧化氢和铁试剂的浓度会影响反应时间、温度、矿化程度和土壤污染物的生物降解性(Mater et al.,2007)。一些过氧化氢/Fe^{2+} 复合试剂(过氧化氢大于 10%,Fe^{2+} 含量高于 50mmol/L)会导致强烈的放热反应,导致过氧化降解和剧烈的气体释放。当使用较高含量的过氧化氢(20%)和较低浓度的 Fe^{2+}(1mmol/L)时,TOC 去除率可以达 70%。除了提高矿化程度以外,芬顿反应可以将污染土壤中石油化合物的生物降解性(BOD_5/COD 比)提高 3.8 倍。Mater 等的研究显示,低浓度试剂(1%过氧化氢和 1mmol/L Fe^{2+})即可能诱发降解过程,可以继续借助微生物进行降解(Mater et al.,2007);因此,该技术可以降低处理石油污染土壤的试剂成本。

Mater 等采用一系列步骤处理和固定被含油污泥污染的土壤中的石油成分(Mater et al.,2006)。首先,他们采用芬顿氧化反应处理污染土壤(13%过氧化氢和 10mmol/L Fe^{2+}),分别在三个不同的 pH 值条件下处理 80h:在 pH 值为 6.5 条件下处理 20h、在 pH 值为 4.5 条件下处理 20h、在 pH 值为 3.0 条件下处理

40h。随后用黏土(1kg)和石灰(2kg)稳定和固化氧化污染土壤(3kg)2h。最后,用沙子(2kg)和硅酸盐水泥(4kg)固化上述混合物。研究结果表明,芬顿氧化过程可以部分有效地降解土壤中的石油污染物,因为检测到了PAH和BTEX化合物的残留。此外,黏土稳定/固化后再进行硅酸盐-水泥稳定/固化可有效地固定化污染土壤中的顽固和有害成分。作者得出结论:为加强环境保护(最低浸出率),并使最终产品具有经济效益,上述两步法稳定化/固化过程是必要的,处理后的废物可以足够安全地应用于环境应用,如路基砌块。Cui等在间歇式反应器中进行了超临界水中含油污泥氧化(Cui et al., 2009),反应温度为663~723K,反应时间为1~10 min,压力为23~27MPa。研究结果表明,10min内COD去除率可达92%,且随着反应时间、温度和初始COD的增加,COD去除率可进一步提高。压力和过量氧气对反应没有显著影响。Rocha等利用多相光催化(H_2O_2/UV/TiO_2)体系对含油污泥进行处理(Rocha et al., 2010);这一过程使大量有机质被有效降解和矿化。此外,该技术也被证明是去除含油污泥中多环芳烃的替代方法,在辐照96h后,含油污泥中多环芳烃含量去除率可达100%。Hu等(Hu et al., 2013)引述了Zhang等的工作(Zhang et al., 2012),超声波辐照可以增强芬顿氧化对含油污泥的降解作用,改善羟基自由基与PHC化合物的接触(Hu et al., 2013)。Jing等评估了在间歇式反应器中使用过氧化氢代替空气为氧化剂在高温下利用湿法氧化处理含油污泥的效果(图7.6)(Jing et al., 2012),研究表明,氧化剂的量达到含油污泥理论需氧量的250%时即可实现有效处理。此外,添加Fe^{3+}催化剂显著提高了体系COD去除率。作者得出结论,对含油污泥的中间产物进行氧化可能是含油污泥进一步氧化的限速步骤。

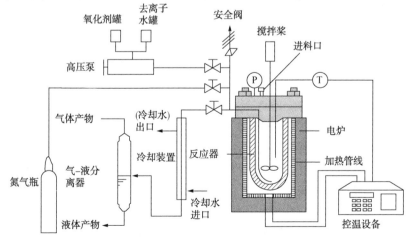

图7.6 湿法氧化法处理含油污泥实验设备示意图

根据 Hu 等(Hu et al., 2013)的研究,氧化法降解含油污泥一般需要相对较短的处理时间,且对外界干扰(如污染物负荷、温度变化、生物毒性物质的存在等)相对不敏感。氧化产物通常比原始废物的生物可降解性更强。然而,这种技术可能需要消耗大量的化学试剂来处理大量的含油污泥。对于高级氧化工艺如湿空气氧化、超临界水氧化和光催化氧化等,特殊设备的使用和较高的能耗也会提高相应处理成本(Hu et al., 2013)。

7.2.4.8 生物降解或生物修复

微生物将有机分子转变或转化为水、二氧化碳等其他无毒物质(无害产品)的过程被称为生物降解(Congress of the United States, OTA, 1991;CONCAWE, 1999, 2003),而向受污染的环境中添加材料以加速自然生物降解过程的行为被称为生物修复(Congress of the United States, OTA, 1991;Ubani et al., 2013)。换句话说,生物修复是利用微生物消除环境污染物,以及通过加快微生物降解石油烃来修复石油污染环境(Fern andez-Luqueno et al., 2011;Hu et al., 2013)。生物修复、石油生物降解、主要石油降解微生物、生物修复的有效参数、营养富集(生物刺激)、添加天然微生物(生物强化)和基因工程微生物(GEMs 生物强化)已在第 4 章详细讨论。

如上所述,存在一些有助于烃类生物降解的影响因素。换句话说,影响因素包括微生物种类、营养物质、生物表面活性剂、氧气、水活性或含水率、温度、pH 值、时间以及含油废物的浓度和特性(例如油泥和污染土壤)(Congress of the United States, OTA, 1991;E&P Forum, 1993;CONCAWE, 1999, 2003;Hu et al., 2013;Ubani et al., 2013),这些影响因素的作用已在第 4 章进行讨论。

一般来说,足够数量的优势菌种,污染物或其他化合物的无毒浓度,充足的土壤含水率(10% ~ 15%),充足的营养物质(主要是磷氮比为 1:10),充足的氧气进行好氧和完全厌氧过程,温度(10 ~ 30℃),对微生物有足够可用性的污染物浓度(最好没有峰值浓度),以及土壤 pH 值在 6 ~ 8 之间有利于土壤的降解速率(CONCAWE, 1999, 2003)。根据 Admon 等(2001)和 Yerushalmi 等(2003)的报道,只有通过添加营养物质将含油污泥污染土壤的 C:N:P 比例调整为 50:10:1 时,石油烃才能被去除(Hu et al., 2013)。Rold an-Carrillo 等(2012)研究了墨西哥酸气和石化设施周边含油污泥在不同营养条件下微生物的降解作用,结果发现经过 30d 的修复后,C:N:P 比例为 100:1.74:0.5 的营养条件下,含油污泥具有最高的石油烃去除率为 51%(Rold an-Carrillo et al., 2012)。石油烃的降解一般受到其高疏水性或低溶解度的限制(Hu et al., 2013)。生物表面活性剂可以乳化含油污泥中的石油烃,使其可被微生物生物利用,从而在系统中进行生物降解。生物表面活性剂通常可增加基质的表面积,以提高其溶解度。一般来说，生物表面活性剂是能增加细菌和真菌对石油烃有效吸附的重要药剂（Ubani et al.，2013）。Rahman 等（2003）利用细菌菌团、鼠糖脂生物表面活性剂和氮、磷、钾溶液研究了原油罐底部的油性污泥的生物降解性能，结果显示修复 56d 后达到生物降解的最大值。$nC8-nC11$ 的正构烷烃被完全降解，$nC12-nC21$、$nC22-nC31$ 和 $nC32-nC40$ 的降解率分别为 83%~98%、80%~85% 和 57%~73%。Verma 等（2006）利用 Bacillus sp. SV9、Acinetobacter sp. SV4 和 Pseudomonas sp. SV17 三个菌株来产生表面活性剂。结果发现，在 30℃下处理 5d 后，Bacillus sp. SV9 能降解大约 59% 的含油污泥，而 Acinetobacter sp. SV4 和 Pseudomonas sp. SV17 的油泥降解率分别为 37% 和 35%。Cameotra 和 Singh（2008）发现用两种添加剂（一种配方营养物混合物和一种天然鼠李糖脂制剂）可以有效地改善低水溶性的污染物的生物修复性能。一种天然的表面活性剂可以促进土壤石油烃的生物降解，因此无需原油表面活性剂的制备可以提高土壤中碳氢化合物的生物降解，因此无需昂贵和费时的生物表面活性剂回收和净化过程。Cerqueira 等（2011）利用细菌菌团对石化含油污泥进行生物降解，结果表明其具有优异的油泥降解能力，经过 40d 的修复，脂肪烃组分和芳香烃组分分别减少了 90.7% 和 51.8%；同时提高了生物表面活性剂生产能力，使培养基表面张力降低 39.4%，乳化活性增强 55.1%。土壤含水率在 50%~80% 的饱和度（持湿能力）之间时，好氧生物修复处理可达到最佳效果，因此当含水率小于 10% 时，生物活性可能丧失（Kosaric，2001；Ubani et al.，2013）。此外，土壤环境温度在 30~40℃ 时通常降解效率最高（Zhu et al.，2001；Ubani et al.，2013）。当 pH 值在 7~7.8 时，环境中烃类组分的矿化作用通常是最优的，从而改善了整体生物降解过程（Hamme et al.，2003；Ubani et al.，2013）。一般而言，多环芳烃（如菲和萘）的矿化率和盐度之间成正相关关系（Hamme et al.，2003；Ubani et al.，2013），但高盐度会导致微生物代谢率降低（Vincent，2006；Ubani et al.，2013）。PHC 的降解速率通常随着时间的推移而降低，由于难降解残留物质的存在，PHC 的降解会达到一个明显的平台期（Hu et al.，2013）。

土地处理（土耕法和土地铺张）、生物堆法/堆肥、机械化工艺或生物反应器或生物处理是不同的生物修复方法（E&P Forum，1993；CONCAWE，1999，2003；Hu et al.，2013；Ubani et al.，2013）。一般来说，生物降解率最高的是生物反应器和堆肥，最低的是土地处理。土地处理可被视为一种处置选择，也可视为一种处理方案，而堆肥和生物反应器通常将废物转化为无害的产品，供以后使用或处置（E&P Forum，1993）。

7.2.4.8.1 土地处理

在土壤表面有控制地施用废物，将废物与上层土壤进行混合的处理方法称为土地处理（Hejazi et al.，2003），并且这种方法已在石油工业废弃物处理中应用多年（E&P Forum，1993；CONCAWE，1999，2003）。在这种方法中，生物去除通常是大多数有机污染物降解的主要机制（Hu et al.，2013），而对某些化合物的去除而言，物理和化学去除机制也是很重要的，如蒸发、光降解（Hu et al.，2013）、挥发和稀释。土耕法和土地扩张是不同的土地处理方法（E&P Forum，1993）。

土耕法处理包括在土壤表面有控制地施用废物，利用在有氧条件下微生物作用来降解污染物。土耕法不同于填埋或掩埋，通常是在厌氧条件下，废物在人为或自然挖掘中沉积一段时间（E&P Forum，1993；CONCAWE，1999，2003）。表层土壤的翻耕（有助于曝气和易于与含油污泥混合），水分的添加，所需营养素的添加[如有机肥料（Ubani et al.，2013；Hu et al.，2013）]，维持适当的施泥率和pH值（Hu et al.，2013）等，是土耕法合理应用的必要条件。土耕法降解速率最高的最优含水率、温度和pH值范围分别是18%、25~40℃和6.5~7.5，同时当添加氮使碳氮比降至9∶1时，炼油厂污泥的生物降解速度最快。对于TPH大于50000ppm高组分浓度的修复，土耕法可能无效，并且这种方法很难实现浓度降低大于95%和污染浓度小于0.1ppm。土耕法不能有效降解石油中的重成分（Khan et al.，2004），并且含有大量生物可利用重金属、持久性有毒化合物材料、低特殊活性规模（E&P Forum，1993）以及挥发性污染物的材料必须进行预处理，因为它们会导致空气污染（Khan et al.，2004）。由于渗滤液中可能含有PHC、酚类和重金属，其迁移会对地下水造成污染，因此需要对地下水进行监测（Hu et al.，2013；E&P Forum，1993）。还应考虑与农田作业相关的人类健康风险，因为污泥在早期使用期间可对工人构成严重的致癌风险（Hejazi et al.，2003；Ubani et al.，2013）。

土耕法需要大面积的土地进行处理。与其他修复技术（如焚烧、填埋和深井注入）相比，土耕法的资本、安装、操作和维护费用相对较低（Hejazi et al.，2003；Khan et al.，2004）

该技术对石油污染土壤的修复成本在30~60美元/t之间，可能需要6个月到2年（对石油中较重的成分来说时间更长）（Khan et al.，2004）。

1984年美国环保署颁布了一项土地处置限制，作为危险废物和固体废物RCRA修正案的一部分，在土地处置限制计划下建立了处理标准，使得土耕法不再流行。该限制方案禁止对未经处理的含油污泥进行土地处置，这导致对含油污泥的处理要符合EPA的处理标准，并确保危险成分不会从注入区迁移（Hejazi et al.，2003；Ubani et al.，2013）。在大多数地方，土耕法需要当局的许可和批准（E&P Forum，1993），在一些国家根本不允许使用这种方法。土耕法是一项比较具有成本效益和简单的技术,只要经过适当的设计、操作和监测(渗滤液和径流也是如此),就可在环境上被接受。然而,不受控制的土耕法在今天不太可能被接受,而且已经在很大程度上被更受控制的技术所取代(CONCAWE,1999,2003)。

Admon 等(2001)研究了炼油厂含油污泥的土地处理,发现在 2 个月内 TPH 的降解率为 70%~90%,与初始油污染土壤浓度(9~60g/kg 土壤)无关。Mishra 等(2001)验证了大规模使用基于载体的细菌团和营养物处理含油污泥污染的土地。他们的研究结果显示,使用细菌菌团(1kg 载体菌团/10m^2)和营养物质在 120d 内降解了 90.2% 的 TPH,而在对照地块(未处理地块)中,只有 16.8% 的 TPH 被降解(Mishra et al.,2001)。在炎热干旱的气候条件下,土地耕作是一种极具吸引力的油泥处理技术(Hejazi and Husain,2004a)。Hejazi 和 Husain(2004a)在干旱条件下进行了为期 12 个月的野外研究,结果表明,该地区油泥去除的主要机制是风化(蒸发)而不是生物降解。他们的结果还显示,由于风化作用,污泥中高达 76% 的油和油脂从土壤中去除。然而,与支链烷烃相比,C_{17} 和 C_{18} 烷烃损失的主要机制是生物降解。Hejazi 和 Husain(2004b)研究了干旱条件下不同有效参数(含水率、微生物密度和组成、养分和耕作方式)对生物降解过程的影响。他们的研究结果显示,在干旱条件下耕作有效地增加了油和油脂组分损失。

然而,在没有肥料和水的情况下,碳氢化合物的损失主要是由于风化(挥发)造成的。在缺乏水和营养的情况下,微生物的数量很少。通过挥发和生物降解机制,水和肥料的添加与耕作共同促进了 O&G 的显著减少,其中先通过生物降解而后通过风化作用来减少正构烷烃含量。高载荷率使土壤保持水分,延缓了风化和生物降解。高载荷率为细菌提供了充足的食物和水,因此细菌数量增加;然而,在最高污泥量施入土壤后的近 6 个月时间里,它并没有促进生物降解过程。Marin 等(2005)研究了半干旱条件下通过土耕法进行炼油污泥生物修复的可行性,报告称 11 个月内总碳氢化合物的生物降解率为 80%(其中一半的减少发生在前 3 个月)。

土地铺张类似于土地种植,但它指的是一次性地将废物用于一个地块。土地铺张地只接受废物的一次施用,这种做法减少了废物成分在土壤中的积累。土地铺张地几乎不需要建造密封系统(衬垫)或监测场址的渗滤液。然而,场地地形和水文、废物的物理和化学组成,以及废物处理率应该考虑。土地铺张法可用于处理含低碳氢化合物和盐的钻井液和岩屑等勘探与开发废弃物(E&P Forum,1993)。

7.2.4.8.2 生物堆/堆肥

由于土地种植技术需要大面积的土地进行处理,生物堆法/堆肥可以作为一种替代技术(Hu et al.,2013)。生物堆法是指将污染物质和修复剂堆成堆,通常高度为 2~4 m,通过上流式气动通气刺激好氧微生物活动(Jvrgensen et al.,2000;Kriipsalu et al.,2007)。注意,在进行生物堆法之前,应尽可能将污染物和修复剂混合均匀。与风排堆肥相比,静态强制空气生物膜的好氧生物降解更简单,并能更好地控制过程(Kriipsalu et al.,2007)。一般而言,生物技术可能对油浓度大于 50000ppm 废物的修复无效(Khan et al.,2004;Kriipsalu et al.,2007);且有毒金属浓度应低于 2500mg/kg 干物质(Kriipsalu et al.,2007)。膨化剂、营养素、水分调节、鼓风(Wang et al.,2012)、矿物质(E&P Forum,1993;Khan et al.,2004)可以提高土著或外源微生物的处理活性,热量和 pH 值的调控也有帮助。土壤特性,如质地、渗透性、含水量和容重,在生物堆肥的成功使用中可以发挥重要作用(Khan et al.,2004)。在生物处理油泥或油污染土壤时,可以使用膨化剂吸附水分,增大混合堆肥的孔隙度,强化生物过程。使用廉价的膨化剂,如木屑、锯末、泥炭或树皮(Jvrgensen et al.,2000;Kriipsalu et al.,2007),可获得 30%~35% 的最佳孔隙率(Kriipsalu et al.,2007)。如果添加了有机材料,这种技术被称为堆肥(Jvrgensen et al.,2000;Marín et al.,2006;Hu et al.,2013)。在污染土壤的生物修复过程中,有机质的添加可以促进多环芳烃的降解(Jvrgensen et al.,2000;Kriipsalu et al.,2007)。在堆肥过程中,有机质最初可以吸收过量的水分和游离水分,在一定程度上弥补了强制曝气时的水分损失(Kriipsalu et al.,2007)。精准控制温度、湿度、曝气、颗粒大小、堆肥中的宏观和微量元素、材料的 C∶N∶P 比等,有助于优化堆肥过程(Marín et al.,2006)。生物降解作用在 20~40℃ 温度条件下最佳。在最佳的条件下,修复期在 6 个月到两年不等(Khan et al.,2004)。然而,在气候可控的封闭地区(如室内),生物降解过程可能会加速到几个月甚至几个星期(CONCAWE,1999,2003)。Ouyang 等(2005)对比了两种生物修复技术(微生物强化和堆肥)对东营胜利油厂含油污泥和含油污染土壤的修复效果。在环境温度下经过 56d 的修复,生物制剂的生物强化作用表明经过三次生物制剂的使用,使含油污泥的含油污染物降低了 45%~53%;而对同样的污泥进行堆肥只能减少 31% 的含油污染物。此外,高羊茅的种植(Festuca arundinace)表明两种生物修复技术的应用均降低了污泥毒性,且总烃含量降低了 5%~7%。Marin 等(2006)评估了在半干旱条件下,堆肥作为一种生物修复方法降低总碳氢化合物含量大(250~300g/kg)的炼油厂含油污泥的效果,其中包括露天堆肥在 3 个月内定期翻动。此研究结果显示,添加膨化剂(木屑)后,初始碳氢化合物含量在3个月内降低了60%,而不添加膨化剂时降低了32%。用猪浆(一种向堆中添加营养物质和微生物生物量的有机液体肥料)接种后,未显著提高堆中烃的降解程度(56%的烃降解)。此外,堆肥过程使得有毒化合物进行生物降解。Delille 等(2007)在人工污染的亚南极土壤上的中尺度、生物堆肥和野外试验研究中量化了温度对碳氢化合物矿化率的影响。在亚南极自然条件下的实地测试结果表明,高达95%的污染物可在一年内降解,表明低温(0~7℃)仍可以使石油降解的土著微生物生存。用塑料薄膜覆盖土壤使得年平均气温仅能上升2.2℃。中尺度研究和中试生物堆肥实验结果也证明了土壤持续加热是加速亚南极柴油污染土壤生物修复的有效途径;然而,微生物的反应总是通过补充肥料的添加而得到改善。Kriipsalu 等(2007)研究了炼油厂污水处理厂浮选絮凝装置产生的含油污泥的好氧生物降解。这项研究的结果显示经过373d的修复,沙子、成熟油堆肥、厨房废物堆肥和碎废木材的TPH分别减少了62%、51%、74%和49%,多环芳烃分别减少了97%、+13%(增加)、92%和88%。

Liu 等(2010)在胜利油田通过添加粪肥对当地微生物进行生物刺激,对受油泥污染的土壤进行了原位生物修复。经过1年左右的生物修复,修复区的TPH含量减少了58.2%,而对照区仅减少了15.6%。他们得出的结论是,尽管经生物修复后,TPH含量和毒性不同程度降低,土壤理化性质和微生物活性有明显改善,但处理区土壤TPH含量仍高达101g/kg,可能需要进行一步修复(如植物修复)。Wang 等(2012)报告称,220d 后,填充剂堆的中间层能去除49.62%的TPH,而无填充剂的中间层只能去除20.44%的TPH。但填充剂桩中间层TPH数量仍然较高,需要后续处理。此外,施用大量营养物质(尿素)对代谢活性和多样性均有抑制作用。

相对较低的资金和维护成本,简单的设计和操作,以及部分(但不完全)去除石油污染是生物燃料/堆肥的一些优势(Ouyang et al.,2005)。为了适应不同的产品和现场条件,它还可以被自行设计(Khan et al.,2004)。由于微生物剧烈活动产生的热量,堆内温度可能会升高,因此可在极端气候条件下(如南极洲以下地区)使用该技术降解多环芳烃(Delille et al.,2007;Hu et al.,2013)。与土地耕作相比,生物堆法/堆肥可以更有效地去除含油污泥中的 PHC,并处理更多的有毒化合物(Hu et al.,2013),尽管污染物的减少难以达到95%以上(Khan et al.,2004)。当生物堆法/堆肥的生物处理尝试不成功时,在受污染的材料(堆肥混合物)上混合不受污染的物质(混合物),会产生大量受污染的物质,这可能引起重大关注;最后,一些膨胀剂可以回收并在后续运行中应用(Kriipsalu et al.,2007)。在生物堆法/堆肥中,一个封闭的系统可以控制蒸气的排放。换句话说,

VOC 的排放可以通过辅助收集装置来控制。该技术的处理能力远小于土地处理，尽管需要的面积小于土地耕作，但仍需要较大的土地面积和较长的处理周期来降解油泥（Khan et al.，2004；Hu et al.，2013）。污染物，所使用的过程，预处理或后处理，或排放控制设备的需要，都影响到生物堆法的成本。这种方法只需要很少的操作和维护人员，而且这种处理技术的成本通常在 130~260 美元/yd³ 之间（Khan et al.，2004）。

7.2.4.8.3 生物泥浆系统/生物反应器

生物泥浆系统也叫作生物反应器（E&P Forum，1993；Woo and Park，1999；Ward et al.，2003；Khan et al.，2004；Machın-Ramırez et al.，2008；Hu et al.，2013；Ubani et al.，2013）发酵罐和机械化过程（CONCAWE，1999，2003）。在生物泥浆系统中，固体废物与水以不同的比例混合[例如 5%~50%（质量体积比）]，通过最大限度地增加微生物、碳氢化合物、营养物质和氧气之间的接触，可大大提高固体处理的处理率（Machın-Ramırez et al.，2008；Ward et al.，2003）。最大限度地降低了传质限制，提高了污染物从固体中的解吸，从而使烃类去除率比在土耕法和其他固相体系中观察到的要高得多（Ward et al.，2003）。在这些系统中，生物降解速度很快，典型的处理时间从不足 1 个月到超过 6 个月不等（Khan et al.，2004）。处理后的浆体通常要脱水，处理后的固体可以被处置（Zhang et al.，2001；Khan et al.，2004）。根据组分情况和相关规定，液体可以被输送到污水处理厂、注入或排放（E&P Forum，1993）。

生物泥浆系统通常可以作为间歇或半连续过程操作（E&P Forum，1993）。根据 Ward 等（2003）的说法，第一个用于处理含油污泥的生物反应器系统需要 1~3 个月的批量循环过程，但现在加速过程可以在 10~12d 完成。根据美国环保署的毒性特征渗滤标准（Ward et al.，2003），一方面，这些过程可降解高达 99% 的 TPH，污泥可从危险废物转化为一般废物。另一方面，在封闭系统中，可以控制温度、湿度、pH 值、氧气、营养物、表面活性剂的添加、微生物的添加、监测反应和条件以及控制 VOC 排放（Khan et al.，2004）。

生物反应器有不同的设计，例如装有提升器的旋转滚轮来提供内部混合，或装有叶轮或空气喷射器的立式罐来进行混合（Woo and Park，1999；Machın-Ramırez et al.，2008）。旋转式生物反应器是泥浆生物反应器的替代品，因为它们可以处理高固体含量的废物（Woo and Park，1999）。根据 CONCAWE（1999，2003）的报告，有一些商业生物反应器和发酵机具有真空或压力操作，配有湿度控制和机械搅拌整个充料，一次充料的容量可达 200t，可在有氧或无氧条件下运行。在这些生物反应器中，停留时间在几小时到几天之间，这取决于污染的类型和浓度。典型的碳氢化合物需要几个小时才能降解，而多氯联苯则需要几天（CONCAWE，1999，2003）。

石油酶工艺是以反应器为基础的微生物工艺，应用先进的发酵技术来降解污泥中的石油烃类，生成烃类含量极低的无害废水。这一工艺已在加拿大、美国、委内瑞拉和墨西哥的不同炼油厂成功地进行了试点和全面示范，并已在美国和委内瑞拉的商业运作中使用。在生物反应器中，根据污泥的组成和所需的处理标准，在28~32℃和pH值6.6~7.6的条件下，可在6~12d内降解污泥中高达90%的TPH(Singh et al.，2001)。石油酶工艺的停留时间要短得多，只需12d就能降解高达90%的TPH(Ward and Singh，2000；Singh et al.，2001；Ward et al.，2003)。

根据Ward等(2003)引用的Coover等(1990)的报告，一个生物反应器系统（容量为$4.55×10^6$ L，浮式混合器和曝气器）曾被用于修复墨西哥湾一家主要炼油厂的油泥。在生物反应器中运行标称固体含量和平均温度分别约为10%和22.6℃。在80~90d后，油和油脂的降低率为50%，多环芳烃的总去除率为90%。Woo和Park(1999)应用实验室规模的桶式生物反应器系统研究了土壤生物修复的工程方面，报告称，在污染浓度为270mg/kg污染的土壤中，具有3~4个环（芴、菲、蒽、苊）的多环芳烃可在20d内降解95%以上。此外，悬浮相的多环芳烃的降解率要高于沉积相。

Maga等(2003)报告说，使用了一个10000gal的序批式反应器对含油污泥进行现场降解，在2周内将含油污泥中的碳氢化合物从20000μg/g降解到100μg/g以下。此外，处理过的污泥残渣中重金属（主要是锌和铜）和总悬浮固体的浓度远低于排放限值。Ayotamuno等(2007)报道，在修复2周和6周后，含油污泥生物修复中的生物强化减少了油泥中的总烃量分别为40.7%~53.2%和63.7~84.5%。但在对照反应器中，经过6周处理后，总烃含量仅降低了12.8%。此外，在生物强化过程中，混合培养的两株细菌（芽孢杆菌和假单胞菌）的TPH减少量均高于纯培养的单个菌株。据报道，在这两种菌株中，假单胞菌是更好的降解菌。MachınRamırez等(2008)报道，在泥浆体系中，含油污泥中TPH的非生物降解是微量的；在15d的反应周期内，不同处理条件下TPH的降解速率介于666.9~2168.7mg/kg/d之间。此外，使用名为the Fertilizer Peters NKP(15:15:15)的商业肥料进行生物刺激，可使含油污泥中TPH的生物降解率达到24%。添加非本地适应的菌体并不会增加含油污泥中TPH的去除率。他们的结论是，即使在泥浆系统中，污泥中烷基化组分的复杂性限制了生物降解速率。

一般来说，生物泥浆/生物反应器系统是一种快速有效的油泥处理方法。与其他陆基生物处理工艺不同，生物反应器一般需要较少的空间(E&P Forum，

1993；Hu et al.，2013）。不均匀的油泥浆和黏土混合物可能造成严重的处理和操作问题，需要进行预处理。所有这些预处理和/或后续的后处理（如固体脱水和废水处理）可以显著提高总体成本（Khan et al.，2004；Hu et al.，2013）。因此，该技术的缺点是处理成本较高。生物泥浆/生物反应器的处理成本通常在 130~200 美元/m^3 之间。由于产生挥发性化合物，气体处理会增加成本（Khan et al.，2004）。这些系统的基本设备、设计和建造的价格从 12.5 万美元到 200 万美元不等（Khan et al.，2004；Zhang et al.，2001）。

7.2.5 石油工业中对废催化剂的关注

7.2.5.1 废催化剂

通过添加催化剂改变化学反应速率的过程称为催化（Erust et al.，2016），它在 20 世纪下半叶石油工业的发展中发挥了重要作用。多相催化剂是催化剂的主要种类，包括酸、金属、硫和双功能催化剂，以及少量的氧化物相（不包括载体）（Marcilly，2003；Akcil.，2015）。

石油工业（如炼油厂）催化剂通常包括负载在惰性载体上的金属，如氧化铝、二氧化硅或活性炭。金属可能是贵金属，如重整催化剂中的铂或铼，或碱性重金属元素，如镍、钼、钴、钨和钒，例如，用于加氢催化剂的钼镍（CONCAWE，1999，2003）。事实上，加氢催化剂通常是由含钴镍促进剂的氧化铝负载钼组成（Marafi and Stanislaus，2008）。在催化聚合过程中，有时会使用磷酸等非金属催化剂。在使用过程中，催化剂可能会受到铅、砷、镍和钒等金属，硫和碳等非金属以及大量碳氢化合物和残留物的污染（CONCAWE，1999，2003）。过热、孔堵塞、活性表面因焦炭、碳、硫沉积以及原料中铅、砷、钒等重金属污染可能是催化剂失活的原因（Marafi et al.，2008；Barik et al.，2012）。

2012 年工业催化剂消费量达 $80×10^4$t/a（Li et al.，2016），其中炼油催化剂约占全球市场的 24%，加氢处理和流化床催化裂化催化剂占最大份额（Silvy，2004；Li et al.，2016）。废催化剂约占总炼油废料的 4%（质）（Liu et al.，2005；Akcil et al.，2015），而据估算，全球加氢处理催化剂的总消耗量为 15~$17×10^4$t/a（Dufresne，2007；Marafi and Stanislaus，2008；Li et al.，2016）。

废催化剂可能在生产活动和维护作业过程中产生，例如在勘探和生产部门（E&P Forum，1993；Bashat，2003），炼油厂的催化裂化、催化加氢裂化、加氢处理/加氢操作、聚合、渣油转化和催化重整装置（Speight，2005；European Commission and Joint Research Center，2013），以及石油化工的蒸汽裂解工艺和芳烃厂（IL & FS Ecosmart Limited Hyderabad，2010）。新催化剂的用量、使用寿命以及在反应器中形成的沉积物可以显著地影响从不同处理单元中释放的废催化剂的数量。由于在加氢处理过程中需要使用大量催化剂来净化和升级各种石油产品和渣油，因此加氢处理装置通常是大多数炼油厂产生废催化剂的主要单元（Marafi et al.，2008）。

石油工业中的废催化剂通常包括约 4%～12% 的钼、15%～30% 的铝、1%～5% 的镍、0～4% 的钴、5%～10% 的硫、1%～5% 的硅和 0～0.5% 的钒（Barik et al.，2012）。特别地，废加氢脱硫催化剂一般由 10%～30% 的钼、1%～12% 的钒、0.5%～6% 的镍、1%～6% 的钴、8%～12% 的硫、10%～12% 的碳组成，剩余的是氧化铝，这使得其在回收有价金属方面具有经济可行性（Biswas et al.，1986；Akcil et al.，2015）。

废催化剂被认为是可以减少一次资源消耗并有经济效益的二次资源（Erust et al.，2016；Akcil et al.，2015）。美国环保署将废催化剂归为危险废物（US EPA，2003；Marafi et al.，2008；Shen et al.，2012；Erust et al.，2016；Akcil et al.，2015），并且必须找到一个既可行又经济的方案来解决这个严重的环境问题（Marafi et al.，2008）。

7.2.5.2 废催化剂的管理

废催化剂可通过以下方法进行管理：

1) 催化剂再生（Regeneration）：如氧化再生（Ferella et al.，2016）。

2) 催化剂再活化（Rejuvenation）：再活化可以从废催化剂中去除金属污染的沉积物或碱和其他金属离子，并使催化剂重新活化。在脱金属化过程中，金属在一个特定的反应器中进行氧化、磺化和氯化。一些活化过程包括化学提取或浸出（Ferella et al.，2016）。Cho 等（2001）研究了三种不同的再活化方法来恢复废流化床催化裂化催化剂的催化活性。特别地，碳氯化、金属羰基和洗涤技术用来测试去除废平衡催化剂上的镍、钒和铁（Cho et al.，2001；Ferella et al.，2016）。

3) 再利用：作为水泥和砂浆添加剂再次使用（Antiohos et al.，2006；Ferella et al.，2016）；用于生物质合成燃料、塑料转化为燃料和沸石生产的催化剂（Ferella et al.，2016）；在生产其他产品中使用废催化剂，例如在生产瓷砖中使用含镍、钴和钼的催化剂；将废催化剂与其他行业的废产物结合，制成有用的产品，如将含磷酸的催化剂与铝工业废碱土混合制成土壤改良产品；将废催化剂与沥青混合，用作道路基础；使用含有活性炭的废催化剂或高度污染的碳氢残留物作为燃料，例如，用于水泥制造（CONCAWE，1999，2003）。

4) 金属回收（Ferella et al.，2016）：利用湿法冶金（使用酸或碱浸出）、热法冶金（使用热处理）和生物湿法冶金（微生物、细菌或真菌浸出）回收金属（Asghari et al.，2013；Akcil et al.，2015）。换句话说，采用氨和铵盐浸出，采用酸和碱浸出，采用两级浸出（第一阶段用碱浸出，第二阶段用酸或氨浸出，或者两阶段反过来),生物浸出,碱化焙烧(钠盐和钾钠盐),加氯处理,电解处理(Marafi and Stanislaus,2008),用乙二胺四乙酸(EDTA)或其他类似的试剂络合金属离子可用于从废催化剂中回收金属。表 7.3 列出了生物浸出与化学浸出、热处理和其他传统金属提取工艺相比的优缺点(Asghari et al.,2013)。商业过程包括浸出金属或焙烧使金属溶于水(Marafi and Stanislaus,2008)。事实上,分离不同金属有几种方法,包括最常见的选择性沉淀和溶剂萃取。文献中也提出了火法冶金和生物湿法冶金的方法,但还没有工业利用(Akcil et al.,2015)。

5) 废弃处置:例如填埋(CONCAWE,1999,2003;Asghari et al,2013;Ferella et al.,2016)。

表 7.3 生物浸出法和化学浸出法、热处理及其他传统工艺在金属提取方面的比较

方法	优势	劣势
化学浸出、热处理和其他传统工艺	处理时间短	需要复杂工艺设备和维护成本; 需要大量的酸、碱; 高能耗; 运营成本高; 修复过程中负有危险化学品使用责任; 需要矿石中足够(高)浓度的元素; 不适用于高度污染的物料; 有害排放
生物浸出	环境友好(绿色技术); 低成本; 低能耗; 与传统工艺相比,操作和维护更简单、成本更低; 操作条件为常温常压; 最有效的重金属溶解方法; 具有更高的重金属去除效率; 对原料成分没有严格要求; 适用于高污染物料; 安全排放	处理时间长; 依赖环境条件

由于催化剂中钒、钼、镍和钴等化学物质在填埋后会被水浸出进而污染环境,使得垃圾填埋的处置方式对环境有限制(Furimsky,1996;Marafi et al.,2008)。在美国,RCRA 对废催化剂的处置和处理进行管理,这不仅要由经批准

的垃圾场所有者负责,而且要由被掩埋垃圾的所有者负责。这种环境责任在垃圾场的生命周期内持续存在。目前的 RCRA 规定要求垃圾填埋场建设双层衬垫以及渗滤液收集和地下水监测设施,这导致了成本上升。此外,垃圾填埋场负有持续的环境责任。在某些情况下,在填埋前需要进行废催化剂前处理,这可能会进一步增加成本。近年来,人们对发展废催化剂材料的回收/再生工艺的兴趣有所增加(Marafi et al.,2008)。

7.3 重金属管理(处置)

金属如钒、镍、铁、铜等,是在原油中发现的一些杂质,其中镍和钒含量小于 1000mg/L(Jafarinejad,2016)。事实上,原油中的金属含量通常从几到 1000mg/L 以上不等。在原油中,锌、钛、钙和镁等金属通常与环烷酸结合形成肥皂,而钒、铜、镍和部分铁等金属则以油溶性卟啉类化合物的形式存在(Ali and Abbas,2006)。

石油中的金属对产品污染、催化剂中毒和结垢、设备的腐蚀,以及在亚微米范围内形成颗粒物排放的趋势,是石油中金属的一些负面影响。Ali 和 Abbas(2006)综述了从重油和渣油馏分中去除金属的方法,这些方法包括物理过程(蒸馏、溶剂萃取和过滤)、酸碱的化学处理及催化加氢处理(如加氢脱金属工艺)。文献报道了几种从渣油中去除金属的方法,如酸碱的化学处理、选择性氧化/溶剂萃取、光催化法、电化学处理以及新的热和催化方法。据 Ali 和 Abbas(2006)所述,加氢处理和气化可能是唯一能够有效去除金属的过程。对于重的、高金属含量的渣油,加氢处理可能不经济和不实用。当采用上述任意一种预处理方法去除金属后,通过传统的催化裂化技术可以更经济地升级重渣油(Ali and Abbas,2006)。

一方面,焚烧含油污泥会产生富含重金属的油泥灰和粉煤灰,这可能导致进一步的环境问题(Hu et al.,2013)。另一方面,在含油污泥生物修复过程中,土壤微生物的形态、生长和代谢以及油品浓度会受重金属的影响(Zukauskaite etal.,2008;Hu et al.,2013)。随着真菌群落的相对增强,微生物量中 C∶N 比例的增加可能是土壤重金属污染的一个具体指标(Dai et al.,2004)。据 Maliszewska-Kordybach 和 Smreczak(2003)所述,多环芳烃和重金属的综合作用对土壤微生物活性和发育早期的植物的影响比重金属和多环芳烃的单独作用要强(Maliszewska-Kordybach and Smreczak,2003)。Shen 等(2005)认为,重金属与多环芳烃之间的作用与相互作用显著取决于污染时间。在多环芳烃污染土壤中,重金属的存在不仅降低了土壤微生物种群的多样性,而且通过施加选择压力使土壤微生物呈现出一些独特的物种。长期多环芳烃和重金属混合污染土壤中微生物活性和多样性的研究成果对金属-有机混合污染场地中有机污染物的生物修复具有深远影响(Thavamani et al.,2012)。

目前大多数油泥处理技术的目的是回收和(或)去除石油烃,而这些技术对含油污泥中重金属的去除没有作用或作用微弱(Hu et al.,2013)。稳定/固化技术可用于污泥灰和粉煤灰等油泥焚烧副产物的处置,以防止重金属浸出(Karamalidis and Voudrias,2008;Hu et al.,2013)。文献报道了,采用离子交换膜从含油污泥中去除重金属(Elektorowicz and Muslat,2008);采用离心法、溶剂萃取法,以及用各种化学剂和螯合剂混合法从残余燃料油和渣油中去除金属(Abbas et al.,2010);利用硝酸铵、乙二胺四乙酸、乙酸钠、草酸铵和 NaCl 等溶剂提取粉煤灰中的金属(Al-Ghouti et al.,2011);利用硫酸浸出提取油泥飞灰,再用乳状液膜(ELM)从浸出液中回收钒(Nabavinia et al.,2012)。

Elektorowicz 和 Muslat(2008)用有机溶剂(丙酮)对位于加拿大蒙特利尔的壳牌加拿大炼油厂的罐底油泥进行预处理,然后用离子交换膜去除重金属。钒被完全脱除,同时镉、锌、镍、铁和铜的去除率分别为 99%、96%、94%、92% 和 89%。

据 Abbas 等(2010)所述,离心沉降法显著降低了钠、钙、铁、锌、铝和铬的水溶性盐含量,而重金属(钒和镍)的油溶性组分没有显著变化;钠/钒的质量比从 0.5 左右下降到 0.1 左右。利用极性溶剂(如乙酸乙酯)的萃取方法对从重质渣油中油溶性重金属的去除非常有效。用硫酸进行化学处理最有前景。尽管有报道称,硫酸可以有效地去除石油中的硫、金属、树脂和沥青物质,但乳化的形成一直是一个严重的问题;当它被破坏时,会产生深色的油和大量的酸性污泥。化学处理对重油和渣油脱金属是有效的。据报道,马来酸在二甲基甲酰胺中是最有效的药剂。在酸性溶液中,将重质渣油与 $FeCl_3$ 和 $SnCl_4$ 的水溶液(浓度在 0.1~0.5 M 范围)混合也是有效的脱金属方法。Abbas 等(2010)推荐溶剂萃取法作为重油加氢精致工艺前的预处理步骤。

Nabavinia 等(2012)采用从炼油污泥中回收钒的 ELM 方法,将油泥的粉煤灰与硫酸溶液混合浸出,然后采用 ELM 技术进行净化富集。结果表明,第一步的硫酸浸出可提取粉煤灰中的钒 65% 以上,在 ELM 法最佳的操作条件下,室温下 1h 可提取钒 86% 以上。

参 考 文 献

Abbas, S., Maqsood, Z.T., Ali, M.F., 2010. The demetallization of residual fuel oil and petroleum residue. Petroleum Science and Technology 28, 1770—1777.

Abdel Azim, A.A.A., Abdul-Raheim, A.R.M., Kamel, R.K., Abdel-Raouf, M.E., 2011. Demulsifier systems applied to breakdown petroleum sludge. Journal of Petroleum Science and Engineering 78, 364–370.

Abdulbari, H.A., Abdurahman, N.H., Rosli, Y.M., Mahmood, W.K., Azhari, H.N., 2011. Demulsification of petroleum emulsions using microwave separation method. International Journal of the Physical Sciences 6 (23), 5376–5382.

Acar, Y.B., Alshawabkeh, A.N., 1993. Principles of electrokinetic remediation. Environmental Science & Technology 27 (13), 2638–2647.

Admon, S., Green, M., Avnimelech, Y., 2001. Biodegradation kinetics of hydrocarbons in soil during land treatment of oily sludge. Bioremediation Journal 5 (3), 193–209.

Ahmed, M., Shayya, W.H., Hoey, D., Mahendran, A., Morris, R., Al-Handaly, J., 2000. Use of evaporation ponds for brine disposal in desalination plants. Desalination 130, 155–168.

Akcil, A., Vegliò, F., Ferella, F., Okudan, M.D., Tuncuk, A., 2015. A review of metal recovery from spent petroleum catalysts and ash. Waste Management 45, 420–433.

Al-Ansary, M.S., Al-Tabbaa, A., 2007. Stabilisation/solidification of synthetic petroleum drill cuttings. Journal of Hazardous Materials 141, 410–421.

Al-Futaisi, A., Jamrah, A., Yaghi, B., Taha, R., 2007. Assessment of alternative management techniques of tank bottom petroleum sludge in Oman. Journal of Hazardous Materials 141, 557–564.

Al-Ghouti, M.A., Al-Degsd, Y.S., Ghrairc, A., Khourye, H., Ziedan, M., 2011. Extraction and separation of vanadium and nickel from fly ash produced in heavy fuel power plants. Chemical Engineering Journal 173, 191–197.

Ali, M.F., Abbas, S., 2006. A review of methods for the demetallization of residual fuel oils. Fuel Processing Technology 87, 573–584.

Al-Otoom, A., Allawzi, M., Al-Omari, N., Al-Hsienat, E., 2010. Bitumen recovery from Jordanian oil sand by froth flotation using petroleum cycles oil cuts. Energy 35, 4217–4225.

Al-Shamrani, A.A., James, A., Xiao, H., 2002. Separation of oil from water by dissolved air flotation. Colloids and Surfaces A: Physicochemical and Engineering Aspects 209, 15–26.

American Petroleum Institute (API), 1989. API Environmental Guidance Document: Onshore Solid Waste Management in Exploration and Production Operations. American Petroleum Institute, Washington, DC.

Antiohos, S.K., Chouliara, E., Tsimas, S., 2006. Re-use of spent catalyst from oil-cracking refineries as supplementary cementing material. China Particuology 4 (2), 73–76.

Appleton, T.J., Colder, R.I., Kingman, S.W., Lowndes, I.S., Read, A.G., 2005. Microwave technology for energy-efficient processing of waste. Applied Energy 81, 85–113.

Asghari, I., Mousavi, S.M., Amiri, F., Tavassoli, S., 2013. Bioleaching of spent refinery catalysts: a review. Journal of Industrial and Engineering Chemistry 19, 1069–1081.

Ávila-Chávez, M.A., Eustaquio-Rincón, R., Reza, J., Trejo, A., 2007. Extraction of hydrocarbons from crude oil tank bottom sludges using supercritical ethane. Separation Science Technology 42 (10), 2327–2345.

Ayol, A., Durak, G., 2013. Fate and effects of fry-drying application on municipal dewatered sludge. Drying Technology: An International Journal 31 (3), 350–358.

Ayotamuno, M.J., Okparanma, R.N., Nweneka, E.K., Ogaji, S.O.T., Probert, S.D., 2007. Bioremediation of a sludge containing hydrocarbons. Applied Energy 84, 936–943.

Banat, I.M., 1995. Biosurfactants production in possible uses and microbial enhanced oil recovery and oil pollution remediation: a review. Bioresource Technology 51, 1–12.

Barik, S.P., Park, K.H., Parhi, P.K., Park, J.T., Nam, C.W., 2012. Extraction of metal values from waste spent petroleum catalyst using acidic solutions. Separation and Purification Technology 101, 85–90.

Bashat, H., 2003. Managing Waste in Exploration and Production Activities of the Petroleum Industry. Environmental Advisor, SENV.

Bhattacharyya, J.K., Shekdar, A.V., 2003. Treatment and disposal of refinery sludges: Indian scenario. Waste Management & Research 21 (3), 249–261.

Biceroglu, O., 1994. Rendering Oily Waste Land Treatable or Usable. US Patent 5,288,391.

Biswas, R.K., Wakihara, M., Taniguchi, M., 1986. Characterization and leaching of the heavy oil desulphurization waste catalyst. Bangladesh Journal of Scientific and Industrial Research 21, 228–237.

Bojes, H.K., Pope, P.G., 2007. Characterization of EPA's 16 priority pollutant polycyclic aromatic hydrocarbons (PAHs) in tank bottom solids and associated contaminated soils at oil exploration and production sites in Texas. Regulatory Toxicology and Pharmacology 47 (3), 288–295.

Buyukkamaci, N., Kucukselek, E., 2007. Improvement of dewatering capacity of a petrochemical sludge. Journal of Hazardous Materials 144 (1), 323–327.

Cai, L., Chen, T.B., Gao, D., Zheng, G.D., Liu, H.T., Pan, T.H., 2013. Influence of forced air volume on water evaporation during sewage sludge biodrying. Water Research 47 (13), 4767–4773.

Caldwell, R.J., Cote, P., Chao, C.C., 1990. Investigation of solidification for the immobilization of trace organics contaminants. Hazardous Waste and Hazardous Materials 7, 273–281.

Calvo, C., Manzanera, M., Silva-Castro, G.A., Uad, I., González-López, J., 2009. Application of bioemulsifiers in soil oil bioremediation processes. Science of the Total Environment 407, 3634–3640.

Cameotra, S.S., Singh, P., 2008. Bioremediation of oil sludge using crude biosurfactants. International Biodeterioration & Biodegradation 62, 274–280.

Canselier, J.P., Delmas, H., Wilhelm, A.M., Abismaïl, B., 2002. Ultrasound emulsification—an overview. Journal of Dispersion Science and Technology 23 (1–3), 333–349.

Cerqueira, V.S., Hollenbach, E.B., Maboni, F., Vainstein, M.H., Camargo, F.A.O., Peralba, M.C.R., Bento, F.M., 2011. Biodegradation potential of oily sludge by pure and mixed bacterial cultures. Bioresource Technology 102 (23), 11003–11010.

Chan, C.C., Chen, Y.C., 2002. Demulsification of W/O emulsions by microwave radiation. Separation Science and Technology 37 (15), 3407–3420.

Chang, T.W., Wang, M.K., 2002. Assessment of sorbent/water ratio effect on adsorption using dimensional analysis and batch experiments. Chemosphere 48, 419–426.

Chang, C.Y., Shie, J.L., Lin, J.P., Wu, C.H., Lee, D.J., Chang, C.F., 2000. Major products obtained from the pyrolysis of oil sludge. Energy Fuels 14 (6), 1176–1183.

Check, G.R., Mowla, D., 2013. Theoretical and experimental investigation of desalting and dehydration of crude oil by assistance of ultrasonic irradiation. Ultrasonics Sonochemistry 20, 378–385.

Chen, Y., Yang, H., Gu, G., 2001. Effect of acid and surfactant treatment on activated sludge dewatering and settling. Water Research 35 (11), 2615–2620.

Chen, G., He, G., 2003. Separation of water and oil from water-in-oil emulsion by freeze/thaw method. Separation and Purification Technology 31, 83–89.

Cho, S.I., Jung, K.S., Woo, S.I., 2001. Regeneration of spent RFCC catalyst irreversibly deactivated by Ni, Fe, and V contained in heavy oil. Applied Catalysis B: Environmental 33, 249–261.

St. Cholakov, G., 2009. Pollution Control Technologies. In: Control of Pollution in the Petroleum Industry, vol. III. Encyclopedia of Life Support Systems (EOLSS).

Christofi, N., Ivshina, I.B., 2002. A review: microbial surfactants and their use in field studies of soil remediation. Journal of Applied Microbiology 93, 915–929.

Coover, M.P., Sherman, D.F., Kabrick, R.M., 1990. Bioremediation of a petroleum refinery sludge by liquid/solids treatment. In: AIChE Summer National Meeting, San Diego, CA, August 19–22, 1990.

CONCAWE, May 1999. Best Available Techniques to Reduce Emissions from Refineries, Prepared for the CONCAWE Air and Water Quality Management Groups by Its Special Task Forces AQ/STF-55 and WQ/STF-28. Alfke, G., Bunch, G., Crociani, G., Dando, D., Fontaine, M., Goodsell, P., Green, A., Hafker, W., Isaak, G., Marvillet, J., Poot, B., Sutherland, H., van der Rest, A., van Oudenhoven, J., Walden, T., Martin, E., Schipper, H.. CONCAWE, Brussels. Document no. 99/01.

CONCAWE, November 2003. A Guide for Reduction and Disposal of Waste from Oil Refineries and Marketing Installations. Prepared by: Dando, D.A., Martin, D.E.. CONCAWE, Brussels. Report No. 6/03.

Congress of the United States, Office of Technology Assessment (OTA), May 1991. Bioremediation for Marine Oil Spills – Background Paper. OTA-BP-O-70, NTIS order #PB91–186197. U.S. Government Printing Office, Washington, DC. [Online] Available from: http://www.fas.org/ota/reports/9109.pdf.

Conner, J.R., Hoeffner, S.L., 1998. A critical review of stabilisation/solidification technology. Critical Reviews in Environmental Science and Technology 28, 397–462.

Cort, T.L., Song, M.S., Bielefeldt, A.R., 2002. Nonionic surfactant effects on pentachlorophenol biodegradation. Water Research 36, 1253–1261.

Cui, B., Cui, F., Jing, G., Xu, S., Huo, W., Liu, S., 2009. Oxidation of oily sludge in supercritical water. Journal of Hazardous Materials 165 (1–3), 511–517.

Cuypers, C., Pancras, T., Grotenhuis, T., Rulkens, W., 2002. The estimation of PAH bioavailability in contaminated sediments using hydroxypropyl-betacyclodextrin and Triton X-100 extraction techniques. Chemosphere 46, 1235–1245.

Dai, J., Becquer, T., Rouiller, J.H., Reversat, G., Bernhard-Reversat, F., Lavelle, P., 2004. Influence of heavy metals on C and N mineralisation and microbial biomass in Zn-, Pb-, Cu-, and Cd-contaminated soils. Applied Soil Ecology 25, 99–109.

Delille, D., Pelletier, E., Coulon, F., 2007. The influence of temperature on bacterial assemblages during bioremediation of a diesel fuel contaminated subAntarctic soil. Cold Regions Science and Technology 48, 74–83.

Deng, W., Su, Y., 2014. Experimental study on agitated drying characteristics of sewage sludge under the effects of different additive agents. Journal of Environmental Science 26 (7), 1523–1529.

Deng, S., Wang, X., Tan, H., Mikulcic, H., Li, Z., Cao, R., Wang, Z., Vujanovic, M., 2015. Experimental and modeling study of the long cylindrical oily sludge drying process. Applied Thermal Engineering 91, 354–362.

Deuel, L.E., 1990. Evaluation of limiting constituents suggested for land disposal of exploration and production wastes. In: Proceedings of the U.S. Environmental Protection Agency's First International Symposium on Oil and Gas Exploration and Production Waste Management Practices, New Orleans, LA, September 10–13, 1990, pp. 411–430.

Dezhkunov, N.V., 2002. Multibubble sonoluminescence intensity dependence on liquid temperature at different ultrasound intensities. Ultrasonics Sonochemistry 9, 103–106.

DiToro, D.M., Mahony, J.D., Kirchgraber, P.R., O'Byrne, A.L., Pasquale, L.R., Piccirilll, D.C., 1986. Effects of nonreversibility, particle concentration, and ionic strength on heavy-metal sorption. Environmental Science & Technology 20, 55–61.

Dufresne, P., 2007. Hydroprocessing catalysts regeneration and recycling. Applied Catalysis A: General 322, 67–75.

Echeverria, V., Monsalve, G., Vidales, H., 2002. Continuous treatment of oily sludge at Colombian refineries. CT&F, Ciencia, Tecnologia y Futuro 2 (3), 61–70.

Ecology Dictionary, 2008. Percolation Pond, Environmental Engineering Dictionary. Ecology Dictionary. [Online] Available from: http://www.ecologydictionary.org/PERCOLATION_POND.

Edwards, K.R., Lepo, J.E., Lewis, M.A., 2003. Toxicity comparison of biosurfactants and synthetic surfactants used in oil spill remediation to two estuarine species. Marine Pollution Bulletin 46, 1309–1316.

Elektorowicz, M., Habibi, S., 2005. Sustainable waste management: recovery of fuels from petroleum sludge. Canadian Journal of Civil Engineering 32, 164–169.

Elektorowicz, M., Habibi, S., Chifrina, R., 2006. Effect of electrical potential on the electro-demulsification of oily sludge. Journal of Colloid and Interface Science 295, 535–541.

Elektorowicz, M., Muslat, Z., 2008. Removal of heavy metals from oil sludge using ion exchange textiles. Environmental Technology 29, 393–399.

E&P Forum, September 1993. Exploration and Production (E&P) Waste Management Guidelines. Report No. 2.58/196.

E&P Forum/UNEP, 1997. Environmental Management in Oil and Gas Exploration and Production, An Overview of Issues and Management Approaches. Joint E&P Forum/UNEP Technical Publications.

Erust, C., Akcil, A., Bedelova, Z., Anarbekov, K., Baikonurova, A., Tuncuk, A., 2016. Recovery of vanadium from spent catalysts of sulfuric acid plant by using inorganic and organic acids: laboratory and semipilot tests. Waste Management 49, 455–461.

European Commission, Joint Research Center, 2013. Best Available Techniques (BAT) Reference Document for the Refining of Mineral Oil and Gas, Industrial Emissions Directive 2010/75/EU (Integrated Pollution Prevention and Control). Joint Research Center, Institute for Prospective Technological Studies Sustainable Production and Consumption Unit European IPPC Bureau.

Fang, C.S., Lai, P.M.C., 1995. Microwave heating and separation of water-in-oil emulsion. Journal of Microwave Power Electromagnetic Energy 30, 46–57.

Feng, D., Aldrich, C., 2000. Sonochemical treatment of simulated soil contaminated with diesel. Advances in Environmental Research 4, 103–112.

Fernández-Luqueno, F., Valenzuela-Encinas, C., Marsch, R., Martínez-Suárez, C., Vázquez-Núnez, E., Dendooven, L., 2011. Microbial communities to mitigate contamination of PAHs in soil – possibilities and challenges: a review. Environmental Science and Pollution Research 18 (1), 12–30.

Ferella, F., Innocenzi, V., Maggiore, F., 2016. Oil refining spent catalysts: a review of possible recycling technologies. Resources, Conservation and Recycling 108, 10–20.

Ferrarese, E., Andreottola, G., Oprea, I.A., 2008. Remediation of PAH-contaminated sediments by chemical oxidation. Journal of Hazardous Materials 152, 128–139.

Fonts, I., Gea, G., Azuara, M., Ábrego, J., Arauzo, J., 2012. Sewage sludge pyrolysis for liquid production: a review. Renewable and Sustainable Energy Reviews 16, 2781–2805.

Fortuny, M., Oliveira, C.B.Z., Melo, R.L.F.V., Nele, M., Coutinho, R.C.C., Santo, A.F., 2007. Effect of salinity, temperature, water content, and pH on the microwave demulsification of crude oil emulsion. Energy Fuel 21, 1358–1364.

Furimsky, E., 1996. Spent refinery catalysts: environment, safety and utilization. Catalysis Today 30, 223–286.

Gaikwad, S.G., Pandit, A.B., 2008. Ultrasound emulsification: effect of ultrasonic and physicochemical properties on dispersed phase volume and droplet size. Ultrasonics Sonochemistry 15, 554–563.

Gazineu, M.H.P., de Araújo, A.A., Brandão, Y.B., Hazin, C.A., Godoy, J.M., 2005. Radioactivity concentration in liquid and solid phases of scale and sludge generated in the petroleum industry. Journal of Environmental Radioactivity 81 (1), 47–54.

Grasso, D., Subramaniam, K., Pignatello, J.J., Yang, Y., Ratte, D., 2001. Micellar desorption of polynuclear aromatic hydrocarbons from contaminated soil. Colloids and Surfaces A: Physicochemical and Engineering Aspects 194 (1–3), 65–74.

Greig, G., Broadribb, M.P., 1981. Treatment of Oily Sludge. US Patent, US4260489 A, US 06/058,946.

Guo, S., Li, G., Qu, J., Liu, X., 2011. Improvement of acidification on dewaterability of oily sludge from flotation. Chemical Engineering Journal 168, 746–751.

Guo, H., Feng, S., Jiang, J., Zhang, M., Lin, H., Zhou, X., 2014. Application of Fenton's reagent combined with sawdust on the dewaterability of oily sludge. Environmental Science and Pollution Research 21, 10706–10712.

Hahn, W.J., 1994. High-temperature reprocessing of petroleum oily sludges. Society of Petroleum Engineers, SPE Production & Facilities 9 (3), 179–182. Paper first presented at the 1993 SPE/EPA Exploration & Production Environmental Conference held in San Antonio, March 7–10.

Hamme, J.D., Singh, A., Ward, O.P., 2003. Recent advances in petroleum microbiology. Microbiology and Molecular Biology Reviews 67 (4), 503–549.

Hebatpuria, V.M., Arafat, H.A., Rho, H.S., Bishop, P.L., Pinto, N.G., Buchanan, R.C., 1999. Immobilization of phenol in cement-based solidified/stabilized hazardous wastes using regenerated activated carbon: leaching studies. Journal of Hazardous Materials B70, 117–138.

Hejazi, R.F., Husain, T., Khan, F.I., 2003. Landfarming operation of oily sludge in arid region-human health risk assessment. Journal of Hazardous Materials B99, 287–302.

Hejazi, R.F., Husain, T., 2004a. Landfarm performance under arid conditions. 1. Conceptual framework. Environmental Science & Technology 38 (8), 2449–2456.

Hejazi, R.F., Husain, T., 2004b. Landfarm performance under arid conditions. 2. Evaluation of parameters. Environmental Science & Technology 38 (8), 2457–2469.

Helmy, A.K., Ferreiro, E.A., Bussetti, S.G., 2000. Effect of particle association on 2,20-bipyridyl adsorption onto kaolinite. Journal of Colloid and Interface Science 225 (2), 398–402.

Huang, Q., Han, X., Mao, F., Chi, Y., Yan, J., 2014. A model for predicting solid particle behavior in petroleum sludge during centrifugation. Fuel 117, 95–102.

Hu, G., Li, J., Zeng, G., 2013. Recent development in the treatment of oily sludge from petroleum industry: a review. Journal of Hazardous Materials 261, 470–490.

Hu, G., Li, J., Liu, L., 2014. Oil recovery from petroleum refinery sludge through ultrasound and solvent extraction. In: Proceedings of the 4th International Conference on Environmental Pollution and Remediation, Prague, Czech Republic, August 11–13, 2014. Paper No. 166.

Hu, G., Li, J., Hou, H., 2015. A combination of solvent extraction and freeze thaw for oil recovery from petroleum refinery wastewater treatment pond sludge. Journal of Hazardous Materials 283, 832–840.

Hwa, T.J., Jeyaseelan, S., 1997. Comparison of lime and alum as oily sludge conditioners. Water Science and Technology 36 (12), 117–124.

Ignasiak, T., Carson, D., Szymocha, K., Pawlak, W., Ignasiak, B., 1990. Clean-up of oil contaminated solids. In: Proceedings of the U.S. Environmental Protection Agency's First International Symposium on Oil and Gas Exploration and Production Waste Management Practices, New Orleans, LA, September 10–13, 1990, pp. 159–168.

IL & FS Ecosmart Limited Hyderabad, September 2010. Technical EIA Guidance Manual for Petrochemical Complexes, Prepared for the Ministry of Environment and Forests. Government of India.

Islam, B., 2015. Petroleum sludge, its treatment and disposal: a review. International Journal of Chemical Sciences 13 (4), 1584–1602.

Jafarinejad, Sh., 2015a. Investigation of unpleasant odors, sources and treatment methods of solid waste materials from petroleum refinery processes. In: 2nd E-conference on Recent Research in Science and Technology, Kerman, Iran, Summer.

Jafarinejad, Sh., 2015b. Ozonation advanced oxidation process and place of its use in oily sludge and wastewater treatment. In: 1st International Conference on Environmental Engineering (Eiconf), Tehran, Iran.

Jafarinejad, Sh., 2015c. Recent advances in determination of herbicide paraquat in environmental waters and its removal from aqueous solutions: a review. International Research Journal of Applied and Basic Sciences 9 (10), 1758–1774.

Jafarinejad, Sh., 2016. Control and treatment of sulfur compounds specially sulfur oxides (SO_x) emissions from the petroleum industry: a review. Chemistry International 2 (4), 242–253.

Jean, D.S., Lee, D.J., Wu, J.C.S., 1999. Separation of oil from oily sludge by freezing and thawing. Water Research 33 (7), 1756–1759.

Jin, Y., Zheng, X., Chu, X., Chi, Y., Yan, J., Cen, K., 2012. Oil recovery from oil sludge through combined ultrasound and thermochemical cleaning treatment. Industrial Engineering Chemistry Research 51 (27), 9213–9217.

Jing, G., Luan, M., Han, C., Chen, T., Wang, H., 2012. An effective process for removing organic compounds from oily sludge using soluble metallic salt. Journal of Industrial and Engineering Chemistry 18, 1446–1449.

Joshi, R.C., Lohtia, R.P., Achari, G., 1995. Fly ash cement mixtures for solidification and detoxification of oil and gas well sludges. Transportation Research Record 1486, 35–41.

Jørgensen, K.S., Puustinen, J., Suortti, A.M., 2000. Bioremediation of petroleum hydrocarbon-contaminated soil by composting in biopiles. Environmental Pollution 107, 245–254.

Karamalidis, A.K., Voudrias, E.A., 2007a. Release of Zn, Ni, Cu, SO_4^{2-} and CrO_4^{2-} as a function of pH from cement-based stabilized/solidified refinery oily sludge and ash from incineration of oily sludge. Journal of Hazardous Materials 141, 591–606.

Karamalidis, A.K., Voudrias, E.A., 2007b. Cement-based stabilization/solidification of oil refinery sludge: leaching behavior of alkanes and PAHs. Journal of Hazardous Materials 148, 122–135.

Karamalidis, A.K., Voudrias, E.A., 2008. Anion leaching from refinery oily sludge and ash from incineration of oily sludge stabilized/solidified with cement. Part II. Modeling. Environmental Science & Technology 42 (16), 6124–6130.

Karayildirim, T., Yanik, J., Yuksel, M., Bockhorn, H., 2006. Characterization of products from pyrolysis of waste sludges. Fuel 85, 1498–1508.

Khan, Z.H., AbuSeedo, F., Al-Besharah, J., Salman, M., 1995. Improvement of the quality of heavily weathered crude oils. Fuel 74, 1375–1381.

Khan, F.I., Husain, T., Hejazi, R., 2004. An overview and analysis of site remediation technologies. Journal of Environmental Management 71, 95−122.

Khojasteh, F., Behzad, N., Heidary, O., Khojasteh, N., 2012. Fast settling of the sludge's petroleum refinery wastewater by friendly environmental chemical compounds. In: 2012 International Conference on Environmental Science and Technology, IPCBEE, vol. 30. IACSIT Press, Singapore.

Kim, Y.U., Wang, M.C., 2003. Effect of ultrasound on oil removal from solids. Ultrasonics Sonochemistry 41, 539−542.

Klaila, W.J., 1978. Method and Apparatus for Controlling Fluency of High Viscosity Hydrocarbon Fluids. US Patent 4,067,683.

Kong, S.H., Watts, R.J., Choi, J.H., 1998. Treatment of petroleum-contaminated soils using iron mineral catalyzed hydrogen peroxide. Chemosphere 37 (8), 1473−1482.

Kosaric, N., 2001. Biosurfactant for soil bioremediation. Food Technology and Biotechnology 39 (4), 295−304.

Kotlyar, L.S., Sparks, B.D., Woods, J.R., Chung, K.H., 1999. Solids associated with the asphaltene fraction of oil sands bitumen. Energy Fuel 13, 346−350.

Kriipsalu, M., Marques, M., Nammaria, D.R., Hogland, W., 2007. Biotreatment of oily sludge: the contribution of amendment material to the content of target contaminants, and the biodegradation dynamics. Journal of Hazardous Materials 148, 616−622.

Kriipsalu, M., Marquess, M., Maastik, A., 2008. Characterization of oily sludge from a wastewater treatment plant flocculation-flotation unit in a petroleum refinery and its implication. Journal of Matter Cycles Waste Management 10, 79−86.

Kuo, C.H., Lee, C.L., 2010. Treatment of oil−water emulsions using seawater-assisted microwave irradiation. Separation and Purification Technology 74, 288−293.

Lai, C.K., Chen, G., Lo, M.C., 2004. Salinity effect on freeze/thaw conditioning of activated sludge with and without chemical addition. Separation and Purification Technology 34, 155−164.

Lai, C.C., Huang, Y.C., Wei, Y.H., Chang, J.S., 2009. Biosurfactant-enhanced removal of total petroleum hydrocarbons from contaminated soil. Journal of Hazardous Materials 167, 609−614.

Leahy, J.G., Colwell, R.R., 1990. Microbial degradation of hydrocarbons in the environment. Microbiological Reviews 54 (3), 305−315.

Leonard, A., Blacher, S., Marchot, P., Pirard, J.P., Crine, M., 2005. Convective drying of wastewater sludges: influence of air temperature, superficial velocity, and humidity on the kinetics. Drying Technology: An International Journal 23 (8), 1667−1679.

Leonard, S.A., Stegemann, J.A., 2010a. Stabilization/solidification of petroleum drill cuttings. Journal of Hazardous Materials 174, 463−472.

Leonard, S.A., Stegemann, J.A., 2010b. Stabilization/solidification of petroleum drill cuttings: leaching studies. Journal of Hazardous Materials 174, 484−491.

Li, C.T., Lee, W.J., Mi, H.H., Su, C.C., 1995. PAH emission from the incineration of waste oily sludge and PE plastic mixtures. The Science of the Total Environment 170, 171−183.

Li, J., Song, X., Hu, G., Thring, R.W., 2013. Ultrasonic desorption of petroleum hydrocarbons from crude oil contaminated soils. Journal of Environmental Science and Health, Part A 48, 1378−1389.

Li, G., Guo, S., Ye, H., 2015. Thermal treatment of heavy oily sludge: resource recovery and potential utilization of residual asphalt-like emulsion as a stabilization/solidification material. RSC Advances 5, 105299−105306.

Li, J.P., Yang, X.J., Ma, L., Yang, Q., Zhang, Y.H., Bai, Z.S., Fang, X.C., Li, L.Q., Gao, Y., Wang, H.L., 2016. The enhancement on the waste management of spent hydrotreating catalysts for residue oil by a hydrothermal−hydrocyclone process. Catalysis Today 271, 163−171.

Liang, J., Zhao, L., Du, N., Li, H., Hou, W., 2014. Solid effect in solvent extraction treatment of pre-treated oily sludge. Separation and Purification Technology 130, 28−33.

Lima, T.M.S., Fonseca, A.F., Leão, B.A., Mounteer, A.H., Tótola, M.R., 2011. Oil recovery from fuel oil storage tank sludge using biosurfactants. Journal of Bioremediation & Biodegradation 2, 1−5, 2:125. http://dx.doi.org/10.4172/2155-6199.1000125.

Lima, C.S., Lima, R.O., Silva, E.F.B., Castro, K.K.V., Chiavone Filho, O., Soares, S.A., Araújo, A.S., 2014. Analysis of petroleum oily sludge produced from water-oil separator. Revista Virtual de Química 6 (5), 1160−1171.

Lin, C., He, G., Li, X., Peng, L., Dong, C., Gu, S., Xiao, G., 2007. Freeze/thaw induced demulsification of water in-oil emulsions with loosely packed droplets. Separation and Purification Technology 56, 175−183.

Lin, C., He, G., Dong, C., Liu, H., Xiao, G., Liu, Y., 2008. Effect of oil phase transition on freeze/thaw-induced demulsification of water-in-oil emulsions. Langmuir 24, 5291−5298.

Liu, C., Yu, Y., Zhao, H., 2005. Hydrodenitrogenation of quinoline over NiMo/Al$_2$O$_3$ catalyst modified with fluorine and phosphorous. Fuel Processing Technology 86 (4), 449−460.

Liu, J., Jiang, X., Zhou, L., Han, X., Cui, Z., 2009a. Pyrolysis treatment of oil sludge and model-free kinetics analysis. Journal of Hazardous Materials 161, 1208−1215.

Liu, J., Jiang, X., Zhou, L., Wang, H., Han, X., 2009b. Co-firing of oil sludge with coal−water slurry in an industrial internal circulating fluidized bed boiler. Journal of Hazardous Materials 167, 817−823.

Liu, W., Luo, Y., Teng, Y., Li, Z., Ma, L.Q., 2010. Bioremediation of oily sludge-contaminated soil by stimulating indigenous microbes. Environmental Geochemistry and Health 32 (1), 23−29.

Long, X., Zhang, G., Shen, C., Sun, G., Wang, R., Yin, L., Meng, Q., 2013a. Application of rhamnolipid as a novel biodemulsifier for destabilizing waste crude oil. Bioresource Technology 131, 1−5.

Long, X., Zhang, G., Han, L., Meng, Q., 2013b. Dewatering of floated oily sludge by treatment with rhamnolipid. Water Research 47, 4303−4311.

Machın-Ramırez, C., Okoh, A.I., Morales, D., Mayolo-Deloisa, K., Quintero, R., Trejo-Hernandez, M.R., 2008. Slurry-phase biodegradation of weathered oily sludge waste. Chemosphere 70, 737−744.

Mackenzie Valley Land and Water Board (MVLWB), March 31, 2011. Guidelines for Developing a Waste Management Plan.

Maga, S., Goetz, F., Durlak, E., 2003. Operational Test Report (OTR): On-site Degradation of Oily Sludge in a Ten-thousand Gallon Sequencing Batch Reactor at Navsta Pearl Harbor, HI. Technical Report, TR-2229-ENV. Naval Facilities Engineering Command, Engineering Service Center, Port Hueneme, California.

Mahmoud, S., 2004. Novel Technology for Sustainable Petroleum Oil Sludge Management: Bioneutralization by Indigenous Fungal-Bacterial Co-cultures (Master thesis). Department of Building, Civil and Environmental Engineering, Concordia University, Montreal, Quebec, Canada.

Maliszewska-Kordybach, B., Smreczak, B., 2003. Habitat function of agricultural soils as affected by heavy metals and polycyclic aromatic hydrocarbons contamination. Environment International 28, 719−728.

Marafi, M., Stanislaus, A., 2008. Spent hydroprocessing catalyst management: a review. Part II. Advances in metal recovery and safe disposal methods. Resources, Conservation and Recycling 53, 1−26.

Marafi, M., Stanislaus, A., Kam, E., 2008. A preliminary process design and economic assessment of a catalyst rejuvenation process for waste disposal of refinery spent catalysts. Journal of Environmental Management 86, 665−681.

March Consulting Group, 1991. Pollution control for petroleum processes, March Consulting Group commissioned research for the Department of Environment (HMIP).

Marcilly, C., 2003. Present status and future trends in catalysis for refining and petrochemicals. Journal of Catalysis 216 (1−2), 47−62.

Marin, J.A., Hernandez, T., Garcia, C., 2005. Bioremediation of oil refinery sludge by landfarming in semiarid conditions: influence on soil microbial activity. Environmental Research 98, 185−195.

Marín, J.A., Moreno, J.L., Hernández, T., García, C., 2006. Bioremediation by composting of heavy oil refinery sludge in semiarid conditions. Biodegradation 17, 251−261.

MARINER plus s.r.o. (Flottweg, Soleniw), 2016a. Decanter Centrifuges by Flottweg. MARINER plus s.r.o, výhradné zastúpenie Flottweg SE pre ČR a SR, Naftárska 1413, 908 45 Gbely, Slovenská republika. [Online] Available from: http://marinerplus.sk/?page_id=875.

MARINER plus s.r.o. (Flottweg, Solenis), 2016b. The Flottweg Tricanter® for Three-Phase Separation. MARINER plus s.r.o, výhradné zastúpenie Flottweg SE pre ČR a SR, Naftárska 1413, 908 45 Gbely, Slovenská republika. [Online] Available from: http://marinerplus.sk/?page_id=887.

Mason, T.J., 2007. Sonochemistry and environment-providing a "green" link between chemistry, physics and engineering. Ultrasonics Sonochemistry 14 (4), 476−483.

Mater, L., Sperb, R.M., Madureira, L.A.S., Rosin, A.P., Correa, A.X.R., Radetski, C.M., 2006. Proposal of a sequential treatment methodology for the safe reuse of oil sludge-contaminated soil. Journal of Hazardous Materials B136, 967−971.

Mater, L., Rosa, E.V.C., Berto, J., Correa, A.X.R., Schwingel, P.R., Radetski, C.M., 2007. A simple methodology to evaluate influence of H_2O_2 and Fe^{2+} concentrations on the mineralization and biodegradability of organic compounds in water and soil contaminated with crude petroleum. Journal of Hazardous Materials 149 (2), 379−386.

McCoy, D.E., 1977. Recovery of Oil from Refinery Sludges by Steam Distillation. US4014780 A, US Patent 05/567,585.

Meyer, D.S., Brons, G.B., Perry, R., Wildemeersch, S.L.A., Kennedy, R.J., 2006. Oil Tank Sludge Removal Method. US Patent, US 2006/0042661 A1.

Mickley, M., Hamilton, R., Gallegos, L., Truesdall, J., 1993. Membrane Concentration Disposal. American Water Works Association Research Foundation, Denver, Colorado.

Minton, R.C., Secoy, B., 1993. Annular re-injection of drilling wastes. Journal of Petroleum Technology 45 (11), 1081−1085.

Mishra, S., Jyot, J., Kuhad, R.C., Lal, B., 2001. In situ bioremediation potential of an oily sludge-degrading bacterial consortium. Current Microbiology 43, 328−335.

Mokhtar, N.M., Omar, R., Mohammad Salleh, M.A., Idris, A., 2011. Characterization of sludge from the wastewater-treatment plant of a refinery. International Journal of Engineering and Technology 8 (2), 48−56.

Moosai, R., Dawe, R.A., 2003. Gas attachment of oil droplets for gas flotation for oily wastewater cleanup. Separation and Purification Technology 33, 303−314.

Morita, T., 2013. Technical support for environmental improvement of the refineries in middle east. In: The 21st Joint GCC-Japan Environment Symposium, February 5–6, 2013. [Online] Available from: https://www.jccp.or.jp/international/conference/docs/23cosmo-engineering-mr-morita-presentation-by-morita.pdf.

Mrayyan, B., Battikhi, M.N., 2005. Biodegradation of total organic carbon (TOC) in Jordanian petroleum sludge. Journal of Hazardous Materials 120, 127–134.

Mulder, E., Brouwer, J.P., Blaakmeer, J., Frenay, J.W., 2001. Immobilization of PAH in waste materials. Waste Management 21, 247–253.

Mulligan, C.N., 2009. Recent advances in the environmental applications of biosurfactants. Current Opinion in Colloid & Interface Science 14, 372–378.

Multilateral Investment Guarantee Agency (MIGA), 2004. Environmental Guidelines for Petrochemicals Manufacturing, pp. 461–467. [Online] Available from: https://www.miga.org/documents/Petrochemicals.pdf.

El Naggar, A.Y., Saad, E.A., Kandil, A.T., Elmoher, H.O., 2010. Petroleum cuts as solvent extractor for oil recovery from petroleum sludge. Journal of Petroleum Technology and Alternative Fuels 1 (1), 10–19.

Na, S., Park, Y., Hwang, A., Ha, J., Kim, Y., Khim, J., 2007. Effect of ultrasound on surfactant-aided soil washing. Japanese Journal of Applied Physics 46, 4775–4778.

Nabavinia, M., Soleimani, M., Kargari, A., 2012. Vanadium recovery from oil refinery sludge using emulsion liquid membrane technique. International Journal of Chemical and Environmental Engineering 3 (3), 149–152.

Nagy, C.Z., May 2002. Oil Exploration and Production Wastes Initiative. Department of Toxic Substances Control, Hazardous Waste Management Program, Statewide Compliance Division, Sacramento. [Online] Available from: https://www.dtsc.ca.gov/HazardousWaste/upload/HWMP_REP_OilWastes.pdf.

Ohm, T.I., Chae, J.S., Lim, K.S., Moon, S.H., 2010. The evaporative drying of sludge by immersion in hot oil: effects of oil type and temperature. Journal of Hazardous Materials 178 (1), 483–488.

Orszulik, S.T., 2008. Environmental Technology in the Oil Industry, second ed. Springer.

Ouyang, W., Liu, H., Murygina, V., Yu, Y., Xiu, Z., Kalyuzhnyi, S., 2005. Comparison of bio-augmentation and composting for remediation of oily sludge: a field-scale study in China. Process Biochemistry 40, 3763–3768.

Pan, G., Liss, P.S., 1998. Metastable-equilibrium adsorption theory: I. Theoretical. Journal of Colloid and Interface Science 201 (1), 71–76.

Petition Response Section, Exposure Investigation and Consultation Branch, Division of Health Assessment and Consultation, Agency for Toxic Substances and Disease Registry, 1999. Petitioned Public Health Assessment, Anclote Florida Power Plant. Tarpon Springs, Pasco County, Florida, Cerclis No. FLD001760917. [Online] Available from: http://www.floridahealth.gov/environmental-health/hazardous-waste-sites/_documents/a/anclotepowerplant101999.pdf.

Pilli, S., Bhunia, P., Yan, S., LeBlanc, R.J., Tyagi, R.D., Surampalli, R.Y., 2011. Ultrasonic pretreatment of sludge: a review. Ultrasonics Sonochemistry 18, 1–18.

Pinheiro, B.C.A., Holanda, J.N.F., 2013. Reuse of solid petroleum waste in the manufacture of porcelain stoneware tile. Journal of Environmental Management 118, 205–210.

Poche, L.R., Derby, R.E., Wagner, D.R., 1991. Solvent extraction of refinery wastes rates EPA BDAT. Oil and Gas Journal 89 (1), 73–77.

Prak, D.J.L., Pritchard, P.H., 2002. Degradation of polycyclic aromatic hydrocarbons dissolved in Tween 80 surfactant solutions by *Sphingomonas paucimobilis* EPA 505. Canadian

Journal of Microbiology 48 (2), 151−158.
Prasad, M.S., Kumari, K., 1987. Toxicity of crude oil to the survival of the fresh water fish *Puntius sophore* (HAM). Acta Hydrochimica et Hydrobiologica 15 (1), 29−36.
Punnaruttanakun, P., Meeyoo, V., Kalambaheti, C., Rangsunvigit, P., Rirksomboon, T., Kitiyanan, B., 2003. Pyrolysis of API separator sludge. Journal of Analytical and Applied Pyrolysis 68-69, 547−560.
Qi, Y., Thapa, K.B., Hoadley, A.F.A., 2011. Application of filtration aids for improving sludge dewatering properties − a review. Chemical Engineering Journal 171 (2), 373−384.
Rahman, K.S.M., Rahman, T.J., Kourkoutas, Y., Petsas, I., Marchant, R., Banat, I.M., 2003. Enhanced bioremediation of n-alkane in petroleum sludge using bacterial consortium amended with rhamnolipid and micronutrients. Bioresource Technology 90, 159−168.
Rajaković, V., Skala, D., 2006. Separation of water-in-oil emulsions by freeze/thaw method and microwave radiation. Separation and Purification Technology 49, 192−196.
Ramaswamy, D., Kar, D.D., De, S., 2007. A study on recovery of oil from sludge containing oil using froth flotation. Journal of Environmental Management 85, 150−154.
Ranjan, R.S., Qian, Y., Krishnapillai, M., 2006. Effects of electrokinetics and cationic surfactant cetyltrimethylammonium bromide [CTAB] on the hydrocarbon removal and retention from contaminated soils. Environmental Technology 27, 767−776.
Rattanapan, C., Sawain, A., Suksaroj, T., Suksaroj, C., 2011. Enhanced efficiency of dissolved air flotation for biodiesel wastewater treatment by acidification and coagulation processes. Desalination 280 (1), 370−377.
Reis, J.C., 1996. Environmental Control in Petroleum Engineering. Gulf Publishing Company, Houston, Texas, USA.
Rocha, O.R.S., Dantas, R.F., Duarte, M.M.M.B., Duarte, M.M.L., da Silva, V.L., 2010. Oil sludge treatment by photocatalysis applying black and white light. Chemical Engineering Journal 157, 80−85.
Roldán-Carrillo, T., Castorena-Cortés, G., Zapata-Peñasco, I., Reyes-Avila, J., Olguín-Lora, P., 2012. Aerobic biodegradation of sludge with high hydrocarbon content generated by a Mexican natural gas processing facility. Journal of Environmental Management 95 (Suppl.), 593−598.
Rubio, J., Tessele, F., 1997. Removal of heavy metal ions by adsorptive particulate flotation. Minerals Engineering 10 (7), 671−679.
da Silva, L.J., Alves, F.C., de França, F.P., 2012. A review of the technological solutions for the treatment of oily sludges from petroleum refineries. Waste Management & Research 30 (10), 1016−1030.
Sankaran, S., Pandey, S., Sumathy, K., 1998. Experimental investigation on waste heat recovery by refinery oil sludge incineration using fluidised-bed technique. Journal of Environmental Science and Health, Part A: Toxic/Hazardous Substances and Environmental Engineering 33, 829−845.
Stasiuk, E.N., Schramm, L.L., 2001. The influence of solvent and demulsifier additions on nascent froth formation during flotation recovery of Bitumen from Athabasca oil sands. Fuel Processing Technology 73, 95−110.
Schmidt, H., Kaminsky, W., 2001. Pyrolysis of oil sludge in a fluidised bed reactor. Chemosphere 45, 285−290.
Schwarz Global Consulting, 2011a. Products, Industrial Equipment, Flottweg, Decanter Centrifuges, SG Consulting. [Online] Available from: http://www.sgconsulting.co.za/

industrial-equipment/flottweg/flottweg-decanter-centrifuges/.
Schwarz Global Consulting, 2011b. Products, Industrial Equipment, Flottweg, The Tricanter® Centrifuge, SG Consulting. [Online] Available from: http://www.sgconsulting.co.za/industrial-equipment/flottweg/flottweg-tricanter/.
Shadizadeh, S.R., Majidaie, S., 2008. Design considerations in drill cuttings re-injection. In: ESPME01 Conference, January 1–2, 2008. College of Environment, University of Tehran, Tehran, Iran. [Online] Available from: http://www.civilica.com/Paper-ESPME01-ESPME01_049.html.
Shanaa, J., 2014. Recovery of oil from sludge pits using three phase centrifuge technology, water resources development and environmental protection in GCC. In: 5th Joint KISR-JCCP Environmental Symposium, Environmental Protection Department, Saudi Aramco, December 15–17, 2014. [Online] Available from: https://www.jccp.or.jp/international/conference/docs/OILY%20WASTE%20RECOVERRY_JIHAD%20SHANAA.pdf.
Shang, H., Snape, C.E., Kingman, S.W., Robinson, J.P., 2006. Microwave treatment of oil-contaminated North Sea drill cuttings in a high power multimode cavity. Separation and Purification Technology 49, 84–90.
Shen, G., Lu, Y., Zhou, Q., Hong, J., 2005. Interaction of polycyclic aromatic hydrocarbons and heavy metals on soil enzyme. Chemosphere 61, 1175–1182.
Shen, W., Li, T., Chen, J., 2012. Recovery of hazardous metals from spent refinery processing solid catalyst. Procedia Environmental Sciences 16, 253–256.
Shie, J.L., Lin, J.P., Chang, C.Y., Shih, S.M., Lee, D.J., Wu, C.H., 2004. Pyrolysis of oil sludge with additives of catalytic solid wastes. Journal of Analytical and Applied Pyrolysis 71, 695–707.
Shiva, H., 2004. A New Electrokinetic Technology for Revitalization of Oily Sludge (Ph.D. thesis). Department of Building, Civil, and Environmental Engineering, Concordia University, Montreal, Quebec, Canada.
Silvy, R.P., 2004. Future trends in the refining catalyst market. Applied Catalysis A: General 261 (2), 247–252.
Singh, A., Mullin, B., Ward, O.P., 2001. Reactor-based process for the biological treatment of petroleum wastes. In: Proc Middle East Petrotechnol Conf, pp. 1–13.
Singh, R., Gautam, N., Mishra, A., Gupta, R., 2011. Heavy metals and living systems: an overview. Indian Journal of Pharmacology 43 (3), 246–253.
Song, W., Li, J., Zhang, W., Hu, X., Wang, L., 2012. An experimental study on the remediation of phenanthrene in soil using ultrasound and soil washing. Environmental Earth Sciences 66 (5), 1487–1496.
Sora, I.N., Pelosato, R., Botta, D., Dotelli, G., 2002. Chemistry and microstructure of cement pastes admixed with organic liquids. Journal of the European Ceramic Society 22 (9–10), 1463–1473.
Speight, J.G., 2005. Environmental Analysis and Technology for the Refining Industry. John Wiley & Sons, Inc., Hoboken, New Jersey.
Srinivasarao-Naik, B., Mishra, I.M., Bhattacharya, S.D., 2011. Biodegradation of total petroleum hydrocarbons from oily sludge. Bioremediation Journal 15 (3), 140–147.
Taiwo, E.A., Otolorin, J.A., 2009. Oil recovery from petroleum sludge by solvent extraction. Petroleum Science and Technology 27, 836–844.
Tan, W., Yang, X.G., Tan, X.F., 2007. Study on demulsification of crude oil emulsions by microwave chemical method. Separation Science and Technology 42, 1367–1377.
Thavamani, P., Malik, S., Beer, M., Megharaj, M., Naidu, R., 2012. Microbial activity and diversity in long-term mixed contaminated soils with respect to polyaromatic hydrocarbons

and heavy metals. Journal of Environmental Management 99, 10–17.

Trowbridge, T.D., Holcombe, T.C., 1995. Refinery sludge treatment/hazardous waste minimization via dehydration and solvent extraction. Journal of the Air and Waste Management Association 45, 782–788.

Tunçal, T., 2010. Evaluating drying potential of different sludge types: effect of sludge organic content and commonly used chemical additives. Drying Technology: An International Journal 28 (12), 1344–1349.

Tuncan, A., Tuncan, M., Koyuncu, H., 2000. Use of petroleum contaminated drilling wastes as subbase material for road construction. Waste Management & Research 18, 489–505.

Ubani, O., Atagana, H.I., Thantsha, M.S., 2013. Biological degradation of oil sludge: a review of the current state of development. African Journal of Biotechnology 12 (47), 6544–6567.

Urum, K., Pekdemir, T., 2004. Evaluation of biosurfactants for crude oil contaminated soil washing. Chemosphere 57, 1139–1150.

United States Environmental Protection Agency (U.S. EPA), 1980. Resource Conservation and Recovery Act: Hazardous Waste Regulations: Identification and Listing of Hazardous Waste. U.S. Environmental Protection Agency, Washington DC.

United States Environmental Protection Agency (U.S. EPA), 1997. EPA's Contaminated Sediment Management Strategy, Office of Water and Solid Waste. U.S. Environmental Protection Agency, Washington, DC.

United States Environmental Protection Agency (U.S. EPA), 2003. Hazardous Waste Management System, vol. 68. Federal Register.

United States Environmental Protection Agency (U.S. EPA), October 2009. Hazardous Waste Characteristics: A User-Friendly Reference Document. [Online] Available from: http://www3.epa.gov/epawaste/hazard/wastetypes/wasteid/char/hw-char.pdf.

United States Environmental Protection Agency (U.S. EPA), 2004. Treatment Technologies for Site Cleanup: Annual Status Report, eleventh ed. Solid Waste and Emergency Response (5102G). EPA-542-R-03–009. [Online] Available from: https://www.epa.gov/sites/production/files/2015-09/documents/asr_11thedition.pdf.

Urbina, R.H., 2003. Recent developments and advances in formulations and applications of chemical reagents. Mineral Processing and Extractive Metallurgy Review 24, 139–182.

Vazquez, A., Lopez, A., Andrade, L.J., Vazquez, A.M., 2014. Microwave heating and separation of water-in-oil emulsion from Mexican crude oil. Dyna 81 (183), 16–21.

Velis, C.A., Longhurst, P.J., Drew, G.H., Smith, R., Pollard, S.J., 2009. Biodrying for mechanical-biological treatment of wastes: a review of process science and engineering. Bioresource Technology 100 (11), 2747–2761.

Verma, S., Bhargava, R., Pruthi, V., 2006. Oily sludge degradation by bacteria from Ankleshwar, India. International Biodeterioration & Biodegradation 57, 207–213.

Vincent, M., 2006. Microbial bioremediation of polycyclic aromatic hydrocarbons (PAHs) in oily sludge wastes. Journal of Middle East 1–13.

Vipulanandan, C., Krishnan, S., 1990. Solidification/stabilization of phenolic waste with cementitious and polymeric materials. Journal of Hazardous Materials 24, 123–136.

Virkutyte, J., Sillanpää, M., Latostenmaa, P., 2002. Electrokinetic soil remediation – critical overview. The Science of the Total Environment 289, 97–121.

Voice, T.C., Weber, W.J., 1985. Sorbent concentration effects in liquid/solid partitioning. Environmental Science & Technology 19, 789–796.

Wang, Z., Guo, Q., Liu, X., Cao, C., 2007. Low temperature pyrolysis characteristics of oil sludge under various heating conditions. Energy Fuels 21 (2), 957–962.

Wang, X., Wang, Q., Wang, S., Li, F., Guo, G., 2012. Effect of biostimulation on community level physiological profiles of microorganisms in field-scale biopiles composed of aged oil sludge. Bioresource Technology 111, 308–315.

Ward, O.P., Singh, A., 2000. Biodegradation of Oil Sludge. Canadian Patent 2,229,761.

Ward, O., Singh, A., Hamme, J.V., 2003. Accelerated biodegradation of petroleum hydrocarbon waste. Journal of Industrial Microbiology and Biotechnology 30 (5), 260–270.

Watts, R.J., Dilly, S.E., 1996. Evaluation of iron catalysts for the Fenton-like remediation of diesel-contaminated soils. Journal of Hazardous Materials 51 (1–3), 209–224.

Watts, R.J., Haller, D.R., Jones, A.P., Teel, A.L., 2000. A foundation for the risk-based treatment of gasoline-contaminated soils using modified Fenton's reactions. Journal of Hazardous Materials 76 (1), 73–89.

Whang, L.M., Liu, P.W.G., Ma, C.C., Cheng, S.S., 2008. Application of biosurfactants, rhamnolipid, and surfactin, for enhanced biodegradation of diesel-contaminated water and soil. Journal of Hazardous Materials 151, 155–163.

Wojtanowicz, A.K., Field, S.D., Ostermann, M.C., 1987. Comparison study of solid/liquid separation techniques for oilfield pit closures. Journal of Petroleum Technology 39 (7), 845–856.

Wolf, N.O., 1986. Use of Microwave Radiation in Separating Emulsion and Dispersion of Hydrocarbons and Water. US Patent 4,582,629.

World Bank Group, 1998. Petroleum Refining, Project Guidelines: Industry Sector Guidelines, Pollution Prevention and Abatement Handbook, pp. 377–381. [Online] Available from: http://www.ifc.org/wps/wcm/connect/b99a2e804886589db69ef66a6515bb18/petroref_PPAH.pdf?MOD=AJPERES.

Woo, S.H., Park, J.M., 1999. Evaluation of drum bioreactor performance used for decontamination of soil polluted with polycyclic aromatic hydrocarbons. Journal of Chemical Technology and Biotechnology 74, 937–944.

Wu, X.F., Hu, Y.L., Zhao, F., Huang, Z.Z., Lei, D., 2006. Ion adsorption components in liquid/solid systems. Journal of Environmental Science 18, 1167–1175.

Xia, L., Lu, S., Cao, G., 2003. Demulsification of emulsions exploited by enhanced oil recovery system. Separation Science and Technology 38 (16), 4079–4094.

Xia, L.X., Lu, S.W., Cao, G.Y., 2004. Salt-assisted microwave demulsification. Chemical Engineering Communications 191 (8), 1053–1063.

Xu, N., Wang, W., Han, P., Lu, X., 2009. Effects of ultrasound on oily sludge deoiling. Journal of Hazardous Materials 171 (1–3), 914–917.

Yan, P., Lu, M., Yang, Q., Zhang, H.L., Zhang, Z.Z., Chen, R., 2012. Oil recovery from refinery oily sludge using a rhamnolipid biosurfactant-producing *Pseudomonas*. Bioresource Technology 116, 24–28.

Yang, L., Nakhla, G., Bassi, A., 2005. Electro-kinetic dewatering of oily sludges. Journal of Hazardous Materials B125, 130–140.

Yang, X., Tan, W., Bu, Y., 2009. Demulsification of asphaltenes and resins stabilized emulsions via the freeze/thaw method. Energy Fuel 23 (1), 481–486.

Ye, G., Lu, X., Han, P., Peng, F., Wang, Y., Shen, X., 2008. Application of ultrasound on crude oil pretreatment. Chemical Engineering and Processing: Process Intensification 47 (12), 2346–2350.

Yerushalmi, L., Rocheleau, S., Cimpoia, R., Sarrazin, M., Sunahara, G., Peisajovich, A., 2003. Enhanced biodegradation of petroleum hydrocarbon in contaminated soil. Bioremediation Journal 7, 37–51.

Yilmaz, O., Unlu, K., Cokca, E., 2003. Solidification/stabilization of hazardous wastes containing metals and organic contaminants. Journal of Environmental Engineering 129 (4), 366–376.

Zall, J., Galil, N., Rehbun, M., 1987. Skeleton builders for conditioning oily sludge. Water Pollution Control Federation 59 (7), 699–706.

Zhang, C., Daprato, R.C., Nishino, S.F., Spain, J.C., Hughes, J.B., 2001. Remediation of dinitrotoluene contaminated soils from former ammunition plants: soil washing efficiency and effective process monitoring in bioslurry reactors. Journal of Hazardous Materials 87 (1–3), 139–154.

Zhang, J., 2012. Treatment of Refinery Oily Sludge Using Ultrasound, Bio-surfactant, and Advanced Oxidation Processes (M.Sc. thesis). University of Northern British Columbia, Prince George.

Zhang, J., Li, J., Thring, R.W., Hu, X., Song, X., 2012. Oil recovery from refinery oily sludge via ultrasound and freeze/thaw. Journal of Hazardous Materials 203–204, 195–203.

Zhao, L.X., Hou, W.G., 2012. The effect of sorbent concentration on the partition coefficient of pollutants between aqueous and particulate phases. Colloids and Surfaces A: Physicochemical and Engineering Aspects 396, 29–34.

Zhao, L.X., Song, S.E., Du, N., Hou, W.G., 2012. A sorbent concentration-dependent Langmuir isotherm. Acta Physico-Chimica Sinica 28 (12), 2905–2910.

Zhao, L.X., Song, S.E., Du, N., Hou, W.G., 2013. A sorbent concentration-dependent Freundlich isotherm. Colloid and Polymer Science 291 (3), 541–550.

Zhou, L., Jiang, X., Liu, J., 2009. Characteristics of oily sludge combustion in circulating fluidized beds. Journal of Hazardous Materials 170, 175–179.

Zhu, X., Venosa, A.D., Suidan, M.T., Lee, K., September 2001. Guidelines for the Bioremediation of Marine Shorelines and Freshwater Wetlands. U.S. Environmental Protection Agency, Office of Research and Development, National Risk Management Research Laboratory, Land Remediation and Pollution Control Division, 26 W. Martin Luther King Drive Cincinnati, OH 45268.

Zubaidy, E.A.H., Abouelnasr, D.M., 2010. Fuel recovery from waste oily sludge using solvent extraction. Process Safety and Environmental Protection 88, 318–326.

Zukauskaite, A., Jakubauskaite, J., Belous, O., Ambrazaitiene, D., Stasiskiene, Z., 2008. Impact of heavy metals on the oil products biodegradation process. Waste Management & Research 26 (6), 500–507.